全国电力出版指导委员会出版规划重点项目

火力发电职业技能培训教材

HUOLI FADIAN ZHIYE JINENG PEIXUN JIAOCAI

继 电 保 护

（第二版）

《火力发电职业技能培训教材》编委会　编

中国电力出版社

CHINA ELECTRIC POWER PRESS

内 容 提 要

本套教材在 2005 年出版的《火力发电职业技能培训教材》基础上，吸收近年来国家和电力行业对火力发电职业技能培训的新要求编写而成。在修订过程中以实际操作技能为主线，将相关专业理论与生产实践紧密结合，力求反映当前我国火电技术发展的水平，符合电力生产实际的需求。

本套教材共总共 15 个分册，其中的《环保设备运行》《环保设备检修》为本次新增的 2 个分册，覆盖火力发电运行与检修专业的职业技能培训需求。本套教材的作者均为长年工作在生产第一线的专家、技术人员，具有较好的理论基础、丰富的实践经验和培训经验。

本书为《继电保护》分册，主要内容有：继电保护知识，包括基础知识、电气二次系统知识、继电保护原理基础知识、电力系统安全自动装置基础知识；继电保护技能，包括继电保护基本技能、继电保护专业技能。

本套教材适合作为火力发电专业职业技能鉴定培训教材和火力发电现场生产技术培训教材，也可供火电类技术人员及职业技术学校教学使用。

图书在版编目（CIP）数据

继电保护/《火力发电职业技能培训教材》编委会编. —2 版. —北京：中国电力出版社，2020.4

火力发电职业技能培训教材

ISBN 978 - 7 - 5198 - 3961 - 1

Ⅰ. ①继…　Ⅱ. ①火…　Ⅲ. ①继电保护 – 技术培训 – 教材　Ⅳ. ①TM77

中国版本图书馆 CIP 数据核字（2019）第 241508 号

出版发行：中国电力出版社
地　　址：北京市东城区北京站西街 19 号（邮政编码 100005）
网　　址：http://www.cepp.sgcc.com.cn
责任编辑：赵鸣志（010 - 63412385）　安小丹
责任校对：黄　蓓　马　宁
装帧设计：赵姗姗
责任印制：吴　迪

印　　刷：三河市万龙印装有限公司
版　　次：2005 年 1 月第一版　2020 年 4 月第二版
印　　次：2020 年 4 月北京第五次印刷
开　　本：880 毫米 × 1230 毫米　32 开本
印　　张：14.375
字　　数：494 千字
印　　数：0001—2000 册
定　　价：88.00 元

《火力发电职业技能培训教材》(第二版)

编 委 会

主　任：王俊启

副主任：张国军　　乔永成　　梁金明　　贺晋年

委　员：薛贵平　　朱立新　　张文龙　　薛建立

　　　　许林宝　　董志超　　刘林虎　　焦宏波

　　　　杨庆祥　　郭林虎　　耿宝年　　韩燕鹏

　　　　杨　铸　　余　飞　　梁瑞斑　　李团恩

　　　　连立东　　郭　铭　　杨利斌　　刘志跃

　　　　刘雪斌　　武晓明　　张　鹏　　王　公

主　编：张国军

副主编：乔永成　　薛贵平　　朱立新　　张文龙

　　　　郭林虎　　耿宝年

编　委：耿　超　　郭　魏　　丁元宏　　席晋奎

教材编辑办公室成员：张运东　　赵鸣志

　　　　　　　　　　　　徐　超　　曹建萍

《火力发电职业技能培训教材
继电保护》（第二版）

编 写 人 员

主 编： 连立东

参 编（按姓氏笔画排列）：

王新中　兰天虹　任映瑾　张　强

武　博　郑　杰　郭　魏　薛贵平

《火力发电职业技能培训教材》(第一版)

编 委 会

第二版前言

2004年，中国国电集团公司、中国大唐集团公司与中国电力出版社共同组织编写了《火力发电职业技能培训教材》。教材出版发行后，深受广大读者好评，主要分册重印10余次，对提高火力发电员工职业技能水平发挥了重要的作用。

近年来，随着我国经济的发展，电力工业取得显著进步，截至2018年底，我国火力发电装机总规模已达11.4亿kW，燃煤发电600MW、1000MW机组已经成为主力机组。当前，我国火力发电技术正向着大机组、高参数、高度自动化方向迅猛发展，新技术、新设备、新工艺、新材料逐年更新，有关生产管理、质量监督和专业技术发展也是日新月异，现代火力发电厂对员工知识的深度与广度，对运用技能的熟练程度，对变革创新的能力，对掌握新技术、新设备、新工艺的能力，以及对多种岗位上工作的适应能力、协作能力、综合能力等提出了更高、更新的要求。

为适应火力发电技术快速发展、超临界和超超临界机组大规模应用的现状，使火力发电员工职业技能培训和技能鉴定工作与生产形势相匹配，提高火力发电员工职业技能水平，在广泛收集原教材的使用意见和建议的基础上，2018年8月，中国电力出版社有限公司、中国大唐集团有限公司山西分公司启动了《火力发电职业技能培训教材》修订工作。100多位发电企业技术专家和技术人员以高度的责任心和使命感，精心策划、精雕细刻、精益求精，高质量地完成了本次修订工作。

《火力发电职业技能培训教材》（第二版）具有以下突出特点：

（1）针对性。教材内容要紧扣《中华人民共和国职业技能鉴定规范·电力行业》（简称《规范》）的要求，体现《规范》对火力发电有关工种鉴定的要求，以培训大纲中的"职业技能模块"及生产实际的工作程序设章、节，每一个技能模块相对独立，均有非常具体的学习目标和学习内容，教材能满足职业技能培训和技能鉴定工作的需要。

（2）规范性。教材修订过程中，引用了最新的国家标准、电力行业规程规范，更新、升级一些老标准，确保内容符合企业实际生产规程规范的要求。教材采用了规范的物理量符号及计量单位，更新了相关设备的图形符号、文字符号，注意了名词术语的规范性。

（3）系统性。教材注重专业理论知识体系的搭建，通过对培训人员分析能力、理解能力、学习方法等的培养，达到知其然又知其所以然的目的，从而打下坚实的专业理论基础，提高自学本领。

（4）时代性。教材修订过程中，充分吸收了新技术、新设备、新工艺、新材料以及有关生产管理、质量监督和专业技术发展动态等内容，删除了第一版中包含的已经淘汰的设备、工艺等相关内容。2005年出版的《火力发电职业技能培训教材》共15个分册，考虑到从业人员、专业技术发展等因素，没有对《电测仪表》《电气试验》两个分册进行修订；针对火电厂脱硫、除尘、脱硝设备运行检修的实际情况，新增了《环保设备运行》《环保设备检修》两个分册。

（5）实用性。教材修订工作遵循为企业培训服务的原则，面向生产、面向实际，以提高岗位技能为导向，强调了"缺什么补什么，干什么学什么"的原则，在内容编排上以实际操作技能为主线，知识以掌握技能服务，知识内容以相应的工种必需的专业知识为起点，不再重复已经掌握的理论知识。突出理论和实践相结合，将相关的专业理论知识与实际操作技能有机地融为一体。

（6）完整性。教材在分册划分上没有按工种划分，而是按专业分册，主要是考虑知识体系的完整，专业相对稳定而工种则可能随着时间和设备变化调整，同时这样安排便于各工种人员全面学习了解本专业相关工种知识技能，能适应轮岗、调岗的需要。

（7）通用性。教材突出对实际操作技能的要求，增加了现场实践性教学的内容，不再人为地划分初、中、高技术等级。不同技术等级的培训可根据大纲要求，从教材中选取相应的章节内容。每一章后均有关于各技术等级应掌握本章节相应内容的提示。每一册均有关本册涵盖职业技能鉴定专业及工种的提示，方便培训时选择合适的内容。

（8）可读性。教材力求开门见山，重点突出，图文并茂，便于理解，便于记忆，适用于职业培训，也可供广大工程技术人员自学参考。

希望《火力发电职业技能培训教材》（第二版）的出版，能为推进火力发电企业职业技能培训工作发挥积极作用，进而提升火力发电员工职业能力水平，为电力安全生产添砖加瓦。恳请各单位在使用过程中对教材多提宝贵意见，以期再版时修订完善。

本套教材修订工作得到中国大唐集团有限公司山西分公司、大唐太原第二热电厂和阳城国际发电有限责任公司各级领导的大力支持，在此谨向为教材修订做出贡献的各位专家和支持这项工作的领导表示衷心感谢。

《火力发电职业技能培训教材》（第二版）编委会

2020年1月

第一版前言

近年来，我国电力工业正向着大机组、高参数、大电网、高电压、高度自动化方向迅猛发展。随着电力工业体制改革的深化，现代火力发电厂对职工所掌握知识与能力的深度、广度要求，对运用技能的熟练程度，以及对革新的能力，掌握新技术、新设备、新工艺的能力，监督管理能力，多种岗位上工作的适应能力，协作能力，综合能力等提出了更高、更新的要求。这都急切地需要通过培训来提高职工队伍的职业技能，以适应新形势的需要。

当前，随着《中华人民共和国职业技能鉴定规范》（简称《规范》）在电力行业的正式施行，电力行业职业技能标准的水平有了明显的提高。为了满足《规范》对火力发电有关工种鉴定的要求，做好职业技能培训工作，中国国电集团公司、中国大唐集团公司与中国电力出版社共同组织编写了这套《火力发电职业技能培训教材》，并邀请一批有良好电力职业培训基础和经验，并热心于职业教育培训的专家进行审稿把关。此次组织开发的新教材，汲取了以往教材建设的成功经验，认真研究和借鉴了国际劳工组织开发的 MES 技能培训模式，按照 MES 教材开发的原则和方法，按照《规范》对火力发电职业技能鉴定培训的要求编写。教材在设计思想上，以实际操作技能为主线，更加突出了理论和实践相结合，将相关的专业理论知识与实际操作技能有机地融为一体，形成了本套技能培训教材的新特色。

《火力发电职业技能培训教材》共 15 分册，同时配套有 15 分册的《复习题与题解》，以帮助学员巩固所学到的知识和技能。

《火力发电职业技能培训教材》主要具有以下突出特点：

（1）教材体现了《规范》对培训的新要求，教材以培训大纲中的"职业技能模块"及生产实际的工作程序设章、节，每一个技能模块相对独立，均有非常具体的学习目标和学习内容。

（2）对教材的体系和内容进行了必要的改革，更加科学合理。在内容编排上以实际操作技能为主线，知识为掌握技能服务，知识内容以相应的职业必须的专业知识为起点，不再重复已经掌握的理论知识，以达到再培训，再提高，满足技能的需要。

凡属已出版的《全国电力工人公用类培训教材》涉及的内容，如识绘图、热工、机械、力学、钳工等基础理论均未重复编入本教材。

（3）教材突出了对实际操作技能的要求，增加了现场实践性教学的内容，不再人为地划分初、中、高技术等级。不同技术等级的培训可根据大纲要求，从教材中选取相应的章节内容。每一章后，均有关于各技术等级应掌握本章节相应内容的提示。

（4）教材更加体现了培训为企业服务的原则，面向生产，面向实际，以提高岗位技能为导向，强调了"缺什么补什么，干什么学什么"的原则，内容符合企业实际生产规程、规范的要求。

（5）教材反映了当前新技术、新设备、新工艺、新材料以及有关生产管理、质量监督和专业技术发展动态等内容。

（6）教材力求简明实用，内容叙述开门见山，重点突出，克服了偏深、偏难、内容繁杂等弊端，坚持少而精、学则得的原则，便于培训教学和自学。

（7）教材不仅满足了《规范》对职业技能鉴定培训的要求，同时还融入了对分析能力、理解能力、学习方法等的培养，使学员既学会一定的理论知识和技能，又掌握学习的方法，从而提高自学本领。

（8）教材图文并茂，便于理解，便于记忆，适应于企业培训，也可供广大工程技术人员参考，还可以用于职业技术教学。

《火力发电职业技能培训教材》的出版，是深化教材改革的成果，为创建新的培训教材体系迈进了一步，这将为推进火力发电厂的培训工作，为提高培训效果发挥积极作用。希望各单位在使用过程中对教材提出宝贵建议，以使不断改进，日臻完善。

在此谨向为编审教材做出贡献的各位专家和支持这项工作的领导们深表谢意。

《火力发电职业技能培训教材》编委会

2005 年 1 月

第二版编者的话

　　《火力发电职业技能培训教材　继电保护》一书自 2004 年 12 月出版以来，深受继电保护专业人员的欢迎，至今已十五载，在此期间，继电保护处于日新月异的发展阶段，保护装置更加简洁智能，保护原理更加科学完善，因此编委会决定对本教材进行修编，即第二版编写工作。

　　本书在第一版的基础上，进行了框架结构的调整，结合当下继电保护的发展并吸取广大读者的意见，增加了 IGBT 等电子元件、电力网络计算机监控系统功能结构以及继电保护反事故措施等内容，并对发电机—变压器组保护、线路保护、母线保护等保护原理进行更新和完善，同时，还对第一版中的不足之处进行了修改。修编后的本教材更加贴近生产实际，具有更强的实用性。

　　本教材由连立东同志主编，共两个篇目，分为六章，其中，第一篇由大唐太原第二热电厂的郑杰、武博、兰天虹、张强同志修编，第二篇由阳城电厂王新中同志修编。薛贵平、任映瑾、郭魏同志参与部分章节的修编。

　　由于作者水平有限，书中难免存在不妥或疏漏，敬请读者批评指正。

第一版编者的话

继电保护是指能反应电力系统中电气元件发生的故障或不正常运行状态，动作于断路器跳闸或发出信号以保证电力系统安全稳定运行的一种自动装置。随着新技术逐渐地应用，继电保护技术也日趋复杂，但高科技的应用也使保护的维护和检修工作日趋简单，工作量逐渐减小。所以我们要不断地吸取新的技术知识充实自己，更好地掌握保护原理，并将更先进的技术测试手段应用到继电保护的维护调试工作中，使继电保护装置的工作性能更好，能更好地保护系统的安全可靠运行。

本《教材》突出"职业实际技能操作培训"的主导思想，基本上以《职业鉴定指导书》培训大纲中的"职业技能模块"设章，并根据生产实际及培训的需要对某些"模块"的内容进行适当地调整。分别对电子技术、电工基础、计算机、电气设备基础知识、识、绘图知识，常用仪器仪表知识，保护原理、分析、调试、整定计算知识，常用技术规程，二次设备管理验收、把关等各方面都做了不同程度的陈述。

本《教材》共分五章，太原第二热电厂的李雅勤、连立东和张晓东同志参加了编写。编写过程中主编郑耀生同志给了大力支持，并指导整个编书工作。此外特别感谢主审高晓霞同志给予的指导、建议和提出的宝贵意见。

由于时间仓促，本书难免有不妥之处，希望大家批评指正。

目 录

第一篇

继电保护知识

基 础 知 识

第一节 基 础 理 论

一、基本原理

（1）基尔霍夫第一定律。基尔霍夫第一定律是由电荷守恒定律在电路中的反映，在电路中任一节点上，流出与节点相连的各支路中的电流的代数和为零，各支路中的电流，其参考方向背离节点为正，指向节点为负。

（2）基尔霍夫第二定律。基尔霍夫第二定律是能量守恒与转换定律在电路中的反映，在电路中由各支路组成的闭合网络中，沿回路绕行方向各支路电压的代数和为零，其中各支路的电压参考方向与绕行方向一致为正，不一致为负。

（3）特勒根定理。对于一个具有 m 个节点、b 个支路的电路，如将支路电压与支路电流取为关联方向，特勒根定理表达式为

$$\sum_{k=1}^{b} u_k i_k = 0 \qquad (1-1)$$

这一定律体现功率守恒定理。对于两个电路结构相同而元件可全然不同的电路，如图 1-1（a）、（b）所示结构相同，具有 b 条支路的电路，电流电压分别表示为 u_k、i_i、$\hat{u}_k$、$\hat{i}_k$，特勒根定理可表示为

$$\sum_{k=1}^{b} \hat{u}_k i_k = \sum_{k=1}^{b} u_k \hat{i}_k \qquad (1-2)$$

（4）叠加定理。线性电路中各激励所产生的响应是各激励单独作用所产生响应的叠加。使用叠加定理时注意以下几点：①仅适用于线性电路；②未计及的激励视为零，电压源代以短路，电流源代以开路；③受控源不是激励，在分别计算激励的作用时，应保留在电路中。

（5）替代定理。电路中电压为 u_k，电流为 i_k 的支路，可用电压为 u_k 的电压源或是电流为 i_k 的电流源来替代，而电路中未加变动部分电压电流不变，被替代的支路可以是有源的，也可以是无源的。

（6）戴维南定理与诺顿定理。戴维南定理指出"任何一个含独立电

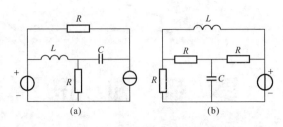

图 1 - 1 特勒根定理示意图

（a）原电路；（b）等效电路

源、线性电阻和受控源的一端口，对外电路来说，可以用一个电压源和电阻的串联组合来等效置换，此电压源的电压等于一端口的开路电压，而电阻等效于一端口的全部电源置零后的输入电阻"。

而诺顿定理指出"任何一个含独立电源、线性电阻和受控源的一端口，对外电路来说，可以用一个电流源和电导的并联组合来等效置换，电流源的电流等于该一端口的短路电流，而电导等于把该一端口的全部电源置零后的输入电导"。这两个定理有时统称为等效发电机定理。

（7）互易定理。互易定理是指具有互易特性的电路中当响应与激励互换位置时，其值保持不变。

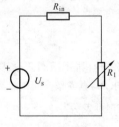

图 1 - 2　最大功率
传递示意图

（8）对偶原理。对偶原理指出，原电路与其对偶电路在电路方程的表示形式上是相同的，串联对偶为并联，电压源对偶为电流源，电阻对偶为电导，网孔对偶为节点，网孔电流对偶为节点电压。

（9）最大功率传递。如图 1 - 2 所示，当达到匹配条件 $R_1 = R_{in}$ 时，得到最大传输功率 $U_s^2/4R_{in}$。

二、分析方法

（1）相量法直接以正弦电压、电流的相量为电路变量求解正弦电流电路响应的方法叫作相量法，如基尔霍夫第一定律可表达为 $\Sigma \dot{I} = 0$；基尔霍夫第二定律可表达为 $\Sigma \dot{U} = 0$。相量在复平面上以矢量或矢量和表示的图形，叫作相量图。相量法分析正弦电流电路的稳态响应时，前述的定理都能应用。

（2）据线性电路的叠加原理，非正弦周期电源激励的稳态响应等于电源的傅立叶级数展开式中各分量单独作用时的稳态响应的代数和，计算的步骤是：①将非正弦周期电源分解为傅立叶级数；②按 $k = 1，2，\cdots$ 的顺序逐项计算相对应的稳态响应，计算所取项数视精度要求而定；③按时域形式求各响应的代数和。

（3）含有储能元件（电感和电容）电路称为动态电路，直接求解动态电路的常系数（线性）微分或积分方程的方法称为（线性）动态电路的时域分析法。

（4）拉氏变换把线性微分方程的求解简化为线性代数方程的求解，应用拉氏变换方法求解动态线性电路时，电路变量时间要经过积分变换成为一个复变函数，拉氏变换是从时域到复频域的变换。

（5）含有非线性电阻元件的电阻电路称非线性电阻电路，采用表格法或改进的节点分析法，可以编制非线性电阻电路的方程，得到如下一组代数方程

$$f_k(x_1, x_2, \cdots, x_p) = 0 (k = 1, 2, \cdots, p)$$

在上式中 $x_1，\cdots，x_p$ 为电路变量，它们可能是电路中的节点电压、支路电流，也可能是节点电压和某些支路电流的混合。非线性代数方程组一般无闭式解析解，工程上主要采用图解法、数值分析法、分段线性化法、小信号分析法等近似方法求解。

（6）对称分量法是分析具有不对称电源或负载的三相电路的重要方法。任一组三相不对称电源，可分解为正序对称分量、负序对称分量和零序对称分量之和。即

$$
\left.
\begin{aligned}
\dot{U}_A &= \dot{U}_{A1} + \dot{U}_{A2} + \dot{U}_{A0} \\
\dot{U}_B &= \dot{U}_{B1} + \dot{U}_{B2} + \dot{U}_{B0} \\
\dot{U}_C &= \dot{U}_{C1} + \dot{U}_{C2} + \dot{U}_{C0} \\
\dot{U}_{A0} &= \frac{1}{3}(\dot{U}_A + \dot{U}_B + \dot{U}_C) \\
\dot{U}_{A1} &= \frac{1}{3}(\dot{U}_A + a\dot{U}_B + a^2\dot{U}_C) \\
\dot{U}_{A2} &= \frac{1}{3}(\dot{U}_A + a^2\dot{U}_B + a\dot{U}_C)
\end{aligned}
\right\}
\qquad (1-3)
$$

其中 $\qquad\qquad\qquad \alpha = -1/2 + \mathrm{j}\sqrt{3}/2$

式中　α——工程上为方便而引入的单位相量算子。

三、基本概念

（1）谐振。有些电路同时含有电感和电容，由电感和电容组成串联、并联、串并联形成的谐振电路在正弦电源激励下，当端电压和输入电流同相时的稳定状态定义为电路的谐振。在实际中有的被广泛应用，有的需要加以避免和抑制，分为串联谐振和并联谐振。

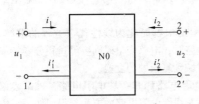

图 1 – 3　两端口网络图

（2）二端口网络。任一具有四个外连接端子的电路 N_0，端子形成两个端口 1 – 1′和 2 – 2′，并满足 $i_1 = i'_1$ 和 $i_2 = i'_2$，则 N_0 称为二端口网络，如图 1 – 3 所示。

（3）滤波。输入信号中的某一频段以相对较高的幅度输出的二端口网络称为滤波器。滤波器这种选频段的功能称为滤波，滤波电路分为低通、高通和带通等，谐振电路也有滤波功能。

四、电子电路介绍

（一）半导体

通常把导电能力介于导体和绝缘体之间的一类物质叫作半导体。电子设备中使用的晶体二极管、晶体三极管、晶闸管以及集成电路等各种器件，其核心部分都是用半导体材料制成的。半导体具有如下一些独特性质。

（1）半导体的电阻率受所含杂质的影响极大，纯净的半导体只要掺入微量的杂质，其电阻率就会大大减小。

（2）半导体的电阻率随温度升高按指数规律减小，一般金属的电阻率是随温度升高而增大的。

（3）半导体的电阻率随光照而显著减小，有一些特殊的半导体在电场或磁场的作用下电阻率也会发生改变。

纯净的半导体叫作本征半导体，在本征半导体中掺入适量的五价元素就成为 N 型半导体。N 型半导体的特点是体内电子浓度比空穴浓度大得多，自由电子是多数载流子。空穴是少数载流子，导电功能主要依靠自由电子。在本征半导体中掺入少量三价元素，就成为 P 型半导体，P 型半导体的特点与 N 型半导体的特点正相反。

（二）晶体二极管

单独的 P 型、N 型半导体只能起到电阻元件的作用，当 P 型、N 型半导体组合在一起，在交界处形成 PN 结，在 PN 区两端外加一正向电压后外加电压将集中降落于阻挡层上，阻挡层将变厚使电阻增大；反之变薄，电阻减小，即 PN 结的单向导电性，但是当反向电压达到一定数值时，反向电流会突然迅速增大，即 PN 结击穿现象。

晶体三极管是由一个 PN 结加上相应的电极引线和瓷壳制成的，正极又叫阳极，是 P 型半导体的引出线；负极又叫阴极，是 N 型半导体引出线，如图 1-4 所示。

二极管的基本特性是单向导电性，图 1-5 是加在二极管两端的电压和流过二极管的电流的对应关系，即伏安特性曲线。

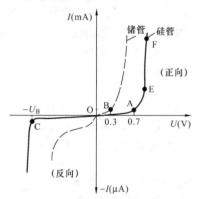

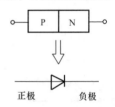

图 1-4　引出线图

图 1-5　伏安特性曲线

OA 段外加电场还不足以克服 PN 结自建电场，增大到一定数值即起始电压，正向电流开始有较大增长。硅管 EF 段正向压降变化范围很小，可以用来进行稳压。OC 段二极管处于截止状态，只有很小的反向电流流过，反向电压增大到一定数值时，反向电流急剧增大，造成反向击穿。

二极管的主要参数：①最大正向电流，指二极管在长期工作时，允许流过二极管的最大正向电流平均值；②最高反向工作电压，指允许加在二极管上的最大反向电压。

（三）晶体三极管

晶体三极管是在一块半导体基片上制作两个 PN 结而成，分为 PNP 型和 NPN 型。其中间部分叫基区，引线叫基极，用 b 表示；多数载流子浓度大的区域叫发射区，引线叫发射极，用 e 表示；多数载流子浓度小的区域叫集电区，引线叫集电极，用 c 表示。发射区与基区之间的 PN 结叫发射结，基区和集电区之间的 PN 结叫集电结，如图 1-6 所示。

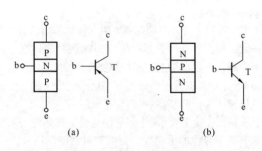

图 1-6 晶体三极管示意图

（a）PNP 示意图；（b）NPN 示意图

基极电流 I_b 比集电极电流 I_c、发射极电流 I_e 小很多，满足关系 $I_e = I_b + I_c$，I_b 的微小变化将引起 I_c 较大变化，这种现象叫三极管的电流放大作用。

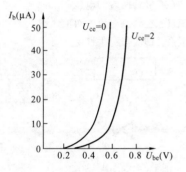

（1）图 1-7 是共发射极输入特性曲线。$U_{ce} = 0$ 时，此时的 $I_b - U_{be}$ 曲线和二极管的正向伏安特性相同，U_{ce} 不等于 0 时，$I_b - U_{be}$ 曲线在 $U_{ce} = 0$ 曲线的右边，U_{ce} 越大特性曲线越向右移。

图 1-7 共发射极输入特性曲线

（2）图 1-8 是共发射极输出特性曲线。

1）放大区：I_c 受 I_b 控制，与 U_{ce} 几乎无关；

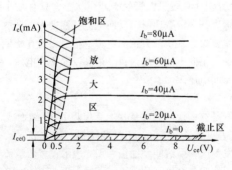

图 1-8 共发射极输出特性曲线

第一篇 继电保护知识

2）饱和区：U_{ce}比较小，增大I_b并不能使I_c随着增加；

3）截止区：这时集电极电流很小，叫穿透电流I_{ce0}。

三极管主要参数有：①共发射极电流放大系数β（$\beta = I_c / I_b$）；②集电极反向饱和电流I_{cb0}，当集电极反向偏置时，集电极中少数载流子漂移而形成的反向电流I_{cb0}；③穿透电流I_{ce0}；④极限参数：集电极最大允许耗散功率，集电极最大允许电流，集电极—发射极反向击穿电压，上述三个参数决定了三极管的安全工作区，不允许超越。

（四）运算放大器

运算放大器在一定条件下，它的输出信号是输入信号的某种数学运算的结果，所以叫运算放大器。运算放大器基本运算功能如下。

（1）比例放大器的工作原理如图 1 - 9 所示。

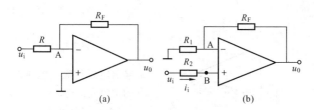

图 1 - 9　比例放大器工作原理图

（a）比例放大器；（b）反相器

图 1 - 9（a）推导，得

$$u_0 \approx -\frac{R_F}{R}u_i \qquad (1-4)$$

当$R = R_F$时，u_0约等于负u_i此时就变成了反相器。图 1 - 9（b）推导得

$$u_0 \approx \frac{R_1 + R_F}{R_1}u_i \qquad (1-5)$$

（2）加法器，如图 1 - 10 所示。

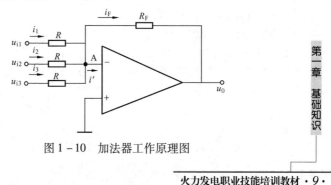

图 1 - 10　加法器工作原理图

$$u_0 \approx -(u_{i1} + u_{i2} + u_{i3})$$

此电路后面再接一个反相器，就
可得到

$$u_0 \approx u_{i1} + u_{i2} + u_{i3}$$

（3）减法器，如图 1-11 所示。

$$u_0 \approx u_{i2} - u_{i1}$$

（4）积分器，如图 1-12 所示。

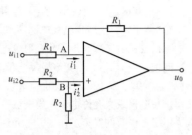

图 1-11　减法器工作原理图

$$u_0 \approx -\frac{1}{RC}\int u_i \mathrm{d}t$$

即输出电压与输入电压对时间积分的负值成正比。

（5）微分器，如图 1-13 所示。

$$u_0 \approx -RC\frac{\mathrm{d}u_i}{\mathrm{d}t}$$

即输出电压与输入电压对时间微
分的负值成正比。

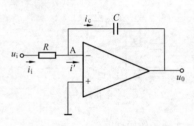

图 1-12　积分器工作原理图

（五）逻辑电路

最基本的逻辑关系有与、或、
非三种。

逻辑电路中规定，以高电位表示有信号，而把低电位看作无信号的逻
辑电路，叫作正逻辑电路。相反，以低电位表示有信号，而把高电位看作
无信号的逻辑电路，叫作负逻辑电路。通常用"1"表示有信号，用"0"
表示无信号，所以正逻辑电路中"1"表示高电位，"0"表示低电位，负
逻辑电路中，"1"表示低电位，"0"表示高电位。

（六）场效应管

场效应管是通过改变垂直于导
电沟道的电场以控制其导电能力
从而实现控制输出电流，实现放
大等功能的电子器件，按沟道导
电类型可分为如下几种：

（1）P 沟道场效应管由空穴
导电。

（2）N 沟道场效应管由电子

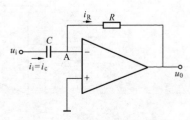

图 1-13　微分器工作原理图

导电。

按工作方式不同可分为：

（1）增强型场效应管，零栅压下不存在导电沟道，外加栅压达一定值产生沟道，并随栅压的升高导电能力增加；

（2）耗尽型场效应管，在零栅压下已存在导电沟道的器件。

场效应管可分为四种基本类型，即 N 沟道增强型、N 沟道耗尽型、P 沟道增强型、P 沟道耗尽型。

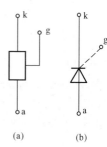

图 1 - 14　晶闸管示意图
（a）晶闸管示意图 1；
（b）晶闸管示意图 2

（七）晶闸管

晶闸管是一种大功率半导体器件，它可以实现以微小的电信号对大功率电能进行控制或变换。晶闸管由 PNPN 四层半导体构成有三个电极，如图 1 - 14 所示，阳极用 a 表示，阴极用 k 表示和控制极用 g 表示。

晶闸管与二极管一样具有单向导电的特性，但是晶闸管的导通要受到控制极上控制电压的控制。晶闸管的导通条件，除主要在阳极和阴极间加上足够大的正向电压，即正向阳极电压，还必须在控制极和阴极间加适当正向电压，称为触发电压。晶闸管导通后，控制极就失去控制作用。

正向阳极电压减少到一定值，使阳极电流小于维持电流，或者在晶闸管的阳极和阴极间加反向电压，可使晶闸管由导通变为阻断。

（八）霍尔电流传感器

1. 霍尔电流传感器概述及基本原理

霍尔传感器是源于霍尔效应的一种传感器。随着半导体技术的发展，开始用半导体材料制成霍尔元件，由于它的霍尔效应显著而得到应用和发展。霍尔传感器是基于霍尔效应将被测量（如电流、磁场、位移、压力、压差、转速等）转换成电动势输出的传感器，具有体积小、结构简单、坚固、频率响应宽、动态范围大、非接触、使用寿命长、可靠性高、易于微型化和集成化的特点，在测量技术、自动化技术和信息处理等方面得到了广泛的应用。

2. 霍尔电流传感器结构和工作原理

按照传感器输出电压/电流有无闭环反馈，霍尔电流传感器可以分为直测式（开环）和磁平衡式（闭环）两类。首先介绍直测式（开环）霍尔电流传感器，其原理图如图 1-15 所示。

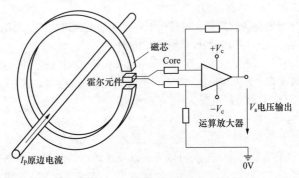

磁芯
Core
霍尔元件
$+V_c$
$-V_c$
V_s电压输出
运算放大器
I_P原边电流
0V

图 1-15　开环式霍尔电流传感器原理图

众所周知，当电流通过一长导线时，在导线周围产生磁场。该磁场的大小与流过导线的电流成正比，它可以通过磁芯汇聚到霍尔原件上，并且输出信号。该信号可以由功率放大器放大后直接输出。一般额定输出被校准为 4V。

直测式（开环）霍尔电流传感器的不足之处在于它的测量范围是有限制的。在此应用中，霍尔元件作为磁场强度检测器，它检测的是位于磁芯气隙中的磁感应强度。随着电流的增大，磁场强度也会相应增大，从而磁芯可能达到饱和。同时，随着频率的升高，磁芯中的磁滞损耗、涡流损耗等也会相应升高。这些都是测量精度不准确的因素。为了避免这些不利因素，可采取一些改进措施，例如选择饱和性能高、磁感应强度大的磁芯材料，制成多层磁芯或者使用多个霍尔元件来进行检测等。但是，这样就增加了制造的成本，且精度也不太理想。所以，磁平衡式的霍尔电压电流传感器就开始出现了。

磁平衡式（闭环）霍尔电流传感器的原理图如图 1-16 所示。其具体工作过程为：当原边有一电流 I_P 通过时，将在导线周围激发出一个磁场，聚磁环将大部分的磁能聚集在一起，将磁场垂直地加到霍尔元件上，由此产生一个微弱的霍尔电压 U_H。由于该霍尔电压的数值很小，需要通过放大器放大后才能驱动后级的三极管。由于在集电极和发射机之间后级的开关管存在正向电压，所以当霍尔电压经放大后加到基极上时，开关管导通，从后获得一个补偿电流 I_S，这一电流再通过匝数 N_S 的副边补偿绕组产生磁场，该磁场与被测电流产生的磁场正好相反，因而补偿了原来的磁场，使霍尔元件的输出电压 U_H 逐渐减小。当 $I_S \cdot N_S = I_P \cdot N_P$ 时，I_S 不再

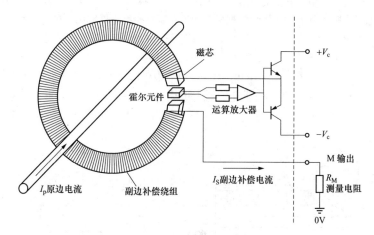

图 1 - 16　闭环式霍尔电流传感器的原理图

增加，这时的霍尔元件起到指示零磁通的作用，此时可以通过 I_S 的大小来测量 PI 的大小，即

$$I_P = \frac{I_S \cdot N_S}{N_P}$$

霍尔电流传感器被广泛用于保护继电器，因为它的精度高，线性度好，高频带宽，响应速度快，过载能力强，不损失被测无电路能量等。电流在电力电子电路常常具有大的 di/dt，非正弦，直流成分等，要真正检测该电流波形，霍尔元件是目前最合适的组分。使用霍尔的工作频率带宽的特性电流传感器，可以用于检测谐波分析、峰值测量等非正弦电源。

（九）IGBT

IGBT，全称绝缘栅双极型晶体管，它是由 BJT（双极型晶体管）和 MOS（绝缘栅型场效应管）组成的全控型电压驱动型半导体器件。其中，BJT（双极型晶体管）的特点是耐压高，载流密度大，开关特性好；不足之处是驱动电流较大、驱动电路复杂、开关速度慢。MOSFET（绝缘栅型场效应管）的特点是驱动电路简单，驱动功率很小，开关速度快，工作频率高；缺点是导通压降大，载流密度小。IGBT 综合了以上两种器件的优点，驱动功率小而耐压能力高，非常适合应用于直流电压为 600V 及以上的变流系统。

如图 1 - 17 所示为一个 N 沟道增强型绝缘栅双极晶体管结构，N^+ 区

第一章 基础知识

称为源区，附于其上的电极称为源极。P⁺ 区称为漏区。器件的控制区为栅区，附于其上的电极称为栅极。沟道在紧靠栅区边界形成。在漏、源之间的 P 型区（包括 P⁺ 和 P⁻ 区，沟道在该区域形成），称为亚沟道区。而在漏区另一侧的 P⁺ 区称为漏注入区，它是 IGBT 特有的功能区，与漏区和亚沟道区一起形成 PNP 双极晶体管，起发射极的作用，向漏极注入空穴，进行导电调制，以降低器件的通态电压。附于漏注入区上的电极称为漏极。

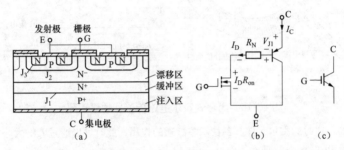

图 1 - 17　IGBT 的结构、简化等效电路和电气图形符号
(a) 内部结构示意图；(b) 简化等效电路；(c) 电气图形符号

　　IGBT 的驱动原理与电力 MOSFET 基本相同，是一种场控器件，其开通和关断由栅射极电压 U_{GE} 决定；当 U_{GE} 大于开启电压 U_{GE}（th）时，MOSFET 内形成沟道，为晶体管提供基极电流，IGBT 导通；当栅射极间施加反压或不加信号时，MOSFET 内的沟道消失，晶体管的基极电流被切断，IGBT 关断。

　　（十）电子电路举例

　　1. 逐次逼近型 A/D 转换器

　　逐次逼近型 A/D 转换器的原理图如图 1 - 18 所示，将一待转换的模拟输入信号 U_A 与一个推测信号 U_C 相比较，根据推测信号大于还是小于输入信号来决定增大还是减小该推测信号，以便向模拟输入信号逼近。推测信号由 D/A 转换器的输出获得。当推测信号与模拟信号相等时，向 D/A 转换器输入的数字就是对应模拟输入量的数字量。

　　2. 射极耦合放大电路

　　射极耦合放大电路如图 1 - 19 所示，输入信号 U_i 加至 V1 管的基极，然后经过两管公共射极电阻 R_E 耦合到 V1 管，故名射极耦合放大电路。

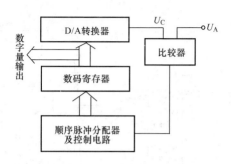

图 1 – 18　逐次逼近型 A/D 转换器

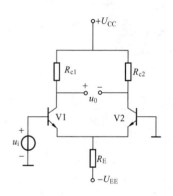

图 1 – 19　射极耦合放大电路

该电路中射极电阻 R_E 越大,两边电路越对称,抑制零漂的作用就越强。R_E 阻值也不能过大,否则将使静态工作点下移,影响放大电路的电压放大倍数。为了使 R_E 既有较大的数值,又能保证管子有合适的工作点,因此在发射极电路内接入一个辅助电源 $-U_{EE}$。

3. 晶体振荡电路

晶体振荡电路可分为串联谐振式和并联谐振式两种,电路中采用具有压电效应的晶体 QR 电路组成如图 1 – 20 所示。目前有集成晶体振荡电路如 XK76。振荡频率由所用晶体决定。晶体制造厂为便利用户使用,对用于并联谐振式电路的晶体,规定一标准的负载电容 C_2 值,可微调振荡频率。通常晶体的频率范围在几十赫到几十兆赫,有的可达到 200MHz 以上。

4. 窄带带通滤波器

图 1 – 21 (a) 是窄带带通滤波器,幅频特性如图 1 – 21 (b) 所示,图中通带中心频率为

$$f_0 = \frac{1}{2\pi RC}$$

5. 采样—保持电路

用来对模拟信号进行间隙采样,并加以保持,直到下一次采样的电

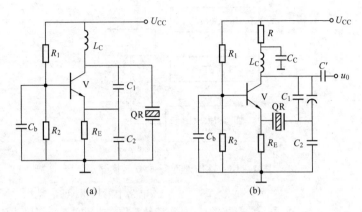

图 1 - 20　晶体振荡电路

(a) 并联谐振式；(b) 串联谐振式

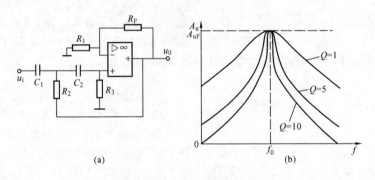

图 1 - 21　二阶带通滤波器

(a) 电路；(b) 幅频特性

路，称为采样—保持电路，如图 1 - 22 (a) 所示。采样—保持过程，如图 1 - 22 (b) 所示。

6. 桥式单相整流电路

几种基本的整流电路如图 1 - 23 所示。

7. 桥式整流电容滤波电路

以常用的桥式整流电路连上电容滤波电路为例来说明滤波作用，具体电路及工作波形如图 1 - 24 所示。图 1 - 24 (b) 中画出了未加滤波时的

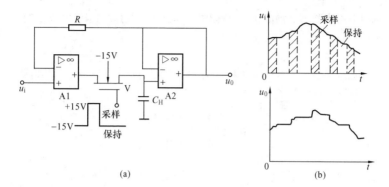

图 1 - 22 采样—保持电路

（a）电路；（b）输入输出波形

C_H—保持电容；V—MOS 场效应晶体管，即采样保持开关

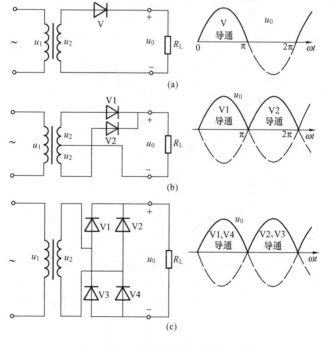

图 1 - 23 几种基本的单相整流电路

（a）半波；（b）全波；（c）桥式

输出电压波形 u'_0、加滤波后的输出电压波形 u_0 和通过二极管电流 i_v 的波形图。

8. 串联型稳压电路

通过调整管 V 与负载电阻 R_L 串联来实现稳定输出直流电压的电路，称为串联型稳压电路。

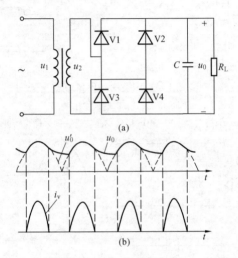

(a)

(b)

图 1 - 24　桥式整流电容滤波电路及工作波形

（忽略二极管内阻）

（a）电路；（b）工作波形

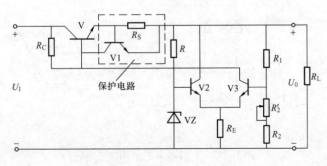

图 1 - 25　串联型稳压电路实例

串联型稳压电路中，为了防止调整管损坏，常采用保护电路。图1-25中所示为限流型保护电路。这种保护电路的稳压输出外特性如图1-26（a）所示，必须选择容量大的管子作调整管，很不经济。除此之外，还有截流型保护电路［其外特性如图1-26（b）所示］、过电压保护和过热保护电路。

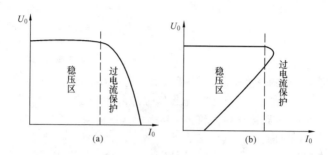

图1-26　两种保护电路的外特性

（a）限流型保护；（b）截流型保护

第二节　一次相关设备知识

一、发电厂（变电站）电气一次系统接线

发电厂（变电站）电气主接线是电力系统接线的主要组成部分，它表明了发电机、变压器、线路和断路器等电气设备的数量和连接方式及可能的运行方式，从而完成发电、变电、输配电的任务。

大型发电厂（总容量 1000MW 及以上，单机容量 200MW 以上），一般距负荷中心较远，电能需用较高电压输送，故宜采用简单可靠的单元接线方式，如发电机—变压器单元接线，或发电机—变压器—线路单元接线，直接接入高压或超高压系统。

中型发电厂（总容量 200～1000MW、单机容量 50～200MW）和小型发电厂（总容量 200MW 以下、单机容量 50MW 以下），一般靠近负荷中心，常带有 6～10kV 电压级的近区负荷，同时升压送往较远用户或与系统连接。发电机电压超过 10kV 时，一般不设机压母线而以升高电压直接供电。全厂电压等级不宜超过三级（发电机电压为 1 级，设置升高电压 1～2 级）。采用扩大单元接线时，组合容量一般不超过系统容量的8%～10%。

对于 6 ~ 220kV 电压配电装置的接线，一般分为两大类：其一为母线类，包括单母线、单母线分段、双母线、双母线分段和增设旁路母线的接线；其二为无母线类，包括单元接线、桥形接线和多角形接线等。应视电压等级和出线回数，酌情选用。

对于 330 ~ 500kV 超高压配电装置接线，首先要满足可靠性准则的要求。常用的接线有：3 ~ 5 角形接线、一个半断路器接线、双母线多分段接线、变压器—母线接线（线路部分采用双母线双断路或一个半断路器接线，而主变压器直接经隔离开关接到母线上）、环形母线多分段接线及 4/3 台断路器接线（一个串有 4 个断路器，接 3 个回路）。

旁路母线的设置原则：①采用分段单母线或双母线的 110 ~ 220kV 配电装置，当断路器不允许停电检修时，一般需设置旁路母线。因为 110 ~ 220kV 线路输送距离较长、功率大，一旦停电影响范围大，且断路器检修时间长（平均每年约 5 ~ 7 天），故设置旁路母线为宜。对于屋内型配电装置或采用 SF_6 断路器、SF_6 全封闭电器的配电装置，可不设旁路母线。主变压器的 110 ~ 220kV 侧断路器，宜接入旁路母线。当有旁路母线时，应首先采用以分段断路器或母联断路器兼作旁路断路器的接线。当 220kV 出线为 5 回及以上、110kV 出线为 7 回及以上时，一般装设专用的旁路断路器。②35 ~ 60kV 配电装置中，一般不设旁路母线，因重要用户多系双回路供电，且断路器检修时间较短，平均每年约 2 ~ 3 天，如线路断路器不允许停电检修时，可设置其他旁路设施。③6 ~ 10kV 配电装置，可不设旁路母线。对于出线回路数多或多数线路系向用户单独供电，以及不允许停电的单母线、分段单母线的配电装置，可设置旁路母线。采用双母线的 6 ~ 10kV 配电装置多不设旁路母线。

对于变电站的电气接线，当能满足运行要求时，其高压侧应尽量采用断路器较少或不用断路器的接线，如线路—变压器组或桥形接线等。若能满足继电保护要求时，也可采用线路分支接线。在 110 ~ 220kV 配电装置中，当出线为 2 回时一般采用桥形接线；当出线不超过 4 回时，一般采用分段单母线接线。在枢纽变电站中，当 110 ~ 220kV 出线在 4 回线及以上时，一般采用双母线接线。

在大容量变电站中，为了限制 6 ~ 10kV 出线上的短路电流，一般可采用下列措施：①变压器分列运行；②在变压器回路中装设分裂电抗器或电抗器；③采用低压侧为分裂绕组的变压器；④出线上装设电抗器。

1. 主变压器选择

（1）对于 200MW 及以上发电机组，一般与双绕组变压器组成单元接线，主变压器的容量和台数与发电机容量配套选用。当有两种升高电压时，宜在两种升高电压之间装联络变压器，其容量按两种电压网络的交换功率选择。

（2）对于中、小型发电厂应按下列原则选择：

1）为节约投资及简化布置，主变压器应选用三相式。

2）为保证发电机电压出线供电可靠，接在发电机电压母线上的主变压器一般不小于 2 台。在计算通过主变压器的总容量时，至少应考虑 5 年内负荷的发展需要，并要求：在发电机电压母线上的负荷为最小时，能将剩余功率送入电力系统；发电机电压母线上的最大一台发电机停运时，能满足发电机电压的最大负荷用电需要；因系统经济运行而需限制本厂出力时，亦应满足发电机电压的最大负荷用电。

3）在发电厂有两种升高电压的情况下，当机组容量为 125MW 及以下时，从经济上考虑，一般采用三绕组变压器，但每个绕组的通过功率应达该变压器容量的 15% 以上，三绕组变压器一般不超过 2 台。

4）在变压器高、中压侧系统均为中性点直接接地系统的情况下，可考虑采用自耦变压器。在送电方向主要是由低、中压侧向高压侧送电，或当高、中压系统交换功率较大时，把降压型自耦变压器作为高、中压联络变压器使用较为合理，但其低压绕组不与发电机连接、不供负荷或仅供少量厂用负荷或作厂用备用电源。当经常由低、高压侧向中压侧送电或由低压侧向高、中压侧送电时，不宜使用自耦变压器。

5）对潮流方向不固定的变压器，经计算采用普通变压器不能满足调压要求时，可采用有载调压变压器。

2. 变电站主变压器台数选择

为保证供电可靠性，变电站一般装设 2 台变压器。当只有一个电源或变电站可由低压侧电网取得备用电源给重要负荷供电时，可装设 1 台变压器。对于大型枢纽变电站，根据工程具体情况，可安装 2~4 台主变压器。

对于单机（或扩大单元）容量在 300MW 及以上的发电厂，可靠性准则初步建议如下：

（1）任何断路器检修，不得影响对用户的供电。

（2）任一进、出线断路器故障或拒动，不应切除 1 台以上机组和相应的线路。

（3）任一台断路器检修和另一台断路器故障或拒动相重合时，以及分段或母联断路器故障或拒动时，都不应切除 2 台以上机组和相应线路。

（4）经论证，在保证系统稳定和发电厂不致全停的条件下，允许切除 2 台以上 300MW 机组。

3. 电气主接线

对于 330～500kV 变电站电气主接线，可靠性准则为：①任何断路器检修，不得影响对用户的供电；②任一台断路器检修和另一台断路器故障或拒动相重合时，不宜切除两回以上超高压线路；③一段母线故障（或连接在母线上的进出线断路器故障或拒动），宜将故障范围限制到不超过整个母线的 $\frac{1}{4}$，当分段或母联断路器故障时，其故障范围宜限制到不超过整个母线的 $\frac{1}{2}$；④经过论证，在保证系统稳定的条件下，才允许故障范围大于上述要求。

主接线的灵活性要求有以下几方面：

（1）调度灵活，操作简便：应能灵活地投入（或切除）某些机组、变压器或线路；调配电源和负荷，能满足系统在事故、检修及特殊运行方式下的调度要求。

（2）检修安全：应能方便地停运断路器、母线及其继电保护设备，进行安全检修而不影响电力网的正常运行及对用户的供电。

（3）扩建方便：应能容易地从初期过渡到最终接线，使在扩建过渡时，一次和二次设备等所需的改造最少。

主接线的基本形式有单母线接线、双母线接线、一个半断路器接线、桥形接线、角形接线、单元接线和变压器母线组接线等几种。

（1）单母线接线。

单母线接线如图 1－27 所示，具有简单清晰、设备少、投资小、运行操作方便且有利于扩建等优点，但可靠性和灵活性较差。当母线或母线隔离开关发生

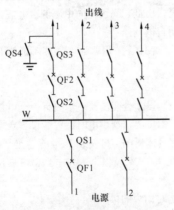

图 1－27　单母线接线

QF1、QF2—断路器；QS1、QS2—母线隔离开关；QS3—线路隔离开关；QS4—接地开关；W—母线

故障或检修时，必须断开全部电源，造成全厂停电。此外，在断路器检修时，也将停止该回路工作。

可以采取以下方案补偿不足。

1）母线分段，如图1-28所示。单母线借分段断路器 QF 进行分段，可以提高供电可靠性和灵活性。这不仅便于分段检修母线，而且可减小母线故障影响范围。对重要用户可以从不同分段上引接，当一段母线发生故障时，自动装置将分段断路器 QF 跳开，保证正常段母线不间断供电。两段母线同时故障的几率甚小，可以不予考虑。在可靠性要求不高时，亦可用隔离开关分段，故障时将短时停电，拉开分段隔离开关 QS 后，完好段即可恢复供电。

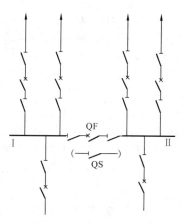

图 1 - 28　单母分段接线
QS—分段隔离开关；QF—分段断路器

2）加设旁路母线，如图1-29所示。为了检修出线断路器，不致中断该回路供电，可增设旁路母线 WP 和旁路断路器 QFP。旁路母线经旁路隔离开关 QSP 与每一出线连接。正常运行时，QSP 和 QFP 断开。当检修某出线断路器 QFL 时，先闭合 QSP 和 QFP，然后断开 QFL 及两侧的线路隔离开关 QSX 和母线隔离开关 QSW；这样 QFL 就可退出工作，由旁路断路器 QFP 执行其任务。虚线表示旁路母线系统也可用以检修电源电路中的断路器。

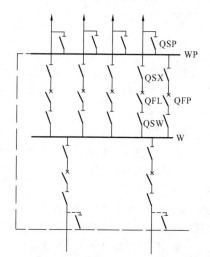

图 1 - 29　旁路母线的单母线接线
W—母线；WP—旁路母线；QFP—旁路断路器；
QSP—旁路隔离开关；QSX—线路隔离开关；
QFL—线路断路器；QSW—母线
隔离开关

第一章 基础知识

3）单母分段带旁路母线接线如图 1 - 30 所示，以分段断路器兼作旁路断路器。旁路母线可接至任一母线正常时旁路母线不带电，分段断路器QF 及隔离开关 QS1、QS2 在闭合状态，QS3、QS4、QS5 均断开，以单母线分段方式运行，当 QF 作为旁路断路器运行时，若闭合隔离开关 QS1、QS4（此时 QS2、QS3 断开）及 QF、旁路母线即接至 A 段母线；若合上隔离开关 QS2、QS3 及 QF（此时 QS1、QS4 断开）则接至 B 段母线。这时，按单母线方式运行，亦可以通过隔离开关 QS5 并列运行。这种接线方式，对于进出线不多；容量不大的中小型发电厂和电压为 35、110kV 的变电站较为实用，具有足够的可靠性和灵活性。

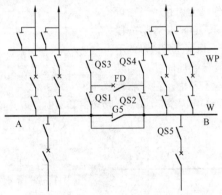

图 1 - 30　单母分段带旁母接线

（2）双母线接线。

双母线接线如图 1 - 31 所示，它具有工作母线 I 和备用母线 II 两组母线。每回线路都经一台断路器和两组隔离开关分别与两组母线连接，母线之间通过母线联络断路器 QFL 连接，称为双母线接线。有两组母线后，使运行的可靠性和灵活性大为提高，其特点如下：

1）检修任一母线时，不会停止对用户连续供电，例如检修工作母线，可把全部电源和线路倒换到备用母线上。当检修任一组母线隔离开关时，只需断开此隔离开关所属的一条线路和与此隔离开关相连的该组母线，其他电路均可通过另一组母线继续运行。

2）运行调度灵活通过倒换操作可以形成不同运行方式，如当母联断路器闭合，两组母线同时运行，进出线分别接在两组母线上，即相当单母线分段运行；当母联断路器断开，一组母线运行，另一组母线备用，全部进出线接于运行母线上，即相当于单母线运行。

第一篇　继电保护知识

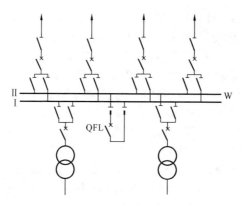

图 1 - 31　双母线接线

QFL—母线联络断路器

3）线路断路器检修，可临时用母联断路器代替。将断路器退出后，并用"跨条"把遗留缺口接通，投入母联断路器，此时即以母联断路器代替线路断路器使用，若加装旁路母线则可避免检修断路器时的短时停电。

4）在特殊需要时，可以用母联断路器与系统进行同期或解列操作。当个别回路需要独立工作或进行试验（如发电机或线路检修后需要试验）时，可将该回路单独接到备用母线上运行。

（3）一个半断路器接线。

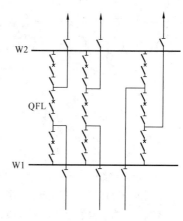

图 1 - 32　一个半断路器接线

如图 1 - 32 所示在两组母线之间，装有三个断路器，可引接两个回路故称为 $\frac{3}{2}$ 接线或一个半断路器接线。正常运行时断路器都接通，双母线同时工作。在任一母线故障或检修时，不会造成停电。在检修任一台断路器时，也不会造成该回路停电。

（4）桥形接线。

当只有两台变压器和两条输电线路时，采用桥式接线，所用断路器数目最少，如图 1 - 33 所示。依照连接桥的位置可分为内桥和外桥。运行时，桥臂上联络断路器处于闭合状态。当输电线较长，故障几率较多而变压器又不需经常切除时，采用内桥式接线较合适；而外桥式接线，则在出线较短且变压器随经济运行的要求需经常切换，或系统有穿越功率流经本厂（如两回出线均接入环形电网）时，就更为适宜。

（5）角形接线。

当母线闭合成环形，并按回路数利用断路器分段，即构成角形接线。图 1 - 34 为四角形接线。角形接线中，断路器数等于回路数，且每个回路都与两台断路器相连接，检修任意一台断路器都不致中断供电，但在检修断路器时（如 QF1），将开环运行。此时，如恰好发生故障（如 QF2）则造成系统解列或分成两半运行，甚至会造成停电事故。注意应将电源和馈线回路相互交替错开布置或按对角原则连接，将会提高供电可靠性。

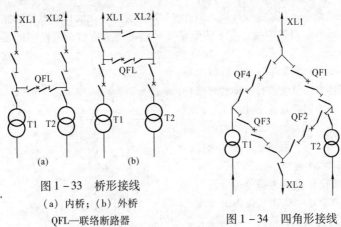

图 1 - 33　桥形接线

（a）内桥；（b）外桥

QFL—联络断路器

图 1 - 34　四角形接线

（6）单元接线。

发电机与变压器直接连接成一个单元，组成发电机—变压器组，称为单元接线。因为不设发电机电压母线，发电机和主变压器低压侧短路电流有所减少，根据所采用的变压器不同，可组成①发电机—双绕组变压器单元接线，如图 1 - 35（a）所示，在发电机出口不装设断路器，至于是否装隔离开关，一般为调试发电机方便应装隔离开关，但对 200MW 以上机组，若采用分相封闭母线时，可不装隔离开关；②发电机—自耦变压器（或三绕组）变压器单元接线如图 1 - 35（b）、（c）所示，为了在发电机停止工作时，还能保持高压和中压电网之间的联系，发电机出口处应装断路器。但当机组容量较大时，断路器的选择可能会发生困难，且采用封闭母线后，安装工艺也较复杂。同时，三绕组变压器中压侧由于制造上的原因，均为死抽头，从而将影响中压侧电压水平及负荷分配的灵活性，所以至今国内外只有个别地方采用。

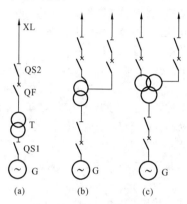

图 1-35　单元接线

（a）发电机—双绕组变压器单元接线；（b）发电机—自耦变压器单元接线；
（c）发电机—三绕组变压器单元接线

（7）变压器母线组接线。

各出线回路由两台断路器分别接在两组母线上，变压器直接通过隔离开关接到母线上，组成变压器—母线组接线，如图 1-36 所示。这种接线调度灵活，电源和负荷可自由调配，安全可靠且有利于扩建。它与具有相同断路器数量的带旁路双母线的接线相比其可靠性较高，与多角形接线相比也不存在开环问题。但是，变压器故障就相当于母线故障。不过，因为变压器故障几率较小，所示这种接线在国外超高压系统中已广为采用。

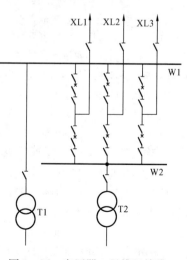

图 1-36　变压器—母线组接线

4. 电力系统中性点定义以及接地方式分类

电力系统中性点是指发电机或星形接线变压器的中性点。这些中性点的接地类型涉及系统的绝缘水平、继电保护、供电可靠性、接地保护方式、电压等级、系统稳定以及系统接线等多方面因素，必须通过合理的技术比较精确计算后确定其接地方式。

电力系统中性点接地方式分类有很多种，其中最常见的是分为大接地电流方式、小接地电流方式两类，而采用哪种接地方式主要由供电可靠性和承受过电压的绝缘水平两个因素决定。

大接地电流方式又分为中性点直接接地、中性点经小电阻接地。对于中性点直接接地方式，当发生单相接地故障时，故障点与大地、中性点之间形成回路，导致故障相流过大短路电流。为了防止对设备造成损坏，断路器须快速切除故障电流，所以其安全性较高。因为发生单相接地时相当于单相短路，所以保护装置可以动作切除故障。另外，该种接地方式经济性好，因为中性点直接接地系统发生单相接地故障时，接地相电压降低，而且中性点和非故障相电压不会升高，因此这种接地方式不需要考虑过电压问题，其绝缘水平可按相电压考虑，所以经济性高。但是，由于系统发生单相接地时，继电保护动作使断路器快速跳闸切除故障线路，而单相接地发生的概率占电力系统故障的大约70%，所以此种接地方式极大地降低了供电可靠性。

对于中性点经小电阻接地方式，中性点与大地之间所接电阻限制了接地时的短路电流，属于中性点有效接地系统。当单相接地故障发生后依然会产生数值较大的短路电流，断路器必须快速切除故障线路，同时会导致供电中断。这种方式主要用于大规模供电网络，接地时电容电流过大，不易补偿的系统。

小接地电流方式又分为中性点不接地、中性点经消弧绕组接地。对于中性点不接地系统，当单相接地故障发生时，由于中性点不接地，所以没有形成短路电流回路，故障相和非故障相流过的均是正常负荷电流，但是接地相相电压为零，不接地相对地电压升高了$\sqrt{3}$倍，系统的平衡性没有被破坏，线电压仍然保持对称。所以，短时间内故障可以不被切除，这段时间可以用作故障排除，或者倒接负荷操作，就可以不停电，从而提高了电力系统供电的可靠性。但是由于单相接地时，非故障相以线电压方式运行，因此该系统的绝缘水平应按线电压设计，所以其经济性较差。其次，对于中性点不接地系统，由于线路存在分布电容，故障点和线路对地电容电流形成回路，一般情况下，该容性电流会在故障点以电弧形式存在，电弧产生的高温会损坏设备，不稳定的电弧会引起系统的谐振过电压，破坏非故障相的绝缘，从而发展成相间短路，导致故障扩大化。

对于中性点经消弧绕组接地，当单相接地故障时，中性点会产生零序电压，在该电压的作用下，会有感性电流流过消弧绕组进入发生接地的电力系统，从而抵消了故障点流过的容性电流，起到了消除或减少故障点电弧电流危害的效果。需要注意的是，经消弧绕组补偿后，接地点虽然不会或者有很少的有容性电流，但是接地故障依然存在，接地相电压降低而非故障相对地电压依然很高，所以长期以此运行仍然是不允许的。

二、发电机、调相机、电动机、变压器、断路器以及互感器基本工作原理

1. 同步发电机的工作原理

图 1 – 37 是三相同步发电机工作原理的示意图，图中静止的部分称为定子，旋转的部分称为转子。在一般同步发电机中，旋转的部分是磁极。以恒定不变的转速在旋转。转子上有绕组，绕组中通以直流电流以后便可激励一磁场。定子上有许多槽，槽中安置导体。为了简明起见，在图 1 – 37 中，只画出了三个槽和三根导体。当转子旋转时，磁通切割定子导体而在其中感应电动势。根据右手定则可知：当导体为 N 极磁场切割时，它的感应电动势方向为流出纸面（图 1 – 37 中导体 A）；而当导体为 S 极磁场切割时，它的感应电动势方向便为流入纸面。转子旋转时，导体交替地为 N 极和 S 极磁场所切割，因此每根导体中的感应电动势方向是交变的。

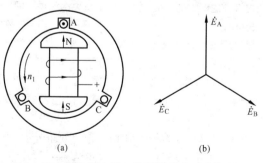

（a）　　　　　　　　　　（b）

图 1 – 37　同步发电机工作原理及电动势相量图
（a）工作原理图；（b）电动势相量图

第一章　基础知识

在图 1 – 37 中，磁通首先切割 A 相导体，当转子转过 120°及 240°后，磁通再依次切割 B 相导体和 C 相导体。因此，A 相的感应电动势便超前 B 相感应电动势 120°，B 相的感应电动势又超前 C 相感应电动势 120°，于是得到图 1 – 37 （b）的相量关系。三相电动势的大小相等，相位互差 120°，这就是三相同步发电机的简单工作原理。

发电机装设的保护有纵联差动保护、横联差动保护、单相接地保护、励磁回路接地保护、失磁保护、过负荷保护、定子绕组过电流保护、定子绕组过电压保护、负序电流保护、失步保护和逆功率保护。

2. 同步调相机的工作原理

同步调相机是专门用于调节系统无功功率，它不能发有功功率、不需原动机拖动、也不拖动任何机械负荷，但必须和电网并列运行，其作用是向网络输送（或吸收）无功功率，降低网络中的损耗，改善功率因数，提高系统运行的经济性，可调节网络节点电压，提高网络的稳定性，维持系统负荷的电压水平，提高供电电能质量。同步调相机实质上是按无功功率发电机运行的同步电动机。在正常情况下，它作为一个无功电源，向系统送出无功功率，从系统吸收很小的有功功率，以便将电网电压保持在一定水平。同步调相机与发电机在结构上是相似的，因此同步调相机的保护与同容量、同类型的发电机的保护相同，但尚需考虑下述特点：

（1）同步调相机的启动方式。同步调相在非同步启动（未加励磁期间）时将会出现较大的启动电流，这对电流保护的整定带来困难。为此，可在其启动时间内将过负荷保护、电流保护暂时退出运行。

（2）不装设反应外部短路的过电流保护，但装设反应内部短路的后备保护。反应内部短路的后备保护，可采用方向过电流保护。

（3）调相机失磁保护的构成方式与发电机失磁保护不同。

（4）调相机的解列保护。当调相机供电电源因故断开后，在变电站装设的低频自动减载装置，可能因调相机的反馈而误动作，或电源侧的自动重合闸动作，这将造成非同步合闸，而调相机又不允许非同步合闸。此时解列保护，应在低频自动减载装置和自动重合闸动作之前，即将调相机断开。如调相机须在电源恢复后再启动，可仅动作于灭磁，在电源恢复后再投入励磁，以实现再同步。

同步调相机继电保护装设纵差动保护、匝间短路保护、方向过电流保护、过负荷保护、定子接地保护、转子一点接地保护、失磁保护、解列保护。

3. 电动机的工作原理

电动机一般分为直流电动机和交流电动机，交流电动机有两个主要类型同步电动机和感应电动机。

图 1 – 38 是一台直流电动机的工作原理图，在电刷 A、B 之间加一直流电源。电流由正电刷 A 流入，经过 N 极面下和 S 极面下的两条并联支路，再从负电刷 B 流出。依照图 1 – 40 中所表示磁通及电流方向，根据左手定则可知，所有导体所产生的电磁力方向都是逆时针的，在此电磁力的作用下，转子逆时针方向旋转，于是形成了一台直流电动机。

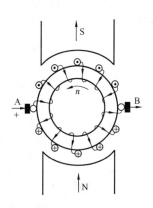

图 1 – 38　直流电
动机工作原理

启动时，对直流电动机的要求是：①有较大的启动转矩，以缩短启动过程所需的时间，并能在负载下启动；②有较小的启动电流，以免对电源及电动机产生有害的影响。转矩是正比于电流的，既要有较大的启动转矩，又要减少启动电流，这两方面是矛盾的。通常是在保证足够大的启动转矩的前提下，尽量减少启动电流。直流电动机的启动方法有全压启动、电枢回路串联电阻启动和降压启动。

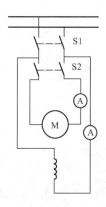

图 1 – 39　并励直流电
动机全压启动线路图

全压启动的线路如图 1 – 39 所示。启动时，先合上开关 S1，使励磁回路内首先通过电流，建立起主磁场。然后合上开关 S2，使电枢绕组内流过电流，这样电枢的载流导体就将产生一个电磁转矩，使电机启动。这种启动方法的优点是：设备简单、手续简便。但缺点是：会产生很大的启动电流。

直流电动机的电枢电流为 $I_{st} = \dfrac{U}{R_a}$，因此在刚启动的一瞬间，启动电流仅由电枢回路的电阻所决定，而电枢电阻又是一个很小的数值，故启动电流很大，能够达到额定电流的 10 ~ 20 倍。这样大的启动电流往往带来许多不良的后果，例如使换向器上发生强烈的火花，在线路上产生很大的电压降落等。但小容量电动机的电枢电阻相对较大，因而可以限制启动电流；同时转动惯量也较小，启动过程很快便可结束。在电枢回路中串联启动电阻 R_{st} 可得启动电流 $I_{st} = \dfrac{U}{R_a + R_{st}}$，串联启动电阻越大，启动电流越小。因此，全压启动只适用于小容量电动机中。启动电阻都是按照短时运行方式设计的，如果长时间通过较大的电流，会因过热而损坏，因此，在启动完毕以后，必须将启动电阻全部切除。降低电源电压，也可以减少启动电流。降压启动的优点是不采用启动电阻，因而在启动过程中，不会有大量的电能为启动电阻所消耗。缺点是必须有专用的电源设备，增加了成本。

感应电动机工作原理的示意图如图 1-40 所示，定子上的三相绕组接到三相交流电源，转子绕组则自成闭路。在图 1-40（a）中，当三相电流流入定子绕组时，在气隙中将产生一旋转磁场，并以同步速 n_1 在旋转。为了明显起见，在图 1-40（b）中，将该旋转磁场用一对旋转的磁极来表示。当旋转磁场切割转子导体时，将在其中产生感应电动势，感应电动势的方向可以利用右手定则来判断。由于转子绕组是短路的，在转子导体中便有电流流过。转子导体中的电流与气隙磁场相作用而产生电磁转矩。转矩的方向可以利用左手定则来判断，它与旋转磁场同方向，在电磁转矩作用下，转子以转速 n 顺着磁场方向旋转。从而把电能转换成机械能，作为电动机运行，称为感应电动机。

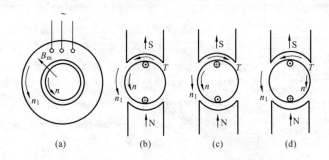

图 1-40　感应电动机的工作原理

（a）示意图；（b）电动机运行；（c）发电机运行；（d）制动运行

当感应电动机作为电动机运行时，为了克服负载的阻力转矩，感应电动机的转速 n 总是略低于同步转速 n_1，以便气隙旋转磁场能够切割转子导体而在其中感应电动势和产生电流，以使转子能产生足够的电磁转矩。

同步电机和其他型式电机一样，是能够可逆运行的，既可以按发电机方式运行，也可以按电动机方式运行。当原动机拖动同步电机，输入机械功率而输出是电功率时，即为发电机运行；当同步电机接于电网，从电网吸取电功率，而输出是机械功率时，即为电动机运行。

图 1-41 用两对磁极来分别代表合成磁场和转子磁极，转子磁极极轴滞后于合成磁场轴线 δ 角度，磁通斜着通过气隙，由于磁拉力的作用产生了电磁转矩，此时电磁转矩的方向与转子转向一致，它帮助转子旋转，是一个拖动转矩，于是同步电机就以电动机的形式运行了。在作为电动机运行时，转子磁极轴线永远落后于合成磁场轴线一个 δ 角度，这个情况正好与发电机情况相反。此时合成磁场是拖动者，而转子磁极是被拖动者。合成磁场拖动转子以同步转速旋转，因此同步电动机的转速是不能任意改变的，必须在同步转速下才能工作。

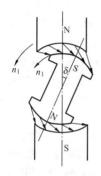

图 1-41 同步电机的电动机运行方式

刚启动时，转子尚未旋转，转子绕组加入直流励磁以后，在气隙中产生静止的转子磁场。当在定子绕组中通入三相交流电以后，在气隙中才产生旋转磁场。由于启动时，定、转子磁场之间存在相对运动，转子上的平均转矩为零，所以同步电动机不产生启动转矩，如图 1-42（a）所示的这一瞬间，定、转子磁场之间的相互作用，倾向于使转子逆时针方向旋转，但由于惯性的影响，转子上受到作用力以后并不立刻转动。在转子还来不及转动以前，定子磁场已转过 180° 而得到图 1-42（b），此时定、转子磁场之间的相互作用又趋向于使转子顺时针方向旋转。所以，启动时，由于定、转子磁场之间存在有相对运动，转子上所受到的平均转矩为零，因此同步电动机是不能自行启动的。

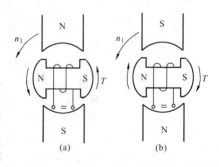

图 1-42 启动时同步电动机的电磁转矩

（a）转子倾向于逆时针旋转；（b）转子倾向于顺时针旋转

第一章 基础知识

同步电动机的感应电动机方式启动是目前采用得最为广泛的一种启动方法。在磁极表面上装设有类似感应电动机笼型导条的短路绕组，称它为启动绕组。在启动时，电压施加于定子绕组，在气隙中产生旋转磁场，如同感应电动机工作原理一样，这个旋转磁场将在转子上的启动绕组中感应电流。此电流和旋转磁场相互作用产生转矩，所以同步电动机按照感应电动机原理转动起来。待速度上升到接近同步转速时，再给予直流励磁，产生转子磁场，此时它和定子磁场间的转速已非常接近，依靠这两个磁场间相互吸引力，转子同步转速一起旋转。所以同步电动机的启动过程可以分为两个阶段：

（1）首先按感应电机方式启动，使转子转速接近同步转速。

（2）加直流励磁，使转子同步转速一起旋转。由于磁阻转矩的影响，凸极式同步电动机很容易拉入同步。甚至在未加励磁的情况下，有时转子也能同步转速一起旋转。因此，为了改善启动性能，同步电动机绝大多数采用凸极式结构。

当同步电动机按感应电动机方式启动时，励磁绕组绝对不能开路。因为励磁绕组的匝数一般较多，旋转磁场切割励磁绕组而在其中感应一危险的高电压，从而有使励磁绕组绝缘击穿或引起人身安全事故等危险。所以在启动时，励磁绕组必须短路。为避免励磁绕组中短路电流过大的影响，励磁绕组短路时，必须串入比本身电阻大 5～10 倍的外加电阻。

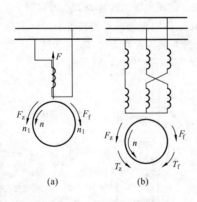

图 1－43　单相感应电动机

（a）单相绕组的磁势；（b）单相绕组等
效为两个三相绕组的串联

单相电动机只需要单相电源供电，因此它被广泛地应用于家用电器、电动工具、医疗器械及轻工设备中。与同容量的三相感应电动机相比较，单相感应电动机体积较大，运行性能较差，因而，单相感应电动机只作成微型的。单相绕组产生的是脉动磁势，可以分解成两个大小相等，转速相同，但转向相反的旋转磁势。因而从磁势的观点来看，可以把单相绕组［图 1－43（a）］等效地看成由两套完全一样的三相绕组所串联组成［图 1－43（b）］。这两套绕组的匝数相同，并且流过同一电流，因而它们产生的旋转磁势幅值相等。但由于这两套绕组的相序不同，所以产生的旋转磁势转向相反。

如果上面一套三相绕组所产生的磁势 F_z 与转子同方向旋转，称它为正序；则下面一套三相绕组产生的磁势 F_f 逆着转子方向旋转，便称它为负序。和普通三相感应电动机一样，正序旋转磁场和负序旋转磁场均切割转子导体，并分别在转子中感应出电动势及电流。正序旋转磁场与正序电流相作用所产生的转矩 T_z，企图使转子顺着正序旋转磁场方向旋转；而负序旋转磁场与负序电流相作用所产生的转矩 T_f，企图使转子顺着负序旋转磁场方向旋转。显然，正序转矩 T_z 与负序转矩 T_f 的方向是相反的，它们互相抵消掉一部分，剩下来的才是电动机所能产生的有效转矩。当转速 $n=0$，即 $s=1$ 时，正序转矩和负序转矩大小相等，方向相反，互相抵消，所以合成转矩 $T=0$，因此，单相感应电动机没有最初启动转矩，如果不采取其他措施，它不会自行启动。由于负序转矩的存在，使感应电动机的总转矩减小，当然最大转矩也随之减少，所以单相感应电动机的过载能力较低。单相感应电动机的过载能力约为同容量三相感应电动机的 70% 左右。除此而外，和三相感应电动机相比较，单相感应电动机性能较差。例如，转子中的负序电流增加了转子铜耗，负序转矩的制动作用减少了电动机的输出功率，所以单相感应电动机的效率较低。

要使单相感应电动机能自行启动，必须如同三相电动机一样在电动机内部产生一个旋转磁场。产生旋转磁场最简单的方法是在两相绕组中，通入相位不同的两相电流。因此在单相电动机中，除了工作绕组外，在空间相隔90°的地方再安放一个辅助启动绕组，如图1-44（a）所示。如果在启动绕组中串入适当的电容，那么这两个绕组中的电流相位也就不同了。

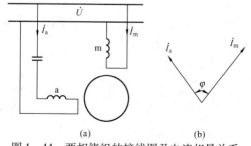

(a)　　　　　　　(b)

图 1-44　两相绕组的接线图及电流相量关系

（a）两相绕组的接线图；（b）两相绕组接线的电流相位关系

由于工作绕组是感性电路，而启动绕组是容性电路，所以启动绕组电流 i_a 总是超前工作绕组电流 i_m 一个相角 φ，如图1-44（b）所示。两相绕组通入两相电流以后将产生旋转磁势。

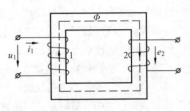

图1-45　变压器的工作原理图

4. 变压器的工作原理

变压器的工作原理如图1-45所示。在绕组1上外施一交流电压 u_1，便有电流 i_1 流入。因而在铁芯中激励一交变磁通 Φ_0，磁通中同时也与绕组2相匝链，由于磁通 Φ 的交变作用，在绕组2中便感应出电动势 e_2。根据电磁感应定律可知：绕组的感应电动势正比于它的匝数。因此只要改变绕组2的匝数，便能改变感应电动势 e_2 的数值。如果绕组2接上用电设备，绕组2便有电能输出，这就是变压器的工作原理。因此变压器就是利用电磁感应原理来升高或降低电压的一种静止的电能转换器。

如果按变压器的用途来分类，变压器分为：①电力变压器，在电力系统中用来传送和分配电能，是所有变压器中用途最广、生产量最大的一种变压器；②互感器，用在仪表测量和控制线路中；③专用变压器，如电炉变压器、电焊变压器、整流变压器、高压试验变压器以及供医疗和无线电通信用的特殊变压器等。

如果按照相数来区分，则有单相变压器、三相变压器。按照绕组数目来区分，则有双绕组变压器、三绕组变压器等。

由于饱和和剩磁的影响，变压器在空载合闸时，会产生很大的冲击电流，其数值可达稳态时空载电流的几十倍。这个冲击电流对变压器并无多大危害，但往往使过电流保护装置动作而跳闸，即合不上开关。绕组处于漏磁场中，绕组中的电流与漏磁场相作用而产生力。在突然短路电流能够达到额定电流的30多倍，绕组各部分可能因此受到强大的电磁力而损坏，因此突然短路是一个严重的故障。

在变压器中只有一个绕组（图1-46），在绕组中引出一个抽头 c，使 $N_{ab} = N_1$，$N_{cb} = N_2$。由于感应电动势正比于匝数，当铁芯中

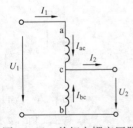

图1-46　单相自耦变压器

的磁通交变时，在这两部分绕组中的感应电动势应该分别为

$$E_{ab} = 4.44fN_1\Phi_m = E_1$$

$$E_{cb} = 4.44fN_2\Phi_m = E_2$$

因此，图1-46所表示的绕组结构形式，也能起变压器的作用。一次侧感应电动势 $\dot{E}_{ab} = \dot{E}_1$ 与外施电压 $\dot{U}_1$ 相平衡，二次侧感应电动势 $\dot{E}_{cb} = \dot{E}_2$ 加到负载后便可向外供电。所不同的只是 N_{ab} 是二次绕组，也是一次绕组的一部分，这种一次侧和二次侧具有公共绕组的变压器，就称为自耦变压器。

和同容量的双绕组变压器相比较，自耦变压器的优点是省材料、效率高。在自耦变压器中，从一次侧到二次侧的能量传递，一部分由于电磁感应作用，另一部分则由于直接传导作用。

在生产实际中，有时电压高达几十万伏，这么高的电压要直接测量和取作继电保护信号是不可能的，此时可用变压器将电压降低以供使用。这种专门用来传递电压信息供测量和继电保护用的变压器，就称为电压互感器。为了安全，二次绕组连同铁芯必须可靠地接地，同时二次侧不能短路。电压互感器的二次侧接有电压表或其他仪表的电压绕组，由于它们的阻抗较大，因此电压互感器工作时，接近于变压器的空载运行。为了测量准确，总是希望一次侧和二次侧之间电压的大小保持一固定的比值关系，它们之间的相位也能固定不变。当二次侧负载变化时，一次侧和二次侧电压 $\dot{U}_1$、$\dot{U}_2$ 之间的比值关系和相位关系都在变化。这样随着二次侧接入仪表数量的不同，将使测量出现误差。误差有两种：一是电压误差，二是相位差。

在生产实际中，有时电流大至几万安培，这样大的电流要直接测量或取作继电保护信号也是不可能的，此时可采用电流互感器。从工作原理上讲，电流互感器也是一台变压器。它的二次侧匝数 N_2 较多，而一次侧匝数 N_1 较少，有时只有一匝。一次侧串入到被测量的线路中，二次侧通过电流表短接。为了确保安全，二次侧必须可靠地接地。电流互感器的二次侧接有电流表或其他仪表的电流绕组，它们的阻抗很小，所以电流互感器工作时，接近于一台变压器的短路运行。由于一次绕组是串入被测量线路的，所以一次侧电流由线路中的负载来决定。这里必须特别注意的是，在运行情况下，电流互感器的二次侧绝对不能开路。因为二次侧开路时，一次侧线路上的电流全部为励磁电流，其数量是很大的，电流互感器二次侧将出现危险的过电压。电流互感器也有两种误差，即电流误差和相位差。

误差是由励磁电流、电流互感器本身的漏阻抗和外接仪表的阻抗所引起的。由于励磁电流就是一次侧电流的一部分，所以它对这两种误差的影响较大，因此，电流互感器的磁通密度选取得很低，约为 $0.08 \sim 0.1T$，以尽量减少励磁电流。此外所接仪表的总阻抗也不得大于规定值。

5. 断路器的工作原理

在发电厂和变电站中，高压断路器是最重要的电气设备之一，它具有完善的灭弧装置，正常运行时，用来接通和开断负荷电流，在某些电气主接线中，还担任改变主接线运行方式的任务。出现故障时，用来开断短路电流，切除故障电路。目前，我国在电力系统中使用的高压断路器主要有油断路器（多油式或少油式）、高压压缩空气断路器、六氟化硫断路器以及真空断路器等。由于采用的灭弧介质不同，其结构和性能也有所不同。

随着电力系统及发电机单机容量的不断扩大，电压等级向超高压发展，运行方式增多，因此，断路器也将经受更多运行状态的考验。断路器能否适应各种工况，除与断路器本身性能有关外，还与电路参数有直接关系。在分、合电路过程中，往往在燃弧或熄灭瞬间，可能产生过电压威胁着设备的绝缘和系统的稳定性，甚至不能断开电弧，以致发生断路器爆炸等严重事故。特别是断路器在开断短路故障、切断小电流、近距故障、反相失步操作及延伸故障等运行状态时，任务更为严峻。

当电力系统存在短路时，断路器一合闸就会有短路电流流过，这种故障称为"预伏故障"。当断路器关合有预伏故障的设备或线路时，在动、静触头尚未接触前几毫米就发生预击穿，随之出现短路电流，给断路器关合造成阻力，影响动触头合闸速度及触头的接触压力，甚至出现触头弹跳、熔化、焊接以致断路器爆炸等事故，这远比在合闸状态下经受极限通过电流更为严重。

断路器开断交流电路时，在断路器动、静触头之间介质的中性质点（分子和原子）被游离而产生电弧。在交流电弧电流过零前的几百微秒，由于电流减小，输入弧隙的能量也减少，弧隙温度剧降，从而使弧隙的游离程度可降，弧隙电阻增大。当电流过零时，电源停止向弧隙输入能量。此时，弧隙由于不断散出热量，使温度下降，去游离加强，以致电弧熄灭。所以在交流电弧中，随着电流每半周过零一次。电弧将会自然暂时熄灭。过零后电弧是否重燃，则取决于弧隙中游离过程和去游离过程的发展程度。如果弧隙游离过程胜过去游离过程，电弧就会重燃。如果在电流过零时，采取有效措施加强弧隙的冷却，使弧隙介质的绝缘能力达到不会被弧隙外施电压击穿的程度，则电弧就不会重燃而最终熄灭。电弧电流过零时电弧熄灭，而弧隙的绝缘能力要恢复到绝缘的正常状态尚需要一定的时间，此称为弧隙介质强度的恢复过程。它主要由断路器灭弧装置的结构和灭弧介质性质决定。反映断路器性能的参数和指标很多，最主要的有额定电压、额定电流、开断能力、关合能力、耐受性能、操作性能以及自动重合闸性能等。它们表征了断路器的特性，并作为选择使用的依据，依照灭弧介质高压断路器分为：①油断路器：有多油式和少油式两种；②空气断路器；（利用压缩空气）；③自生气体断路器（固体灭弧介质）；④真空断路器；⑤充有 SF_6 气体介质的断路器；⑥磁吹断路器等。

以 DW2－35 型多油式断路器为例，其引出套管固定在油箱盖上，箱盖由铸铁制成，在额定电流过大时，为防止盖内涡流磁滞损耗引起发热，应该采用非磁性铸铁材料；或者在盖上开槽，嵌以不导磁的材料（硬木、铜等）的楔。灭弧室与固定触头装在套管下端，套管上装有电流互感器（仿苏 TB 型），110kN 以上的同类断路器中，还利用电容套管做成电容分压器，以代替电压互感器。在盖下留有缓冲空间，以免灭弧时的压力过于大，故油面不能过高，但也不能过低，因为电弧分解的热油与热气如未经油的充分冷却而逸出油面，可能引起爆炸。为预防万一，盖上还装有喷油管。

活动触头连接在横担上，利用绝缘导杆，由箱盖上的伸张机构传动，可以做上下方向的运动。横担本身是导电的。每一相中有两对触头，因此构成两个裂口，加于每一裂口上的恢复电压，仅是总恢复电压的 $\frac{1}{2}$。由于灭弧装置可以承受灭弧时所产生的大压力，因此油箱壁上不会直接承受大的压力。多油式断路器中常装有加热设备以防在严寒的屋外，油冻凝后不能工作。断路器外必须装有表明其分闸或合闸状态的机械式指示器，以便运行人员检查。DW2－35 型断路器的灭弧室中，有绝缘板组成的纵横沟道，它是利用横吹方式灭弧的。灭弧装置中的缓冲室中，正常时留有空气。灭弧过程中，电弧分解油所生的压力把油压入此室中，在动触头向下移动使横吹沟道开通时，此贮存的压力即迫使气与油从侧面横向吹至弧柱。

少油断路器的主要特点是，油只作为灭弧介质而不作绝缘介质用。载流部分的绝缘则借空气和陶瓷绝缘材料构成。这样就使少油断路器中油量大为减少，尺寸和重量也都大为缩减。由于油量较少，油箱也做得小，因而其构造很坚固。可以认为少油式断路器是防爆和防火的，使用比较安全。少油断路器的灭弧原理与多油式并无差异。

第一章 基础知识

空气断路器的结构形式决定于两个因素：①对灭弧装置的供气方式；②灭弧后建立必要的绝缘间隔的方式。

35kV 以上空气断路器并无特殊的灭弧装置，所用吹弧方式称作幅射的纵吹，电弧基部很快被吹入管内，作为触头的管子不会烧损，触头间金属蒸汽与电子数目都很少，绝缘容易恢复。带有绝缘栅格的横吹灭弧装置只用于 15kV 以下的大电流空气断路器中。

压缩空气由压气机经管道送达断路器。为了保证足量的空气和足够的压力（一般情况灭弧需要 8~20 大气压，压力越高，灭弧越迅速），在断路器下均装置贮气筒。如果断路器设计为只用于一次切断电流之用，贮气筒容量可较小，如设计为可做无时延的重合闸操作时，筒中空气量应足以在第二次切断时，仍保持必要的容量与压力。贮气筒一般均作为断路器的基座。压缩空气不仅用来灭弧，还以控制断路器的动作，空气断路器的操动机构通常是气动的。

用六氟化硫气体作灭弧和绝缘用，它与空气断路器同属气吹型，都是用高压气体吹灭电弧，结构原理相同，外形也相似。空气断路器的压缩空气吹弧后排到大气，而六氟化硫气体则仍储存在断路器内，重复使用。特点是断口耐压高、允许断路次数多、断路性能好、占地面积小，但要求加工精度高、密封性能好。

伸张机构是属于断路器本身的机械部分，它的作用是使动触头按照一定的行程作分闸或合闸的动作。通常它是将一旋转运动或一直线运动变为动触头的直线运动。操动机构则是不属于断路器本身的器具，借手力或电磁的动能，按照分、合闸的脉冲信号，它能加力于伸张机构来操作断路器。伸张机构大致有两类：①利用导轨的；②平行运动的。由此派生的其他型式不胜枚举。操动机构用来①使断路器合闸；②维持在闭合状态；③分闸之用。每一操动机构内有合闸机构、维持机构（搭钩）和分闸机构（用来释放搭钩）。操动机构在合闸时所耗的功最大。这时它要克服下面几种力：断路弹簧的阻力、断路器伸张机构及动触头的重量及运动中的摩擦力和油断路器中油的阻力等。当闭合短路电流时，还要克服很大的电动力。操动机构还应该使合闸有必要的速度，否则触头可能熔接。合闸所需功率很大，其数值与断路器型式有关。与此相反，分闸时只要很小的功，用来释放锁住机构的搭钩；断路器依借断路弹簧的力跳闸。根据合闸能量的来源，操动机构分为手动的，电磁操动的，电动机离心操动的和气压操动的。国产的操动机构分手动与电动两类。

6. 熔断器、隔离开关和负荷开关的构造原理

熔断器是最简单和最早采用的一种保护电器，它被用来保护电气装置免受过载电流和短路电流的损害。熔断器由金属熔体和支持熔体的触头装置和外壳构成，某些熔断器中还装有特种灭弧装置（产气纤维管石英砂等）。熔断器的熔体是电路中对发热最脆弱的地点，当电路过载及短路时，熔体在被保护物（导线、电缆、电机或变压器的导线及绕组）的温度达到足以破坏其本身及周围绝缘之前先熔化。熔断器的缺点是熔体熔化后必须更换，而更换熔体一般不是自动的（近来也出现了自动重合闸的熔断器，但结构特殊），不可避免要引起短时的停电。熔断器不能用以正常的切断和接通电路，必须与其他电器配合使用。

隔离开关的主要用途是保证高压装置中修理工作的安全。为此，隔离开关的触头间，应该在其断开位置构成明显可见的、在空气介质中的绝缘间隔距离。这个距离应该保证在隔离开关或其他电器载流部分由于过电压发生对地闪络，或发生相间闪络时，没有先被击穿。在布置隔离开关时，也应注意。在断开位置、隔离开关动触头的最终位置与其他截流部分之间，也应保持这样的距离。这是为必须保证工作人员安全的要求。隔离开关没有灭弧结构不能切断负荷电流和短路电流，所以必须在有关的断路器断开后，才可以进行切换操作（闭合或切断）。隔离开关按其结构和刀的运动方式可分为旋转式、摇动式和移动式；按装置种类可分为屋内与屋外；按极数可分为单极和三极；按操作方法可分为手动控制和机械控制。

负荷开关是介乎隔离开关和断路器之间的电器。就结构来说，它与隔离开关相似，在断开状态下有可见的断开地点，但是它具有特殊灭弧结构，可以截断较大的负荷电流。就主要功用来说，它用于接通和切断正常电路时和断路器相近；但是它的灭弧结构是按接通和切断负荷电流而设计的，不能切断系统中的短路电流，所以大多数情况下要和高压熔断器一同使用，切断短路电流的任务由后者担任；负荷开关的灭弧腔具有固体产气物质（有机玻璃）。合闸时，刀片进入灭弧腔嵌固定灭弧触头，而紧夹着固定工作触头。分闸时，从自由脱扣机构释放开始，断路弹簧中储藏的能量，通过转杆使轴旋转，刀片先和固定触头分开。然后灭弧触头分开，其间产生电弧。电弧的高温使灭弧腔内的有机玻璃衬套分解，产生大量气体，形成一股冲击气流，使电弧能在百分之几秒内熄灭。负荷开关的灭弧装置还可采用多种其他型式，例如用 SF_6 气体的、真空的和压缩空气的。

7. 电流互感器基本原理

电流互感器作为电力系统一次和二次之间的联络元件，它的作用是将一次系统的大电流转换成二次系统的小电流，分别用以向仪表测量、继电器的电流绕组供电，它能正确反映电气设备的正常运行参数和故障情况，使测量仪表和继电器等二次侧的设备与一次侧高压设备在电气方面隔离，以保证工作人员的安全。

电流互感器按其用途可分为：继电保护用（用于继电保护和自动控制装置的电流互感器），仪表测量用（测量电流和电能的电流互感器）。

电流互感器，一般一次侧匝数不大于二次侧匝数，可见电流互流感器为一"变流"器，原理与变压器基本相同，工作状况接近于变压器的短路状态，一次侧符号一般表示为 P1、P2，二次侧符号为 S1、S2。电流互感器的一次侧串联接入一次主线路，被测电流为 I_1，一次侧匝数为 N_1，二次侧接内阻很小的电流表或功率表的电流绕组，二次侧电流为 I_2，二次侧匝数为 N_2。

在理想情况下，即忽略绕组的电阻、铁芯损耗及漏磁通可得

$$I_1 N_1 = I_2 N_2$$

由上式可得：$I_1 / I_{2\,1} = N_2 / N_1$，即电流互感器一、二次侧绕组的匝数与电流的大小成反比。

电流互感器一次额定电流 I_{1n} 和二次额定电流 I_{2n} 之比，称为电流互感器的额定变比，$K = I_{1n} / I_{2n} / I_{2n} \approx N_2 / N_1$。

电流互感器一次侧额定电流标准比有如 20、30、40、50、75、100、150 等多种规格，二次侧额定电流通常为 1A 或 5A。一般情况下，计量用电流互感器变流比的选择应使其一次额定电流 I_1 不小于线路中的负荷电流（即计算 I_e）。如线路中负荷计算电流为 350A，则电流互感器的变流比应选择 400/5。保护用的电流互感器，为保证其准确度要求，可以将变比选得大一些。

电流互感器采用减极性的标注方法，即同时从一、二次绕组的同极性端通入相同方向的电流时，它们在铁芯中产生的磁通方向相同。当从一次绕组的极性端通入电流时，二次绕组中感应出的电流从极性端流出，以极性端为参考，一、二次电流方向相反，因此称为减极性。由于励磁安匝之和为零，考虑到一、二次侧电流方向相对于极性端的不同，因此两者为减的关系。所以，一、二次侧的电流方向是相同相位的，可以用此方式的二次电流表示一次电流，这正是减极性的优点。

8. 电压互感器的基本原理

电压互感器的工作原理与普通电力变压器相同，结构原理和接线也相似，一次绕组匝数很多，而二次绕组匝数很少，相当于降压变压器。工作时，一次绕组并联在一次电路中，而二次绕组并联仪表、继电器的电压绕组。因此电压低，额定电压一般为100V；容量小，只有几十伏安或几百伏安；负荷阻抗大，工作时其二次侧接近于空载状态，且多数情况下它的负荷是恒定的。电压互感器的一次电压 U_1 与其二次电压 U_2 之间有下列关系

$$U_1 = (N_1/N_2) U_2 \approx K_U U_2$$

式中　N_1、N_2——电压互感器一次和二次绕组匝数；

K_U——电压互感器的变压比，一般表示为其额定一、二次电压比，即 $K_U = U_{1n}/U_{2n}$，例如 10000V/100V。

三、励磁系统和同期并列基本知识

1. 励磁系统

励磁系统是提供同步发电机可调励磁电流装置的组合，它包括励磁电源装置（如直流励磁机、交流励磁机、励磁变压器及整流装置等）、自动调整励磁装置、手动调整励磁装置、自动灭磁装置、励磁绕组过电压保护装置和上述装置的控制、信号、测量仪表等。为了保证发电机在正常工作时不会由于励磁系统故障而引起不必要的停机，还可根据需要安装设备用励磁系统。励磁系统是同步发电机组的重要构成部分，它的技术性能及运行的可靠性，对供电质量、继电保护可靠动作、加速异步电动机自启动和发电机与电力系统的安全稳定运行都有重大的影响。

发电机励磁系统可按基本型式分为三大类。

（1）直流励磁机励磁系统有他励和并励两种方式。

（2）交流励磁机励磁系统主要有以下方式：

1）交流励磁机—静止整流器励磁系统；

2）交流励磁机—静止可控整流器励磁系统；

3）交流励磁机—旋转整流器励磁系统。

（3）静止励磁系统有以下两种方式：

1）电压源—可控整流器励磁系统；

2）复励—可控整流器励磁系统。复励方式可分为交流侧串联复励、交流侧并联复励、直流侧串联复励和直流侧并联复励四种方式。

自动励磁调整装置应维持发电机端电压或电力系统中某一点电压基本恒定。发电机在正常运行中，当负荷变化时，机端电压也相应发生变化，

此时自动励磁调整装置则相应迅速地改变发电机的励磁电流（转子电流），使电压维持在给定水平，以保证电能质量，同时也大大减轻了运行人员的频繁调整操作，尤其当电压变化剧烈时，要求很迅速地改变发电机的励磁电流，以满足电力系统运行的需要，手动调整更难于跟上电压剧烈的变化。

电磁型自动励磁调整装置，在我国 20 世纪 50～60 年代时期，在中小型发电机上（100MW 以下）采用的较多，因而型号也较多，但其基本原理都是相似的。经过逐年发展、改进，目前在中小型发电机上用得较多的是 KFD－3 型相复励自动励磁调整装置，它由相复励和电压校正器两部分组成。这种励磁装置的优点是调节速度快、调节稳定性高、强励作用大、结构简单及体积小等，其原理接线图如图 1－47 所示。

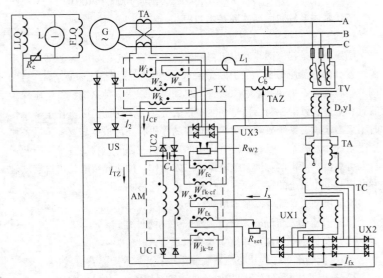

图 1－47　KFD－3 型相复励自动励磁调整装置原理接线图
LLQ—励磁机励磁绕组；TAZ—升压自耦变压器；TV—电压互感器；L_1—电抗器；C_b——补偿电容器；L—励磁机电枢；W_u——次电压绕组；W_i——次电流绕组；W_k—控制绕组；W_2—二次输出绕组；FLQ—发电机励磁绕组；AM—磁放大器；TX—相复励变压器；TA—自耦变压器；TC—测量变压器；R_{set}—整定电阻；R_{W2}—定子电流反馈调整电阻；UX1、UX2、UX3—整流器组；US—输出整流器；UC1、UC2—磁放大器整流器

半导体型自动励磁调整装置（图1－48），因其输出功率大、电压高、调节速度快、灵敏度高、所需控制功率小，特别适用于大型发电机励磁的需要。

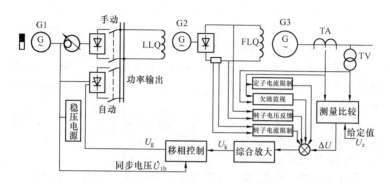

图1－48　半导体自动励磁调整装置原理框图

半导体自动励磁调整装置由测量比较、综合放大、移相控制、功率输出等几个主要部分组成，另外，还设置了一些辅助环节，如定子电流限制、欠励监视、转子电压反馈、转子电流限制等部分，起到保护主机和改善调节器的作用。为了提高整个励磁系统的反应速度和可靠性，主励磁机G2采用100～200Hz的交流发电机，副励磁机G1采用400～500Hz的永磁交流发电机。

微机励磁调节器不同于常规模拟式励磁调节器，它的功能不是由硬件来实现，而是由软件来完成的。主要功能有：①恒发电机机端电压的调节规律；②正负调差；③欠励、过励、强励限制；④最大励磁电流限制；⑤晶闸管整流柜快熔断、停用、部分柜切除的励磁电流限制；⑥U/f限制；⑦励磁用TV断线的检测和保护；⑧空载过压保护；⑨电源、硬件、软件故障检测和处理功能；⑩电力系统稳定器（PSS）附加控制等。

励磁系统的技术性能应满足下列要求：

（1）当发电机励磁电流和电压不超过其额定值的1.1倍时，励磁系统应保证连续运行。

（2）励磁系统的顶值电压倍数、顶值电流倍数、允许强励时间、电压响应比应不低于有关规定值，如有特殊要求时应与制造厂协商确定。

（3）当励磁电流不大于1.1倍额定值时，发电机励磁绕组两端所加的整流电压最大瞬时值不应大于规定的励磁绕组出厂试验电压幅值的30%。

（4）灭磁开关及其与励磁绕组之间的电气组件，当额定励磁电压为500V及以下时，其出厂试验电压为10倍额定励磁电压，最低不小于1500V；当额定励磁电压大于500V时，其出厂试验电压为2倍额定励磁电压再加4000V。其余与励磁绕组直接连接的电气组件，当额定励磁电压为350V及以下时，其出厂试验电压为10倍额定励磁电压，最低不小于1500V；当额定励磁电压大于350V时，其出厂试验电压为2倍额定励磁电压再加2800V。

（5）安装工地现场验收电压为出厂试验电压的75%；允许反复试验电压及维修后的试验电压为出厂试验电压的65%。

调整励磁装置的技术性能应满足以下要求：

（1）自动调整励磁装置应保证发电机空载电压整定范围为额定值的70%～110%。

（2）手动调整励磁装置应保证发电机励磁电压调节范围为空载励磁电流的20%至额定励磁电流的110%。

（3）发电机空载运行状态下，自动和手动调整励磁装置的给定电压变化每秒不大于发电机额定电压的1%，不小于3%。

（4）自动调整励磁装置应保证发电机端电压的调差率。对于电子型装置要求为±10%，对电磁型装置要求为±5%。

（5）自动调整励磁装置应保证发电机端电压的静差率。对电子型装置要求不大于1%，对电磁型装置要求不大于3%。

（6）发电机空载时在额定电压工况下，突增阶跃响应±10%时，常规励磁系统超调量不应大于阶跃量的50%，快速励磁系统不超过30%。

（7）自动调整励磁装置应保证发电机突然零起升压时端电压超调量不得超过额定值的15%，调节时间不大于10s。

（8）自动调整励磁装置应保证发电机空载状态下，频率变化在额定值的±1%时，发电机端电压的变化率。对电子型装置一般要求不超过额定电压的±0.25%；对电磁型装置一般要求不超过额定电压的±2%。

（9）自动调整励磁装置应装设远距离给定及控制设备。对于电子型自动调整励磁装置还应装设过励、欠励、电压回路断线和过励磁（U/f）等限制和保护装置和电力系统稳定器（对高初始反应励磁系统）等必要

第一篇 继电保护知识

的附加装置。

对励磁系统其他部件的要求：

（1）励磁系统应装设励磁绕组过电压保护装置。

（2）除旋转整流励磁系统外，其他励磁系统应装设自动灭磁装置。发电机并网运行时，定子回路和外部发生短路以及发电机空载强励情况下，灭磁装置必须保证可靠灭磁。

（3）整流励磁系统中的功率整流器，当并联支路等于或大于 4，而有 1/4 支路退出运行时，应保证强励；当并联支路等于或大于 4，而 1/2 支路退出运行及并联支路小于 4 而有 1 支路退出运行时，应保证提供发电机额定工况下的励磁容量。

用于无刷励磁系统中的旋转整流器，一个支路退出运行时，应能保证要求的强励倍数。并联元件超过 4，同一相有总支路数 1/2 退出运行时，发电机应能带额定负载运行。

（4）励磁系统应装设必要的控制、信号、测量表计和保护装置。

（5）励磁系统的强行切除比不应大于 0.5%。

2. 同期并列

同步发电机并入系统的方式有准同期并列和自同期并列两种。

当发电机接近额定转速时，在转子不加励磁的情况下，把发电机接入系统，然后合上灭磁开关给发电机励磁，使之进入同步运行，这种方式叫自同期并网。

准同期并列就是先给发电机励磁，当发电机和系统电压、频率、相角大小分别接近相等时，将发电机并入系统运行。自同期并列时，发电机未经励磁，相当于把一个有铁芯的电感绕组接入系统，会从系统中吸取很大的无功电流而导致系统电压降低，同时合闸时的冲击电流较大。所以，通常采用准同期并列。准同期并列的方法常有自动准同期和手动准同期两种，自动准同期装置能自动检查待并发电机与系统间的电压差及频差是否符合要求，并在符合要求时能自动地提前发出合闸脉冲，使断路器的主触头在电压相差几乎为零的瞬间合上，并在当电压差、频率差不符合要求时，对待并发电机自动进行调压和调频，以符合并列条件。

自动准同期装置可以分为恒定越前时间部分、自动同期合闸部分、调压部分和调频部分组成，各部分的主要作用如下：

（1）恒定越前时间部分：主要作用是由脉动电压形成环节产生一个能够正确反映两个待并系统电压间的频差与相差特征，但却不受由电压差影响的三角形脉动电压；由越前时间形成环节产生一个与频差无关的恒定越前时间。

（2）自动同期合闸部分：主要作用是不断检查同期条件，当所有条件均已满足时，在整定时刻发出合闸脉冲。

（3）调压部分：主要作用是检查待并发电机电压是高于还是低于系统电压，当其差值超过整定的压差允许值时，发出闭锁信号，使装置不能发出合闸脉冲。同时相应发出降压或升压脉冲，以使发电机电压趋近系统电压。

（4）调频部分：主要作用是检查发电机频率是高于还是低于系统频率，相应发出减速或增速脉冲，使发电机频率趋近系统频率。当频差太小时，可能在较长时间内出现同步不同相的情况，拖延了同期合闸过程。为此，装置可增发一个增速脉冲，以加快并列。

手动准同期并列指手动调整待并列发电机，当满足准同期并列条件时，手动合上断路器，在控制回路中装设有非同期合闸的闭锁装置（同期检查继电器）用以防止由于运行人员误发合闸脉冲造成的非同期合闸。实践中经常利用假同期试验来检验自动准同期装置和同期回路接线正确性，录取波形的信号有合闸继电器接点、系统侧和待并侧电压、断路器辅助接点，如图 1-49 所示。

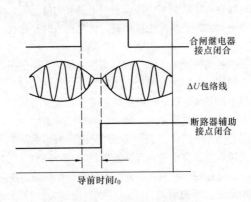

图 1-49　假同期试验波形图

试验时注意将发电机母线隔离开关断开，人为将其辅助触点接通，使系统电压接入同期回路同步发电机非同期并列将会对同步发电机和电网造成巨大的电流和力矩冲击，严重时可引起系统的振荡，甚至损害发电机本身和系统中的电气设备，并网时电压的差值越大，冲击电流就越大，频率的差值越大，冲击电流的振荡周期越短，经历冲击电流的时间也越长。

四、短路电流的计算知识

电力系统三相短路的实用计算，主要是计算非无限大容量电源供电时，电力系统三相短路电流周期分量的有效值，该有效值是衰减的，其计算分为两方面：①计算短路瞬间（$t=0$）短路电流周期分量的有效值，该电流一般称为起始次暂态电流，以 I'' 表示；②考虑了周期的衰减时，在三相短路的暂态过程中不同时刻短路电流周期分量有效值的计算——运算曲线法。前者用于校验断路器的断开容量和继电保护整定计算，后者用于电气设备的热稳定校验。

对于起始次暂态电流 I'' 的近似计算，采用如下的假设条件：①各台发电机均用次暂态电抗 x''_d 作为其等值电抗，认为 $X''_d = X''_q$；②发电机电势采用次暂态电势 $\dot{E}''(\dot{E}''_q + \dot{E}''_d)$，由于 $\dot{E}''_q$ 和 $\dot{E}''_d$ 在短路瞬间不突变，可认为 $\dot{E}''$ 在短路瞬间不突变，即 $\dot{E}''_0 = \dot{E}''_{(0)}$，则有 $\dot{E}''_0 = \dot{E}''_{(0)} = \dot{U}_{(0)} + j\dot{I}_{(0)}x''_d$；③假设各发电机电势 $\dot{E}''_0 = \dot{E}''_{(0)}$ 同相位，这样算出的 I'' 偏大。近似计算时还可取标幺值 $\dot{E}''_{(0)} = 1$，下标 0 表示短路后瞬间，（0）表示短路前瞬间；④在一般情况下，假设负荷电流较短路电流小得多，可忽略不计。因此短路点以外的负荷可以去掉（在用计算机计算时也可用恒定阻抗来表示负荷），当然短路点附近有大容量电动机时，则要计及电动机反馈电流的影响；⑤在网络方面，忽略线路对地电容，因为一般短路时网络中电压较低，这些对地回路的电流较小，变压器的励磁支路电流很小，也可忽略。在计算 110kV 及以上高压电网时可忽略线路电阻的影响，只计电抗。而对于电缆线路或低压网络，可以用阻抗的模计算或用电抗计算。

在上述假定条件下 I'' 的近似计算步骤如下：

（1）系统元件参数计算（标幺值）：取 S_b、$U_b = U_{av}$（各级平均额定电压），按平均额定电压之比计算各元件参数的标幺值，计算公式如下。

发电机

$$X_{G*} = X''_d \frac{S_b}{S_N}$$

式中　X''_d——发电机额定容量额定电压下的电抗标幺值；

　　　S_b——基准容量；

　　　S_N——额定容量。

变压器

$$X_{T*} = \frac{U_k\%}{100} \frac{S_b}{S_N}$$

式中　$U_k\%$——变压器的短路电压百分数。

电抗器

$$X_{R*} = \frac{X_R\%}{100} \frac{S_b}{\sqrt{3}I_N U_N}$$

式中　$X_R\%$——电抗器额定容量下的电抗百分数。

线路　　　　　　　　$X_{L*} = X_{LN} \frac{S_b}{U_{av}^2}$

式中　X_{LN}——线路电抗有名值；

　　　U_{av}——线路侧的平均额定电压。

综合负荷　　　　　　$X_{LD*} = 0.35 \frac{S_b}{S_{LD}}$

式中　S_{LD}——综合负荷的功率。

（2）取各发电机次暂态电势 $\dot{E}''_{(0)}=1$，或取短路点正常运行电压 $\dot{U}_{(0)}=1$。略去非短路点附近的负荷，只计短路点附近大容量电动机的反馈电流。

（3）作三相短路时等值网络，并进行网络化简。

（4）短路点 k 起始次暂态电流 $\dot{I}''_k$ 的计算

$$\dot{I}''_k = 1/(Z_\Sigma + Z_f)$$

当 $Z_f = 0$ 时，　　　　　　　$\dot{I}''_k = 1/Z_\Sigma$

当 $r = 0$ 时，　　　　　　　　$\dot{I}''_k = 1/x_\Sigma$

其中主要包括以下内容：

（1）标幺值换算：在实际电力系统接线中，各元件的电抗表示方法不统一，基值也不一样，如发电机电抗，厂家给出的是以发电机额定容量 S_N 和额定电压 U_N 为基值的标幺电抗值 X''_d；变压器的电抗，厂家给出的是短路电压百分值 U_k（％）；而输电线路的电抗，通常是用有名值表示的。为此，短路计算的第一步是将各元件电抗换算为同一基值的标幺电抗。常用基准值见表 1－1，常用设备电抗换算公式见表 1－2。

表 1-1 　　　　　　　常 用 基 准 值

电气量	关系式	基　　准　　值							
基准容量 S_b （MVA）		100 （或1000，或某元件的额定容量）							
基准电压 U_b （kV）		3.15	6.3	10.5	15.75	37	115	230	345
基准电流 I_b （kA）	$I_b = S_b/(\sqrt{3}U_b)$	18.3	9.16	5.5	3.66	1.56	0.502	0.251	0.167
基准电抗 X_b （Ω）	$X_b = U_b/(\sqrt{3}I_b)$ $= U_b^2/S_b$	0.0995	0.397	1.10	2.49	13.7	132	530	1190

表 1-2 　　　　　　常用设备电抗换算公式[①]

设备名称	厂家所给参数	有名值 （Ω）	标幺值 （以 S_b、U_b 为基值）
发电机	X_d'' （标幺值）	$X_G = \dfrac{U_N^2}{S_N}X_d''$	$X_{G*} = \dfrac{X_G}{X_b} \approx X_d'' \dfrac{S_b}{S_N}$
变压器	$X_G(\%) = u_k^{[②]}(\%)$	$X_T = \dfrac{u_k(\%)}{100}\dfrac{U_N^2}{S_N}$	$X_{T*} = \dfrac{X_T}{X_b} \approx \dfrac{u_k(\%)}{100}\dfrac{S_b}{S_N}$
电抗器	$X_R(\%)$	$X_R = \dfrac{X_R(\%)}{100}\dfrac{U_N}{\sqrt{3}I_N}$	$X_{R*} = \dfrac{X_R}{X_b} \approx \dfrac{X_R(\%)}{100}\dfrac{I_b U_N}{I_N U_b}$
线　路	X_0（Ω/km） L（km）	$X_L = X_0 L$	$X_{L*} = \dfrac{X_L}{X_b} = X_0 \dfrac{S_b}{U_b^2}$
系统 电抗	已知系统短路容量 S		$X_{c*} = \dfrac{S_b}{S}$
	与系统连接的断路器开断容量 S_{kd}		$X_{c*} = \dfrac{S_b}{S_{kd}}$
从基值 S_{b1} 换算到基值 S_{b2}	X_{b1}		$X_{b2} = X_{b1}\dfrac{S_{b2}}{S_{b1}}$

注　X_0—每千米的线路电抗有名值。
①表内各代号有名值的单位有 X（Ω）、U（kV）、I（kA）、S（MVA）。
②该式用于双绕组变压器。

第一章 基础知识

（2）网络的等值变换与简化。在工程计算中，常采用以下方法简化网络：

1）网络等值变换。等值变换的原则，是在网络变化前后，应使未被变化部分的状态（电压和电流分布）保持不变。常用的网络变换方法和公式列于表1-3和表1-4中。

2）利用网络的对称性化简网络。在网络化简中，常遇到对短路点对称的网络，利用对称关系，并依照下列原则可使网络简化：①对电位相等的节点，可直接相连；②等电位节点之间的电抗可短接后除去。

3）并联电源支路的合并。对于 n 个并联电源支路，可用式（1-6）、式（1-7）求等值电势 $\dot{E}_{dz}$ 和电抗 X_{dz}

$$\dot{E}_{dz} = \frac{\sum_{i=1}^{n} \dot{E}_i Y_i}{\sum_{i=1}^{n} Y_i} \qquad (1-6)$$

$$X_{dz} = \frac{1}{\sum_{i=1}^{n} Y_i} \qquad (1-7)$$

$$Y_i = \frac{1}{X_i}$$

式中　Y_i——各支路的电纳。

4）分裂电源和分裂短路点。在网络化简中，可将连在一个电源点上的各支路拆开。拆开后的各支路电抗，分别接于与原来电势相等的电源点上，其支路电抗值不变。同样，也可将接于短路点的各支路拆开，拆开后各支路仍带有原来的短路点。

5）分布系数法。对于具有几个电源支路并联，又经一公共支路连到短路点的网络如图1-50所示，欲求各电源与短路点之间的转移电抗，则使用分布系数法较为简便。即将各电源供出的短路电流 I_m 与短路点总短路电流 I_d 之比值，分别称为各电源支路的分布系数，用下式表示

$$C_m = I_m / I_d \quad (m = 1, 2, \cdots, n)$$

由于所有电源支路分布系数之和等于1，所以分布系数又可用电抗表示为

$$C_m = X_{n\Sigma} / X_m \qquad (1-8)$$

式中　$X_{n\Sigma}$——n 个电源支路的并联电抗（不包括公共支路电抗）；

　　　X_m——各电源支路电抗。

对于任一电源 m 与短路点 k 之点的转移电抗则可用式（1-9）求出

表1-3

网络变换基本方法的公式

序号	变换名称	变换符号	变换前的网络	变换后的网络	变换后网络元件的阻抗	变换前网络中的电流分布
1	串 联	+	(电路图)	(电路图)	$X_z = X_1 + X_2 + \cdots + X_n$	$I_1 = I_2 = \cdots = I_n = I$
2	并 联	=	(电路图)	(电路图)	$X_z = \dfrac{1}{\dfrac{1}{X_1} + \dfrac{1}{X_2} + \cdots + \dfrac{1}{X_n}}$ 当只有两支时 $X_z = \dfrac{X_1 X_2}{X_1 + X_2}$	$I_n = I \cdot \dfrac{X_z}{X_n} = IC_n$ （C_n——分布系数）
3	三角形变成等值星形	△/Y	(电路图)	(电路图)	$X_L = \dfrac{X_{LM} X_{NL}}{X_{LM} + X_{MN} + X_{NL}}$ $X_M = \dfrac{X_{LM} X_{MN}}{X_{LM} + X_{MN} + X_{NL}}$ $X_N = \dfrac{X_{MN} X_{NL}}{X_{LM} + X_{MN} + X_{NL}}$	$I_{LM} = \dfrac{I_L X_L - I_M X_M}{X_{LM}}$ $I_{MN} = \dfrac{I_M X_M - I_N X_N}{X_{MN}}$ $I_{NL} = \dfrac{I_N X_N - I_L X_L}{X_{NL}}$
4	星形等成值三角形	Y/△	(电路图)	(电路图)	$X_{LM} = X_L + X_M + \dfrac{X_L X_M}{X_N}$ $X_{MN} = X_M + X_N + \dfrac{X_M X_N}{X_L}$ $X_{NL} = X_N + X_L + \dfrac{X_N X_L}{X_M}$	$I_L = I_{LM} - I_{NL}$ $I_M = I_{MN} - I_{LM}$ $I_N = I_{NL} - I_{MN}$

第一章 绪论基础

续表

序号	变换名称	变换符号	变换前的网络	变换后的网络	变换后网络元件的阻抗	变换前网络中的电流分布
5	四角形变成有对角线的四边形	+ / ⊕			$X_{AB} = X_A X_B \Sigma Y$ $X_{BC} = X_B X_C \Sigma Y$ $X_{AC} = X_A X_C \Sigma Y$ $\vdots$ 式中 $\Sigma Y = \dfrac{1}{X_A} + \dfrac{1}{X_B} + \dfrac{1}{X_C} + \dfrac{1}{X_D}$	$I_A = I_{AC} + I_{AB} - I_{DA}$ $I_B = I_{BD} + I_{BC} - I_{AB}$ $\vdots$

表 1—4 常用网络阻抗变换的简明公式

序号	变换前的网络	变换后的网络	变换后网络元件的阻抗	适用接线图实例
1			$X_{1k} = X_1$ $X_{2k} = \dfrac{Y_1}{X_6 + \dfrac{X_2 X_5}{Y_1 \Sigma Y} + \dfrac{X_4 X_5}{Y_2 \Sigma Y}}$ $X_{3k} = \dfrac{X_3 X_5}{\dfrac{X_2 X_5}{Y_1 \Sigma Y} + \dfrac{X_4 X_5}{Y_2 \Sigma Y}}$ $X_{4k} = \dfrac{\dfrac{X_2 X_8}{Y_1 \Sigma Y} + \dfrac{X_4 X_8}{Y_2 \Sigma Y}}{Y_2}$ 式中：$Y_1 = X_2 X_6 + X_5 X_6 + X_2 X_5$ $Y_2 = X_4 X_7 + X_7 X_8 + X_4 X_8$ $\Sigma Y = \dfrac{1}{X_3} + \dfrac{X_2 + X_5}{Y_1} + \dfrac{X_4 + X_8}{Y_2}$	

序号	变换前的网络	变换后的网络	变换后网络元件的阻抗	适用接线图实例
2			$X_{1k} = X_1$ $X_{2k} = \dfrac{Y_1}{\dfrac{X_6 X_9}{Y_3} + \dfrac{X_2 X_5}{Y_1 \Sigma Y} + \dfrac{X_4 X_5}{Y_2 \Sigma Y}}$ $X_{3k} = \dfrac{X_3 Y_3 + X_6 X_7}{Y_3 \left(\dfrac{X_2}{Y_1 \Sigma Y} + \dfrac{X_4}{Y_2 \Sigma Y} \right)}$ $X_{4k} = \dfrac{Y_2}{\dfrac{X_7 X_9}{Y_3} + \dfrac{X_2 X_8}{Y_1 \Sigma Y} + \dfrac{X_4 X_8}{Y_2 \Sigma Y}}$ 式中: $Y_1 = \dfrac{X_2 X_6 X_9}{Y_3} + \dfrac{X_6 X_5 X_9}{Y_3} + X_2 X_5$ $Y_2 = \dfrac{X_4 X_7 X_9}{Y_3} + \dfrac{X_7 X_8 X_9}{Y_3} + X_4 X_8$ $Y_3 = X_6 + X_7 + X_9$ $\Sigma Y = \dfrac{Y_3}{X_3 Y_3 + X_6 X_7} + \dfrac{X_2 + X_5}{Y_1} + \dfrac{X_4 + X_8}{Y_2}$	

第一章 基础知识

続表

序号	变换前的网络	变换后的网络	变换后网络元件的阻抗	适用接线图实例
3			$X_{1k}=X_1$ $X_{2k}=\dfrac{X_1}{X_6+\dfrac{X_5}{X_9\Sigma Y}+\dfrac{X_2X_5}{Y_1\Sigma Y}+\dfrac{X_4X_5}{Y_2\Sigma Y}}$ $X_{3k}=\dfrac{X_3X_5}{X_9\Sigma Y}+\dfrac{X_2X_5}{Y_1\Sigma Y}+\dfrac{X_4X_5}{Y_2\Sigma Y}$ $X_{4k}=\dfrac{X_8}{X_9\Sigma Y}+\dfrac{X_2X_8}{Y_1\Sigma Y}+\dfrac{X_4X_8}{Y_2\Sigma Y}$ 式中 $Y_1=X_2X_6+X_6X_3+X_2X_3$ $Y_2=X_4X_7+X_7X_8+X_4X_8$ $\Sigma Y=\dfrac{1}{X_9}+\dfrac{X_2+X_5+X_8}{Y_1}+\dfrac{X_4+X_5+X_8}{Y_2}$	
4			$\dfrac{X_{1k}}{X_{2k}}=\dfrac{X_1}{X_2}+\dfrac{X_4(X_5+X_6)}{Y_1}$ $+\dfrac{(X_4X_5+X_5X_6)Y_1}{(Y_1X_3+X_5X_6)Y_1}$ $+\dfrac{X_6(X_4+X_5)}{Y_1}$ $X_{3k}=X_3+\dfrac{X_4X_6(X_6X_5+Y_1X_3)Y_1}{(Y_1X_2+X_4X_5)Y_1}$ 式中 $Y_1=X_4+X_5+X_6$	

注 ①三绕组变压器的 $U_{kIII}\%=0$。
②对以上接线图任一母线短路均可采用。

第一篇 继电保护知识

·56· 火力发电职业技能培训教材

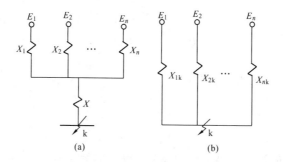

图 1-50 分布系数法示意图

（a）原等值网络图；（b）简化后等值网络图

$$X_{mk} = X_\Sigma/C_m \quad (m = 1,2,\cdots,n) \qquad (1-9)$$

式中 X_Σ——各电源到短路点之间的总电抗（包括公共支路）。

6）单位电流法。这种方法也是工程设计中较常使用的方法，因为在线性网络中，转移电抗是恒定的，它仅与每个元件电抗值及网络结构有关，而与加在各电源支路的电势值无关，所以在计算转移电抗时可以假设各电源电势相等，利用单位电流法求转移电抗现举例说明如下。

在图 1-51 中假定 $I_2 = 1$，则 $U_{2a} = I_2 X_2$

$$I_3 = U_{2a}/X_3, I_4 = I_2 + I_3$$

$$U_{ab} = I_4 X_4, U_{1b} = U_{2a} + U_{ab}$$

$$I_1 = U_{1b}/X_1, I_5 = I_1 + I_4$$

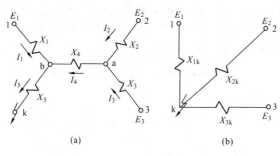

图 1-51 单位电流法示例图

（a）等值网络图；（b）简化等值图

第一章 基础知识

$$U_{bk} = I_5 X_5$$

所以
$$U_{1k} = U_{1b} + U_{bk}$$
$$U_{2k} = U_{2a} + U_{ab} + U_{bk}$$
$$U_{3k} = U_{2k}$$

各支路转移电抗分别为

$$\left.\begin{array}{l} X_{1k} = U_{1k}/I_1 \\ X_{2k} = U_{2k}/I_2 \\ X_{3k} = U_{3k}/I_3 \end{array}\right\} \qquad (1-10)$$

7）等值电源的归并。在工程计算中，为进一步简化网络，减少计算工作量，常将短路电流变化规律相同或相近的电源，归并为一个等值电源，归并的原则是：距短路点电气距离大致相等的同类型发电机可以合并；至短路点的电气距离较远，$X_{js}=1$ 的同一类型或不同类型的发电机也可以合并；直接接于短路点的发电机一般予以单独计算；无限大功率的电源应单独计算。

（3）三相短路电流周期分量的计算。

1）求计算电抗 X_{js}。X_{js} 是将各电源与短路点之间的转移电抗 X_{mk} 归算到以各供电电源（等值发电机）容量为基值的电抗标幺值，可用式（1-11）计算

$$X_{jsm} = X_{mk} \frac{S_{Nm}}{S_b} \qquad (1-11)$$

式中 S_{Nm}——第 m 个电源等值发电机的额定容量，MVA；

$\quad\quad X_{mk}$——第 m 个电源与短路点之间的转移电抗，标幺值；

$\quad\quad X_{jsm}$——第 m 个电源至短路点的计算电抗。

2）无限大容量电源的短路电流计算。由无限大容量电源供给的短路电流，或计算电抗 $X_{js}>3$ 时的短路电流，可以认为其周期分量不衰减。短路电流标幺值由式（1-12）计算

$$I''_{Z*} = I''_* = I_{\infty*} = \frac{1}{X_{\Sigma*}} \left(\text{或} = \frac{1}{X_{js}} \right) \qquad (1-12)$$

其有名值为

$$\left.\begin{array}{l} I''_Z = I'' = I_{0.2} = I_\infty = I''_{Z*} I_b \\ I_b = \dfrac{U_b}{\sqrt{3}X_b} = \dfrac{S_b}{\sqrt{3}U_b} \end{array}\right\} \qquad (1-13)$$

式中 $X_{\Sigma*}$——无限大容量电源到短路点之间的总电抗（标幺值）；

$\quad\quad I''_Z$——0s 短路电流周期分量，kA；

I''_{Z*}——0s 短路电流周期分量标幺值；

I''——0s 短路电流，kA；

I_{∞}——无穷大时间的短路电流，kA；

$I_{\infty*}$——无穷大时间的短路电流标幺值。

3）有限功率电源的短路电流计算。通常使用实用运算曲线法。运算曲线是一组短路电流周期分量 I_{zt} 与计算电抗 X_{js}、短路时间 t 的变化关系曲线，即 $I_{zt*} = f(X_{js}, t)$。所以，根据各电源的计算电抗 X_{js}，查相应的运算曲线，可分别查出对应于任何时间 t 的短路电流周期分量标幺值 $I_{zt\cdot m*}$。并由式（1-14）求出有名值

$$I_{ztm} = I_{tm*} \frac{S_{Nm}}{\sqrt{3}U_b} \quad (m = 1, \cdots, n) \qquad (1-14)$$

式中　I_{ztm}——第 m 个电源，短路后第 t s 短路电流周期分量有名值；

　　　S_{Nm}——第 m 个电源等值发电机额定容量，MVA。

4）短路点短路电流周期分量有名值

$$I_{zt} = \sum_{m=1}^{n} I_{ztm*} \frac{S_{Nm}}{\sqrt{3}U_b} + I_* \frac{S_b}{\sqrt{3}U_b} \qquad (1-15)$$

式中　I_{ztm*}——有限功率电源供给的短路电流周期分量标幺值；

　　　I_*——无限大功率电源供给的短路电流标幺值；

　　　I_{zt}——短路点 $t(s)$ 短路电流周期分量有效值，kA。

（4）短路电流非周期分量的近似计算

$$i_{fzt} = \sqrt{2} I_{zt} e^{-\frac{t}{T_a}} \qquad (1-16)$$

式中　i_{fzt}——t s 短路电流非周期分量有名值，kA；

　　　T_a——短路点等效时间常数，s。

对于等效时间常数 T_a，我国推荐值见表 1-5。

表 1-5　　　　　　　　不同短路点 T_a 的推荐值

短　路　地　点	T_a（s）	短　路　地　点	T_a（s）
汽轮发电机端	0.255	高压母线（主变压器 10~100MVA）	0.111
水轮发电机端	0.191	远离发电厂的地点	0.048
高压母线（主变压器100MVA 以上）	0.127	发电机出线电抗器	0.127

（5）短路电流冲击值及全电流最大有效值计算。短路电流最大峰值出现在短路后约半个周期时，当 $f = 50$Hz 时，发生在短路后 0.01s，该峰

第一章　基础知识

值称为短路电流冲击值 i_{ch}。

$$i_{ch} = \sqrt{2}I''(1 + e^{-\frac{0.01}{T_a}}) = \sqrt{2}K_{ch}I'' \qquad (1-17)$$

短路全电流最大有效值为

$$I_{ch} = I''\sqrt{1 + 2(K_{ch} - 1)^2} \qquad (1-18)$$

式中 K_{ch}——短路电流冲击系数。

对于冲击系数 K_{ch}，如果电路只有电抗，则时间常数 $T_a = \infty$，$K_{ch} = 2$；如果电路只有电阻，则 $T_a = 0$，$K_{ch} = 1$；所以可知 $2 \geqslant K_{ch} \geqslant 1$。工程设计中，我国对 K_{ch} 推荐值见表 1-6。

表 1-6   我国推荐的冲击系数 K_{ch}

短 路 地 点	K_{ch}	i_{ch}（kA）	I_{ch}（kA）
发电机端	1.9	$2.69I''$	$1.62I''$
发电厂高压侧母线	1.85	$2.63I''$	$1.56I''$
远离发电厂的地点（变电站）	1.8	$2.55I''$	$1.51I''$
在电阻较大 $\left(R_\Sigma > \frac{1}{3}X_\Sigma\right)$ 的电路	1.3	$1.84I''$	$1.09I''$

（6）电动机对短路电流的影响。在计算三相短路电流时，还应考虑直接连接在短路电路上而总容量大于 800kW 的高压电动机或单台容量在 20kW 以上的低压电动机的影响。

第二章

电气二次系统知识

第一节 电力网络计算机监控系统（NCS）

一、概念

随着计算机及自动化技术的发展，电力系统网络化运行已经成为一种必然趋势，电力系统通过整合各种电力数字设备，以提升设备利用效率和系统运行的平稳性。电力网络计算机监控系统（Network Control System，NCS）作为一种网络控制系统，是电力系统网络化过程中必然的选择。

NCS一般用于升压站电气系统操作与监控，是一种网络控制系统，利用NCS可以对电力系统中诸如继电保护系统、综合自动化系统等实施有效控制，从而达到提升电力系统稳定性和运行效率的目的，在信息网络时代维护电力系统稳定性十分重要，当前电力系统依靠信息网络建设成为密不可分的整体，即便是电力系统包含了多种控制系统（自动化、继电保护、电压控制），针对每个子系统及子系统之间都需要通过加强网络控制，以便提高电子系统整体的稳定性和安全性。NCS本质上是一种网络控制或者是基于信息网络环境下控制，具有可靠性强、控制灵活、便于维护和方便扩展等优势。NCS应用广泛，例如在网络智能制造中应用功能和控制比较突出。NCS作为一种网络控制系统主要是通过对控制对象的网络信息流、信息传递平稳性及网络结构进行控制，其目的是通过建立一定的架构和采取一定的手段，使网络信息流能够畅通和共享、信息传递能够平稳及结构能够稳定运行。

二、结构

NCS作为升压站的电气主要控制系统，和工程师站之间进行保护联动，和"五防"工程师站之间进行逻辑判别和操作，还具备GPS对时等功能。NCS采用开放式的网络布置结构，整个系统结构分为两大部分，分别是站控层和间隔层。站控层要求一般采用双光纤通道，一运一备，每条通道均具备独立传输能力。站控层与系统SIS实现网络监控，并通过SIS系统实现NCS和DCS之间的信息交换。站控层通过光纤或以太网连接主机兼操作员工作站、工程师工作站、五防工作站、资料管理机、继电保护管理机、远动工作站、主控单元、网络接口设备、GPS 对时设备、路由器、打印设备等。主机兼操作员工作站负责 NCS 系统的监控。间隔层由220kV 每个间隔设置的配电单元、主控单元、保护装置等部分组成，以实现配电装置信号采集和对就地间隔的监控。

三、优势

1. 提高电力系统综合传输稳定性

电力系统是一种快速的分布式实时传输系统，因此对于传输安全性与可靠性具有比较高的要求，在电力系统传输方面，NCS 网络控制可以通过对变电站网络结构和站间网络结构控制，通过利用一定的网络技术建立网络应用层协议，以及在 NCS 的基础上发展针对实时数据流量的分类和均衡方法，为电力系统出现故障提供预警和解决方案。

2. 优化电力系统信息模型

电力系统运行进入数字化时代，这对电力系统稳定性和安全性提出更高的要求。数字化与网络化带来的直接结果是电力系统二次设备工作方式的改变，例如数据采集和控制命令由专线传输向公共网络传输转变，在数字化时代，电力系统设备相互独立，各种类型的标准数据和统一的信息模型成为解决电力系统及子系统互相兼容的解决办法，将 NCS 应用到电力系统中，一个主要特点是通过优化电力系统信息模型，增强电力系统的稳定性。

3. 增强电力设备利用效率

基于 NCS 的网络控制，有助于加快一次设备和二次设备数据交换和信息集成，实现变电站数据可重性。信息网络是一个数据集成和交换的基础平台，众多电力设备在信息网络下运作，通过 NCS 可以实现电力设备的数字化革命，即通过数字设备无二义定义，提高电力设备物理技能，通过将众多硬件设备联合，组成新的依靠网络信息标准化平台，通过整合设备功能，依靠计算机技术的发展，电力设备数字化的过程，为电力系统故障信息预警、提高电力系统稳定性奠定良好基础。

4. 引导电力系统控制方法变革

电力系统数字设备信息在运行和进行传输过程中，面临着时间延迟、路径模糊及数据包可能丢失的问题，尤其是数据包丢失很可能对电力系统产生重大负面影响。基于 NCS 对这些问题分别进行处理，并针对每个具体问题产生了新的网络化控制理论和方法，为进一步优化网络设备信息传输、提高电力系统整体的可控性、实现功能协同提供了高效的处理方法。

四、功能

NCS 能完成 220kV 系统的数据采集，对电气设备进行远程监控、控制、监测等各种功能，以满足各种工况的需求。

1. 数据采集功能

通过测控单元收集来自生产现场的各开关量、模拟量、脉冲量、电气量信号，分析判断设备故障情况、事件、异常、越限等信息，并进行数据的实时更新。

2. 画面监控与报警画面显示

画面监控与报警画面显示作为 NCS 的主要功能，通过画面监控，可直观地反应升压站各断路器、隔离开关、接地隔离开关等状态的全部实时监控，包括设备运行方式、设备参数、远程操作等功能。在设备发生异常时，可以调阅当时的报警记录，并可查阅相关参数的历史和实时曲线。NCS 画面闭锁功能：这一设计可实现整体画面闭锁操作，单一画面正常操作，避免发生误操作。NCS 报警功能：可以区分断路器、隔离开关在发生操作变位或事故变位的情况，并给出不同的报警闪烁和声音提示，对于发生多个事件一起的情况，会按时间节点有序列出。

3. 控制和操作

控制和操作是 NCS 设计的最主要功能，控制模式主要分为 NCS 远方操作、就地电动操作、就地手动操作三种，在任何情况下，只允许一种操作方式有效，选择方式以硬节点接入 NCS，NCS 根据操作指令实现断路器、隔离开关、接地隔离开关的分合操作。操作时有两点需要注意：①检同期、检无压功能，运行人员应根据对侧线路的运行情况，准确选择同期方式，避免断路器非同期合闸，在对侧无压的情况下，检同期无法合闸；②"五防"逻辑闭锁能，正常情况下，220kV 升压站的所有操作都必须经过"五防"工程师站逻辑判断，就地的去就地操作，远方的经 NCS 出口，需要解除"五防"判断的必须经总工程师同意才能解锁，生产现场要严格万能解锁钥匙的使用管理。

4. AVC 功能

有的地方 AVC 是单独设计的，AVC 即电压自动控制，特别是对电源点末端的升压站，这个功能就显得比较重要，对风电场、光伏电站的升压站，一般会匹配 SVG、SVC 等无功补偿装置，以补偿系统波动时的电压。需要指出的是，AVC 功能实现不仅要和相应的补偿设备参数设定匹配，还要和周边的升压站配合起来，发挥电压调节作用。

5. 闭锁功能

闭锁功能的实现主要有以下七种功能：①闭锁接地隔离开关在合闸位置送入隔离开关；②闭锁隔离开关在合位合上接地隔离开关；闭锁断路器在合闸位置操作隔离开关；只有"五防"装置判明母线无压时，才允许合母线接地隔离开关，母线接地隔离开关在合位，闭锁所有母线直连的隔离开关合闸；线路接地隔离开关只有在检验对侧无压后才允许合闸；就地操作需要经"五防"电脑钥匙判断执行；出现 NCS 和 DCS 均可操作的断路器、隔离开关时，两者之间设置互锁功能，保证同一时刻只有一个控制中心向升压站该部分断路器、隔离开关发出指令。

6. 统计计算功能

NCS 可以实现站内发电机、出线、高压厂用变压器、高压备用变压器的电能累计统计和分时统计，便于指标运算分析；对主要设备的运行小时数、断路器的分合次数、升压站内的保护动作次数进行统计，以便分析站内设备的可靠性；对母线电压进行统计分析，为电能质量技术监督提供依据。

7. GPS 对时功能

GPS 对时功能主要是确保异常事件下，对侧和本侧保护动作、断路器分合的时间先后，为事故分析提供准确的时间节点。

8. 远动通信功能

远动通信功能一般配置两个工作站，互为备用，保证国调、省调、地调能准确监控升压站内各设备、母线、断路器、隔离开关的状态，便于调度管控。

第二节　发电厂厂用自动化系统（ECS）

一、概念

发电厂厂用电气自动化系统，简称 ECS（Electric Control System），是发电厂自动化领域近年来兴起的一个新的热点。与发电厂分散控制系统（DCS）侧重于热工系统的监控相对应，ECS 侧重于发电厂电气系统的监控；与发电厂网络监控系统（NCS）侧重于发电厂接入电网部分的电气监控相对比，ECS 侧重于发电厂内部，实现厂用电中低压电气系统的保护、测量、计量、控制、分析等综合功能。协调发电厂热控与电气自动化的同步发展，全面提高发电厂的自动化水平和厂用控制管理水平，保证发电厂运行的安全性和可靠性，增强发电厂在当前电力市场经济运行的优势和竞争能力。作为 DCS 的一个子集，为 SIS（厂级监控系统）和 MIS（电厂管理信息系统）提供更为丰富的信息。ECS 是应电力系统自动化水平的进一步提高而提出的。

ECS 系统将原先各自独立运行的 6kV 中压系统及 380V 低压系统中种类和数量众多的继电保护装置、测控装置、自动装置等通过现场总线或以太网联结起来构成系统，一方面，实现了与 DCS 系统通信方式的信息交换，大大减少了 DCS 的测点投资和硬接线方式下的电缆投资；另一方面，通过网络和后台软件，实现了电气系统的协调控制、故障分析和运行管理，提高了整个发电厂的自动控制水平和运行管理水平。

二、ECS 的发展历程

发电厂电气自动化系统可以分成以下几个主要部分：

（1）发电机—变压器组保护。含发电机保护、变压器（含主变压器、高压厂用变压器、高压备用变压器）保护，在大中型机组中，通常以发电机—变压器组保护或发电机—变压器—线路组保护的形式出现。

（2）发电机励磁调节系统（AVR）。含励磁调节装置、功率单元、机端变压器等。

（3）发电厂升压站网络监控系统（NCS）。含高压线路保护、母线保护、低压线路保护测控装置、后台监控系统、"五防"、RTU 等。

（4）发电厂厂用电气自动化系统（ECS）。含厂用中压 6kV 和低压 3V 系统的保护测控装置、智能马达保护器、安全自动装置、网络通信及后台监控应用系统。

（5）其他电气设备和系统。如直流电源、UPS 等的控制系统。发电机—变压器组保护装置、励磁调节装置是发电机组最重要的自动化设备之一，由于其很高的专业性和重要性，传统上作为独立的子系统设计和运行，目前普遍采用嵌入式软硬件开发实现，系统对外留有通信接口；升压站的作用是将发电机发出的电升高电压后输送入电网，因此 NCS 的主要作用是实现升压站运行控制的自动化，与电网中普通变电站的综合自动化系统很相似，由于近年来变电站综合自动化系统技术发展很快，NCS 得益于此，基本与之同步发展。

三、ECS 的发展优势

ECS 是近年来随着网络通信和软件技术的发展演变而来的一个新的综合自动化系统。众所周知，发电厂厂用电气二次系统包含众多的控制设备，这些设备的显著特点是可靠性要求高、功能配置专业化、安装位置分散。长期以来，厂用电气控制设备一直是独立运行的，控制难以协调、信息难以共享，也不存在实际意义上的系统。从 20 世纪 90 年代初期开始，厂用电气自动化产品经历了一个重要的历史过程，在这一过程中，大部分设备完成了从集成电路型向微机型，或直接从晶体管型和电磁型向微机型的升级换代，实现了厂用电气自动化的一次飞跃。但随后，自 1998 年左右，围绕其下一步的发展目标，在行业内引起了严重的分歧，一种观点认为电气系统应仍以常规硬结线方式接入 DCS 系统，电气二次设备维持分立状态，甚至认为可扩展 DCS 功能，在 DCS 中直接实现电气二次设备的功能；另一种观点认为应利用现场总线等对电气二次设备进行联网，一方面以通信方式接入 DCS 系统，以节省包括 DCS 在内的综合投资，一方面组建电气后台应用系统，提升电气系统的运行管理水平。传统 DCS 技术应用于厂用电气自动化系统时，存在着以下的障碍：

(1) 在电气自动化系统中，电气系统的电流、电压等早已实现了直接交流采样，精度高、速度快、数字化；而 DCS 对电压、电流等需要通过变送器转换后接入 DCS，二次接线复杂，造价高，抗干扰性能差。

(2) 电气暂态过程快，继电保护、厂用电快速切换等通常要求处理的时间为毫秒级，而 DCS 的反应时间通常为秒级。

(3) DCS 是论"点"收费的，对一个信息"点"，如温度、压力或电流量，一方面需要提供一路专用电缆芯，上万个"点"就要上万路芯线，既耗费大量控制电缆，又浪费大量空间、施工时间；另一方面，在 DCS 设备中，设备卡件也是按"点"收费。而电气自动化系统中，一根通信电缆可以传送成百上千个"点"。

(4) 由于 DCS 对电气测点的限制，使电气系统的许多应用功能无法实现，如故障诊断、故障分析、经济性分析、定值管理等，从而无法提升电气系统的运行管理水平。近年来，以现场总线、工业以太网为代表的网络通信技术在变电站综合自动化系统的成功应用，以及 DCS 系统硬接线方式缺点的逐步暴露，使得全面提高厂用电气系统自动化水平的呼声越来越高。从 2000 年以来，国内、外一些电力自动化设备制造厂家和电力规划、设计和使用和试验部门一起积极探索，提出了多种 ECS 方案，并在许多电厂进行了试验，积累了宝贵的经验。这些方案的共同特点是：厂用电气自动化设备通过现场总线联网；电气系统与 DCS 间采用通信加部分硬接线方式进行联系以减少电缆数量；建立电气后台系统，规划并逐步开发各种应用软件。

四、ECS 的基本构成

从结构上看，ECS 系统可分成三层：

第一层：间隔层。这一层主要为完成各种专业化功能的智能装置，包括厂用电中压 6kV/10kV 系统系列保护测控装置、厂用电低压 400V 系统系列智能控制器及测控装置、厂用电源快速切换装置、低压备用电源自投装置、自动准同期控制装置、小电流接地选线装置、直流接地选线装置等。这些智能装置通常都以嵌入式软硬件技术开发，有 CPU、AD、RAM、EEPROM、现场总线或以太网对外通信接口等。

第二层：通信管理层。这一层包括通信网络及通信管理装置，主要完成与上述各种智能装置、DCS 系统、电气后台监控系统、发电厂其他智能设备（如发电机保护、励磁调节装置、马达保护器等）、发电厂其他系统（如厂级监控系统 SIS）的通信。通信方式采用工业以太网和现场总线，如 PROFIBUS、CAN 等，通信管理装置实现不同现场总线接口标准的互联以及不同通信规约的转换。

第三层：站控层。这一层主要包括后台监控系统计算机硬件和各种专业应用软件，硬件有服务器、工作站等，应用软件包括 SCADA（数据采集和监控）、厂用电抄表、录波分析、电动机故障诊断等各种基础应用及高级应用功能软件，以及后台系统与发电厂其他管理系统（如 MIS 系统）间的通信口软件。

五、ECS 的发展趋势

ECS 顺应技术发展大潮，充分利用现场总线和网络通信技术，对发电厂厂用系统实现了全面的技术提升，对厂用电气系统的发展具有重要的现实意义，甚至对 DCS 系统本身的发展也有重要的参考价值。但是，该系统要达到设计的最终目的，还必须在以下两方面获得实质性的突破：

（1）实现对厂用电气全通信控制。由于通信速度和系统可靠性还有一定的距离，目前的 ECS 系统还不能满足从 DCS 通过 ECS 对电气系统的"通信全控"方式，ECS 系统与 DCS 系统间还保留了一部分硬接线。要实现全控模式，首先必须解决好热工工艺连锁问题。

（2）目前大部分电气后台系统的实际应用基本处于初级阶段，只能进行基本的运行监视功能，离实质性地实现控制逻辑、提高电气控制水平及系统运行理水平的目标还有较大距离。

第三节 发电厂二次接线

一、电气二次回路的含义

二次设备是指对一次设备的工况进行监视、控制、调节、保护，为运行人员提供运行工况或生产指挥信号所需要的电气设备，如测量仪表、继电器、控制及信号器具、自动装置等。由二次设备按一定的要求连接在一起构成的辅助回路，称为二次接线或二次回路。

二、电气二次回路的意义

在发电厂或变电站中，一次设备是重要的，二次设备也是重要的。因为一次设备和二次设备构成一个整体，只有二者都处于良好的状态，才能保证电力生产的安全，尤其是在现代化的电网中，二次设备的重要性更显突出。二次回路的故障常会破坏或影响电力生产的正常运行。例如：若变压器差动保护的二次回路接线有错误，当变压器带的负荷较大或发生穿越性相间短路时，就会发生误跳闸；若线路保护接线有错误时，一旦系统发生故障，则会出现断路器误动或拒动，就会造成设备损坏电力系统瓦解的大事故；若测量回路有问题，将影响计量，少收或多收用户的电费，同时也难以判定电能质量是否合格。因此，二次回路虽非主体，但它在保证电力生产安全、向用户提供合格的电能等方面都起着极其重要的作用。所以，从事二次回路施工及维护运行的工作人员，不仅要熟悉二次回路的原理，充分理解设计图纸的意图，同时也必须掌握查找二次回路故障的方法要领，确保二次回路的正确，这是用好、管好电力设备、确保电力生产安全的重要环节。

三、电气二次接线图

凡监视、控制、测量以及起保护作用的设备，如测量表计、继电保护、控制和信号装置等，皆属于二次设备。在电力系统中，为了达到安全、经济地运行，二次设备是不可缺少的部分。

二次回路是由二次设备组成的回路，它包括交流电压回路、交流电流回路、断路器控制和信号回路、继电保护回路以及自动装置回路等。二次接线图是用二次设备特定的图形符号和文字符号，表示二次设备互相连接的电气接线图。这类图在实际工作中常见。

二次接线图的表示法有三种：①原理接线图；②展开接线图；③安装接线图，它们的功用各不相同。

1. 原理接线图

原理图用以表示测量表计、控制信号、保护和自动装置等的工作原理。原理图中，各元件是用整块形式，与一次接线有关部分画在一起，并由电流回路和电压回路联系起来，这样对整个装置形成一清晰而完整的概念。此接线图对了解动作原理是有利的，但它的缺点是，元件较多时，接线有时互相交叉，显得零乱，而且元件端子及连接线又无符号，实际使用常感不便，故二次接线图中，仅在解释动作原理时，才用这种图形。

图 2－1 所示是低压厂用变压器保护原理图。一次设备为 6kV/380V

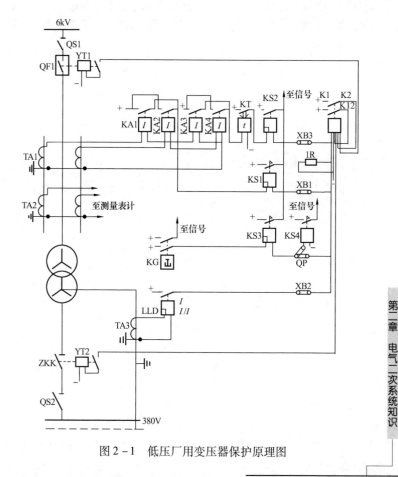

图 2－1　低压厂用变压器保护原理图

的变压器、断路器、电流互感器与母线等。二次设备包括：①由电流继电器 KA1、KA2 和信号继电器 KS1 组成的电流速断保护；②由电流继电器 KA3、KA4、时间继电器 KT 和信号继电器 KS2 组成的过流保护；③由电流继电器 KA 组成的零序过流保护；④由气体继电器 KG 和信号继电器 KS3 组成的瓦斯保护。

由图 2-1 容易看出一次设备故障引起二次设备动作的整个过程，这就是原理图的主要优点。

2. 展开图

展开图完全是以另一种方式构成的接线图，各元件被分解成若干部分，例如由图 2-2、图 2-3 可见，元件的绕组、触点分散在交流回路和直流回路中，故分别叫作交流电流回路展开图、交流电压回路展开图、操作回路展开图等。

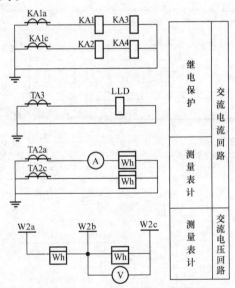

图 2-2 低压厂用变压器保护、
测量交流回路展开图

当变压器低压侧发生三相短路时，首先，由交流电流回路反映出一次侧电流忽然增大，电流互感器 TA1a、TA1c 的二次侧电流也相应增大，致使电流继电器 KA3、KA4 动作（此时，继电器 KA1 和 KA2 因电流未达动

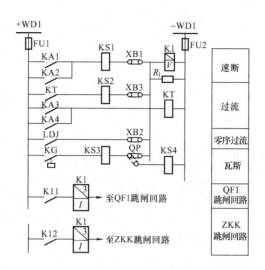

图 2-3 低压厂用变压器保护直流回路展开图

作值,所以不会动作)。再看保护直流回路展开图(图 2-3),首先,
+WD1→触点 KA3、触点 KA4→绕组 KT→-WD1 回路接通,使时间继电
器 KT 带电,其触点 KT 经过一定延时后闭合,将回路+WD1→延时闭合
的触点 KT→信号继电器 KS2→连接片 XB3→出口继电器 K1 接通,最后,
动合触点 K1 和 K12 去动作跳闸回路。

3. 安装图

屏面布置应满足下列一些要求:①凡需经常监视的仪表和继电器,都
不要布置太高;②操作元件,如控制开关、调节手轮、按钮等的高度要适
中,使得操作调节方便,它们之间应留有一定的距离,操作时不致影响相
邻的设备;③对于检查和试验较多的设备,应位于屏的中部,而且同一类
型的设备应布置在一起,这样检查和试验都比较方便。

控制屏屏面布置图:110kV 线路控制屏可以布置为如图 2-4 所示。电
流表、功率表(或其他设备的控制屏,还有电压表、功率因数表和频率
表等)位于最上几排,距地面高度为 1.5~2.2m 左右,下面为光字牌、
转换开关、同期开关等。再下为模拟母线、隔离开关位置指示器、信号灯
以及控制开关等。模拟母线应涂上相应的颜色:500kV 母线涂深红色;
330kV 涂白色;220kV 母线涂紫色;110kV 母线涂朱红色;35kV 漆鲜

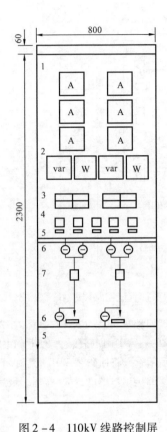

图 2 - 4   110kV 线路控制屏
屏面布置图

1—电流表；2—有功功率表和无功
功率表；3—光字牌；4—转换开关
和同期开关；5—模拟母线；6—
隔离开关位置指示器；
7—控制开关

黄色。

继电器屏屏面布置图：一些不需经常观察的继电器，皆布置在屏的上部，而运行中需要监视和检查的继电器，应位于屏的中部，离地面高度约为 1.5m。通常按电流继电器、电压继电器、中间继电器的顺序，由上而下依次排列；下面放置较大的继电器（如时间继电器、重合闸继电器和方向继电器等）以及信号继电器；末排为连接片和试验部件。这样布置基本上符合接线的顺序，而且又便于检查和观察。

屏后接线图：屏后接线图是现场安装不可缺少的图纸。图中每个设备都编有一定的顺序号和代号，设备接线柱上也加上标号，此标号完全与产品上的位置相对应。此外，每个接线往往还有明确的去向。这种接线图适用于检查和安装。屏上所有设备都有不同的编号。具体内容包括：①设备的文字符号（表 2 - 1）。②设备所属安装单位的编号。在二次接线图中，常会遇到"安装单位"这个名称。所谓"安装单位"是指一个屏上属于某一次回路或同类型回路的全部二次设备的总称。例如：屏上有两条线路的二次设备，第一条线路的二次设备叫作 I 安装单位；第二条线路的，叫作 II 安装单位。③设备的顺序号，即将一个安装单位的设备，按照屏上的顺序，从右到左（从屏背面看）、从上到下依次编号。④同型设备的顺序号，若一个安装单位中有几个相同的设备，须将同类型的设备编上顺序号。

表 2-1　　　　　　　　二次接线图中常用元件的文字符号

序号	元件名称	文字符号	序号	元件名称	文字符号
1	电流继电器	KA	29	指挥信号按钮	SBZ
2	电压继电器	KV	30	事故信号按钮	SBA
3	时间继电器	KT	31	解除信号按钮	SBD
4	中间继电器	KM	32	中央解除按钮	SBM
5	信号继电器	KS	33	连接片	XB
6	温度继电器	KT	34	切换片	QP
7	气体继电器	KG	35	位置指示器	WS
8	跳闸继电器	KOF	36	熔断器	FU
9	自动重合闸继电器	KRC	37	断路器	QF
10	合闸位置继电器	KMC	38	隔离开关	QS
11	跳闸位置继电器	KMT	39	电流互感器	TA
12	闭锁继电器	KMB	40	电压互感器	TV
13	监视继电器	KMM	41	直流控制回路电源小母线	+WC, -WC
14	信号脉冲继电器	KSI			
15	合闸绕组	YC	42	直流信号回路电源小母线	+WS, -WS
16	合闸接触器	KMC			
17	跳闸绕组	YT			
18	控制开关	SA	43	直流合闸电源小母线	+WH, -WH
19	转换开关	S			
20	一般信号灯	HS	44	预报信号小母线	WSY
21	红灯	HR	45	指挥信号小母线	WSZ
22	绿灯	HG	46	事故音响信号小母线	WSA
23	光字牌	HL	47	辅助小母线	WA
24	蜂鸣器	HA	48	"掉牌未复归"光字牌小母线	WP
25	电铃	HA			
26	试验按钮	SBTE	49	交流电压小母线	WV
27	启动按钮	SBST	50	闪光母线	(+)WM
28	停止按钮	SBS			

　　端子排的顺序，应按下列回路依次排列：①交流电流回路；②交流电压回路；③信号回路；④直流回路；⑤其他回路；⑥转接回路。端子排图上端子一侧列出屏内设备的编号及回路编号，另一侧通常只标明引出回路的顺序号，在安装接线图上，设备之间不是以直线相连，而是采用一种"相对编号法"来表示。例如：要连接甲乙两个设备，可在接线柱上标出乙设备接线柱的编号，而在乙设备接线柱上标出甲设备接线柱的编号，简单说来，就是"甲编乙的号，乙编甲的号"，两端互相呼应。

四、电气二次回路的内容

　　二次回路的内容包括发电厂和变电站中的控制、调节、继电保护和自动装置、测量和信号回路以及操作电源系统等。

1. 控制回路

控制回路是由控制开关合控制对象（断路器、隔离开关）的传递机构及执行（或操动）机构组成的。其作用是对一次开关设备进行"跳""合"闸操作。控制回路按自动化程度可分为手动和自动控制两种；按控制方式可分为分散和集中控制两种。分散控制均为"一对一"控制，集中控制有"一对一""一对 N"的选线控制；按操作电源性质可分为直流和交流两种；按操作电压大小可分为强和弱电控制两种。如图 2 - 5 所示为最简单的电机启停控制回路。

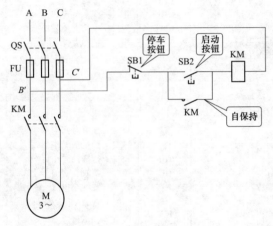

图 2 - 5　简单的启停控制回路

2. 调节回路

调节回路是指调节型自动装置，它是由测量机构、传送机构、调节器和执行机构组成。其作用是根据电力系统负荷的变化，调节一次设备的工作状态，以满足运行要求。以图 2 - 6 为例，通过传感器控制调节阀，自动调节燃油流，从而达到控制加热炉温度的回路。

3. 继电保护和自动装置回路

继电保护和自动保护装置回路是由测量部分、逻辑判断部分和执行部分组成。其作用是自动判断一次设备的运行状态，在系统发生故障或异常运行时，自动断开断路器，切除故障或发出异常信号，故障状态消失后，快速投入断路器，系统恢复正常运行。随着科技的发展，如今保护回路的测量部分、逻辑部分和执行部分都整合在一起，组成了保护装置，即微机型继电保护装置。如图 2 - 7 所示为最简单的气体保护回路举例。

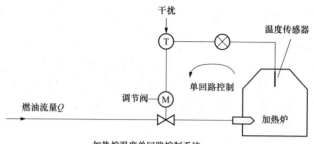

加热炉温度单回路控制系统

图 2 - 6　简单的自动调节回路

控制小母线 熔断器	合闸 回路	跳闸 指示灯	合闸 指示灯	跳闸 回路	跳闸	信号	轻瓦斯 信号	温度 信号
					重瓦斯			
	控制回路				保护回路			

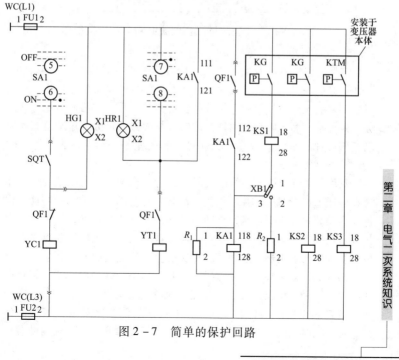

图 2 - 7　简单的保护回路

第二章　电气一次系统知识

4. 测量回路

测量回路是由各种测量仪表及其相关回路组成。其作用是指示或记录一次设备的运行参数,以便于运行人员掌握一次设备运行情况。它是分析电能质量、计算经济指标、了解系统潮流和主设备运行工况的主要依据。测量回路可分为电流测量回路、电压测量回路、电阻测量回路、功率测量回路。根据需求量的不同,采集不同的模拟量,从而应用到不同场合。以功率测量回路为例,如图2-8所示,为三表法测量三相四线制功率测量接线图。

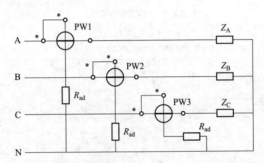

图2-8   三表法测量三相四线制功率测量接线图

5. 信号回路

信号回路是由信号发送机构、信号传送机构和信号器具构成的。其作用是反映一、二次设备的工作状态。信号回路按信号性质可分为事故信号、预告信号、指挥信号和位置信号四种;按信号显示方式可分为灯光信号和音响信号两种;按信号复归方式可分为手动复归和自动复归两种。如图2-9所示为简单的信号回路举例。

6. 电压切换回路

双母线系统上所连接的电气元件,为了保证其一次系统和二次系统在电压上保持对应,要求保护、测量、计量都有自动切换功能。保护及自动装置的二次电压回路随同主接线一起进行切换,以免发生保护或自动装置误动、拒动。自动切换通过用隔离开关辅助触点去启动电压切换中间继电器,利用其触点实现电压回路的自动切换。一般有以下两种做法:一种是采用母线隔离开关的动合辅助触点串接常规电压继电器,采用单位置触点,优点是简单、便于实现,缺点是操作电源系统当触点接触不良时,保护失去电压。但按照双重化配置的保护,可以短时退出一套。另一种是采用母线隔离开关的动合辅助触点

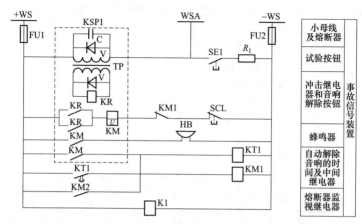

图 2-9　简单的信号回路

串接双位置电压继电器励磁绕组，母线隔离开关的动断辅助触点串接双位置电压继电器返回绕组的做法。采用双位置触点的优点是当接点接触不良时，保护不失去电压。缺点是进行检修工作时，如措施不到位，易发生发送电；如果监视回路不完善时，容易造成事故。例如：Ⅰ段母线动合触点断开，动断触点未返回，再将Ⅱ段母线动合触点合上时，将造成Ⅰ、Ⅱ段母线电压接环回路中的双位置继电器同时动作，致使Ⅰ、Ⅱ段母线电压互感器于二次侧强行并接。若此时Ⅰ、Ⅱ段母线存在电势差，将在电压切换回路中形成很大的短路电流，烧毁电压切换继电器。如图 2-10 所示为简单的电压切换回路举例。

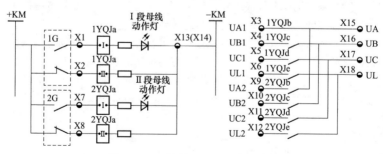

图 2-10　简单的电压切换回路

7. 操作电源系统

操作电源系统是由电源设备和供电网络组成，按电源性质分为直流和交流电源系统，其作用是供给上述各回路工作电源。发电厂和变电站的操作电源一般采用直流电源，简称直流系统，对小型变电站也可采用交流电源或整流电源。

五、二次回路安装的规定

关于二次回路的安装，《继电保护和安全自动装置技术规程》（GB 14285）中规定：

（1）二次回路的工作电压不应超过500V。

（2）互感器二次回路连接的负荷，不应超过继电保护和安全自动装置工作准确等级所规定的负荷范围。

（3）发电厂和变电站应采用铜芯的控制电缆和绝缘导线。

（4）按机械强度要求，控制电缆或绝缘导线的芯线最小截面为：强电控制回路，不应小于1.5mm^2；弱电控制回路，不应小于0.5mm^2。

（5）电缆芯线截面的选择还应符合下列要求：

1）电流回路：应使电流互感器的工作准确等级符合本标准2.1.9条的规定。此时，如无可靠根据，可按断路器的断流容量确定最大短路电流；

2）电压回路：当全部继电保护和安全自动装置动作时（考虑到发展，电压互感器的负荷最大时），电压互感器至继电保护和安全自动装置屏的电缆压降不应超过额定电压的3%；

3）操作回路：在最大负荷下，电源引出端至分、合闸绕组的电压降，不应超过额定电压的10%。

（6）屏（台）上的接线，以及断路器，隔离开关等传动装置的接线，除断路器电磁合闸绕组外，应采用铜芯绝缘导线。在绝缘导线可能受到油浸蚀的地方，应采用耐油绝缘导线。

（7）安装在干燥房间里的配电屏、开关柜等的二次回路，或采用无护层的绝缘导线，在表面经防腐处理的金属屏上直敷布线。

（8）当控制电缆的敷设长度超过制造长度，或由于配电屏的迁移而使原有电缆长度不够，或更换电缆的故障段时，可用焊接法连接电缆（在连接处应装设连接盒），也可用其他屏上的接线端子来连接。

（9）控制电缆应选用多芯电缆，并力求减少电缆根数。对双重化保护的电流回路、电压回路、直流电源回路、双套跳闸绕组的控制回路等，两套系统不宜合用同一根多芯电缆。

（10）屏（台）内与屏（台）外回路的连接，某些同名回路（如跳闸回路）的连接，同一屏（台）内各安装单位的连接。屏（台）内同一安装单位各设备之间的连接，以及电缆与互感器、单独设备的连接，可不经过端子排。对于电流回路，需要接入试验设备的回路、试验时需要断开的电压和操作电源回路，以及在运行中需要停用或投入的保护，应装设必要的试验端子、试验端钮（或试验盒）、连接片和切换片，其安装位置应便于操作。属于不同安装单位或不同装置的端子，应分别组成单独的端子排。

（11）在安装各种设备、断路器或隔离开关的连锁接点、端子排和接地线时，应能在不断开 3kV 及以上一次接线的情况下，保证在二次回路端子排上安全地工作。

（12）电流互感器的二次回路应有一个接地点，并在配电装置附近经端子排接地。但对于有几组电流互感器连接在一起的保护装置，则应在保护屏上经端子排接地。

（13）电压互感器的一次侧隔离开关断开后，其二次回路应有防止电压反馈的措施。对电压及功率自动调节装置的交流电压回路，应采取措施，以防止电压互感器一次或二次侧断线时，发生误强励或误调节。

（14）电压互感器的二次侧中性点或绕组引出端之一应接地。接地方式分直接接地和通过击穿熔断器接地两种。向交流操作的保护装置和自动装置操作回路供电的电压互感器，其中性点应通过击穿熔断器接地。采用 B 相直接接地的星形接线的电压互感器，其中性点也应通过击穿熔断器接地。电压互感器的二次回路只允许有一处接地，接地点宜设在控制室内，并应牢固焊接在接地小母线上。

（15）在电压互感器二次回路中，除开口三角形绕组和另有专门规定者（例如自动调节励磁装置）外，应装设熔断器或自动开关。接有距离保护时，如有必要，宜装设自动开关。在接地线上不应安装有开断可能的设备。当采用 B 相接地时，熔断器或自动开关应装在绕组引出端与接地点之间。电压互感器开口三角形绕组的试验用引出线上，应装设熔断器或自动开关。

（16）各独立安装单位二次回路的操作电源，应经过专用的熔断器或自动开关，其配置原则应按下列规定进行：

1）在发电厂和变电站中，每一安装单位的保护回路和断路器控制回路，可合用一组单独的熔断器或自动开关。

2）对具有两个跳闸绕组和采用双重快速保护的安装单位，宜按双电源分别设置独立的熔断器或自动开关。

（17）发电厂和变电站中重要设备和线路的继电保护和自动装置，应有经常监视操作电源的装置。各断路器的跳闸回路，重要设备和线路的断路器合闸回路，以及装有自动合闸装置的断路器合闸回路，应装设监视回路完整性的监视装置。视装置可采用光信号或声光信号。

（18）在可能出现操作过电压的二次回路中，应采取降低操作过电压的措施，例如对电感大的绕组并联消弧回路。

（19）在有振动的地方，应采取防止导线接头松脱和继电器误动作的措施。

（20）屏（台）和屏（台）上设备的前面和后面，应有必要的标志，标明其所属安装单位及用途。屏（台）上的设备，在布置上应使各安装单位分开，不允许互相交叉。

（21）接到端子和设备上的电缆芯和绝缘导线，应有标志，并避免跳、合闸回路靠近正电源。

（22）当采用静态保护时，根据保护的要求，在二次回路中宜采用下列抗干扰措施：

1）在电缆敷设时，应充分利用自然屏蔽物的屏蔽作用。必要时，可与保护用电缆平行设置专用屏蔽线。

2）采用铠装铅包电缆或屏蔽电缆，在屏蔽层两端接地。

3）强电和弱电回路不宜合用同一根电缆。

4）电缆芯线之间的电容充放电过程中，可能导致保护装置误动作时，应使用不同的电缆中的芯线，将相应的回路分开，或采用其他措施。

5）保护用电缆与电力电缆不应同层敷设。

6）保护用电缆敷设路径，尽可能离开高压母线及高频暂态电流的入地点，如避雷器和避雷针的接地点、并联电容器、电容式电压互感器、结合电容及电容式套管等设备。

第四节　常用继电器的构造和动作原理

一、继电器的定义

继电器是一种根据外界输入的信号（如电压、电流、时间、速度、热量等）来控制电路的通、断的自动切换电器，其触点常接在控制电路中。值得注意的是，继电器的触点不能用来接通和分断负载电路，这也是继电器与接触器在作用上的区别。继电器具有控制系统（又称输入回路）和被控制系统（又称输出回路），通常应用于自动控制电路中，它实际上是用较小的电流去控制较大电流的一种"自动开关"，故在电路中起着自动调节、安全保护、转换电路等作用。

二、继电器的输出特性

继电器的输入信号 x 从零连续增加达到衔铁开始吸合时的动作值 x_x，继电器的输出信号立刻从 $y = 0$ 跳跃 $y = y_m$，即动合触点从断到通。一旦触点闭合，输入量 x 继续增大，输出信号 y 将不再起变化。当输入量 x 从某一大于 x_x 值下降到 x_f，继电器开始释放，动合触点断开。继电器的这种特性叫作继电特性，也叫继电器的输入——输出特性。释放值 x_f 与动作值 x_x 的比值叫反馈系数，即 $K_f = x_f / x_x$，触点上输出的控制功率 P_C 与绕组吸收的最小功率 P_0 之比叫作继电器的控制系数，即 $K_c = P_C / P_0$。

三、继电器的种类

继电器的种类很多，按输入信号的不同可分为电压继电器、电流继电器、时间继电器、热继电器、速度继电器与压力继电器等。热继电器、过电流继电器、欠电压继电器属于保护继电器；控制继电器一般包括时间继电器、速度继电器、中间继电器属于控制继电器。

按工作原理可分为电磁式继电器、感应式继电器、热敏式继电器、机械式继电器、电动式继电器和电子式继电器等。在电力拖动系统中，应用最多、最广泛的是电磁式继电器。

（一）电磁式继电器

电磁式继电器是在输入至电磁绕组中的电流的作用下，由其机械部件的相对运动而产生预定响应动作的一种电器，主要有包括交流电磁继电器、直流电磁继电器、磁保持继电器、舌簧继电器等。如图2-11所示为电磁式继电器的结构及其工作原理。

1. 电磁式继电器的主要参数

（1）灵敏度：使继电器动作的最小功率称为继电器的灵敏度。

（2）额定电压和额定电流：对于电压继电器，它的绕组额定电压为该继电器的额定电压；对于电流继电器，它的绕组额定电流为该继电器的额定电流。

（3）吸合电压或吸合电流：使继电器衔铁开始运动时绕组的电压（电压继电器）或电流（电流继电器）值，称为吸合电压或吸合电流，用

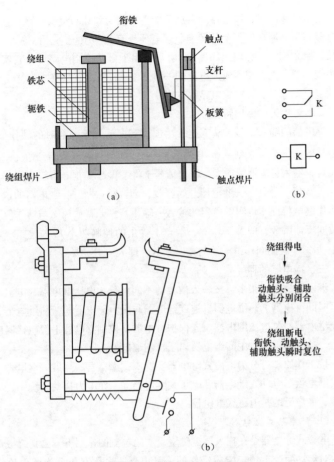

图 2-11 电磁式继电器的结构及其工作原理
(a) 结构；(b) 符号；(c) 工作原理

U_{XH} 或 I_{XH} 表示。

(4) 释放电压或释放电流继电器衔铁开始释放时绕组的电压或电流，用 U_{SF} 或 I_{SF} 表示。

(5) 返回系数释放电压（或电流）与吸合电压（或电流）的比值，用 K 表示，K 值恒小 1。

$$电压继电器的返回系数\ K = U_{SF}/U_{XH}$$

$$电流继电器的返回系数\ K = I_{SF}/I_{XH}$$

（6）吸合时间和释放时间：吸合时间是从绕组接受电信号到衔铁完全吸合所需的时间；释放时间是绕组失电到衔铁完全释放所需的时间。

（7）整定值：根据控制系统的要求，预先使继电器达到某一个吸合值或释放值，这个预先设定的吸合值（电压或电流）或释放值（电压或电流）就叫整定值。

2. 检验项目及要求

（1）一般性检验：应特别注意机械部分和触点工作可靠性检验。

（2）整定点的动作值和返回值检验：

1）整定点动作值与整定值误差不应超过±3%。

2）返回系数应不小于0.85，当大于0.9时，应注意触点压力。

3）在运行中如需改变定值，则应进行刻度检验或检验所需要改变的定值。

4）继电器整定后，应用保护安装处最大故障电流值作冲击试验后重复试验定值，要求其值与整定值的误差仍不超过±3%。

（二）热继电器

电动机在工作时，当负载过大、电压过低或发生一相断路故障时，电动机的电流都要增大，其值往往超过额定电流。如果超过不多，电路中熔断器的熔体不会熔断，但时间长了会影响电动机的寿命，甚至烧毁电动机，因此需要有过载保护。热继电器用于电动机的过载保护，是利用电流热效应使双金属片受热后弯曲，通过联动机构使触点动作的自动电器。如图2-12所示为热继电器的型号定义及图形符号。

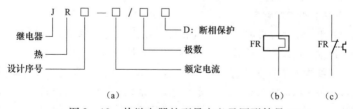

图2-12　热继电器的型号定义及图形符号
（a）型号含义；（b）热元件；（c）动断触点

热继电器由热元件、触头、动作机构、复位按钮和整定电流装置五部分组成，详细构成如图2-13所示。热元件由双金属片及绕在双金属片外面的电阻丝组成，双金属片由两种热膨胀系数不同的金属片复合而成。触头由一个公共动触头、一个动合触头和一个动断触头组成。动作机构由导板、补偿双金属片、推杆、杠杆、拉簧等组成。复位按钮是热继电器动作后进行手动复位的按钮。整定电流装置由旋钮和偏心轮组成，调节整定电流（热继电器长期不动作的最大电流）的大小。

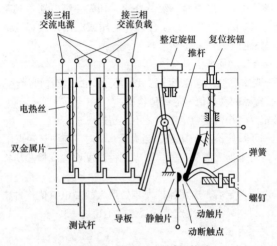

图 2 - 13　热继电器详细构成

热继电器的工作原理为：电动机过载时，电流通过串联在定子电路中的电阻丝，使之发热过量，双金属片受热膨胀，因膨胀系数不同，膨胀系数较大的左边一片的下端向右弯曲，通过导板推动补偿双金属片使推杆绕轴转动，带动杠杆使它绕轴转动，将动断触头断开。接触器绕组断电，主触头释放，使电动机脱离电源得到保护。

（三）时间继电器

在生产中，经常需要按一定的时间间隔来对生产机械进行控制。例如，电动机的降压启动需要一定的时间，然后才能加上额定电压；在一条自动线中的多台电动机，常需要分批启动，在第一批电动机启动后，需经过一定时间才能启动第二批。这类自动控制称为时间控制。时间控制通常是利用时间继电器来实现的。时间继电器是一种能使感受部分在感受信号（绕组通电或断电）后，自动延时输出信号（触点闭合或分断）的继电器。时间继电器的种类很多，主要有电磁式、空气阻尼式、晶体管式等。

1. 空气阻尼式时间继电器

空气阻尼式时间继电器是利用空气阻尼原理获得延时，它由电磁系统、工作触头、气室及传动机构等四部分组成，如图 2-14 所示。电磁系统由绕组、铁芯和衔铁组成，还有反力弹簧和弹簧片。电磁系统起承受信号作用。工作触头是执行机构，由两副瞬时动作触头（一副动合，一副动断）和两副延时动作触头组成气室和传动机构，起延时和中间传递作用，气室内有一块橡皮薄膜，随空气的增减而移动。气室上面的调节螺钉可调节延时的长短。传动机构由推杆、活塞杆、杠杆及宝塔形弹簧组成。空气阻尼式时间继电器结构简单，价格低廉，但准确度低，延时误差大，因此在要求延时精度高的场合不宜采用。

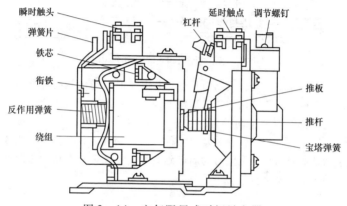

图 2-14　空气阻尼式时间继电器

空气阻尼式时间继电器根据延时特点可分为通电延时和断电延时两类。

（1）通电延时型时间继电器的动作原理：当时间继电器绕组通电时，衔铁被吸合，活塞杆在宝塔形弹簧的作用下移动，移动的速度要根据进气孔的节流程度而定，各延时触头不立即动作，而要通过传动机构延长一段整定时间才动作，绕组断电时延时触头迅速复原。

（2）断电延时型时间继电器的动作原理：当时间继电器绕组通电时，衔铁被吸合，活塞杆在宝塔形弹簧的作用下移动，移动的速度要根据进气孔的节流程度而定，各延时触头瞬时动作，而要通过传动机构延长一段整定时间才复原，绕组断电时触头延时复原，如图 2-15 所示。

通电延时型和断电延时型继电器的共同点：由于两类时间继电器的瞬动触头因不具有延时作用，故通电时立即动作，断电时立即复

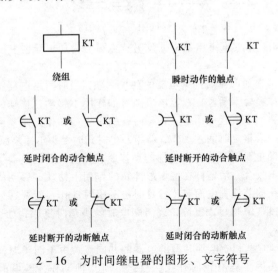

图 2 − 15　断电延时型时间继电器

位，恢复到原来的动合或动断状态。断电延时与通电延时两种时间继电器的组成元件是通用的，从结构上说，只要改变电磁机构的安装方向，便可获得两种不同的延时方式，就是铁芯和衔铁的位置被掉转180°，即当衔铁位于铁芯和延时机构之间时为通电延时型，而当铁芯位于衔铁和延时机构之间时为断电延时型。如图 2 − 16 所示为时间继电器的图形、文字符号。

绕组

瞬时动作的触点

延时闭合的动合触点

延时断开的动合触点

延时断开的动断触点

延时闭合的动断触点

2 − 16　为时间继电器的图形、文字符号

2. 电子式时间继电器

电子式时间继电器又称半导体时间继电器，是利用半导体元件做成的时间继电器，具有适用范围广、延时精度高、调节方便、寿命长等一系列的优点，被广泛应用于自动控制系统中。半导体延时电路大致可分为阻容式（电阻与电容构成）和数字式两大类。如果延时电路的输出是有触点的继电器，则称为触点输出；若输出是无触点元件，则称为无触点输出。

电子式时间继电器的原理：主电源由变压器二次侧的 18V 电压经整流、滤波获得；辅助电源由变压器二次侧的 12V 电压经整流、滤波获得。当变压器接通电源时，晶体管 VT1 导通，VT2 截止，继电器 KA 绕组中电流很小，KA 不动作。两个电源经可调电阻 R_P、R、KA 动断触点向电容 C 充电，a 点电位逐渐升高。当 a 点电位高于 b 点电位时，VT1 截止，VT2 导通，VT2 集电极电流流过继电器 KA 的绕组，KA 动作，输出控制信号。图 2-17 中，KA 的动断触头断开充电电路，动合触头闭合将电容放电，为下次工作作好准备。调节 R_P，可改变延时时间。其特点是体积小、延时范围大（0.2～300s）、延时精度高、寿命长。

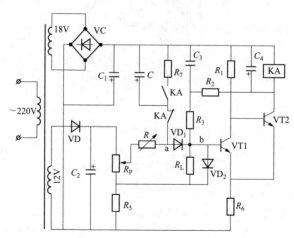

图 2-17 电子式时间继电器电路图

（四）中间继电器

中间继电器在结构上是一个电压继电器，但它的触点数多、触点容量大（额定电流 5～10A），是用来转换控制信号的中间元件。中间继电器的输入是绕组的通电或断电信号，输出信号形式为触点的动作。中间继电器主要用途是当其他继电器的触点数或触点容量不够时，可借助中间继电器来扩大它们的触点数或触点容量。其外形及结构为：主要由绕组、静铁芯、动铁芯、触头、反作用弹簧及复位弹簧等组成。触头没有主、辅之分，其额定电流一般为5A。其图形、文字符号、结构等如图2-18所示。

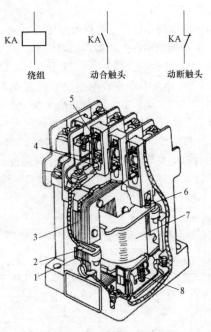

图2-18 中间继电器图形、文字符号及结构
1—静铁芯；2—短路环；3—衔铁；4—动合触头；5—动断触头；6—反作用弹簧；7—绕组；8—缓冲弹簧

（五）过电流继电器

过流继电器分为感应电磁式和集成电路型，具有定时限、反时限的特性，应用于电动机、变压器等主设备以及输配电系统的继电保护回路中。当主设备或输配电系统出现过负荷及短路故障时，该继电器能按预定的时限可靠动作或发出信号，切除故障部分，保证主设备及输配电系统的安全。

电磁式过流继电器的工作原理是复合式的，由共用一个绕组的感应式和电磁式的两个元件组成。当继电器的绕组通以交流电流时，则在铁芯的遮蔽与未遮蔽部分产生两个具有一定相位差的磁通。此磁通与其在圆盘中感应的涡流相互作用，在圆盘上产生一转矩。在20% ~ 40%的动作电流整定值下，圆盘开始旋转。此时由于扇齿与蜗杆没有咬合，故继电器不动作。当绕组中的电流增大至整定电流时，电磁力矩大于弹簧的反作用力使框架转动，使扇齿与蜗杆咬合，扇齿上升。此时继电器的动铁在扇齿顶杆的推动下，使导磁铁右边气隙减少，左边气隙增大，因而动铁被导磁铁吸合，使继电器触点动作。当继电器绕组中的电流为整定值时，感应元件的动作时限与电流的平方成反比。随着电流的增加，导磁体饱和，动作时限逐渐趋于定值。当绕组中的电流大到某一电流倍数时，电磁元件瞬时动作，因而继电器的动作时限具有有限反延时的特性。继电器具有若干抽头，用以调整感应元件与电磁元件的动作电流。另外，可用倍流螺钉改变动铁与电磁铁之间的气隙来调整电磁元件动作电流。继电器具有调整感应元件动作时间整定值的机构及主触点动作的信号牌。用手旋转返回机构，可使信号牌返回，并不需取下外壳。

（六）欠电压继电器

欠电压继电器的电磁绕组与被保护或检测电路并联，辅助触点接在控制电路中，电路正常工作时动合触点闭合，而当电压低至其设定值时，由于电磁系统产生的电磁力会减小，在复位弹簧的作用下，动合触点断开，动断触点吸合，从而使控制电路断电，进而控制主电路断电，保护用电器在低压下不被损坏。

欠电压继电器主要依据电源电压、控制线路所需触头种类和数量进行选用。其检验与测试主要包括：

（1）测触点电阻：用万能表的电阻档，测量动断触点与动点电阻，其阻值应为0；而动合触点与动点的阻值应为无穷大。由此可以区别出哪个是动断触点，哪个是动合触点。

（2）测绕组电阻：可用万能表 $R \times 10\Omega$ 挡测量继电器绕组的阻值。

（3）测量吸合电压和吸合电流：准备好可调稳压电源和电流表，给继电器输入一组电压，同时，在供电回路中串入电流表进行监测。然后慢慢调高电源电压，听到继电器吸合的声音时，记下该吸合电压的数值和吸合电流的数值。为求准确，可以多试几次而求平均值。

（4）测量释放电压和释放电流：如同测量吸合电压和吸合电流那

样连接测试，当继电器吸合后，再逐渐降低供电电压。当听到继电器再次发生释放声音时，记录下此时的电压和电流，应多次测试而取得平均的释放电压和释放电流值。一般情况下，继电器的释放电压为吸合电压的 10%～50%，如果释放电压太小（小于 1/10 的吸合电压），则不能继续正常使用，否则会由于其工作不可靠对电路的稳定性造成威胁。

第三章

继电保护原理基础知识

第一节 厂用系统保护

一、厂用电动机保护配置

电动机的主要故障是定子绕组的相间短路，其次是单相接地。电动机应装设切除相间短路的保护装置，以便尽快地切除故障电动机。2MW以下的电动机装设电流速断保护，2MW及以上的电动机或2MW以下，但电流速断保护灵敏度不符合规定要求的电动机，应装设纵联差动保护。

纵联差动保护采用两个电流继电器按两相式接线构成，保护装置瞬时动作于断路器跳闸。电流互感器应具有相同的伏安特性，并在通过电动机启动电流时仍能满足10%误差的要求。

电流速断保护采用两个电流继电器按两相式接线构成。当灵敏度足够时，在非重要电动机上也可采用接于相电流之差的二相一继电器的接线，保护装置瞬时动作于断路器跳闸。对于不易遭受过负荷的电动机，保护装置采用电磁型电流继电器；对于易遭受过负荷的电动机，保护装置采用反限时特性的电流继电器，利用其瞬动元件作为速断保护，反时限元件作为过负荷保护。

瞬时电流速断保护，切断短路电流有两种方式：①额定功率大于1MW或者额定功率大于0.63MW而启动时间较长的电动机采用真空断路器；②额定功率小于1MW的电动机可采用FC回路。对于真空断路器瞬时动作于跳闸，对于FC回路保护延时动作跳闸或经大电流闭锁保护跳闸出口，通过熔断器熔断切除故障。如对于额定电压为6.3kV的FC回路，真空接触器只可断开3800A的短路电流，当短路电流超过3800A时，须由熔断器切除短路电流。在选择熔断器时，保证熔断器的额定电流大于1.3倍电动机的满载电流，并且与高压厂用变压器、启动备用变压器分支零序电流保护以及分支过流保护动作时间相配合。若熔断器额定电流选择偏大，当厂用系统发生单相接地故障并且瞬间转化为相间故障时，熔断器熔断时间延长，可能造成高压厂用变压器分支零序电流保护或者高压厂用变压器分支过流保护先于熔断器动作，从而导致保护越级跳闸，所以，应合理选择熔断器额定电流。

当电流速断保护不能满足灵敏系数要求，而且电动机只有三个引出线无法装设纵联差动保护时，可增设负序电流保护，其整定值应防止电动机供给外部不对称故障电流时引起的误动，并有足够灵敏系数。动作时限为防止断路器合闸不同期而误动，应带 0.5s 的限时。

对电压为 1kV 及以上的电动机，供电网络一般都为中性点不接地方式，因此电动机单相接地时，只有全网络的对地电容电流流过故障点，该电流一般小于 5A，故电动机上可不装设专用的接地保护；当接地电流大于 5A 时，应装设接地保护，单相接地电流为 10A 及以上时，接地保护动作于跳闸；10A 以下时，接地保护一般动作于信号。

电动机单相接地的零序电流保护装置，由一环形导磁体的零序电流互感器供电。单相接地电流为 10A 及以上时，应瞬时作用于断路器跳闸。

电动机的不正常工作状态，主要是过负荷运行。引起过负荷的主要原因有电动机所带机械负载超量；供电网络电压和频率降低；启动或自启动时间过长等。长时间的过负荷运行，将使电动机温升超过允许值，从而造成绝缘老化，将电动机烧坏。为此，对于生产过程中容易发生过负荷的电动机和需要防止其启动或自启动时间过长的电动机，要装设过负荷保护。

过负荷保护采用反时限特性的电流继电器，按两相式接线构成，亦可采用接于相电流之差的二相一继电器的接线，一般继电器带有瞬动元件作为速断保护。过负荷保护根据电动机所带机械负载的特点作用于跳闸或信号。过负荷保护的动作时间按大于电动机启动时间来整定。电动机的启动时间一般为 10~15s，因此反时限特性的电流继电器动作时间的整定：在 1.2 倍电动机的启动电流下，其动作时间为 16s。定时限过负荷保护的动作时间 12~20s。

电动机启动过程中堵转或重载启动时间过长，应采用长启动保护。电动机启动超过允许的启动时间，电动机启动失败，长启动保护出口动作于跳闸，电动机启动正常，电动机启动结束后，长启动保护自动转为正常运行中的正序过流保护，作为电动机运行中的过电流保护。

下列电动机应装设低电压保护，保护装置应动作于跳闸：①当电源电压短时降低或短时中断后又恢复时，为保证重要电动机的自启动而需要断开的次要电动机；②当电源电压短时降低或短时中断后，根据生产过程不允许或不需要自启动的电动机；③需要自启动，但为保证人身和设备安全，在电源电压长时间消失后须从电网中自动断开的电动机；④属Ⅰ类负荷并装有自动投入装置的备用机械的电动机（Ⅰ类负荷为中断发电会造成人身伤亡危险或重大设备损坏且难以修复，或给政治上和经济上造成重大损失者）。

低电压保护接线的基本要求：①当电压互感器一次侧一相及两相断线或二次侧断线时，保护装置不应误动，并应发出断线信号，但在电压断线故障期间，如果厂用母线失去电压或电压下降，保护装置仍应正确动作。为此，三个电压继电器接于电压互感器不同的相间电压，当三个电压继电器均动作才启动时间继电器（长期耐受直流电压）。这种接线在任何一相断线时不会误动，但两个熔断器熔断仍能误动，因而三个熔断器的额定电流不宜相同。②为防止电压互感器的隔离开关误断开而误动，故低电压保护应经隔离开关的辅助触点控制。③设置两段低电压保护，第Ⅰ段低电压保护保证重要电动机自启动，以0.5s延时切除次重要电机，第Ⅱ段低电压保护，对于生产工艺不允许在电动机完全停转后突然来电时自启动的电动机，如一次风机、送风机、磨煤机等，根据生产工艺要求以9s延时切除这些电机，或者根据本厂情况，对环保要求严格的机组，脱硫的设备应以9s延时切除。对生产工艺允许在电动机完全停转后突然来电时自启动的重要电动机，如引风机等不设置低电压保护。0.5s和9s的低电压保护的动作电压应分别进行整定，三个电压继电器作为次要电动机按0.5s跳闸。再另设一个电压继电器作为重要电动机保护，9s跳闸。④目前电动机综保装置或母线电压互感器保护装置均可实现低电压保护。发电厂各类厂用电动机低电压保护的装设原则见表3-1。

同步电动机尚应增设相应的失步保护、失磁保护和不允许非同步冲击的保护。

表3-1　　发电厂各类厂用电动机低电压保护的装设原则

厂用机械的电动机分类		序号	机械名称	低电压保护装置
主要电动机	不易遭受过负荷的电动机	1 2 3	给水泵 凝结水泵 循环水泵	当有自动投入的备用机械时,装置低电压保护装置以9s时限动作于断路器跳闸,否则不装设低电压保护装置
		4	送风机	装设低电压保护装置,以9s时限动作于断路器跳闸
	易遭受过负荷的电动机	5 6 7 8 9	备用励磁机 除尘器洗涤水泵 消防水泵 排粉机 吸风机	不装设低电压保护装置
		10	直吹炉制粉系统磨煤机	装设低电压保护装置,以9s时限动作于断路器跳闸
次要电动机	不易遭受过负荷的电动机	11 12 13 14 15 16 17 18 19 20 21	有中间煤仓制粉系统磨煤机 灰渣机 灰浆泵 碎煤机 扒煤机绞车 空气压缩机 热网水泵 冲洗水泵 热网凝结水泵 软水泵 喷射水泵	装设低电压保护装置,以0.5s时限动作于断路器跳闸

二、变压器保护的配置

变压器是电力系统中重要的供电元件,它的故障将给供电可靠性和系统的正常运行带来严重的后果。变压器的故障包括绕组的相间短路、接地短路、匝间短路以及铁芯的烧损和套管、引出线的故障。当变压器外部发生故障时,由于其绕组中将流过较大的短路电流,会使变压器温度上升。

变压器长时间过负载或过励磁运行，也将引起绕组和铁芯的过热和绝缘的损坏。根据变压器可能发生的故障和不正常运行状态，对变压器装设下列保护。

（1）瓦斯保护：反映并消除变压器油箱内的各种故障及油面降低时，应装设瓦斯保护，其中重瓦斯元件动作于跳闸，轻瓦斯元件动作于信号。

（2）纵联差动保护、电流速断保护：为消除变压器绕组、套管及引出线等的故障，应根据容量的不同，装设纵联差动保护或电流速断保护。

（3）后备保护：为消除变压器外部的相间短路所引起的变压器过电流，应根据其容量和电网的特点装设后备保护，并作为其内部故障的后备保护。

1）过电流保护：一般用于降压变压器；

2）复合电压启动的过电流保护：一般用于升压变压器、电网联络变压器和过电流保护方式不能满足灵敏系数要求的降压变压器；

3）负序电流和单元件低电压启动的过电流保护：宜用于发电机变压器组；

4）阻抗保护：主要是为了与变压器两侧的超高压线路保护相合配合，用于 500/220kV 联络变压器；

5）接地保护：用于中性点直接接地电网中的变压器，作为接地故障的后备保护；

6）过负荷保护；

7）过励磁保护：用于 330kV 及以上电压等级的大型变压器。

三、35kV 及以下线路保护的配置

电力输电线路保护装置的配置，有简单的电流保护，也有复杂的距离保护和高频保护等。随着电压等级的升高，电网结构同趋复杂，对电网的安全稳定运行和对继电保护技术的要求越来越高，需要采用性能完善、动作快速、复杂的保护装置。

（1）10kV 及以下电压等级。

1）单相接地保护的设置原则。1～10kV 电网中性点为不接地运行。当发生单相接地故障时，各相间电压仍保持正常运行电压，一般不需要瞬时切除故障。因此，单相接地保护按规定：①在发电厂和变电站母线上装设反应零序电压动作于信号的电网接地监视装置；②有条件安装零序电流互感器的线路，如电缆线路或经电缆引出的架空线路，当线路单相接地

流较大能满足保护的选择性和灵敏性要求时,可装设动作于信号利用零序电流的单相接地保护。如不能安装零序电流互感器,而单相接地保护能够躲过电流回路中的不平衡电流的影响,例如单相接地电流较大,或保护反应接地电流的暂态值等,也可将保护装置接于三相电流互感器构成的零序回路中。若根据人身和设备安全的要求,如矿井采煤线路,该保护可作用于跳闸;在配出线距离不长、回路数不多,难以装设选择性单相接地保护时,如①所述,装设零序电压监视装置,用依次手动断开线路的方法寻找接地故障。

对线路单相接地,可利用下列电流,构成有选择性的电流保护或者功率方向保护:①网络的自然电容电流;②消弧绕组补偿后的残余电容电流,例如残余电流的有功分量或高谐波分量;③人工接地电流,但此电流应尽可能地限制在 10~20A 以内;④单相接地故障的暂态电流。

6~10kV 输电线路的单相接地保护有:①零序电流保护:零序电流保护利用故障接地线路的电容电流大于非故障接地线路的电容电流来选择接地线路;②零序功率方向保护:当系统总的电容电流不大时,零序电流保护的灵敏度很低,可采用零序功率方向保护装置。

除采用上述保护装置外,尚可用绝缘监察装置、钳形电流表等方式,以寻找接地故障线路。

2)相间短路保护的配置原则为:

a. 为节省变电站直流蓄电池,利用电流互感器二次电流作为断路器操作电流,配置具有反时限特性或带速断的过电流保护。

b. 若变电站有直流电源,可采用两相式电流速断和定时限或反时限特性相配合过电流保护;在电力网内同一电压等级的所有线路均装在同名的两相上,保证在两不同点接地短路时,有 $\frac{2}{3}$ 的机会只切除一条线路。

c. 如线路发生短路,使发电厂厂用母线或重要用户母线电压低于额定电压的 60%;或线路导线截面过小,不允许带时限切除短路故障时,应装设瞬时电流速断保护,该保护可无选择性动作,利用自动重合闸或备用电源自动投入装置补救。

d. 保护装置应采用远后备方式配置,且只装设在线路的电源侧。

e. 如果电网没有特殊要求,允许只装设时限不大于 0.5~0.7s 的过电流保护作为本线路的主保护,兼作相邻线路的远后备。

f. 带有串联电抗器的线路,如其断路器断流容量不满足电抗器前的短路电流要求,则不应装设瞬时电流速断保护。

g. 对于双侧电源线路，为缩短电流保护的时限和降低其动作值，可将线路一端的电流保护带有方向性。

h. 在长度不超过2km的双侧电源短线路，可采用带辅助导线的纵联保护（导引线保护）作主保护，以带或不带方向的电流保护作为后备保护。辅助导线应有专用的监视或检测装置。纵联保护需采用绝缘变压器将导引线引入保护设备的过电压隔离。架空辅助导线应有消除感应过电压和地电位升高危及人身和设备安全的措施。

i. 并列运行的平行双回线路，电源侧宜装设电流平衡保护，无电源侧宜装设横联差动保护作为主保护；以带或不带方向的多段式电流保护作为后备保护。为简化保护，电流保护可接在两回线路的电流之和，可作为一回线断开后的主保护及后备保护。

j. 在环形配电网络中，为简化保护，使环网中线路保护装置定值易于满足选择性，可采用故障瞬时自动解环成放射状线路，事故消除后再恢复环网的办法。

k. 发电厂厂用电源线包括带串联电抗器的电源线，宜装设纵联差动和过电流保护。

l. 对经常出现过负荷的电缆线路，应装设带时限过荷保护，动作于信号，必要时可动作于跳闸。

一般6~10kV输电线路由两相式的电流速断和定时限过电流保护构成，作为线路相间故障的保护装置。对于用户的小型变电站中引出的6~10kV输电线路，除采用定时限的电流保护外，也有采用反时限电流保护。

对带电抗器的6~10kV输电线路（由大型发电厂或大型变电站出线），因其断路器的遮断容量一般没有按照切除电抗器前的短路电流来选择，故仅能装设带有定时限特性的电流保护装置。电抗器前的短路只应由上一级电源断路器加以切除。

3）可能时常出现过负荷的电缆线路，应装设过负荷保护。保护宜带时限动作于信号，必要时可动作于跳闸。

（2）35kV输电线路保护配置。基本上与1~10kV配电线路保护的配置原则相同，所不同的有下述两点：

1）复杂网络中的输电线路，当采用带或不带方向的多段式电流、电压保护不能满足选择性、灵敏性和速动性要求时，应采用距离保护；

2）不长于4km的线路，可采用带辅助导线的纵联保护（导引线保护）。

第二节 发电机—变压器组保护

一、大型发电机机组保护

发电机的故障类型主要有：定子绕组相间短路；定子绕组一相的匝间短路；定子绕组单相接地；转子绕组一点接地或两点接地；转子励磁回路励磁电流消失。

发电机的不正常运行状态主要有：由于外部短路引起的定子绕组过电流；由于负荷超过发电机额定容量而引起的三相对称过负荷；由外部不对称短路或不对称负荷（如单相负荷、非全相运行等）而引起的发电机负序过电流和过负荷；由于突然甩负荷而引起的定子绕组过电压；由于励磁回路故障或强励时间过长而引起的转子绕组过负荷；由于汽轮机主汽门突然关闭而引起的发电机逆功率等。

针对上述故障类型及不正常运行状态，按相关规程规定，发电机应装设以下继电保护装置：

（1）1MW 及以下单独运行的发电机，如中性点侧有引出线，则在中性点侧装设过电流保护，如中性点侧无引出线，则在发电机端装设低电压保护。

（2）1MW 及以下与其他发电机或与电力系统并列运行的发电机，应在发电机端装设电流速断保护。如电流速断灵敏系数不符合要求，可装设纵联差动保护；对中性点侧没有引出线的发电机，可装设低压过流保护。

（3）对 1MW 以上发电机的定子绕组及其引出线的相间短路，应装设纵联差动保护。

（4）对 100MW 及以上的发电机—变压器组，应装设双重主保护，每一套主保护宜具有发电机纵联差动和变压器纵联差动保护功能。

（5）对直接联于母线的发电机定子绕组单相接地故障，当发电机电压网络的接地电容电流大于或等于 5A 时（不考虑消弧绕组的补偿作用），应装设动作于跳闸的零序电流保护；当接地电容电流小于 5A 时，则装设作用于信号的接地保护。对于发电机变压器组，一般在发电机电压侧装设作用于信号的接地保护；当发电机电压侧接地电容电流大于 5A 时，应装设消弧绕组。容量在 100MW 及以上的发电机，应装设保护区为 100% 的定子接地保护。

（6）对于发电机定子绕组的匝间短路，当绕组接成星形且每相中有引出的并联支路时，应装设单继电器式的横联差动保护。

（7）50MW 及以上发电机，当定子绕组为星形接线，中性点只有三个引出端子时，根据用户和制造厂要求，可装设专用的匝间短路保护。

（8）对于发电机外部短路引起的过电流和作为发电机主保护的后备，可采用下列保护方式，保护装置宜配置在发电机中性点侧：①负序过电流及单相式低电压启动过电流保护，一般用于50MW 及以上的发电机；②复合电压（负序电压及线电压）启动的过电流保护，用于 1MW 以上的发电机；③过电流保护，用于 1MW 以下的小发电机。

（9）对于由不对称负荷非全相运行或外部不对称短路而引起的负序过电流，一般在 50MW 及以上的发电机上装设负序电流保护。

（10）对于由对称负荷引起的发电机定子绕组过电流，应装设接于一相电流的过负荷保护。

（11）100MW 及以上的汽轮发电机，宜装设过电压保护。过压保护宜动作于解列灭磁或程跳。对于水轮发电机定子绕组过电压，应装设带延时的过电压保护。

（12）对于发电机励磁回路的接线故障：①水轮发电机一般装设一点接地保护，小容量机组可采用一点接地定期检测装置；②对汽轮发电机励磁回路的一点接地，一般采用定期检测装置，对大容量机组则可以装设一点接地保护。对两点接地故障，应装设两点接地保护，在励磁回路发生一点接地后投入。

（13）对于发电机励磁消失的故障，在发电机不允许失磁运行时，应在自动灭磁开关断开时连锁断开发电机的断路器；对采用半导体励磁以及100MW 及以上采用电机励磁的发电机，应增设直接反应发电机失磁时电气参数变化的专用失磁保护。

（14）对于转子回路的过负荷，在 100MW 及以上并采用半导体励磁系统的发电机上，应装设转子过负荷保护。

（15）对于汽轮发电机主汽门突然关闭，为防止汽轮机遭到损坏，对大容量的发电机组可考虑装设逆功率保护。

（16）其他的，如当电力系统振荡影响机组安全运行时，在 300MW 机组上，宜装设失步保护；当汽轮机低频运行造成机械振动，叶片损伤对汽轮机危害极大时，可装设低频保护；当水冷却发电机断水时，可装设断水保护等。

为了快速消除发电机内部的故障，在保护动作于发电机断路器跳闸的同时，还必须动作于自动灭磁开关，断开发电机励磁回路，以使转子回路电流不会在定子绕组中再感应电动势，继续供给短路电流。

上述各项保护，根据故障和异常情况，按规定分别动作于：

（1）停机：断开出口断路器、灭磁，对于汽轮发电机，要关闭主汽门；对水轮发电机还要关闭导水翼。

（2）解列灭磁：断开出口断路器、灭磁，汽轮机甩负荷。

（3）解列：断开出口断路器，汽轮机甩负荷。

（4）减出力：将原动机出力减到给定值。

（5）缩小故障影响范围：例如，断开预定的其他断路器。

（6）程序跳闸：对汽轮发电机，首先关闭主汽门，待逆功率保护动作后，再跳开出口断路器和灭磁开关。对于水轮发电机，首先将导水翼关至空载位置，再跳开出口断路器和灭磁开关。

（7）减励磁：将励磁电流减到给定值。

（8）励磁切换：将励磁电源由工作励磁电源切换为备用。

（9）厂用电源切换：将厂用工作电源切换为备用电源。

（10）信号：发出声光信号。

1. 纵差动保护

纵差动保护是发电机内部相间短路的主保护。因此，它应能快速而灵敏地切除内部所发生的故障，同时，在正常运行及外部故障时，又应保证动作的选择性和工作的可靠性。

发电机纵差动保护的启动电流，有两个不同的选取原则。

（1）在正常运行情况下，电流互感器二次回路断线时保护不应误动。当发电机在额定容量运行时，差动继电器中流过电流即为发电机额定电流变换到二次侧的数值。在这种情况下，为防止差动保护误动作，应整定保护装置的启动电流大于发电机的额定电流 I_{Nf}，引入可靠系数 K_{rel}（一般取 $K_{rel} = 1.3$），则保护装置和继电器的启动电流分别为

$$\left. \begin{aligned} I_{st} &= K_{rel} I_{Nf} \\ I_{st} &= K_{rel} I_{Nf} / n_1 \end{aligned} \right\} \tag{3-1}$$

式中 n_1——电流互感器的变比。

这样整定之后，在正常运行情况下任一相电流互感器二次侧断线时，保护将不会误动作。但如果在断线后又发生了外部短路，则继电器回路中要流过短路电流，保护仍要误动。为防止这种情况的发生，在差动保护中一般装设断线监视装置，当断线后，它动作发出信号，运行人员接此信号后即应将差动保护退出工作。

断线监视继电器的启动电流按躲开正常运行时的不平衡电流整定，原则上越灵敏越好。根据经验，其值通常选择为

$$I_{st} = 0.2I_{Nf}/n_1 \qquad (3-2)$$

为了防止断线监视装置在外部故障时由于不平衡电流的影响而误发信号，它的动作时限应大于发电机后备保护的时限。为使差动保护的范围能包括发电机引出线（或电缆）在内，因此，其所使用的电流互感器应装在靠近断路器的地方。

（2）保护装置的启动电流按躲开外部故障时的最大不平衡电流整定，此时，继电器的启动电流应为

$$\left.\begin{array}{l} I_{st} = K_{rel}I_{bpmax} \\ I_{bpmax} = 0.1K_{fzq}K_{tx}I_{dmax}/n_1 \end{array}\right\} \qquad (3-3)$$

式中　K_{fzq}——非周期分量影响系数；

　　　K_{tx}——电流互感器同型系数。

当采用具有速饱和铁芯的差动继电器时，$K_{kzq}=1$；当电流互感器型号相同时 $K_{tx}=0.5$；可靠系数一般取为 $K_k=1.3$。

按躲开不平衡电流条件整定的差动保护，其启动值都远较按躲开电流互感器二次回路断线的条件为小，因此，保护的灵敏性就高。但是这样整定之后，在正常运行情况下发生电流互感器二次回路断线时，在负荷电流的作用下，差动保护就可能误动作。当差动保护的整定值小于额定电流时，可不装设电流互感器回路断线的监视装置。当保护装置采用带有速饱和变流器的差动继电器时，亦可利用差动绕组和平衡绕组的适当组合和连接，构成高灵敏度的纵差动保护接线。

对 100MW 及以上大容量发电机，推荐采用具有比率制动特性的差动继电器，即利用外部故障时的穿越电流实现制动，其原理接线如图 3－1 所示。

该继电器的制动系数通常取为 0.2～0.4，其最小启动电流 I_{st0} 一般取 $(0.1\sim0.3)I_{ef}/n_1$，因此它既能保证区外故障时可靠躲开最大不平衡电流的影响，又能提高区内故障的灵敏性。

灵敏系数的校验，都是以发电机出口处发生两相短路为依据的，此时短路电流较大，一般都能够满足灵敏系数的要求。但当内部发生轻微的故障，例如经绝缘材料的过渡电阻短路时，短路电流的数值往往较小，差动保护不能启动，此时只有等故障进一步发展以后，保护方能动作，而这时可能已对发电机造成更大的危害。因此，尽量减小保护装置的启动电流，以提高差动保护对内部故障的反应能力，还是很有意义的。

发电机同样要配置差动速断保护，防止区内严重故障时由于电流互感器饱和导致比率差动延缓动作，此时由速断保护快速跳闸，减小内部严重

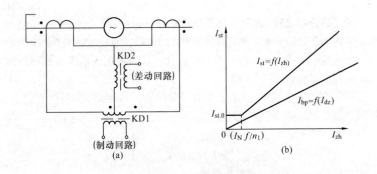

图 3 – 1 比率制动式差动继电器

（a）原理接线示意图；（b）比率制动特性

故障对发电机的损坏。

2. 横差动电流保护

在大容量发电机中，由于额定电流很大，其每相都是由两个并联的绕组组成的。在正常情况下，两个绕组中的电势相等，各供出一半的负荷电流。而当任一个绕组中发生匝间短路时，两个绕组中的电势就不再相等，因而会由于出现电势差而产生一个均衡电流，在两个绕组中环流。因此，利用反应两个支路电流之差的原理，即可实现对发电机定子绕组匝间短路的保护，此即横差动保护。

（1）在某一个绕组内部发生匝间短路，有一个环流产生。短路匝数 a 越多时，则环流越大，而当 a 较小时，保护就不能动作。

（2）在同相的两个绕组间发生匝间短路，$a_1 \neq a_2$ 时，由于两个支路的电势差，将分别产生两个环流；当 a_1、a_2 差值很小时，将会出现保护死区，如 $a_1 = a_2$ 即表示在电势等位点上短接，此时实际上是没有环流的。

横差动保护有两种接线方式：一种是每相装设两个电流互感器和一个继电器做成单独的保护，这种方式接线复杂，且保护中的不平衡电流也大；另一种是只用一个电流互感器装于发电机两组星形中性点的连线上。它实质上是把一半绕组的三相电流之和去与另一半绕组三相电流之和进行比较，当发生前述各种匝间短路时，此中性点连线上照样有环流流过，在这种接线中，只用一个电流互感器，就没有由于电流互感器的误差所产生的不平衡电流，因而其启动电流较小，灵敏度较高。当发电机出现三次谐波电势时，由于三相都是同相位的，因此，如果任一支路的三次谐波与其他支路的不相等时，都会在两组星形中性点的连线上出现三次谐波的环

流，并通过电流互感器反应到保护中去，这是所不希望的，为此采用了三次谐波过滤器，以滤掉三次谐波的不平衡电流。

保护装置的启动电流，根据运行经验可采用发电机定子绕组额定电流的 20%～30%，即当转子回路两点接地时，横差动保护可能误动作。这是因为当两点接地后，转子磁极的磁通平衡要遭到破坏，而定子同一相的两个绕组并不是完全位于相同的定子槽中，因而其感应的电动势就不相等，这样就会产生环流，使横差动保护误动作。

运行经验表明，当励磁回路发生永久性的两点接地时，由于发电机励磁磁势的畸变而引起空气隙磁通发生较大的畸变，发电机将产生异常的振动，此时励磁回路两点接地保护应动作于跳闸。在这种情况下，虽然按照横差动保护的工作原理来看它不应该动作，但由于发电机已有必要切除，因此，横差动保护动作于跳闸也是允许的。基于上述考虑，目前已不采用励磁回路两点接地保护动作时闭锁横差动保护的措施。为了防止在励磁回路中发生偶然性的瞬间两点接地时引起横差动保护的误动作，因此，当励磁回路发生一点接地后，在投入两点接地保护的同时，也应将横差动保护切换至带 0.5～1s 的延时动作于跳闸。

按以上原理构成的横差动保护，也能反应定子绕组上可能出现的分支开焊故障。对发电机定子绕组的匝间短路，还有其他灵敏度更高的保护方式，例如用负序功率闭锁的定子零序电压保护，负序功率闭锁的转子二次谐波电流保护等。

横差保护的两个缺点：

（1）单相分支匝间短路较小时，即短路的匝数较小时，存在动作死区。

（2）同向两分支间匝间短路，当短路点位置差别较小时，也存在死区。

3. 发电机零序电压定子绕组匝间短路保护

发电机零序电压匝间短路保护可用于各种发电机，特别是中性点没有引出三相 6 端子的发电机，即对于中性点侧只有三个引出端子的发电机不能用横差保护实现匝间短路保护，但可采用零序电压构成匝间短路保护，其原理接线如图 3-2 所示。

发电机内部或外部发生单相接地故障时，一次系统出现对地零序电压 $3U_0$，发电机中性点电位升高 $3U_0$，因 TV0 一次侧中性点是接在发电机中性点上，因此开口三角绕组输出的 $3U_0$ 仍为零。这种保护并不反应发电机定子绕组单相接地故障。

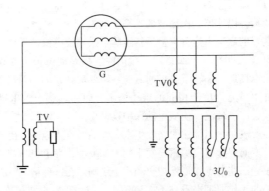

图 3 – 2   零序电压匝间短路保护
$3U_0$ 原理接线图

发电机定子绕组一相发生匝间短路时，其三相绕组的对称性遭到破坏，机端三相对发电机中性点出现基波零序电压 $3U_0$，因此 TV0 有 $3U_0$ 输出。

发电机正常运行时及外部相间短路时，发电机定子电压中含有三次谐波分量，由于三相中的三次谐波电势同相位，属于零序性质。在开口三角绕组中形成零序电压保护的不平衡电压。为提高保护的灵敏度，必须加装三次谐波滤波器，同时还应装设断相闭锁装置，此时 $3U_0 = 0$。因此，这种保护只反应匝间短路故障。

零序电压接入，需用两根连接线，不得利用两端接地线来代替其中一根连接线，因两个不同的接地端会由于其他使用接地线的电源通过大电流，而在两个接地点间产生电位差，造成零序电压继电器误动作。

由于发电机容量与结构各不相同，发生最小短路匝数的匝间短路时，产生的最小纵向零序电压值也不同，在整定计算时，要考虑这个因素，还需要考虑躲过不平衡电压，同时该保护需要具有性能良好的滤除三次谐波的滤波器。

为防止区外故障时匝间保护误动作，可增设负序功率方向元件。负序功率方向元件的动作方向，应根据不同发电机的定子绕组结构来确定。对于定子绕组匝间短路时能产生较大负序功率的发电机，负序功率方向元件的动作方向应指向发电机。此时，负序功率方向元件为允许式，即发电机内部故障时，方向元件动作，满足匝间保护动作条件。对灵敏度不满足要求的发电机可采用闭锁式，即发生区外短路故障时，条件闭锁，防止保护误动。

4. 发电机相间短路的后备保护

发电机内部发生了相间短路故障时，由于某些原因而使主保护没有动作；或者相邻元件发生了故障（发电机母线、变压器、出线等）但其保护没有动作，在这种情况下，发电机都应由后备保护经一定的延时后将故障切除。常用的发电机相间短路的后备保护有：过电流保护、低电压启动的过电流保护、复合电压启动的过电流保护和负序电流保护，如果灵敏度要求较高，还可采用低阻抗继电器构成距离保护作为发电机相间短路的后备保护。

（1）低电压启动的过电流保护。发电机低电压过电流保护的电流继电器，接在发电机中性点侧三相星形连接的电流互感器上，电压继电器接在发电机出口端电压互感器的相间电压上，这样在发电机投运前发生故障时，保护也能动作。

过电流元件的动作电流 I_{0p}

$$I_{0p} = \frac{K_{rel}}{K_r} I_{NG} \tag{3-4}$$

式中　K_{rel}——可靠系数，取 1.2；

　　　K_r——返回系数，取 0.85；

　　　I_{NG}——发电机额定电流。

低电压元件的作用在于区别是过负荷还是由于故障引起的过电流。

汽轮发电机的低电压元件，按躲过电动机自启动和发电机失磁异步运行时的最低电压整定，即动作电压 U_{0p} 取

$$U_{0p} = 0.6 U_N \tag{3-5}$$

式中　U_N——发电机额定电压。

发电机变压器组的灵敏度按变压器高压侧出口短路时校验。若低电压元件在高压侧短路不能满足灵敏度要求，则在高压侧加设低电压元件。

保护动作时间，应比连接在母线上其他元件的保护最长动作时间大一个时限级差 Δt，一般为 5～6s。

（2）复合电压启动的过电流保护。复合电压是指负序电压和单元件相间电压共同启动过电流保护。在变压器高压侧母线不对称短路时，负序电压元件的灵敏度与变压器绕组的接线方式无关，有较高的灵敏度。

负序电压元件的动作电压 U_{20p} 应躲过正常运行时最大不平衡电压，一般为

$$U_{20p} = 0.06U_N \qquad (3-6)$$

（3）低阻抗保护。发电机变压器组的低阻抗保护一般接在发电机端部，阻抗元件一般为全阻抗继电器，但阻抗元件易受系统振荡及发电机失磁等的影响。

阻抗元件的阻抗值整定，应与线路距离保护的定值相配合

$$Z_{0p} = 0.7Z_T + 0.8\frac{1}{K_B}Z_1 \qquad (3-7)$$

式中　Z_T——主变压器阻抗，折算为低压侧的每相值；

　　　Z_1——与其相配合的相邻线路距离保护的定值，折算为低压侧的每相值；

　　　K_B——分支系数，取各种可能出现的运行方式下的最大值。

$$Z_{0pk} = \frac{K_{TA}}{K_{TV}}Z_{0p} \qquad (3-8)$$

式中　K_{TA}——电流互感器变比；

　　　K_{TV}——电压互感器变比。

动作时间与所配合的距离保护段时间相配合。灵敏度按高压侧母线故障校验，不小于 1.5。

为防止阻抗元件在振荡及失磁时误动，也可采用带偏移特性的阻抗继电器，但阻抗元件受接线方式变压器和弧光电阻的影响，将缩短保护范围，并且，阻抗保护应有可靠的失压闭锁装置。同时，为防止电压回路断线时，保护误动，应同时装设电流增量元件或负序电流增量元件作为启动元件，由于阻抗保护动作时间较长，应装设振荡闭锁装置。

（4）负序电流保护。发电机中的负序电流在两种情况下出现，一种是故障情况下出现的负序电流；另一种是正常情况下的负序电流。当发电机内部或外部发生不对称故障时，将有负序电流流过定子绕组，一般情况下，故障存在的时间不会很长，因此由故障引起的负序电流存在时间也不会长。当发电机处于正常运行时，由于三相负荷电流的不完全对称，同样会出现负序电流，但此时的负序电流将可能持续很长时间，尽管它的数值不大。

负序电流的存在，对于具有旋转转子的发电机来说，由于负序电流流过定子绕组，在发电机的气隙中将产生反向旋转磁场，进而在转子上感应出 1000Hz 的 2 倍频电流，该电流使得转子上某些部位（如转子表层、端部、护环等）可能出现局部灼伤，甚至使护环受热松脱，危害发电机安全。为了使转子不致过热，研究结果给出了负序电流与允许它通过发电

的时间关系 $I_{2*}^2 \cdot t = A$，A 为发电机允许过热时间常数，对应的曲线称为发电机允许负序电流曲线，如图 3-3 所示，该曲线呈反时限特性，负序电流越大，允许的时间越短；负序电流越小，允许的时间越长。

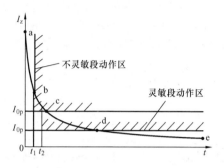

图 3-3　发电机允许负序电流曲线

关于 A 值，制造厂提供数据，参考值为：对凸极式发电机或调相机，可取 $A = 40$；对于空气或氢气表面冷却的隐极式发电机，可取 $A = 30$；对于导线直接冷却的 $100 \sim 300\text{MW}$ 汽轮发电机，可取 $A = 6 \sim 15$ 等。随着发电机容量的不断增大，它所允许承受负序过负荷的能力也随之下降（A 值减小）。大型发电机由于采用了直接冷却式（水内冷和氢内冷），使其体积增大比容量增大要小，同时，基于经济和技术上的原因，大型机组的热容量裕度一般比中小型机组小。因此，转子的负序附加发热更应该注意，总的趋势是单机容量越大，A 值越小，转子承受负序电流的能力越低，所以要特别强调对大型发电机的负序保护。

定子绕组中出现负序分量电流，是发电机相间故障和外部元件相间故障的一个特征，但是正常运行的发电机因为负荷不对称也会出现负序分量电流，根据此电流的大小及持续时间的长短，常构成发电机转子过热的主保护。

1）定时限负序电流保护。目前中小型机组都采用两段式定时限负序电流保护。在负序电流滤过器二次侧接入两个电流继电器。整定值较小（称灵敏段）的继电器其动作电流按躲过长期允许的负序电流 $I_{2\infty}$ 和躲过最大负荷下的不平衡电流值整定，一般取 $0.1I_{\text{NG}}$，经 t_2（$5 \sim 10\text{s}$）动作于信号作为发电机不对称过负荷保护。继电器整定值较大（称不灵敏段），其动作值按与相邻元件保护的灵敏度配合条件和按转子发热条件整定，一般取 $0.5 \sim 0.6I_{\text{N}}$，经 t_1（$3 \sim 5\text{s}$）动作于跳闸。

保护装置的动作特性与按 $I_2^2 t \leqslant A$ 确定的发电机允许负序电流曲线配合情况如图 3-3 所示，由图可以看出：①ab 段内，保护装置动作时间大于发电机允许时间，不能保证安全；②bc 段内，保护装置的动作时间小于发电机允许时间，能保证但未充分发挥发电机承受负序电流的能力；③cd 段内，保护装置不灵敏段不动作，灵敏段动作后发出信号，由值班人员处理，但在靠近 c 点处，实际上来不及处理，就已超过允许时间将影响发电机的安全；④de 段内，由于 I_2 较小，保护不能反应。

可见，定时限负序电流保护的动作特性，不能同发电机允许的负序电流曲线相匹配。因此，为防止发电机转子遭受负序电流的损害，尤其是对于大型机组，都要求采用能适应发电机允许负序电流曲线的反时限负序电流保护。

2）反时限负序电流保护。这种特性恰好能适应与发电机允许负序电流曲线（见图 3-3 中特性）的配合，如图 3-4 所示。

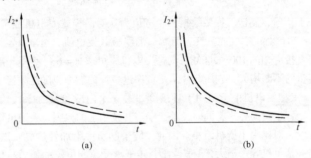

图 3-4 反时限负序电流保护动作特性与发电机
允许负序电流曲线的配合

---允许电流特性；—保护动作特性

（a） $t = \dfrac{A}{I_{2*}^2 - a}$ 动作特性曲线；（b） $t = \dfrac{A}{I_{2*}^2 + a}$ 动作特性曲线

上述两种动作特性都可使用，对于图 3-4（a）所示特性，由于保护特性位于允许负序电流特性曲线之上，故属于"极限"方式；对于图 3-4（b）所示特性，由于保护特性位于允许负序电流特性曲线之下，故属于"保守"方式。反时限特性的获得可由专门的电路装置来完成。

5. 定子接地保护

根据安全的要求发电机的外壳都是接地的，因此，定子绕组因绝缘破坏而引起的单相接地故障比普遍。当接地电流比较大，能在故障点引起电弧时，将使绕组的绝缘和定子铁芯烧坏，并且也容易发展成相间短路，造成更大的危害。我国规定，当接地电容电流等于或大于 5A 时，应装设动作于跳闸的接地保护，当接地电流小于 5A 时，一般装设作用于信号的接地保护。

对于大型发电机中性点接地方式和定子接地保护应满足三个基本要求：

（1）接地故障点电流不应超过安全电流，确保定子铁芯安全。

（2）保护动作区要覆盖整个定子绕组，保护区任意一点接地应有足够高的灵敏度。

（3）暂态过电压数值小，不威胁发电机安全运行。

发电机中性点接地方式有不接地、经消弧绕组接地和经变压器高阻接地三种。中性点不接地方式，接地电流为自然电容电流，容易产生弧光接地和操作过电压。发电机中性点经消弧绕组接地，可以最大限度减小接地故障电流，极大地减轻了定子铁芯的灼伤程度，有效防止向相间或匝间短路转化。需要注意的是，发电机中性点经消弧绕组接地必须是欠补偿方式，减小传递过电压对发电机安全的威胁。发电机中性点经变压器高阻接地方式，有利于降低电力系统操作过电压和大气过电压。

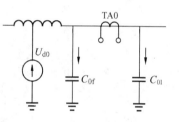

图 3-5 发电机内部单相接地时的零序等效网络

当发电机内部单相接地时，流经发电机零序电流互感器 TA0 一次侧的零序电流，图 3-5 所示为发电机以外电压网络的对地电容电流（$3U_{ph}\omega C_{0l}$）。

而当发电机外部单相接地时，图 3-6 所示为流过 TA0 的零序电流，为发电机本身的对地电容电流（$3U_{ph}\omega C_{0f}$）。

当发电机内部单相接地时，实际上无法直接获得故障点的零序电压，而只能借助于机端的电压互感器来进行测量。当忽略各相电流在发电机内阻抗上的压降时，机端各相的对地电压应分别为

$$\left.\begin{array}{l} \dot{U}_{AD} = (1-a)\,\dot{E}_A \\[2mm] \dot{U}_{BD} = \dot{E}_B - a\dot{E}_A \\[2mm] \dot{U}_{CD} = \dot{E}_C - a\dot{E}_A \end{array}\right\} \qquad (3-9)$$

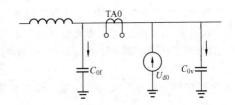

图 3-6 发电机外部单相接地时
的零序等效网络

其相量关系如图 3-7 所示，由此可求得机端的零序电压为

$$\dot{U}_{d0} = \frac{1}{3}(\dot{U}_{AD} + \dot{U}_{BD} + \dot{U}_{CD}) = -a\dot{E}_A = \dot{U}_{d0(a)} \qquad (3-10)$$

其值和故障点的零序电压相等。

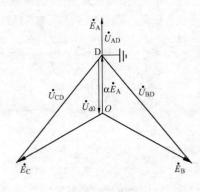

图 3-7　发电机内部单相接地时，
机端的电压相量图

（1）利用零序电流构成的定子接地保护。利用零序电流构成的定子接地保护，在实现接地保护时，应做到当一次侧的接地电流（零序电流）大于允许值时即动作于跳闸，因此，就对保护所用的零序电流互感器提出了很高的要求。一方面是正常运行时，在三相对称负荷电流（常达数千安培）的作用下，在二次侧的不平衡输出应该很小，另一方面是接地故障时，在很小的零序电流作用下，在二次侧应有足够大的功率输出，以使保护装置能够动作。

目前我国采用的是用优质高导磁率硅钢片做成的零序电流互感器，其磁化曲线起始部分的导磁率很高，因而在很小的一次电流作用下，就具有较高的励磁阻抗和二次输出功率，能满足保护灵敏性的要求，而结构并不复杂。

接于零序电流互感器上的发电机零序电流保护，其整定值的选择原则如下：①躲过外部单相接地时，发电机本身的电容电流，以及由于零序电流互感器一次侧三相导线排列不对称，而在二次侧引起的不平衡电流；

②保护装置的一次动作电流应小于表 3 – 2 规定的允许值；③为防止外部相间短路产生的不平衡电流引起接地保护误动作，应在相间保护动作时将接地保护闭锁；④保护装置一般带有 1～2s 的时限，以躲开外部单相接地瞬间，发电机暂态电容电流（其数值远较稳态时的 $3U_{ph}\omega C_{0f}$ 为大）的影响。因为，如果不带时限，则保护装置的动作电流就必须按照大于发电机的暂态电容电流来整定。

表 3 – 2 发电机单相接地电流允许值

发电机额定电压（kV）	发电机额定容量（MW）		接地电流允许值（A）
6.3	<50		4
10.5	汽轮发电机	50～100	3
	水轮发电机	10～100	
13.8～15.75	汽轮发电机	125～200	2①
	水轮发电机	40～225	
18～20	300～600		1

① 对氢冷发电机为 2.5A。

当发电机定子绕组的中性点附近接地时，由于接地电流很小，保护将不能启动，因此零序电流保护不可避免地存在一定的死区。为了减小死区的范围，就应该在满足发电机外部接地时动作选择性的前提下，尽量降低保护的启动电流。

（2）利用零序电压构成的定子接地保护。一般大、中型发电机在电力系统中大都采用发电机变压器组的接线方式，在这种情况下，发电机电压网络中，只有发电机本身、连接发电机与变压器的电缆以及变压器的对地电容。当发电机单相接地后，接地电容电流一般小于允许值。对于大容量的发电机变压器组，若接地后的电容电流大于允许值，则可在发电机电压网络中装设消弧绕组予以补偿。由于上述三项电容电流的数值基本上不受系统运行方式变化的影响，因此，装设消弧绕组后，可以把接地电流补偿到很小的数值。在上述两种情况下，均可以装设作用于信号的接地保护。

发电机内部单相接地的信号装置，一般是反应于零序电压而动作，过电压继电器连接于发电机电压互感器二次侧接成开口三角的输出电压上。由于在正常运行时，发电机相电压含有三次谐波，因此，在机端电压互感器接成开口三角的一侧也有三次谐波电压输出，此外，当变压器高压侧发生接地故障时，由于变压器高、低压绕组之间有电容存在，因此，在发电机端也会产生零序电压。为了保证动作的选择性，保护装置的整定值应躲开正常运行时的不平衡电压（包括三次谐波电压），以及变压器高压侧接地时在发电机端所产生的零序电压。根据运行经验，继电器的启动电压一般整定为 15～30V 左右。

按以上条件的整定保护，由于整定值较高，因此，当中性点附近发生接地时，保护装置不能动作，因而出现死区。为了减小死区，可采取如下措施来降低启动电压：①加装三次谐波过滤器；②对于高压侧中性点直接接地的电网，利用保护装置的延时来躲开高压侧的接地故障；③在高压侧中性点非直接接地电网中，利用高压侧的零序电压将发电机接地保护闭锁或利用它对保护实现制动。

采取以上措施以后，零序电压保护范围虽然有所提高，但在中性点附近接地时仍然有一定的死区。

由此可见，利用零序电流和零序电压的接地保护，对定子绕组都不能达到100%的保护范围。对于大容量的机组而言，由于振动较大而产生的机械损伤或发生漏水（指水内冷的发电机）等原因，都可能使靠近中性点附近的绕组发生接地故障。如果这种故障不能及时发现，则一种可能是进一步发展成匝间或相间短路；另一种可能是如果又在其他地点发生接地，则形成两点接地短路。这两种结果都会造成发电机的严重损坏，因此，对大型发电机组，特别是定子绕组用水内冷的机组，应装设能反应100%定子绕组的接地保护。

目前，100%定子接地保护装置一般由两部分组成：第一部分是零序电压保护，如上所述它能保护定子绕组的85%以上；第二部分保护则用来消除零序电压保护不能保护的死区。为提高可靠性，两部分的保护区应相互重叠。构成第二部分保护的方案主要有：

1）发电机中性点加固定的工频偏移电压，其值为额定相电压的10%～15%。当发电机定子绕组接地时，利用此偏移电压来加大故障点的电流（其值限制在10～25A 左右），接地保护即反应于这个电流而动作，使发电机跳闸。

2）附加直流或低频（20Hz 或 25Hz）电源，通过发电机端的电压互感器将其电流注入发电机定子绕组，当定子绕组发生接地时，保护装置将反应于此注入电流的增大而动作。

3）利用发电机固有的三次谐波电势，以发电机中性点侧和机端侧三次谐波电压比值的变化，或比值和方向的变化，来作为保护动作的判据。

在以上方案中，有些本身就具有保护区达100%的性能，此时可用零序电压保护作为后备。

（3）利用三次谐波电压构成的100%定子接地保护。由于发电机气隙磁通密度的非正弦分布和铁磁饱和的影响，在转子绕组中感应的电动势除基波分量外，还含有高次谐波分量，其中三次谐波电势虽然在线电势中可以将它消除，但在相电势中依然存在。因此，每台发电机总有约百分之几的三次谐波电势。

在正常运行时，发电机中性点侧的三次谐波电压 U_{N3} 总是大于发电机机端的三次谐波电压 U_{S3}，极限情况是当发电机出线端开路时 $U_{N3} = U_{S3}$。

当发电机中性点经消弧绕组接地时，中性点的三次谐波电压 U_{N3} 在正常运行时比机端三次谐波电压 U_{S3} 更大。在发电机出线端开路时，$\dfrac{U_{S3}}{U_{N3}} = \dfrac{7}{9}$。

当发电机定子绕组发生金属性单相接地时，设接地发生在距中性点 a 处，不管发电机中性点是否接有消弧绕组，当 $a < 50\%$ 时，恒有 $U_{S3} > U_{N3}$。

因此，如果利用机端三次谐波电压 U_{S3} 作为动作量，而用中性点侧三次谐波电压作为制动量来构成接地保护，且当 $U_{S3} > U_{N3}$ 时为保护的动作条件，则在正常运行时保护不可能动作，而当中性点附近发生接地时，则具有很高的灵敏性。利用这种原理构成的接地保护，可以反应定子绕组中性点侧的50%范围以内的接地故障。

反应三次谐波电压比值和基波零序电压构成的100%定子接地保护的原理接线如图3-8所示，用 U_S 和 U_N 分别表示从发电机端和中性点侧电压互感器二次侧所取出的交流电压，以输入保护装置。

反应于三次谐波电压比值而动作的保护部分如下：由电抗互感器 T1、T2 的一次绕组分别与电容 C_1、C_2 组成三次谐波串联谐振回路，由电感 L_1、L_2 分别与电容 C_3、C_4 组成50Hz串联谐振回路。当有三次谐波电压输入时，在每个电抗互感器的一次回路中，由于三次谐波的感抗和容抗互相抵消只剩下回路电阻，因此，虽然 U_{S3} 和 U_{N3} 的输入电压很小，但也能产生较大的电流，因而在二次就有较大的电压输出。当有基波零序电压输入时，由于电抗互感器一次回路对它呈现很大的阻抗，而且在二次还接有对

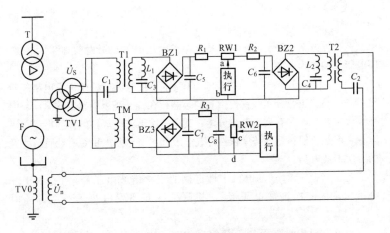

图 3 – 8 反应三次谐波电压比值和基波零序电压
3 U_0 的 100% 定子接地保护原理接线图

50Hz 串联谐振的滤波回路,因此,虽有较大的基波零序电压输入时,在二次也只有很小的电压输出。这样,由 T1 的二次输出电压正比于发电机端三次谐波电压 $\dot{U}_{S3}$,T2 的二次输出电压则正比于发电机中性点三次谐波电压 $\dot{U}_{N3}$,将这两个电压信号经过整流滤波后,用环流法接线进行幅值比较,则 a、b 两点之间的电压即为

$$U_{ab} = |\ \dot{U}_{S3}\ | - |\ \dot{U}_{N3}\ | \qquad\qquad (3-11)$$

当 $U_{ab} \geqslant 0$ 时,执行回路动作。调节电位器 R_{W1} 便可改变保护的整定值。

反应于基波零序电压而动作的保护部分如下:由机端电压互感器接成开口三角取得的电压 U_S,通过中间变压器 TM,经整流滤波后输出直流电压 U_{cd},然后接入执行回路,其工作原理与晶体管过电流继电器相同。在此,U_{cd} 的大小与发电机接地时的基波零序电压成正比,调节电位器 R_{W2},便可改变基波零序电压的启动值。

如上所述,利用三次谐波电压构成的接地保护可以反应发电机绕组中 $a < 50\%$ 范围以内的单相接地故障,且当故障点越接近于中性点,保护的灵敏性越高;而利用基波零序电压构成的接地保护,则可以反应上述范围以外的单相接地故障,且当故障点越接近于发电机出线端时,保护的灵敏性越高。因此,利用三次谐波电压比值和基波零序电压的组合,构成了

100%的定子绕组接地保护。

6. 励磁回路接地保护

发电机正常运行时，励磁回路对地之间有一定的绝缘电阻和分布电容，它们的大小与发电机转子的结构、冷却方式等因素有关。当转子绝缘损坏时，就可能引起励磁回路接地故障，常见的是一点接地故障，如不及时处理，还可能接着发生两点接地故障。

励磁回路的一点接地故障，由于不构成电流通路，对发电机不会构成直接的危害。那么对于励磁回路一点接地故障的危害，主要是担心再发生第二点接地故障，因为在一点接地故障后，励磁回路对地电压将有所增高，就有可能再发生第二个接地故障点。发电机励磁回路发生两点接地故障的危害表现为：①转子绕组的一部分被短路，另一部分绕组的电流增加，这就破坏了发电机气隙磁场的对称性，引起发电机的剧烈振动，同时无功出力降低；②转子电流通过转子本体，如果转子电流比较大（通常以1500A为界限），就可能烧损转子，有时还造成转子和汽轮机叶片等部件被磁化；③由于转子本体局部通过转子电流，引起局部发热，使转子发生缓慢变形而形成偏心，进一步加剧振动。

（1）乒乓式发电机转子一点接地保护动作原理。乒乓式转子一点接地保护动作原理分析图如图3-9所示，S1、S2是两个电子开关，由时钟脉冲控制它们的状态为：S1闭合时S2打开，S1打开时S2闭合，两者像乒乓球一样循环交替地闭合又打开，因此称为乒乓式转子一点接地保护。

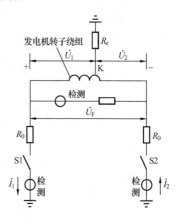

图3-9　乒乓式发电机转子一点接地保护原理分析图

设发电机转子绕组的F点经R_e电阻一点接地，U_f为励磁电压，U_1为转子正极与F点之间的电压，U_2为F点与转子负极之间的电压。S1闭合S2打开时，直流稳态电流为

$$I_1 = \frac{U_1}{R_0 + R_e} \quad\quad (3-12)$$

S2闭合S1打开时，直流稳态电流为

$$I_2 = \frac{U_2}{R_0 + R_e} \qquad (3-13)$$

电导

$$\left.\begin{array}{l} G_1 = \dfrac{I_1}{U_f} = \dfrac{\dfrac{U_1}{U_f}}{R_0 + R_e} = \dfrac{K_1}{R_0 + R_e} \\[4mm] G_2 = \dfrac{I_2}{U_f} = \dfrac{\dfrac{U_2}{U_f}}{R_0 + R_e} = \dfrac{K_2}{R_0 + R_e} \end{array}\right\} \qquad (3-14)$$

系数

$$K_1 = \frac{U_1}{U_f}, \quad K_2 = \frac{U_2}{U_f} \qquad (3-15)$$

上面各式中，I_1、U_1、U_f、G_1、K_1 为第一个采样时间（S1 闭合 S2 打开）的值，I_2、U_2、U_f、G_2、K_2 为第二个采样时间（S2 闭合 S1 打开）的值。系数 K_1（或 K_2）之值正比于接地点 F 与转子正极（或负极）之间的绕组匝数，而不管 U_f 是否变化。由于第一个采样时刻与第二个采样时刻是同一个接地点 F，F 点的位置未变，所以

$$\left.\begin{array}{l} K_1 + K_2 = 1 \\[2mm] G_1 + G_2 = \dfrac{K_1 + K_2}{R_0 + R_e} = \dfrac{1}{R_0 + R_e} \end{array}\right\} \qquad (3-16)$$

式中　R_0——保护装置中的固定电阻，为常数；

　　　R_e——接地电阻，是跟随发电机励磁回路对地缘缘水平变化的。

设

$$\left.\begin{array}{l} G'_{set} = \dfrac{1}{R_0 + R'_{set}} \\[4mm] G''_{set} = \dfrac{1}{R_0 + R''_{set}} \end{array}\right\} \qquad (3-17)$$

式中　R'_{set}——保护第一段的整定电阻；

　　　G'_{set}——保护第一段的整定电导；

　　　R''_{set}——保护第二段的整定电阻；

　　　G''_{set}——保护第二段的整定电导。

因为 $R'_{set} > R''_{set}$，所以又称第一段为高定值段，第二段为低定值段。

设计该保护的动作判据为：①当 $R_e \leqslant R'_{set}$，即当 $G_1 + G_2 > G'_{set}$ 时，保护的高定值段动作；②当 $R_e \leqslant R''_{set}$，即当 $G_1 + G_2 > G''_{set}$ 时，保护的低定值段动作。

（2）测量转子绕组对地导纳的励磁回路一点接地保护动作原理。测量转子绕组对地导纳的励磁回路一点接地保护，可以反应励磁回路任一点接地故障，没有死区，且灵敏系数理论上不受地电容 C_y 的影响，但实际由于回路中存在感性电抗或由于整定调试不精确，而受接地电容的影响。

导纳继电器原理接线如图 3-10 所示。外加电压 $\dot U$，如取 TA1、TA2 变比为 1，则动作量为 $\dot I_m - \dot I_{wm}$，制动量为 $\dot I - \dot I_{wm}$，其边界条件为 $|\dot I - \dot I_{wm}| = |\dot I_m - \dot I_{wm}|$；对于同一电压则

$$| Y - g_{wm} | = | g_m - g_{wm} | \qquad (3-18)$$

式中　Y——从 GE 两端看到的导纳。

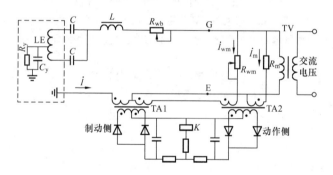

图 3-10　导纳继电器的原理接线图

R_y—转子绕组对地电阻；C_y—转子绕组对地电容

导纳继电器的动作特性如图 3-11 所示，在导纳复平面上为一个圆，圆心坐标为 g_{wm}，圆半径为 $| g_m - g_{wm} |$。

在圆内 $| Y - g_{wm} | < | g_m - g_{wm} |$，则继电器动作；在圆外 $| Y - g_{wm} | > | g_m - g_{wm} |$，则继电器不动作。

转子绕组对地测量导纳 Y 包括

1）转子绕组对地绝缘电阻 $R_y \left(g_y = \dfrac{1}{R_y} \right)$；

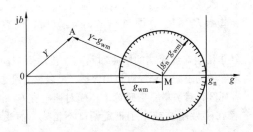

图 3 - 11 导纳继电器动作特性

2）转子绕组对地分布电容 C_y ($b_y = \omega C$)；

3）测量回路附加电阻 R_c（忽略电抗 X_c）包括可调电阻 R_{wb}、滤波器电阻及 TA 电阻之和 $g_c = \dfrac{1}{R_c}$ 则：

$$\frac{1}{Y} = \frac{1}{g_c} + \frac{1}{g_y + jb_y}, \quad Y = g_c - \frac{g_c^2}{g_c + g_y + jb_y} \tag{3-19}$$

式中 g_c 为常数，若令 g_y 等于定值，b_y 可变，即对地电容 C_y 变化，则所对应的测量导纳 Y 在导纳复平面上的轨迹是圆，其圆心和半径分别为

$$\left[g_c - \frac{g_c^2}{2(g_c + g_y)}, \ 0 \right] \left.\vphantom{\frac{g_c^2}{2(g_c + g_y)}}\right\} \tag{3-20}$$

$$\frac{g_c^2}{2(g_c + g_y)}$$

对应一系列 g_y，可得一组圆族，如图 3 - 62 中的实线圆，称为等电导圆，这些圆代表发电机转子回路对地不同电阻。图 3 - 62 中 g_{y5} 作为整定圆。正常运行时转子回路绝缘电阻很大，g_y 很小，Y 在整定圆外；当绝缘降低时，Y 进入整定圆，使继电器动作。

同样，令 b_y 等于常数，g_y 可变，则所对应的测量导纳 Y 的轨迹是圆，其圆心为 $\left[g_c, \dfrac{g_c^2}{2b_y} \right]$，半径为 $\dfrac{g_c^2}{2b_y}$。对应一系列 b_y 可得另一组圆族，如图 3 - 12 中的虚线圆，称为等电纳圆。对应转子回路不同的 C_y，Y 的轨迹将落在不同的等电纳圆上。此时，如转子对地绝缘 R_y 降低，则 Y 将沿着某一个等电纳圆如图 3 - 12 中 b_{y2} 进入整定圆。

继电器采用电感 L 与隔直电容 C 组成 50Hz 串联谐振，只允许外加 50Hz 电压通过，保证测量转子绕组对地导纳的准确性。继电器可调整 R_{wb}

值，以满足 R_c 等于 R_m 的要求。调整 R_{wm} 值，使之改变动作特性圆的半径，以满足整定值。动作电阻整定范围为 0.5～10kΩ。从图 3 – 12 可知，该保护从原理上就不可能整定动作电阻太大，因为从 1～2kΩ 的间距与从 20kΩ～∞ 的间距差不多，若整定动作电阻超过 10kΩ，将出现动作电阻定值不稳定现象。

这种保护原理必须做到电刷与大轴之间的接触电阻较小，即加大电刷压力，有利于定值稳定。

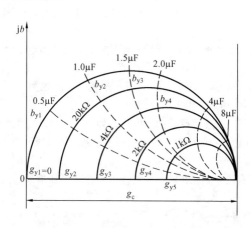

图 3 – 12　等电导圆和等电纳圆圆族

（3）发电机励磁回路两点接地保护。目前使用的发电机励磁回路两点接地保护，大都利用直流电桥原理构成图 3 – 13 所示结构。可调电阻 R 接于励磁绕组的两端。当发现励磁绕组一点（例如 F1 点）接地后，励磁绕组的直流电阻被分成 r_1 和 r_2 两部分，这时运行人员接通按钮 SB，并调节电阻 R，以改变 r_3 和 r_4，使电桥平衡（$r_1/r_2 = r_3/r_4$），此时毫伏表 DV 的指示最小（理论上为零）。然后，断开 SB 而将

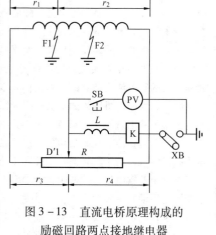

图 3 – 13　直流电桥原理构成的励磁回路两点接地继电器

连接片 XB 接通，投入励磁绕组两点接地保护。这时由于电桥平衡，故继电器 K 内因无电流或流有很小的不平衡电流而不动作。当励磁绕组再有一点（例如 F2 点）接地时，已调整好的电桥平衡关系被破坏，继电器 K 内将有电流流过，其大小与 F2 点离 F1 点的距离有关。F2 与 F1 间的距离越大，电桥越不平衡，继电器 K 中的电流越大，只要这个电流大于 K 的整定电流，它就动作，跳开发电机。

在继电器 K 的绕组回路中串接电感 L 的目的，是阻止交流电流分量对保护动作的影响。按电桥原理构成的发电机励磁回路两点接地保护存在以下缺点：

1）若第二点接地距第一点接地点较近，两点接地保护不会动作，即有死区；

2）若第一接地点发生在转子滑环附近，则不论第二个接地点在何处，保护都不会动作（因无法投保护）；

3）对于具有直流励磁机的发电机，如第一个接地点发生在励磁机励磁回路时，保护也不能使用。因为当调节磁场变阻器时，会破坏电桥的平衡，使保护误动作；

4）本保护装置只能在转子一点接地后投入，如果第二点接地发生得很快，保护来不及投入。

7. 失磁保护

发电机失磁是指发电机励磁电流下降或全部消失的故障。励磁异常下降是指励磁电流的降低超过了静稳极限所允许的程度，使发电机稳态运行遭到破坏；励磁消失是励磁异常下降的极端情况。造成发电机失磁的原因有：转子绕组故障、励磁机故障、自动灭磁开关误跳闸、半导体励磁系统中某些元件损坏或回路发生故障以及误操作等。

（1）同步发电机失磁后的物理过程及特点。同步发电机发生了失磁故障，其励磁电流逐渐衰减，发电机同步电势将减小，发电机输出的电磁功率减小，而原动机输入的机械功率因惯性作用来不及减小，因此，发电机转子轴上将出现不平衡转矩。在这个不平衡转矩的作用下，转子将加速，使发电机功角增大。当功角超过静稳极限时，发电机就失去同步。失步后的发电机，由于其转速与系统同步速存在转差，因此，在转子绕组中又将感应出差频电流，并产生异步功率，如果不为零的同步功率和异步功率能够与原动机机械功率平衡，则发电机将进入稳定异步运行状态；如果不能平衡，则机组将要进一步加速，引起输出功率和转差的强烈摆动。这就是同步发电机失磁后的基本物理过程。

结合同步发电机失磁后的物理过程，可总结出发电机失磁后的特点如下：①励磁电压下降，励磁电流减小；②发电机电势减小，机端电压降低；③输出有功功率将减小而且出现摆动；④同步发电机失磁时，其向系统输送的无功功率将减小，进而向系统吸收无功功率以维持其异步运行。

（2）失磁的影响。失磁对发电机本身和电力系统都将造成不良影响，主要表现在以下几个方面：①要从系统中吸收很大的无功功率。设正常运行时，发电机向系统送出 Q_1 的无功功率，失磁后向系统吸收 Q_2 的无功，则系统要提供 $Q_1 + Q_2$ 的功率差额。如果系统无功储备不足，将造成系统电压下降和电压崩溃，导致系统瓦解。②发电机失步后，由于转差的出现，转子回路中的差频电流将在转子回路中形成附加损耗，引起温升。③发电机由于失磁而引起的失步过程中，转差越大，其等效阻抗就越小，其定子电流增大，导致定子绕组过热。④由失磁而导致失步后。由于其输出功率是周期性摆动的，定子和转子都将受到较大的冲击力，又由于转速很高，将引起定子、转子和基座的强烈振动，严重危及发电机的安全。

综上所述，当发电机失磁后，特别是由于失磁而引起失步以后，将对电力系统和失磁发电机本身造成严重的危害，因此必须装设失磁保护。

失磁保护检测出失磁故障后，最简单的办法就是将失磁的发电机迅速从电力系统中切除。但是，失磁对于电力系统和发电机本身的危害，并不能像发电机内部短路故障那样迅速地表现出来，另外，大型汽轮机组，突然跳闸会给机组本身及其辅机造成很大的冲击，对电力系统也会加重扰动。所以，对于汽轮发电机失磁后，可以监视母线电压，若母线电压低于允许值防止电力系统崩溃，应迅速将发电机切除；若母线电压高于允许值，则不需要将发电机迅速切除，可采取切换厂用电以及降低原动机出力等措施，并随即检查失磁原因和予以消除，使机组恢复正常，避免不必要的停机。

（3）失磁保护的判据及其测量元件。

1）失磁保护的判据。当一台滞相运行的发电机正常运行时，其机端测量阻抗将位于阻抗复平面的第一象限；失磁后，将沿等有功圆进入第四象限；异步运行时，将位于第四象限；外部故障时，机端测量阻抗位于第一象限；自同期并列运行时，同样将位于第四象限；系统振荡时，一般情况将位于 $-j\frac{1}{2}X'_d$ 之上（但也有可能在第四象限）。据此，可以构成以机端测量阻抗变化轨迹为判据的发电机失磁保护，其依据为正常时或其他情况下测量位于第一象限，而在发生失磁故障后，机端测量阻抗将位于第四

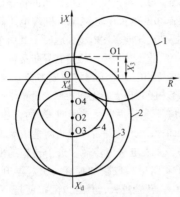

图 3 - 14　汽轮发电机的阻抗特性

1—$P = 0.7P_N$ 等有功阻抗圆；

2—静态极限阻抗圆；3—稳态异步
边界阻抗圆；4—$K = 0.8$ 等电压圆

象限，图 3 - 14 画出了等有功圆、静稳极限圆、稳态异步边界圆等电压圆等。

现代大型同步发电机失磁保护的主要判据都是利用定子回路参数的变化来进行判断的，一般采用下列三种：①无功功率方向的改变；②超越静稳定极限；③进入稳态异步阻抗圆边界。

发电机在失磁过程中，发电机由输出感性无功功率逐渐变为从系统吸收感性无功功率，机端测量阻抗的轨迹由第一象限越过 R 轴进入第四象限，因此无功功率改变方向，这一变化作为失磁的一种判据。

机端测量阻抗的轨迹进入第四象限后，将进入临界失步阻抗圆，此时，发电机已失步。失步后，由于有功功率的摆动。过电流以及低电压的出现造成对机组的危害，因此，可以把临界失步阻抗圆作为鉴别失磁故障的另一判据。

发电机失磁后，当 $\delta > 90°$ 时，发电机就进入异步运行，机端测量阻抗的轨迹将进入稳态异步阻抗圆。大型汽轮发电机一般也只允许短时异步运行，因此，也可以把稳态异步阻抗圆作为失磁保护的第三种判据。

目前，失磁保护大多采用的主判据有两种基本整定方法：按静稳定极限阻抗圆整定和按异步阻抗圆整定。在负荷中心，系统等值阻抗小的宜选用异步边界圆；远离负荷中心，系统等值阻抗大的宜选用静稳极限圆；因为远离负荷中心的大型发电机失磁后，机端等有功阻抗圆可能不与异步边界圆相交，失磁保护动作慢，扩大事故范围。它们都能正确判断是失磁故障还是正常运行，但当电力系统各种非正常运行时，如各种全相振荡、非全相振荡以及短路加振荡等，失磁阻抗继电器均可能产生误动。为保证失磁继电器在非正常运行时的选择性，须在失磁保护中增设辅助元件作闭锁。辅助判据有以下几种：①转子励磁电压下降；②负序电压或负序电流的出现；③适当延时；④电压回路断线闭锁；⑤发电机自同期并列时采用操作闭锁，为保证在所有非正常运行情况下均可靠闭锁和失磁保护的选择性，常同时运用两种或两种以上的闭锁方式。

2）发电机的失磁保护装置的组成和整定原则如下（阻抗继电器动作特性如图 3-15 所示）。

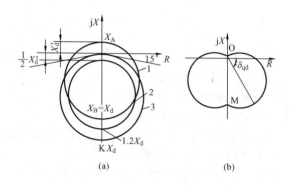

图 3-15　阻抗继电器的动作特性
（a）圆特性；（b）苹果圆特性
1—下偏移特性；2—下抛圆式特性；3—90°方向阻抗圆特性

a. 抛圆式特性的阻抗继电器定子判据按稳态异步边界条件整定，即

$$X_{\mathrm{A}} = -\frac{X_{\mathrm{d}}'}{2}, X_{\mathrm{B}} = -1.2X_{\mathrm{d}} \qquad (3-21)$$

式中　X_{d}——发电机纵轴同步电抗；

　　　X_{d}'——发电机纵轴暂态电机。

b. 偏移特性的阻抗继电器定子判据按静稳定边界（静稳边界圆）条件整定，即

$$X_{\mathrm{A}} = X_{\mathrm{s}}, X_{\mathrm{B}} = -X_{\mathrm{d}} \qquad (3-22)$$

式中　X_{s}——发电机与无限大系统间的联系电抗。

动作区较大并包括第一、二象限部分。为防止系统振荡及短路误动，需设方向元件控制，使动作区在第三、四象限阻抗平面上，并具有扇形动作区特性。

c. 苹果圆特性的阻抗继电器适用于水轮发电机和大型汽轮发电机（$X_{\mathrm{d}} \neq X_{\mathrm{q}}$）的失磁保护，作用于跳闸。继电器的整定值如图 3-15（b）所示，为双圆过坐标原点的直径与 R 轴的夹角 δ_{qd}，双圆在 X 轴的交点 M 距坐标原点 O 之距 OM 为 $1/\lambda$。整定值计算公式为

第三章　继电保护原理基础知识

$$G_1 = \frac{1}{2}\left(\frac{1}{X_q + X_s} - \frac{1}{X_d + X_s}\right)$$

$$B_1 = -\frac{1}{2}\left(\frac{1}{X_q + X_s} + \frac{1}{X_d + X_s}\right)$$

$$G_2 = \frac{G_1}{(1 + B_1 X_s)^2}$$

$$\lambda = B_2 = \frac{B_1}{1 + B_1 X_s}$$

$$\delta_{qd} = \arctan\frac{G_2}{K_{rel}B_2}$$

$$(3-23)$$

式中 X_q——水轮发电机横轴同步电抗;

X_d——水轮发电机纵轴同步电抗;

K_{rel}——可靠系数:当 $X_s < 0.4$ 时(以发电机容量为基量的标幺值),K_{rel} 取 0.13;$X_s > 0.4j$ 时,K_{rel} 取 0.15。

d. 水轮发电机长距离重负荷输电时,采用阻抗继电器作为定子判据,则进入阻抗圆时限较长而造成稳定破坏。为加速切除失磁的发电机,可采用三相低压元件作为判据,并加转子低压元件闭锁的方式组成发电机跳闸回路。三相低压元件取自高压母线,一般取额定电压的 80%~85%,取自发电机母线,一般取额定电压的 75%~80%。

e. 为防止失磁保护装置误动,应在外部短路、系统振荡及电压回路断线等情况下闭锁,并将母线低压元件用于监视母线电压,保障系统安全。闭锁元件采用转子判据,转子判据一般是测量转子电压,当发电机失磁开始,转子电压第一个负向半波的持续时间,不论是转子开路故障(持续时间最短)还是转子短路故障(持续时间最长),一般均大于 1.5s,故作用跳闸是允许的。转子电压闭锁元件一般按空载励磁电压的 80% 整定,为此要求自动励磁调整装置和手动切换的跟踪励磁电阻的位置,都需防止因励磁电压降到空载磁电压的 80%,而造成转子电压闭锁元件失去闭锁作用。当水轮发电机或发电机重载运行时,为快速切除部分失磁而要求跳闸的发电机,转子电压的动作值尚可适当提高,以满足低负荷时励磁电压的灵敏度即可。失磁保护装置作用解列的动作时间一般取 0.5~1.0s。

f. 反措要求失磁保护应使用能正确区分短路故障和失磁故障的具备符合判据的方案,并仔细校核发电机失磁保护的整定范围和低励限制特性,防止发电机进相运行时发生误动作。

3)阻抗继电器构成的失磁保护的工作原理。用阻抗继电器构成的失

第一篇 继电保护知识

磁保护的原理框图如图 3 - 16 所示，其中 KZ 为阻抗继电器；K 为闭锁继电器，用以防止相间短路时保护装置误动作，可以采用不同的闭锁方式，在图 3 - 16 中采用励磁电压作为闭锁量；KT 为时间继电器，用于防止系统振荡时保护装置误动作。

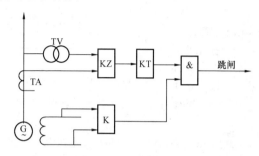

图 3 - 16　用阻抗元件构成的失磁保护原理方框图

在图 3 - 16 中的 K 一般取励磁电压作为闭锁元件，但是用动作电压不变的励磁电压元件闭锁，在重负荷下低励时可能拒动，在轻负荷下进相运行时可能误动，虽然可以按最低运行负荷整定来减少拒动和误动的机会，但未从根本上消除其缺点。

鉴别失磁故障的依据不是一个固定的励磁电压整定值，而是一个随有功功率大小改变的励磁电压整定值，当负荷增大时，其励磁电压动作值亦相应提高。这种随着有功功率的变化，励磁电压 U_f 整定值也随之变化的闭锁元件称为励磁电压—有功功率元件简称 Uf - P 元件。Uf - P 元件是以发电机的静稳极限（临界失步圆）为动作边界，其判据为

$$U_f \leqslant KP \qquad\qquad (3 - 24)$$

式中　　U_f——转子电压；

　　　　P——发电机送出的有功功率；

　　　　K——斜率。

汽轮发电机 U_f - P 元件动作特性如图 3 - 17 所示，凸极功率 $P_T = U$，在 U_f - P 坐标平面上的动作特性通过坐标原点，近似为一条直线。

整定计算的内容是确定动作特性的斜率 $K = \tan\alpha$ 值。

4）具有自动减负荷的失磁保护装置的组成原则如下。根据电网的特点，在发电机失磁后异步运行，若无功功率尚能满足，系统电压不致降低到失去稳定的严重程度，则发电机可以不解列，而采用自动减负荷到 40% ~ 50% 的额定负荷，失磁运行 15 ~ 30min，运行人员可以及时处理恢

复励磁。因此，设置具有下述功能的失磁保护。

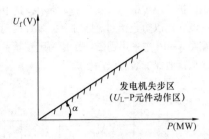

图 3 - 17　汽轮发电机 U_f - P
元件动作特性图

　　a. 定、转子判据元件同时判定失磁后，系统电压元件判定系统电压下降到危害程度，则经过 0.5s 作用于解列；

　　b. 定、转子判据元件同时判定失磁后，系统电压元件判定不能失去稳定，则作用于自动减负荷，直到 40% ~ 50% 额定负荷；

　　c. 定、转子判据元件同时判定失磁后，发电机电压元件判定其电压低压对厂用电有危害，则自动切换厂用电源，使之投入备用电源。

　　大型发电机在较重负荷运行时，发生部分失磁也常易导致失步。因此，若能及早自动减负荷，则较易拉入同步。失磁保护的定子判据，也可采用经过原点的下抛圆特性的阻抗继电器，整定 $X_A = 0$、$X_B = -1.4X_d$ 将动作圆适当放大使之及早自动减负荷，系统电压降低时及早解列。在减负荷过程中，转子电压可能返回，为此需要短时测量自保护的方式，根据失磁试验，经过 10s 即可减至发电机额定功率的 60%。

　　自动减负荷回路由有功功率继电器控制。当有功功率降低到触点返回时，自动减负荷继电器返回，但由于机炉的惯性，负荷又经 0.5s 后才稳定，尚需继续减一些负荷才停止，因此触点返回值应大于 40% ~ 50% 额定负荷，并要求返回系数大于 0.9。

　　8. 发电机失步保护

　　发电机与系统发生失步时，将出现发电机的机械量和电气量与系统之间的振荡，这种持续的振荡将对发电机组和电力系统产生有破坏力的影响。

　　(1) 单元接线的大型发电机—变压器组电抗较大，而系统规模的增大使系统等效电抗减小，因此振荡中心往往落在发电机端附近或升压变压器范围内，使振荡过程对机组的影响大为加重。由于机端电压周期性的严重下降，使厂用辅机工作稳定性遭到破坏，甚至导致全厂停机、停炉、停电的重大事故。

　　(2) 失步运行时。当发电机电势与系统等效电势的相位差为 180° 的瞬间，振荡电流的幅值接近机端三相短路时流经发电机的电流，对于三相短路故障均有快速保护切除，而振荡电流则要在较长时间内反复出现，若无相应保护会使定子绕组遭受热损伤或端部遭受机械损伤。

（3）振荡过程中产生对轴系的周期性扭力，可能造成大轴严重机械损伤。

（4）振荡过程中由于周期性转差变化在转子绕组中引起感应电流，引起转子绕组发热。

（5）大型机组与系统失步，还可能导致电力系统解列甚至崩溃事故。

因此，大型发电机组需装设失步保护，以保障机组和电力系统的安全。

对于失步保护的要求：

（1）应在第一个振荡周期内检出失步故障，及早采取措施，避免发生振荡失步。

（2）有鉴别短路与振荡、失步振荡与同步振荡的能力。

（3）发电机失步保护动作后的行为应由系统安全稳定运行的要求决定，一般不应立即跳闸。

（4）系统振荡两侧电动势相位差为 180° 时，断路器断口的电压将为两侧电动势幅值之和，远大于断路器的额定电压，此时断路器能开断的电流将小于额定开断电流。因此，失步保护动作跳开断路器时，应避免在 180° 左右跳开，尽量在振荡电流较小的条件下发出跳闸信号。

失步保护一般由比较简单的双阻抗元件组成，但是没有预测失步的功能，当它动作之后，从避免失步方向看，可能为时已晚。也有利用 3 个以上的阻抗元件，组成几个动作区域的失步保护。利用测量振荡中心电压及其变化率及各种原理的失步预测保护。失步保护在短路故障、系统稳定（同步）振荡、电压回路继线等情况下不应误动作。失步保护一般动作于信号，当振荡中心在发电机变压器内部，失步运行时间超过整定值，或振荡次数超过规定值，对发电机有危害时，才动作于解列。

SB－1 型失步继电器在阻抗平面上的动作特性如图 3－18 所示，此动作特性由三部分曲线构成。

（1）阻挡器 1，把阻抗平面分为 L、R，即左右两部分。这实质上是发电机电势与系统等值电势相差 180° 的线，即 $\delta = 180°$，已发生失步。

（2）透镜 2，把阻抗平面分为 I、A，即内、外两部分。这实质上是用来区分振荡的动作电势角。

（3）电抗线 3，把阻抗平面分为 O、U，即上、下两部分。这实质上是用来判别机端离振荡中心的位置的，越靠近振荡中心就越要动作快，越

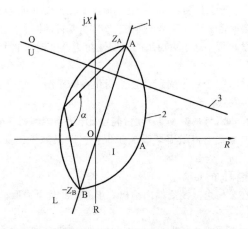

图 3 – 18　失步继电器在
阻抗平面的动作特性

远离振荡中心动作就可以慢，所以以此线作为取允许滑极次数的分界线。

系统振荡最短振荡周期可取 0.2s，设置透镜内角为 135°（此时透镜宽度最小），当发生失步时，从进入透镜开始到达阻挡器直线所需要的最短时间为 25ms，所以，滑极的一个特征判据是振荡阻抗轨迹穿过透镜的时间至少是 50ms 或者穿过前半个透镜的时间小于 25ms，但是穿过后半个透镜的时间大于 25ms（因为在一个振荡周期内，转子不是匀速转动的），总的时间仍大于 50ms；否则不判失步。

该失步继电器根据测量阻抗 Z 的矢量终点在透镜内部两部分区域停留的时间作为失步主判据，主判据分两种模式：

运行模式 A：当 Z 由右向左整个地穿过透镜，并在穿过由阻挡器分开的每半个透镜历时均不小于 25ms，即被认为是一次滑极。

运行模式 B：当 Z 由右向左整个地穿过透镜，穿过前半个透镜的历时大于 2ms，而穿过整个透镜的总的历时不小于 50ms，则认为是一次滑极。

若阻抗 Z 穿过位于电抗线以下透镜区域，认为振荡中心位于发变组内部，则按 I 段整定的滑极次数动作，一般要求在第一次滑极后将机组跳闸解列；如果振荡中心在发变组之外的系统中，属于 II 段跳闸区，不应立即作用于跳闸，使系统保护有时间处理，只有在预定的滑极次数后，系统未能妥善处理时，才使发电机跳闸。

9. 逆功率保护

在汽轮机发电机机组上，当机炉动作关闭主汽门或由于调整控制回路故障而误关主汽门，在发电机断路器跳开前发电机将转为电动机运行。此时逆功率对发电机本身无害，但由于残留在汽轮机尾部的蒸汽与长叶片摩擦，会使叶片过热，所以逆功率运行不能超过3min，需装设逆功率保护。

发电机转为电动机运行后，将从系统中吸收有功功率（逆功率），其大小将随机组转动轴系储存动能的下降而逐渐增大，大约经几十秒到几分钟达到稳定值。逆功率保护的动作功率 P_{op} 应按式（3-25）计算

$$P_{op} = X_{rel}(P_1 + P_2) \qquad (3-25)$$

式中　K_{rel}——可靠系数，取 $0.5 \sim 0.8$；

　　　P_1——汽轮机在逆功率运行时为最小损耗，一般取额定功率的 $2\% \sim 4\%$；

　　　P_2——发电机在逆功率运行时为最小损耗；实用上取 $P_2 = (1 - \eta)P_{NG}$；

　　　η——发电机效率；

　　　P_{NG}——发电机额定功率。

逆功率保护的动作时限，Ⅰ段取 $1 \sim 1.5s$；Ⅱ段根据发电机允许逆功率运行时间整定。

10. 过电压保护

中小型汽轮发电机不装设过电压保护的原因是：在汽轮发电机上都装有危急保安器，当转速超过额定转速的10%以后，汽轮发电机危急保安器会立即动作，关闭主汽门，能够有效地防止由于机组转速升高而引起的过电压。

对于大型汽轮发电机则不然，即使调速系统和自动调整励磁装置都正常运行，当满负荷运行时突然甩去全部负荷，电枢反应突然消失，此时，由于调整系统和自动调整励磁装置都是由惯性环节组成，转速仍将升高，励磁电流不能突变，使得发电机电压在短时间内也要上升，其值可能达1.3额定值。持续时间可能达几秒钟。

发电机主绝缘的工频耐压水平，一般为1.3倍的额定电压持续60s。实际过电压的数值和持续时间可能超过试验电压和允许时间，因此，对发电机主绝缘构成了直接威胁。

大型发电机定子铁芯背部存在漏磁场，在这一交变漏磁场中的定位筋（与定子绕组的线棒类似），将感应出电动势。相邻定位筋中的感应电动势存在相位差，并通过定子铁芯构成闭路，流过电流。正常情况下，定子铁芯背部漏磁小，定位筋中的感应电动势也很小，通过定位筋和铁芯的电流也比较小。但是当过电压时，定子铁芯背部漏磁急剧增加，例如过电压

5%时漏磁场的磁密要增加几倍，从而使定位筋和铁芯中的电流急剧增加，在定位筋附近的硅钢片中的电流密度很大，引起定子铁芯局部发热，甚至会烧伤定子铁芯，过电压越高，时间越长，烧伤就越严重。

发电机出现过电压不仅对定子绕组绝缘带来威胁，同时将使变压器（升压主变压器和厂用变压器）励磁电流剧增，引起变压器的过励磁和过磁通。过励磁可使绝缘因发热而降级，过磁通将使变压器铁芯饱和并在铁芯相邻的导磁体内产生巨大的涡流损失，严重时可因涡流发热使绝缘材料遭永久性损坏。

鉴于以上种种原因，对于200MW及以上的大型汽轮发电机应装设过电压保护，保护动作电压为1.3倍额定电压，经0.5s延时动作于解列灭磁。已经装设过励磁保护的大型汽轮发电机可不再装设过电压保护。

11. 非全相保护

发电机—变压器组高压侧的断路器多为分相操作的断路器，常由于误操作或机械方面的原因使三相不能同时合闸或跳闸，或在正常运行中突然一相跳闸。

这种异常工况，将在发电机—变压器组的发电机中流过负序电流，如果靠反应负序电流的反时限保护动作（对于联络变压器，要靠反应短路故障的后备保护动作），则会由于动作时间较长，而导致相邻线路对侧的保护动作，使故障范围扩大，甚至造成系统瓦解事故，因此，对于大型发电机—变压器组，在220kV及以上电压侧为分相操作的断路器时，要求装设非全相运行保护。

非全相运行保护一般由灵敏的负序电流元件或零序电流元件和非全相判别回路组成，其保护原理接线如图3-19所示。

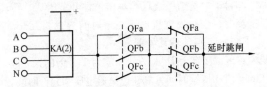

图3-19 非全相运行保护的原理接线图

图3-19中KA（2）为负序电流继电器，QFa、QFb、QFc为被保护回路A、B、C相的断路器辅助触点。

保护经延时0.5s动作于解列（断开健全相）。如果是操动机构故障，解列不成功，则应动作于断路器失灵保护，切断与本回路有关的母线段上

的其他有源回路。负序电流元件的动作电流 I_{2op} 按发电机允许的持续负序电流下能可靠返回的条件整定，即

$$I_{2op} = \frac{I_{2G}}{K_r} \qquad (3-26)$$

式中　K_r——返回系数，取 0.9；

　　I_{2G}——发电机允许持续负序电流，一般取 $I_{2G} = (0.06 \sim 0.1) I_{N.G}$。

零序电流元件可按躲过正常不平衡电流整定。变压器和母线联络（分段）断路器的非全相保护应使用零序电流继电器。

12. 过励磁保护

大容量发电机无论在设计和用材方面裕度都比较小，其工作磁密很接近饱和磁密。当由于调压器故障或手动调压时甩负荷或频率下降等原因，使发电机产生过励磁时，其后果非常严重，有可能造成发电机金属部分的严重过热，在极端情况下，能使局部矽钢片很快熔化。因此，对大容量发电机应装设过励磁保护。

对于发电机—变压器组，其过励磁保护装于机端。如果发电机与变压器的过励磁特性相近（应由制造厂提供曲线），当变压器的低压侧额定电压比发电机额定电压低（一般的低5%）时，则过励磁保护的动作值应按变压器的磁密整定，这样既保护了变压器，又对发电机是安全的；若变压器低压侧额定电压等于或大于发电机的额定电压，则过励磁保护的动作值应按发电机的磁密整定，对发电机和变压器都能起到保护作用。

变压器的电压是由通过铁芯上绕组的电流产生励磁后而产生的，其关系为：$U = 4.44fNBS$。其中绕组匝数 N 和铁芯截面积 S 都是常数，即 $K = \frac{1}{4.44NS}$，则工作磁密 $B = K\frac{U}{f}$，即电压升高或频率降低都会引起过励磁。另一方面大型变压器的工作磁密 $B_1 = 1.7 \sim 1.8 \text{T/m}^2$ 饱和磁密 $B_2 = 1.9 \sim 2.0 \text{T/m}^2$，非常接近。而对发电机来说，当其电压与频率比 $U/f > 1$ 时，也要遭受过励磁的危害，且它的允许过励磁倍数还要低于升压变压器的过励磁倍数。所以都容易饱和，对发电机和变压器都不利。造成过励磁的原因有以下几方面。

（1）发电机—变压器组与系统并列前，由于误操作，误加大励磁电流引起。

（2）发电机启动中，转子在低速预热时，误将电压升至额定值会因发电机变压器低频运行造成过励磁。

（3）切除发电机中，发电机解列减速，若灭磁开关拒动，使发电机

遭受低频引起过励磁。

（4）发电机—变压器组出口断路器跳开后，若自动励磁调节器退出或失灵，则电压与频率均会升高，但因频率升高慢引起过励磁。即使正常甩负荷，由于电压上升快，频率上升慢（惯性不一样），也可能使变压器过励磁。

（5）系统正常运行时频率降低时也会引起。

13. 频率异常保护

汽轮机的叶片都有一个自然振荡频率，如果发电机运行频率低于或高于额定值，在接近或等于叶片自振频率时，将导致共振，使材料疲劳，达到材料不允许的程度时，叶片就有可能断裂，造成严重事故，材料的疲劳是一个不可逆的积累过程，所以汽轮机给出了在规定频率下允许的累计运行时间。低频运行多发生在重负荷下，对汽轮机的威胁将更为严重，另外对极低频工况，还将威胁到厂用电的安全，因此发电机应装设频率异常运行保护。

频率升高，说明系统中有功功率过剩，将由调速器或功率调节装置动作于降低原动机的出力，必要时将从系统中切除部分机组，以促使频率恢复正常。当频率降低时，说明系统中出现有功功率缺额，对于满负荷运行的大机组来说，已不可能再增加原动机的出力，为使频率恢复正常，可投入备用机组、在负荷侧按频率自动减负荷等。

频率异常对汽轮机叶片的损伤是一个复杂的问题，在给定频率下运行的累积时间达到规定值时，只能说明有断裂的可能，并不说明立即要断裂。因此，通常认为频率异常保护应当动作于信号，尽量避免不必要的停机。特别对于低频保护，因为低频保护动作后，说明系统中缺少有功功率，如果这个时候切除发电机，则会进一步减少有功的发出，促使频率进一步降低，造成恶性循环而使系统瓦解。

《电网运行准则》（GB/T 31464）中关于汽轮发电机频率异常允许运行时间的要求见表 3-3。

表 3-3　　　　　汽轮发电机频率异常允许运行时间

频率（Hz）	允许运行时间	
	累积（min）	每次（s）
51.0 以上 ~ 51.5	>30	>30
50.5 以上 ~ 51.0	>180	>180

频率（Hz）	允许运行时间	
	累积（min）	每次（s）
48.5～50.5	连续允许	
48.5 以下～48.0	>300	>300
48.0 以下～47.5	>60	>60
47.5 以下～47.0	>10	>20
47.0 以下～46.5	>2	>5

对发电机频率异常保护有如下要求：①具有高精度的测量频率的回路；②具有频率分段启动回路、自动累积各频率段异常运行时间，并能显示各段累计时间，启动频率可调；③分段允许运行时间可整定，在每段累计时间超过该段允许运行时间时，经出口发信号；④能监视当前频率。

14. 发电机意外加电压

发电机在盘车过程中，由于出口断路器误合闸，突然加电压，使发电机异步启动，在国外曾多次出现过，它能给机组造成损伤。

（1）发电机盘车时，未加励磁，断路器误合，造成发电机异步启动。

（2）发电机启停过程中，已加励磁，但频率低于定值，断路器误合。

（3）发电机启停过程中，已加励磁，但频率大于定值，断路器误合或非同期。

盘车中突然加电压后，流过发电机定子绕组的电流可达到 3～4 倍额定值，定子电流所建立的旋转磁场，将在转子上产生差频电流，如果不及时切除，流过的电流持续时间较长，则在转子上产生热效应将超过允许值，引起转子过热损坏。因此需要有相应的保护，迅速切除电源。一般设置专用的意外加电压保护，可用延时返回的低频元件和过电流元件共同存在为判据。该保护正常运行时停用，机组停用后才投入。当发电机非同期合闸时，如果发电机断路器两侧电势相差 180° 附近，非同期合闸电流太大，跳闸易造成断路器损坏，此时闭锁跳断路器出口，先跳灭磁开关等其他断路器，当断路器电流小于定值时再动作于跳出口断路器。

当然在异步启动时，逆功率保护、失磁保护、阻抗保护也可能动作，但时限较长，设置专用的发电机意外加电压保护比较好。

15. 断路器断口闪络

接在 220kV 以上电压系统中的大型发电机—变压器组，在进行同步并列的过程中，断路器合闸之前，作用于断口上的电压，随待并发电机与系统等效发电机电势之间角度差 δ 的变化而不断变化，当 $\delta = 180°$ 时其值最大，为两者电势之和。当两电势相等时，则有两倍的运行电压作用于断口上，有时要造成断口闪络事故。

断口闪络给断路器本身造成损坏，并且可能由此引起事故扩大，破坏系统的稳定运行；一般是一相或两相闪络，产生负序电流，威胁发电机的安全。

为了尽快排除断口闪络故障，在大机组上可装设断口闪络保护。断口闪络保护动作的条件是断路器三相断开位置时有负序电流出现。断口闪络保护首先动作于灭磁，如果仍不能消除负序电流时动作于断路器失灵保护。

16. 发电机启动和停机保护

对于在低转速启动过程中可能加励磁电压的发电机，如果原有保护在这种方式下不能正确工作时，需加装发电机启停机保护，该保护应能在低频情况下正确工作。例如作为发电机—变压器组启动和停机过程的保护可装设相间短路保护和定子接地保护各一套，将整定值降低，只作为低频工况下的辅助保护，在正常工频运行时应退出，以免发生误动作。为此辅助保护的出口受断路器的辅助触点或低频继电器触点控制。

17. 发电机过负荷保护

对于大型发电机，定子和转子的材料利用率很高，其热容量与铜损的比值较小，因而热时间常数也比较小，为防止受到过负荷的损害，大型发电机都要装设反应定子绕组过负荷和励磁绕组过负荷的保护。

对于给定的温升 $\Delta\theta$，可得出相应允许时间 Δt 与电流的关系

$$\Delta t = \frac{K}{\left(\dfrac{I}{I_e}\right)^2 - 1} \qquad (3-27)$$

一般发电机都会给出过负荷倍数和相应持续时间。例如：一台直接冷却汽轮发电机，其定子绕组的过负荷能力为 1.3 倍额定电流下允许持续时间为 60s，由式（3-27）可算出 $K = 41.4$；同样，励磁绕组的过负荷能力为 1.25 倍额定电流下允许持续时间为 60s，由式（3-27）可算出 $K = 33.8$。已知 K 值后，即可求出对应于给定电流的允许时间。

大型发电机定子绕组和励磁绕组的过负荷保护，一般由定时限和反时限组成。定时限部分的动作电流，按发电机长期允许的负荷电流下能可靠返回整定，动作于信号。反时限的动作特性见式（3-27），一般动作于

程序跳闸。需要注意的是，励磁绕组过负荷需要与过励限制相配合，使限制先于保护动作。

二、变压器保护

变压器的内部故障可以分为油箱内和油箱外故障两种。油箱内的故障包括绕组的相间短路、接地短路、匝间短路以及铁芯的烧损等，对变压器来讲，这些故障都是十分危险的，因为油箱内故障时产生的电弧，将引起绝缘物质的剧烈气化，从而可能引起爆炸，因此，这些故障应该尽快加以切除。油箱外的故障，主要是套管和引出线上发生相间短路和接地短路。

变压器的不正常运行状态主要有：由于变压器外部相间短路引起的过电流和外部接地短路引起的过电流和中性点过电压；由于负荷超过额定容量引起的过负荷以及由于漏油等原因而引起的油面降低。此外，对大容量变压器，由于其额定工作时的磁通密度相当接近于铁芯的饱和磁通密度，因此在过电压或低频率等异常运行方式下，还会发生变压器的过励磁故障。

对变压器应装设下列保护：

（1）瓦斯保护，对变压器油箱内的各种故障以及油面的降低，应装设瓦斯保护，它反应于油箱内部所产生的气体或油流而动作，其中轻瓦斯保护动作于信号，重瓦斯保护动作于跳开变压器各电源侧的断路器。

应装设瓦斯保护的变压器容量界限是：800kVA 及以上的油浸变压器和 400kVA 及以上的车间内油浸式变压器。

（2）纵差动保护或电流速断保护，对变压器绕组、套管及引出线上的故障，应根据容量的不同，装设纵差动保护或电流速断保护。纵差动保护适用于：电压在 10kV 以上、容量在 10MVA 及以上的变压器。对于电压为 10kV 的重要变压器，当电流速断保护灵敏度不符合要求时也可采用纵差保护。电流速断保护用于电压在 10kV 及以下、容量在 10MVA 及以下的变压器。上述各保护动作后，均应跳开变压器各电源侧的断路器。

（3）外部相间短路时，应采用的保护，对于外部相间短路引起的变压器过电流，应采用下列保护：

1）过电流保护，一般用于 35～66kV 及以下中小容量降压变压器，保护装置的整定值应考虑事故状态下可能出现的过负荷电流；

2）复合电压启动的过电流保护，一般用于 110～500kV 降压变压器、升压变压器、系统联络变压器及过电流保护灵敏性不满足要求的降压变压器上；

3）负序电流及单相式低电压启动的过电流保护，一般用于大容量升压变压器和系统联络变压器；

4）阻抗保护，对于升压变压器和系统联络变压器，当采用本款2）、3）的保护不能满足灵敏性和选择性要求时，可采用阻抗保护。

（4）外部接地短路时，应采用的保护。对中性点直接接地电力网内，由外部接地短路引起过电流时，如变压器中性点接地运行，应装设零序电流保护。对自耦变压器和高、中压侧中性点都直接接地的三绕组变压器，当有选择性要求时，应增设零序方向元件。

当电力网中部分变压器中性点接地运行，为防止发生接地短路时，中性点接地的变压器跳开后，中性点不接地的变压器（低压侧有电源）仍带接地故障继续运行，应根据具体情况，装设专用的保护装置，如零序过电压保护，中性点装放电间隙加零序电流保护等。

（5）过负荷保护。对400kVA以上的变压器，当数台并列运行，或单独运行并作为其他负荷的备用电源时，应根据可能过负荷的情况，装设过负荷保护。过负荷保护接于一相电流上，并延时作用于信号。对于无经常值班人员的变电站，必要时过负荷保护可动作于自动减负荷或跳闸。

（6）过励磁保护。高压侧电压为330kV及以上的变压器，对频率降低和电压升高而引起的变压器励磁电流的升高，应装设过励磁保护。在变压器允许的过励磁范围内，保护作用于信号，当过励磁超过允许值时，可动作于跳闸。过励磁保护反应于实际工作磁密和额定工作磁密之比（称为过励磁倍数）而动作。

（7）其他保护。对变压器温度及油箱内压力升高和冷却系统故障，应按现行变压器标准的要求，装设可作用于信号或动作于跳闸的装置。

1. 变压器的纵差动保护

对纵差保护的要求：①应能躲过励磁涌流和外部短路产生的不平衡电流；②在变压器过励磁时不应该误动；③在电流回路断线时应发出断线信号，电流回路断线允许差动保护跳闸；④在正常情况下，纵联差动保护的范围应该包括变压器套管和引出线，如不能包括引出线时，应采取快速切除故障的辅助措施。

对双绕组和三绕组变压器实现纵差动保护的原理接线如图3-20所示。

由于变压器高压侧和低压侧的额定电流不同，因此，为了保证纵差动保护的正确工作，就必须适当选择两侧电流互感器的变比，使得在正常运行和外部故障时，两个二次电流相等。两侧电流互感器的变比的比值等于变压器的变比。变压器的纵差动保护需要躲开流过差动回路中的不平衡电流。

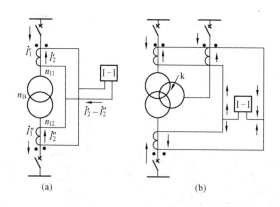

图 3 – 20　变压器纵差动保护的原理接线

（a）双绕组变压器正常运行时的电流分布；（b）三绕组变压器区内故障时的电流分布

（1）由变压器励磁涌流 I_{LY} 所产生的不平衡电流。变压器的励磁电流 I_{LY} 仅流经变压器的某一侧，因此，通过电流互感器反应到差动回路中不能被平衡，在正常运行情况下，此电流很小，一般不超过额定电流的 2% ~ 10%。在外部故障时，由于电压降低，励磁电流减小，它的影响就更小。

但是当变压器空载投入和外部故障切除后电压恢复时，则可能出现数值很大的励磁电流（又称为励磁涌流）。这是因为在稳态工作情况下，铁芯中的磁通应滞后于外加电压90°，如图 3 – 21（a）所示。如果空载合闸时，正好在电压瞬时值 $u = 0$ 时接通电路，则铁芯中应该具有磁通 – Φ_m。但是由于铁芯中的磁通不能突变，既然合闸前铁芯中没有磁通，这一瞬间仍要保持磁通为零，因此，将出现一个非周期分量的磁通，其幅值为 + Φ_m。这样在经过半个周期以后，铁芯中的磁通就达到 $2\Phi_m$。如果铁芯中还有剩余磁通 Φ_s，则总磁通将为 $2\Phi_m + \Phi_s$，如图 3 – 21（b）所示。此时变压器的铁芯严重饱和，励磁电流 I_L 将剧烈增大，如图 3 – 21（c）所示，此电流就称为变压器的励磁涌流 I_{LY}，其数值最大可达额定电流的 6 ~ 8 倍，同时包含有大量的非周期分量和高次谐波分量，如图 3 – 21（d）所示。励磁涌流的大小和衰减时间，与外加电压的相位、铁芯中剩磁的大小和方向、电源容量的大小、回路的阻抗以及变压器容量的大小和铁芯性质

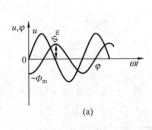

(a)

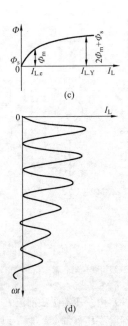

(c)

(d)

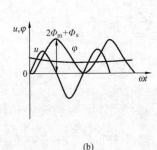

(b)

图 3 - 21 变压器励磁涌流的产生及变化曲线
(a) 稳态情况下，磁通与电压的关系；(b) 在 $u=0$ 瞬间空
载合闸时，磁通与电压的关系；(c) 变压器铁芯的磁化曲线；
(d) 励磁涌流的波形

等都有关系。例如，正好在电压瞬时值为最大时合闸，就不会出现励磁涌流，而只有正常时的励磁电流。对三相变压器而言，无论在任何瞬间合闸，至少有两相要出现程度不同的励磁涌流。

励磁涌流具有以下特点：①包含有很大成分的非周期分量，往往使涌流偏于时间轴的一侧；②包含有大量的高次谐波，而以二次谐波为主；③波形之间出现间断，如图 3 - 22 所示，在一个周期中间断角为 α。

影响励磁涌流大小的因素：①电源电压。合闸前电源电压越高，Φ_m 越大，励磁涌流越大。

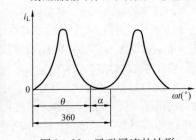

图 3 - 22 励磁涌流的波形

第一篇 继电保护知识

②合闸角 α。当合闸角 $\alpha = 0°$ 时，即在电源电压的瞬时值过零瞬间空投变压器时，励磁涌流为最大；当合闸角 $\alpha = 90°$ 时，即在电源电压的瞬时值为峰值时合闸，励磁涌流为最小。③剩磁大小。合闸之前，变压器铁芯中的剩磁越大，励磁涌流越大。此外，励磁涌流的大小，尚与变压器的结构、铁芯材料及设计的工作磁密有关。变压器的容量越小，空投变压器时励磁涌流与额定电流之比越大。

根据以上特点，在变压器纵差动保护中防止励磁涌流影响的方法有：①采用具有速饱和铁芯的差动继电器；②鉴别短路电流和励磁涌流波形的差别；③利用二次谐波制动等。

（2）变压器两侧电流相位不同产生的不平衡电流。由于变压器常常采用 Y，d11 的接线方式，因此，其两侧电流的相位差 30°。此时，如果两侧的电流互感器仍采用通常的接线方式，则二次电流由于相位不同，也会有一个差电流流入继电器。为了消除这种不平衡电流的影响，通常都是将变压器星形侧的三个电流互感器接成三角形，而将变压器三角形侧的三个电流互感器接成星形，并适当考虑连接方式后即可把二次电流的相位校正过来。

图 3 – 23（a）所示为 Y，d11 接线变压器的纵差动保护原理接线图，图中 $\dot{I}^{Y}_{A1}$、$\dot{I}^{Y}_{B1}$ 和 $\dot{I}^{Y}_{C1}$ 为星形侧的一次电流，$\dot{I}^{\triangle}_{A1}$、$\dot{I}^{\triangle}_{B1}$、$\dot{I}^{\triangle}_{C1}$ 为三角形侧的一次电流，后者超前 30°，如图 3 – 23（b）所示。现将星形侧的电流互感器也采用相应的三角形接线，则其二次输出电流为 $\dot{I}^{Y}_{A2} - \dot{I}^{Y}_{B2}$、$\dot{I}^{Y}_{B2} - \dot{I}^{Y}_{C2}$ 和 $\dot{I}^{Y}_{C2} - \dot{I}^{Y}_{A2}$，它们刚好与 $\dot{I}^{\triangle}_{A2}$、$\dot{I}^{\triangle}_{B2}$ 和 $\dot{I}^{\triangle}_{C2}$ 同相位，如图 3 – 23（c）所示。这样差动回路两侧的电流就是同相位的了。

图 3 – 23 中电流方向对应于正常工作情况，但当电流互感器采用上述连接方式以后，在互感器接成三角形侧的差动一臂中，电流又增大了 $\sqrt{3}$ 倍。此时为保证在正常运行及外部故障情况下差动回路中应没有电流，就必须将该侧电流互感器的变比加大 $\sqrt{3}$ 倍，以减小二次电流，使之与另一侧的电流相等，故此时选择变比的条件是

$$\frac{n_{12}}{n_{11} / \sqrt{3}} = n_{\mathrm{B}} \qquad (3 - 28)$$

式中　n_{11}、n_{12}——为适应 Y，d 接线的需要而采用的新变比。

（3）由计算变比与实际变比不同而产生的不平衡电流。由于两侧的电流互感器都是根据产品目录选取标准的变比，而变压器的变比也是一定

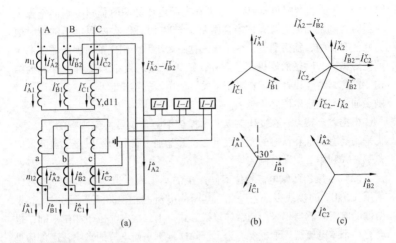

图 3 - 23　Y，d11 接线变压器的纵差动保护接线和相量图

(a) 变压器及其纵差动保护的接线；(b) 电流互感器一次电

流相量图；(c) 纵差动回路两侧的电流相量图

的，因此，三者的关系很难满足 $\dfrac{n_{12}}{n_{11}} = n_{\mathrm{B}}$ $\left(\text{或}\ \dfrac{n_{12}}{n_{11}/\sqrt{3}} = n_{\mathrm{B}}\right)$ 的要求，此时差动

回路中将有电流流过。当采用具有速饱和铁芯的差动继电器时，通常都是利用它的平衡绕组 W_{ph} 来消除此差电流的影响。

以双绕组变压器为例，假设在区外故障时 $I'_2 > I''_2$，如图 3 - 24 所示，则差动绕组中将流过电流 $(I'_2 - I''_2)$ 由它所产生的磁势为 W_{cd} $(I'_2 - I''_2)$。为了消除这个差动电流的影响，通常都是将平衡绕组 W_{ph} 接入二次电流较小的一侧，即应接于 I''_2 的回路中。适当地选择 W_{ph} 的匝数，使磁势 $W_{\mathrm{ph}}I''_2$ 能完全抵消 W_{cd} $(I'_2 - I''_2)$，则在二次绕组 W_2 里就不会感应电动势，因而继电器 KI 中也没有电流，达到了消除差电流影响的目的。由此可见，选择 W_{ph} 与 W_{cd} 的关系应为

$$W_{\mathrm{cd}}(I'_2 - I''_2) = W_{\mathrm{ph}}I''_2 \qquad (3 - 29)$$

或

$$W_{\mathrm{cd}}I'_2 = (W_{\mathrm{cd}} + W_{\mathrm{ph}})I''_2 \qquad (3 - 30)$$

式（3 - 29）和式（3 - 30）表明，由较大的电流 I'_2 在 W_{cd} 中所产生的磁势，被较小的电流 I''_2 在 $(W_{\mathrm{cd}} + W_{\mathrm{ph}})$ 中所产生的磁势所抵消，因此，在铁芯中没有磁通，继电器不可能动作。

按式中计算的 W_{ph} 匝数，一般都不是整数，而实际上 W_{ph} 只能按整匝数进行选择，因此还会有一残余的不平衡电流存在。

（4）由两侧电流互感器型号不同而产生的不平衡电流。由于两侧电流互感器的型号不同，它们的饱和特性、励磁电流（归算至同一侧）也就不同，因此，在差动回路中所产生的不平衡电流也就较大。此时应采用电流互感器的同型系数 $K_{tx} = 1$。

（5）由变压器带负荷调整

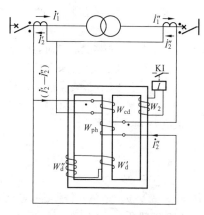

图 3 - 24　利用速饱和变流器的平衡绕组消除差电流影响的原理接线图

分接头而产生的不平衡电流。带负荷调整变压器的分接头，是电力系统中采用带负荷调压的变压器来调整电压的方法，实际上改变分接头就是改变变压器的变比 n_B。如果差动保护已按照某一变比调整好（如利用平衡绕组），则当分接头改换时，就会产生一个新的不平衡电流流入差动回路。此时不可能再重新选择平衡绕组匝数的方法来消除这个不平衡电流，这是因为变压器的分接头经常在改变，而差动保护的电流回路在带电的情况下是不能进行操作的。因此，对由此而产生的不平衡电流，应在纵差动保护的整定值中予以考虑。另外对于微机保护，可在软件设计时进行动态调平衡。

在稳态情况下，为整定变压器纵差动保护所采用的最大不平衡电流 I_{bpmax} 可由式（3 - 31）确定

$$I_{bpmax} = (10\% K_{tx} + \Delta U + \Delta f_{za}) I_{kmax}/n_1 \qquad (3 - 31)$$

式中　　10%——电流互感器容许的最大相对误差；

　　　　K_{tx}——电流互感器的同型系数，取为 1；

　　　　ΔU——由带负荷调压所引起的相对误差，如果电流互感器二次电流在相当于被调节变压器额定抽头的情况下处于平衡时，则 ΔU 等于电压调整范围的一半；

　　　　Δf_{za}——由于所采用的互感器变比或平衡绕组的匝数与计算值不同时，所引起的相对误差；

　　　　I_{kmax}/n_1——保护范围外部最大短路电流归算到二次侧的数值。

变压器纵差动保护启动电流的整定原则：

（1）在正常运行情况下，为防止电流互感器二次回路断线时引起差动保护误动作，保护装置的启动电流应大于变压器的最大负荷电流 I_{fmax}。当负荷电流不能确定时，可采用变压器的额定电流 I_{NB}，引入可靠系数 K_{rel}（一般采用 1.3），则保护装置的启动电流为 $I_{st} = K_{rel} I_{fmax}$。

（2）躲开保护范围外部短路时的最大不平衡电流，此时继电器的启动电流应为

$$I_{st} = K_{rel} I_{bpmax} \qquad\qquad (3-32)$$

式中 K_{rel}——可靠系数，采用 1.3；

     I_{bpmax}——保护外部短路时的最大不平衡电流。

（3）无论按上述哪一个原则考虑变压器纵差动保护的启动电流，都还必须能够躲开变压器励磁涌流的影响。当变压器纵差动保护采用波形鉴别或二次谐波制动的原理构成时，它本身就具有躲开励磁涌流的性能，一般无须再另作考虑。而当采用具有速饱和铁芯的差动继电器时，虽然可以利用励磁涌流中的非周期分量使铁芯饱和，来避越励磁涌流的影响，但根据运行经验，差动继电器的启动电流仍需整定为 $I_{st} \geqslant 1.3 I_{NB}/n_1$ 时，才能躲开励磁涌流的影响。对于各种原理的差动保护，其躲开励磁涌流影响的性能，最后还应经过现场的空载合闸试验加以检验。

变压器纵差动保护的灵敏系数可按式（3-33）校验

$$K_{sen} = \frac{I_{kminJ}}{I_{st}} \qquad\qquad (3-33)$$

式中 I_{kminJ} 应采用保护范围内部故障时，流过继电器的最小短路电流。即采用在单侧电源供电时，系统在最小运行方式下，变压器发生短路时的最小短路电流，按照要求，灵敏系数一般不应低于 2。当不能满足要求时，则需要采用具有制动特性的差动继电器。

必须指出，即使灵敏系数的校验能够满足要求，但对变压器内部的匝间短路、轻微故障等情况，纵差动保护往往也不能迅速而灵敏地动作。运行经验表明，在此情况下，常常都是瓦斯保护首先动作，然后待故障进一步发展，差动保护才动作。显然可见，差动保护的整定值越大，则对变压器内部故障的反应能力也就越低。

按照躲避励磁涌流方法的不同，变压器差动保护可按不同的工作原理来实现。目前广泛使用的变压器差动保护有以下几种类型：①差动电流速断保护；②采用带短路绕组 BCH-2 型差动继电器的差动保护；③采用带磁制动特性 BCH-1 型差动继电器的差动保护；④多侧磁制动特性 BCH-

4 型差动继电器的差动保护；⑤鉴别涌流间断角的差动保护；⑥二次谐波制动的差动保护；⑦相位比较的差动保护。

（1）变压器的差动电流速断保护。在小容量的降压变压器上常采用电流速断保护，就是为了提高灵敏度而装设在差动回路内的电流速断保护，它瞬时动作于断路器跳闸。

差动电流速断保护的动作电流应按躲避变压器空载投入时的励磁涌流和外部故障时的最大不平衡电流来整定。实际上由于励磁涌流衰减很快，而保护装置中的差动继电器和出口中间继电器具有一定的固有动作时间，因此，差动电流速断保护的动作电流，无须按躲避初始最大的励磁涌流来整定，而只要躲避经过一定程度衰减后的励磁涌流即可，根据实际经验一般取

$$I_{op} = (3.5 \sim 4.5) I_{NT} \tag{3 - 34}$$

式中　I_{op}——保护装置的动作电流；

　　　I_{NT}——变压器的额定电流。

当电流互感器已满足 10% 误差的要求时，在保护区外故障的情况下，流过差动回路的最大不平衡电流通常小于上述数值。差动电流速断保护装置的灵敏度 K_{sen} 按式（3－35）校验

$$K_{sen} = \frac{I_{Fmin}^{(2)}}{I_{op}} \tag{3 - 35}$$

式中　$I_{Fmin}^{(2)}$——系统最小运行方式下，在被保护变压器低压侧引出端发生两相金属性短路时，流过保护装置的最小短路电流。

根据规程的要求，差动电流速断保护的灵敏度不应低于 2。差动电流速断保护的优点是接线简单，动作迅速，缺点是由于整定值大，用于大容量变压器时灵敏度很低，常不能满足要求。

（2）带有速饱和变流器的差动继电器。在差动回路中接入具有快速饱和特性的中间变流器 UM，是防止暂态过程中不平衡电流（非周期分量）影响的有效方法之一，其原理接线如图 3－25（a）所示。图 3－25 中的曲线 1 为它的磁化曲线，当其一次绕组中只流过周期分量电流时，如图 3－25（b）所示，电流沿曲线 2 变化，铁芯中的 B 沿磁滞回线 3 变化，此时 B 的变化（ΔB）很大，因此在二次绕组中感应的电动势也很大（正比于 $\Delta B/\mathrm{d}t$），故周期分量容易通过速饱和变流器而变换到二次侧，使继电器动作。当一次绕组中通过暂态不平衡电流时，由于它含有很大的非周期分量，电流曲线完全偏于时间轴的一侧，如图 3－25（c）中曲线 2′ 所示，因而使 B 沿着局部磁滞回线 3′ 变化。此时，B 的变化很小，因此，在

第三章　继电保护原理基础知识

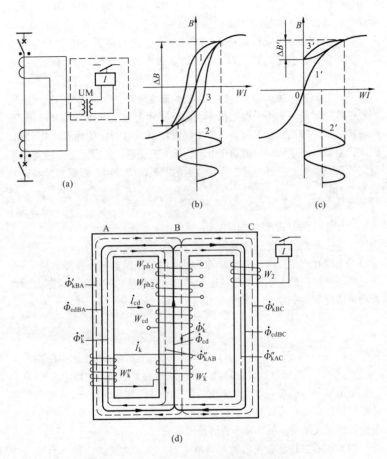

图 3 - 25 带有速饱和交流器的差动继电器

（a）原理接线图；（b）通过周期分量电流；（c）通过非周期分
量电流；（d）带加强型速饱和变流器的主动继电器原理结构

———$\dot{\Phi}_{cd}$；－－－－$\dot{\Phi}'_{k}$；－－－$\dot{\Phi}''_{k}$

二次侧感应的电动势也很小，故非周期分量不易通过速饱和变流器而变换
到二次侧，此时继电器不动作。

应该指出，在被保护元件内部故障的暂态过程中，短路电流也包含有
非周期分量，此时速饱和变流器也相应地暂时处于图 3 - 25（b）所示的

状态之下，因此，继电器不能立即动作。需待非周期分量衰减以后，保护才能动作将故障切除。被保护的机组容量越大时，其一次回路的时间常数也越大，因而保护动作的时间就越长，这对尽快切除机组内部的故障是十分不利的。

带加强型速饱和变流器的差动继电器原理结构如图3-25（d）所示，由一个带有短路绕组（W'_d和W''_d）的速饱和变流器和一个作为执行元件的电流继电器组成。速饱和变流器的磁导体是一个三柱铁芯，在中间柱B上绕有一个差动绕组（又称工作绕组）W_{ed}和两个平衡绕组W_{ph1}、W_{ph2}；在右侧铁芯柱C上绕有二次绕组W_2，它和执行元件相连接；短路绕组W'_k和W''_k则分别绕在中间柱B和左侧铁芯柱A上，两个绕组极性的连接，是使由它们所产生的磁通在铁芯柱A和B中为同方向相加。

短路绕组可使继电器躲避非周期分量的作用得到加强，从而更易于躲开暂态过程中的不平衡电流以及变压器空载合闸时的励磁涌流。

（3）具有磁力制动的差动继电器。这种继电器是在速饱和变流器的基础上，增加一组制动绕组，利用外部故障时的短路电流来实现制动，使继电器的启动电流随制动电流的增加而增加，它能够可靠地躲开外部故障时的不平衡电流，并提高内部故障时的灵敏性。

图3-26所示为继电器的主要元件是一个速饱和变流器，它的磁导体是一个三柱铁芯，共绕有六个绕组，其中W_{zh}为制动绕组，接于差动回

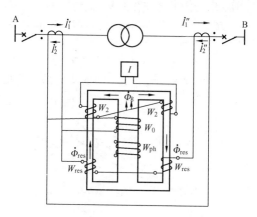

图3-26　单相式具有磁力制动差动继电器的
变压器纵差动保护原理接线图

路的一臂上，流过电流 I''_2；W_g 为工作绕组，接于差动回路之中；W_2 为二次绕组，其输出接于一个执行元件（电流继电器）上；W_{ph} 为平衡绕组。两个制动绕组 W_{zh} 的极性连接，应保证所产生的磁通 Φ_{zh} 在两个边柱上成回路而不流入中间铁芯。两个二次绕组 W_2 的连接，应保证在制动磁通的作用下所感应的电动势互相抵消，不影响执行元件的工作。这样当工作绕组中流有电流时，它所产生的磁通 Φ_s 在 W_2 中感应的电动势就是相加的，因而在达到整定值之后就能够使继电器动作。

假设不考虑制动绕组的作用，则工作绕组和二次绕组之间就相当于一个速饱和变流器，因此，它可以消除不平衡电流和励磁涌流中非周期分量的影响。

如图 3 - 26 所示，当 W_{zh} 中没有电流时，为使差动继电器启动，需在工作绕组 W_g 中加入一个电流 I_{stmin}，由此电流产生的磁通在 W_2 中感应一定的电动势 E_{20}，它刚好能使执行元件动作，此 I_{stmin} 称为继电器的最小启动电流。当 W_{zh} 中有电流以后，它将在铁芯的两个边柱上产生磁通 Φ_{zh}，使铁芯饱和，致使导磁率下降。此时必须增大 W_g 中的电流才能在 W_2 中产生电动势 E_{20}，使执行元件动作。因此，继电器的启动电流随着制动电流的增大而增大，而且当制动绕组的匝数 W_{res} 越多时，增加的就越多。由实验所得出的继电器启动电流 I_{st}，与制动电流 I_{res} 的关系，即 $I_{st} = f(I_{res})$，称为制动特性曲线，如图 3 - 27 所示。当制动电流比较小时，铁芯中的磁通还没有饱和，因此，启动电流变化不大，制动特性曲线的起始部分比较平缓。而当制动电流很大时，铁芯出现严重饱和，继电器的启动电流迅速增加，制动曲线上翘，在此情况下，可能出现继电器拒动，因此，实用中对制动磁势（$W_{res}I_{res}$）不可选择得过大。从原点作制动特性曲线的切线，它与水平轴线的夹角为 α，则 $\tan\alpha$ 称为制动系数。为保证继电器在内部故

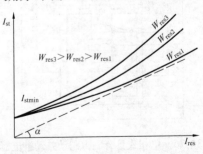

图 3 - 27　继电器的制动特性曲线

障时可靠动作，一般在使用中都取制动系数在0.5以下。

当采用无制动特性的差动继电器，则启动电流如图3－27中的水平直线2所示，差动继电器的制动电流是一个常数。如果采用具有制动特性的差动继电器，由于 I_{d2max} 就是继电器的制动电流 I_{res}，因此，应该选择当制动电流为 I_{d2max} 时，使继电器的启动电流为 $K_{rel}I_{bpmax}$。可以在图3－27中选取一条适当的曲线，使它通过 a 点并位于直线1的上面，如图3－28中的

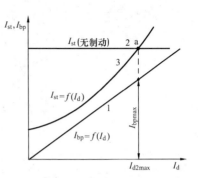

图3－28　具有制动特性的差动继电器的整定图解法

曲线3所示。由此可见，这种继电器的启动电流是随着制动电流（外部短路电流）的不同而改变的。但由于曲线3始终在直线1的上面，因此，在任何大小的外部短路电流作用下，继电器的实际启动电流均大于相应的不平衡电流，继电器都不会误动作。

在双绕组变压器差动保护的接线中，其制动绕组原则上应该接于无电源或小电源的一侧，以便在正常双侧电源的运行方式下，尽量提高变压器内部故障时的灵敏性。

（4）有比率制动和二次谐波制动的差动继电器。具有比率制动（又称穿越电流制动）和二次谐波制动的差动继电器的单相式原理接线如图3－29所示。

在正常运行及外部故障时，电抗互感器T1 的 W1 中两部分电流 I'_2 与 I''_2 方向相同，在 T1 的二次绕组中可产生电压，其大小正比于一次侧流过的电流，可以实现制动作用，故称为穿越电流制动。又由于这种制动作用与穿越电流的大小成正比，因而使继电器的启动电流随着制动电流的增大而自动增加（两者之比称为继电器的制动系数），故又称为比率制动。当变压器保护范围内部故障时，有一侧的电流要改变方向，因此 W1 中两部分的电流方向相反，二次侧感应电动势减小，制动作用也就随之减弱，当两部分中的电流相等时，制动作用消失，继电器动作最灵敏。

在正常运行及外部故障时，通过 W1 的是不平衡电流，而当保护范围内部故障时，通过 W1 的则是故障电流。T2 二次绕组的励磁阻抗与电容

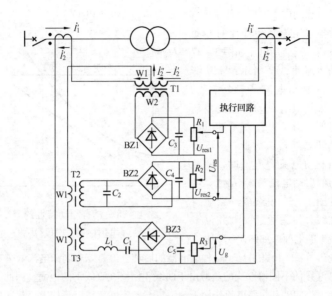

图 3 – 29　具有比率制动和二次谐波制
动的差动继电器的原理接线图

C_2 组成一个对二次谐波（100Hz）的并联谐振回路，因此，对二次谐波分量呈现的阻抗很大，因而输出电压也高，将此电压整流滤波后接于电位器 R_2，其输出电压为 U_{zh2}，利用 U_{zh2} 实现二次谐波的制动。改变 R_2 滑动头的位置即可以调节二次谐波分量制动的效果。

继电器的总的制动作用由上述两部分同方向串联来实现，因此，总的制动电压为

$$U_{zh} = U_{zh1} + U_{zh2} \qquad\qquad (3 – 36)$$

当变压器空载合闸时，U_{zh2} 起主要的制动作用，而当区外故障时，U_{zh1} 起主要的制动作用。

工作回路由电抗互感器 T3、电感 L_1、电容 C_1、整流桥 BZ3、滤波电容 C_5 和电位器 R_3 组成。这是一个对 50Hz 串联谐振的回路，因此对基波分量的电压具有最大的输出，而对不平衡电流中的非周期分量和高次谐波分量则起一个滤波的作用，可以减小它们对工作回路的影响，将此电压整流滤波后加于电位器 R_3 上，其输出电压 U_g 即作为继电器的工作电压。改变 R_3 滑动头的位置，可以调节继电器的启动电流。

执行回路反应于 U_{zh} 和 U_g 幅值比较的结果而动作，因此，可以用高灵

敏度的极化继电器、晶体管直流放大器或运算放大器构成的电平检测器等来实现。

需要注意的问题：在运行中，由于电源电压的升高或者频率的降低，可能使变压器过励磁。变压器过励磁后，其励磁电流大大增加，使得变压器纵差保护中的不平衡电流大大增加，可能会导致纵差保护误动作。变压器过励磁时，励磁电流中的五次谐波分量大大增加，可以采用五次谐波电流制动元件作为变压器纵差保护的过励磁闭锁元件。

2. 微机变压器差动保护

微机变压器保护能够更好地解决传统保护中的以下问题。

（1）在差动保护中可将 TA 二次侧电流直接差接改为数字差，由于 TA 二次侧不再并接在一起，可进一步减小因变比不匹配及特性不同而引起的环流所造成的不平衡电流增大，对于多侧差动的情形，比起采用平衡绕组更为合理和有效。

（2）变压器各侧绕组中因连接组关系而引起的电流相位移动可由 TA 二次 Y，d 变换改变为数字计算补偿。传统差动保护当变压器星形侧保护区发生不对称短路时，故障相与非故障相流过的电流大小悬殊，各相 TA 工作条件可能极不相同。因它们各自的工作点存在较大差异，会在三角形相连的 TA 二次回路中引起额外的不平衡环流，导致差动回路中不平衡电流增大，如果不对称短路发生在变压器三角形侧区外，Y，d 的变换作用，这种影响会减轻一些，但此现象仍然存在。对于计算机差动保护，Y，d 变压器星形侧 TA 仍然可以 Y 接，而用数值计算来完成 Y，d 变换，这样便可以消除不平衡环流的影响。

（3）可应用更多更复杂的原理来改善励磁涌流鉴别能力，目前提出各种磁制动及图像识别方法来鉴别励磁涌流的原理，需要更复杂的数学运算和逻辑处理，若用传统技术来实现可能会遇到困难。

（4）可通过采用灵活的算法来获得高速度和高灵敏度，例如，计算机差动保护除可继续沿用传统的差动速断和低电压加速措施外，还可通过长短数据窗算法的配合提高严重故障时的动作速度，利用计算机长记忆功能还可方便的获取故障分量，进一步提高内部故障时的动作灵敏度。

（5）采用复杂的运算和逻辑处理在一定程度上实现 TA 和 TV 断线的报警和闭锁。

（6）由 TA 变比标准化带来的误差可用数字运算进行补偿。这种补偿方法较之常规规偿方法更为准确，从而进一步减小了不平衡电流。

微机变压器差动保护可实现具有折线比率制动特性的差动原理和算法

可实现鉴别励磁涌流的算法。励磁涌流的鉴别方法按信号特征可分为：①波形特征识别法，间断角原理亦属这一类；②谐波识别法，最常用的是依据二次谐波电流的大小；③参考模型相关法；④磁通特性识别法；⑤图像识别法等。

可利用微机保护实现加速措施来改善变压器差动保护的速动性，如差动速断（当差动电流大于最大可能励磁涌流时立即出口跳闸）、低压加速（励磁涌流是因变压器铁芯严重饱和产生的，出现励磁涌流时变压器端电压比较高，而发生内部短路时，变压器端部残压较低）、记忆相电流加速（变压器的励磁涌流一般只会在空载投入和外部严重短路切除后端电压恢复过程中产生。利用计算机特有的长记忆功能记录新的扰动发生前的信息，可以确定是否需要进行励磁涌流判别）。

3. 变压器的瓦斯保护

当在变压器油箱内部发生故障（包括轻微的匝间短路和绝缘破坏引起的经电弧电阻的接地短路）时，由于故障点电流和电弧的作用，将使变压器油及其他绝缘材料因局部受热而分解产生气体，因气体比较轻，它们将从油箱流向油枕的上部。当故障严重时，油会迅速膨胀并产生大量的气体，此时将有剧烈的气体夹杂着油流冲向油枕的上部。利用油箱内部故障时的这一特点，可以构成反应上述气体而动作的保护装置，称为瓦斯保护。

气体继电器是构成瓦斯保护的主要元件，它安装在油箱与油枕之间的连接管道上，如图 3-30 所示，这样油箱内产生的气体必须通过气体继电器才能流向油枕。为了不妨碍气体的流通，变压器安装时应使顶盖沿气体继电器的方向与水平面具有 1% ~ 1.5% 的升高坡度，通往继电器的连接管具有 2% ~ 4% 的升高坡度。

目前在我国电力系统中推广应用的是开口杯挡板式气体继电器，其内部结构如图 3-31 所示。

正常运行时，上、下开口杯 2 和 1 都浸在油中，开口杯和附件在油时的重力所产生的力矩小于平衡锤 4 所产生的力矩，因此开口杯向上倾，干簧触点 3 断开。

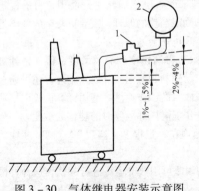

图 3-30　气体继电器安装示意图
1—气体继电器；2—油枕

当油箱内部发生轻微故障时，少量的气体上升后逐渐聚集在继电器的上部，迫使油面下降。而使上开口杯露出油面，此时由于浮力的减小，开口杯和附件在空气中的重力加上杯内油重所产生的力矩大于平衡锤 4 所产生的力矩，于是上开口杯 2 顺时针方向转动，带动永久磁铁 10 靠近干簧触点 3，使触点闭合，发生"轻瓦斯"保护动作信号。当变压器油箱内部发生严重故障时，大量气体和油流直接冲击挡板 8，使下开口杯顺时针方向旋转，带动永久磁铁靠近下部干簧的触点 3 使之闭合，发出跳闸脉冲，表示"重瓦斯"保护动作。当变压器出现严重漏油而使油面逐渐降低时，首先是上开口杯露出油面，发出报警信号，继之下开口杯露出油面后亦能动作，发出跳闸脉冲。

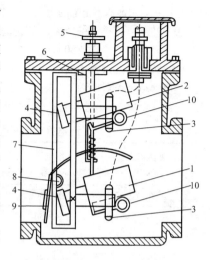

图 3 - 31　开口杯挡板式气体继电器的结构图

1—下开口杯；2—上开口杯；3—干簧触点；4—平衡锤；5—放气阀；6—探针；7—支架；8—挡板；9—进油挡板；10—永久磁铁

上面的触点表示"轻瓦斯保护"，动作后经延时发出报警信号。下面的触点表示"重瓦斯保护"，动作后启动变压器保护的总出口继电器，使断路器跳闸。当油箱内部发生严重故障时，由于油流的不稳定可能造成干簧触点的抖动，此时为使断路器能可靠跳闸，应选用具有电流自保持绕组的出口中间继电器 KM，动作后由断路器的辅助触点来解除出口回路的自保持。此外，为防止变压器换油或进行试验时引起重瓦斯保护误动作跳闸，可利用切换片 QP 将跳闸回路切换到信号回路。瓦斯保护的主要优点是动作迅速、灵敏度高、安装接线简单、能反应油箱内部发生的各种故障；其缺点则是不能反应油箱以外的套管及引出线等部位上发生的故障。因此瓦斯保护可作为变压器的主保护之一，与纵差动保护相互配合、相互补充，实现快速而灵敏地切除变压器油箱内、外及引出线上发生的各种故障。

轻瓦斯报警整定值为气室积聚气体数量 250 ~ 300mL，重瓦斯跳闸整定值按国标要求油速整定范围为：

QJ - 25 型：连接管径 25mm，流速范围 1.0m/s；

QJ - 50 型：连接管径 50mm，流速范围 0.6 ~ 1.2m/s；

QJ - 80 型：连接管径 80mm，流速范围 0.7 ~ 1.5m/s。

继电器动作流速整定值以连接管内的流速为准，可根据变压器容量、电压等级、冷却方式、连接管径等不同参数按表 3 - 4 数值查得。

表 3 - 4 继电器动作流速整定值

变压器容量 （kVA）	继电器 型号	连接管内径 （mm）	冷却方式	动作流速整 定值（m/s）
1000 及以下	QJ - 50	50	自然或风冷	0.7 ~ 0.8
1000 ~ 7500	QJ - 50	50	自然或风冷	0.8 ~ 1.0
7500 ~ 10000	QJ - 80	80	自然或风冷	0.7 ~ 0.8
10000 以上	QJ - 80	80	自然或风冷	0.8 ~ 1.0
200000 以下	QJ - 80	80	强迫油循环	1.0 ~ 1.2
200000 及以上	QJ - 80	80	强迫油循环	1.2 ~ 1.3
500kV 变压器	QJ - 80	80	强迫油循环	1.3 ~ 1.4
有载调压变压器 （分接开关用）	QJ - 25	25		1.0

4. 变压器的电流和电压保护

当变压器外部故障而引起变压器绕组过流以及变压器内部故障时，作为差动保护和瓦斯保护的后备，变压器应装设过电流保护。根据变压器的容量和系统短路电流水平的不同，装设的保护有：过流保护，低电压启动的过流保护、复合电压启动的过流保护以及负序过流保护，复合电压闭锁的方向过流保护等。

（1）变压器的过电流保护。保护装置的启动电流应按照躲开变压器可能出现的最大负荷电流 I_{fmax} 来整定。

1）对并列运行的变压器，应考虑突然切除一台变压器时所出现的过负荷，当各台变压器容量相同时，可按式（2 - 37）计算

$$I_{\text{fmax}} = \frac{n}{n-1} I_{\text{NT}} \tag{3 - 37}$$

式中 n——并列运行变压器的最少台数；

I_{NT}——每台变压器的额定电流。

此时保护装置的启动电流应整定为

$$I_{st} = \frac{K_{rel}}{K_r} \frac{n}{n-1} I_{NT} \qquad (3-38)$$

2）对降压变压器，应考虑低压侧负荷电动机自启动时的最大电流，启动电流应整定为

$$I_{st} = \frac{K_{rel} K_{zq}}{K_r} I_{NT} \qquad (3-39)$$

保护装置动作时限的选择以及灵敏系数的校验，与定时限过电流保护相同。

按以上条件选择的启动电流，其值一般较大，往往不能满足作为相邻元件后备保护的要求。

（2）低电压启动的过电流保护。低电压元件的作用是保证在上述一台变压器突然切除或电动机自启动时不动作，因而电流元件的整定值就可以不再考虑可能出现的最大负荷电流，而是按大于变压器的额定电流整定，即

$$I_{st} = \frac{K_{rel}}{K_r} I_{NT} \qquad (3-40)$$

低电压元件的启动值应小于在正常运行情况下母线上可能出现的最低工作电压，同时，外部故障切除后，电动机自启动的过程中，它必须返回。根据运行经验，通常采用

$$U_{st} = 0.7 U_{NT} \qquad (3-41)$$

对低电压元件灵敏系数的校验，应为

$$K_{sen} = \frac{U_{st}}{U_{dmax}} \qquad (3-42)$$

式中　U_{dmax}——在最大运行方式下，相邻元件末端三相金属性短路时，保护安装处的最大线电压。

对升压变压器，如果低电压元件只接于某一侧的电压互感器上，则当另一侧故障时，往往不能满足上述灵敏系数的要求。此时可考虑采用两套低电压元件分别接在变压器两侧的电压互感器上，其触点采用并联的连接方式。

当电压互感器回路发生断线时，低电压继电器将误动作。因此，在低电压保护中一般应装设电压回路断线的信号装置，以便及时发出信号，由运行人员加以处理。

（3）复合电压启动的过电流保护。这种保护是由一个负序电压继电器和一个接于线电压上的低电压继电器组成，如图 3 - 32 所示。

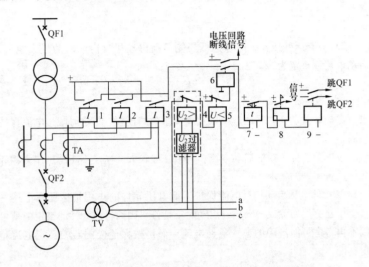

图 3 - 32　复合电压启动的过电流保护原理接线图

当发生各种不对称短路时，由于出现负序电压，因此继电器 4 动作，其动断触点打开，于是加于低电压继电器 5 上的电压被迫变成零，则 5 一定动作，这时电流继电器 1 ~ 3 中至少应有两个动作，于是就可以启动时间继电器 7，经过预定的时限后动作于跳闸。

当发生三相短路时，由于在短路开始瞬间一般会短时出现一个负序电压，使继电器 4 动作，因此，低电压继电器 5 也随之动作，待负序电压消失后，继电器 4 返回，则继电器 5 又接于线电压 U_{ca} 上。由于三相短路时，三相电压均降低，故继电器 5 仍将处于动作状态，此时，保护装置的工作情况就相当于一个低电压启动的过电流保护。

保护装置中电流元件和相间电压元件的整定原则与低电压启动过电流保护相同。负序电压元件的启动电压按躲开正常运行方式下负序过滤器出现的最大不平衡电点整定，根据运行经验，其启动电压 U_{2st} 可取为

$$U_{2st} = (0.06 \sim 0.12)U_{NT} \tag{3 - 43}$$

与低电压启动的过电流保护相比，复合电压启动的过电流保护具有以下优点：

1）由于负序电压继电器的整定值小。因此，在不对称短路时，电压

元件的灵敏系数高；

2）当经过变压器后面发生不对称短路时，电压元件的工作情况与变压器采用的接线方式无关；

3）在三相短路时，如果由于瞬间出现负序电压，使继电器 4 和 5 动作，则在负序电压消失后，5 又接于线电压上，这时只要继电器 5 不返回，就可以保证保护装置继续处于动作状态。由于低电压继电器返回系数 $K_r > 1$，因此，实际上相当于灵敏系数能提高 K_{sen}（ = 1.15 ~ 1.2）倍。

（4）复合电压闭锁的方向过电流保护。在复合电压启动的过流保护基础上增加了方向元件，下面重点讲解方向元件的原理。

1）90°接线的功率方向元件的原理，接线方式见表 3 - 5。

表 3 - 5   90°接线的功率方向元件接线方式

接线方式	接入继电器电流 I_g	接入继电器电压 U_g
A 相功率方向元件	I_A	U_{BC}
B 相功率方向元件	I_B	U_{CA}
C 相功率方向元件	I_C	U_{AB}

在分析功率方向元件动作前，先分析它的构成原理。在图 3 - 33 中，做出 $\dot{U}_g$ 相量，再向超前方向做 $\dot{U}_g e^{ja}$ 相量，垂直 $\dot{U}_g e^{ja}$ 相量的直线 ab 的阴影线侧即为正方向短路时的 I_g 动作区，I_g 落在这一侧功率方向元件动作。I_g 落在 $\dot{U}_g e^{ja}$ 方向上，功率方向元件动作最灵敏，在 $U_g e^{ja}$ 方向左右 90°是方向元件的动作区。因此，正方向功率方向元件的动作方程可写为

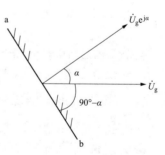

图 3 - 33   功率方向元件动作相量图

$$-90° < \arg \frac{\dot{I}_g}{\dot{U}_g e^{ja}} < 90°（正向元件）\qquad (3-44)$$

一般称 α 为 90°接线的功率方向元件的内角（30°或 45°），显而易见，当 $\dot{I}_g$ 超前 $\dot{U}_g$ 的相角正好为 α 时，正向元件动作最灵敏。如果以 $\dot{I}_g$ 滞后 $\dot{U}_g$

的角度为正角度，那么 $\dot{I}_\mathrm{g}$ 超前 $\dot{U}_\mathrm{g}$ 的角度就是负角度，则最大灵敏角为

$-30°$ 或 $-45°$。即最大灵敏为 $\Psi_\mathrm{sen} = -\alpha$。$\dot{I}_\mathrm{g}$ 超前 $\dot{U}_\mathrm{g}$ 的角度为 $30°$ 或 $45°$ 时，

正向元件动作最灵敏。

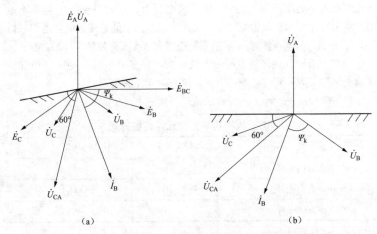

图 3 - 34　90°接线正方向相间短路时分析 B 相方向元件动作行为的相量图
(a) 正向 BC 相短路；(b) 正向三相短路

在分析短路以后功率方向元件的动作行为时，只要根据故障分析的有
关知识画出加在功率方向元件上的电压、电流的相量图，如果最大灵敏角
为 $-30°$，那么在 $\dot{U}_\mathrm{g}$ 相量向滞后 $60°$ 的方向上画一条直线，如图 3 - 33 中的
ab 线，就是电流的动作边界线。该线向着 $\dot{U}_\mathrm{g}$ 的一侧就是电流的动作区。

图 3 - 34 画出了正方向相间短路时分析 B 相方向元件动作行为的相量
图。其中，图 3 - 34 (a) 为正向 BC 相短路，图 3 - 34 (b) 为正向三相
短路时 B 相功率方向元件的 $\dot{I}_\mathrm{g}$ 与 $\dot{U}_\mathrm{g}$ 的相量关系。绘图时设短路回路的阻
抗角为 Ψ_k。短路前空载，$\dot{E}_\mathrm{A}$、$\dot{E}_\mathrm{B}$、$\dot{E}_\mathrm{C}$ 为三相电动势，$\dot{U}_\mathrm{A}$、$\dot{U}_\mathrm{B}$、$\dot{U}_\mathrm{C}$ 为保护安
装处在短路后的相电压。设功率方向元件的最大灵敏角为 $-30°$。滞后于
$\dot{U}_\mathrm{CA}$ 相量 $60°$ 的直线为 B 相方向元件的电流动作边界线，直线的下侧是电流
动作区，明显可见，当最大灵敏角取 $-30°$ 时，电流 $\dot{I}_\mathrm{B}$ 相量落在动作区，
方向元件可以正确动作。

反方向的功率方向元件往反方向保护，因此它 $\dot{I}_{\mathrm{g}}$ 的动作区与正方向方向元件正好相反。它的动作方程为

$$90° < \arg \frac{I_{\mathrm{g}}}{U_{\mathrm{g}} \mathrm{e}^{j\alpha}} < 270°（反向元件） \qquad (3-45)$$

反方向方向元件的最大灵敏角为 150° 或 135°，即电流滞后电压 150° 或 135° 时，反方向方向元件动作最灵敏。

需要指出的是，正方向出口三相短路故障时，因电压为零，方向元件将无法判别故障方向，造成在正向出口三相短路时可能拒动，出现死区，反方向出口三相短路时可能误动，为此对电压应有记忆作用，从而保证方向元件正确判别故障方向，消除功率方向元件的死区。

在保护装置定值单中设有控制字来控制过流保护的方向指向。接入装置的 TA 极性都设定正极性端应在母线侧。当控制字为 1 时，表示方向指向系统，最大灵敏角为 150° 或 135°；当控制字为 0 时，表示方向指向变压器，最大灵敏角为 −30° 或 −45°。

2）以正序电压作为极化量的方向元件的原理。

现在在微机型的复合电压闭锁的方向过流保护中，方向元件一般采用以正序电压为极化量的方向元件。该方向元件用 0° 接线方式，同名相的正序电压与相电流做相位比较。用于保护正方向短路的正方向方向元件，其最大灵敏角取为 45°，其动作方程为

$$-135° < \arg \frac{I_{\Psi}}{U_{\Psi 1}} < 45°（正向元件） \qquad (3-46)$$

等效为

$$-90° < \arg \frac{I_{\Psi} \mathrm{e}^{j45°}}{U_{\Psi 1}} < 90°（正向元件） \qquad (3-47)$$

式（3-47）说明，最大灵敏角为 45°。

如果假设系统内各元件的正负序阻抗的阻抗角都为 75°，不计负荷电流，正方向 BC 两相金属性短路的相量图，如图 3-35（a）所示。图中 $\dot{E}_{\mathrm{A}}$、$\dot{E}_{\mathrm{B}}$、$\dot{E}_{\mathrm{C}}$ 为三相电动势。超前于 $\dot{U}_{\mathrm{B1}}$ 相量 45° 的直线 1 为 B 相方向元件的电流动作边界线，直线的下侧是电流动作区。从图中可见保护安装处的 $\dot{U}_{\mathrm{B1}}$ 相量超前于 $\dot{I}_{\mathrm{B}}$ 相量 45°，所以 B 相方向元件动作最灵敏。超前于 $\dot{U}_{\mathrm{C1}}$ 相量 45° 的直线 2 为 C 相方向元件的电流动作边界线，直线的左侧是电流动作区，从图中可见，保护安装处的 $\dot{U}_{\mathrm{C1}}$ 相量超前于 $\dot{I}_{\mathrm{C}}$ 相量 105°，所以 C 相方

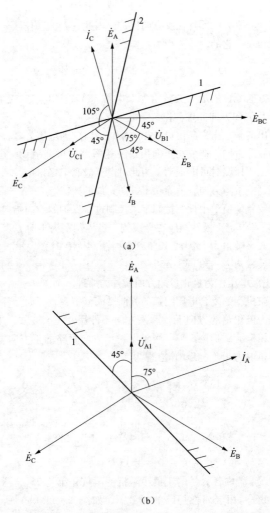

(a)

(b)

图 3 – 35 0°接线正方向相间短路时分析方向元件动作行为的相量图

(a) 正方向 BC 两相金属性短路；(b) 正方向三相金属性短路

向元件也能动作，但不处在最大灵敏角的方向上。如果是经电阻短路，$\dot{U}_{B1}$
超前于 $\dot{I}_B$ 的角度虽略有减小，$\dot{I}_B$ 电流不在最大灵敏角方向上，但 B 相方向
元件仍能较灵敏动作。$\dot{U}_{C1}$ 超前于 $\dot{U}_{B1}$ 的角度也略有减少向最大灵敏角靠拢，

所以 C 相方向元件趋向于更能动作。正方向三相短路时三相对称，三个方向元件动作行为相同。以 A 相方向元件为例，其正方向三相金属性短路的相量图。如图 3－35（b）所示，超前于 $\dot{U}_{A1}$ 相量 45° 的直线 1 为 A 相方向元件的电流动作边界线，直线右上方是 A 相方向元件的电流动作区。从图中可见，保护安装处 $\dot{U}_{A1}$ 相量超前于 $\dot{I}_A$ 相量 75°，A 相方向元件虽不处于最大灵敏角方向，但也能较灵敏动作。

在反方向短路时，在上述相量图中由于电流方向反向，所以电流落在不动作区，方向元件不动作。

反方向的方向元件，用于保护反方向的短路。因此，反方向方向元件的动作区实际上是正方向方向元件的不动作区，其动作方程为

$$45° < \arg \frac{I_\Psi}{U_{\Psi1}} < 225°（反向元件）\qquad(3-48)$$

等效为

$$90° < \arg \frac{I_\Psi e^{j45°}}{U_{\Psi1}} < 270°（反向元件）\qquad(3-49)$$

式（3－49）说明，最大灵敏角为 225°。

需要指出的是，正方向出口三相短路故障时，因电压为零，方向元件将无法判别故障方向，造成在正向出口三相短路时可能拒动，出现死区，反方向出口三相短路时可能误动，为此对电压应有记忆作用，从而保证方向元件正确判别故障方向，消除功率方向元件的死区。

在保护装置的定值单中设有控制字来控制过流保护的方向指向。接入装置的 TA 极性，都设定正极性端应在母线侧。当控制字为 1 时，表示方向指向系统，最大灵敏角为 225°；当控制字为 0 时，表示方向指向变压器，最大灵敏角为 45°。

由于功率方向元件、复合电压元件都要用到电压量，所以 TV 断线对它们将产生影响。复合电压闭锁过流方向保护应采取如下一些措施：低压侧固定不带方向，低压侧的复合电压元件正常时取自本侧的复合电压。在判出低压侧 TV 断线时再发 TV 断线告警信号，同时将该侧复压元件退出，保护不经复压元件闭锁。高中压侧如果采用功率方向元件的话，正常时用本侧的电压，复合电压元件正常时由各侧复合电压的或逻辑构成。在判出高中压某侧 TV 断线时，在发 TV 断线告警信号同时该侧复压闭锁方向过流保护中的复压元件，采用其他侧的复压元件，另外将方向元件退出。这种情况下，发生不是整定方向的接地短路时保护动作是允许的。

5. 变压器的零序保护

（1）中性点直接接地运行的变压器的零序电流保护。中性点直接接地运行的变压器仅装设零序电流保护。保护用电流互感器 TA 装于中性点引出线上，其额定电压可选低一级，其变比根据接地短路电流引起的热稳定和动稳定条件来决定。由于接地短路的几率高，以及零序电流保护本身构成简单、动作可靠，从提高保护的可靠性和加速切除母线附近的接地短路出发，通常在中性点处配置两段式零序电流保护。每段各带两级时限，并均以较短的时限（t_1 及 t_3）断开母线联络断路器或分段断路器 QF，以缩小故障影响范围；以较长的时限（t_2 及 t_4）有选择地动作于断开变压器各侧断路器。

（2）中性点可能接地或不接地运行的变压器的零序保护。110kV 及以上中性点直接接地电网中，如低压侧有电源的变压器中性点可能接地运行或不接地运行时，对外部单相接地短路引起的过电流，以及因失去接地中性点引起电压升高，应按下述具体情况装设相应的保护。

1）如图 3－36 所示，对全绝缘变压器，除了应装设零序电流保护作为变压器中性点直接接地运行时的保护外，还应增设零序过电压保护，作为变压器中性点不接地运行时的保护。零序电压元件的动作值应躲过在部分中性点接地的电网中发生接地短路时在保护安装处可能出现的最大零序电压。动作时限 t_5 不需与其他保护配合，为避开暂态过程的影响，通常，取 $t_5 = (0.3 \sim 0.5)$ s。

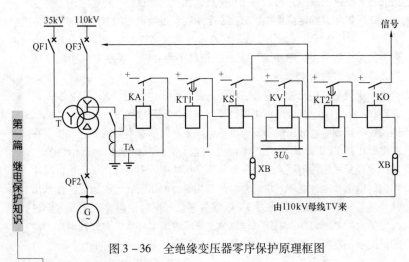

图 3－36　全绝缘变压器零序保护原理框图

2）分级绝缘变压器。分级绝缘的变压器中性点一般装设放电间隙或避雷器以防止中性点电压过高对变压器绝缘的危害。

对于装设有放电间隙的分级绝缘变压器，应装设零序电流保护作为变压器中性直接接地运行时的保护，并增设一套反应间隙放电电流的零序电流保护和一套零序电压保护为变压器不接地运行时的保护。零序电压保护作为间隙放电电流零序电流保护的后备保护的原理方框图如图 3 - 37 所示。

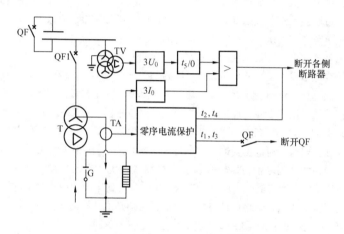

图 3 - 37　中性点装有放电间隙的分级
绝缘变压器的零序保护原理框图

当系统发生接地短路时，中性点接地的变压器由其零序电流保护动作于切除，若此时高压母线上已没有中性点接地的变压器，中性点将出现过电压，可导致放电间隙击穿，此时，中性点不接地的变压器将由反应间隙放电电流的零序电流保护瞬时动作于切除变压器。如果间隙未击穿，则由零序电压元件经延时后将中性点不接地变压器切除。对于装设有避雷器的分级绝缘变压器，应装设电流保护作为变压器中性点直接接地运行时的保护，并增设一套零序电压保护作为变压器中性点不接地运行时的保护。

6. 变压器的过励磁保护

变压器的感应电压可由式（2 - 50）表示

$$U = 4.44fWSB \times 10^{-4} \qquad (3 - 50)$$

对于给定的变压器来说，绕组匝数 W 和铁芯截面积 S 均为常数。令

$K = \dfrac{10^4}{4.44WS}$，则变压器工作磁密 B 可用式（3 – 51）表示

$$B = K\frac{U}{f} \tag{3 – 51}$$

该式说明，电网电压或频率的变化，均将引起工作磁通密度的变化。现代大型电力压器，为节省材料并减小重量，其额定磁通密度 B_N 和饱和磁通密度 B_{sat} 相差无几。因此，当电压与频率比（U/f）增大时，工作磁通密度 B 增大，励磁电流也随之增大。铁芯饱和后，励磁电流急剧增大，称为过励磁状态。假如 $B = (1.3 \sim 1.4)B_N$，则励磁电流有效值可能达到额定负荷电流的水平，这是相当危险的。因为励磁电流是非正弦电流，含有大量高次谐波分量，这会使铁芯和其他金属构件的涡流损耗大大增加，致使变压器发热情况严重。如果过励磁倍数（$n = B/B_N$）较大，且持续运行时间过长，将使变压器绝缘劣化，寿命降低，甚至损坏。因此，对于造价高、检修困难、停电损失较大的现代大型变压器，应考虑装设专用的过励磁保护。对于系统中的联络变压器，一般说来过励磁倍数大，但其持续时间往往很长，所以也要慎重考虑是否需要装设过励磁保护。升压变压器在未与系统并列之前，比较容易发生过励磁情况。标准化设计规定，在330kV 及以上变压器的高压侧，220kV 变压器的高压侧和中压侧应配置过励磁保护。为了正确地设计过励磁保护，必须知道变压器过励磁倍数曲线 $n = f(t)$，n 可用式（3 – 52）表示

$$n = \frac{B}{B_N} = \frac{U}{U_N}\frac{f_N}{f} = \frac{U_*}{f_*} \tag{3 – 52}$$

即过励磁倍数等于电压标幺值与频率标幺值的比值。各种变压器相应的过励磁倍数曲线也有差异，图 3 – 38 示出了某种变压器的过励磁倍数曲线。在同一过励磁倍数下，允许持续时间与 B_N 和 B_{sat} 的大小，以及磁化曲线的形状都有密切关系。B_N 越接近 B_{sat}，或磁化曲线饱和段的倾斜率越小，则允许的持续时间越短。

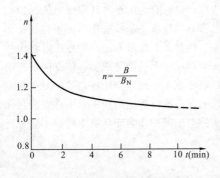

图 3 – 38　变压器的过励磁倍数曲线

一种由电压与频率比值（U/f）继电器构成的过励磁保护装置，其原

第一篇 继电保护知识

理接线如图 3-39 所示。图中 TVA 为辅助电压互感器，它的一次接于系统电压互感器的二次测，二次接 R、C 串联回路。在电容 C 上抽取电压进行整流、滤波，再将直流信号电压加至保护装置的执行元件。

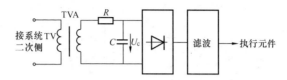

图 3-39　变压器过励磁保护原理图

由此可知，U_c 与工作磁通密度 B 成正比，即 U_c 能够反应电压与频率比的变化，变压器发生过励磁时，U_c 增大，当 U_c 达到继电器动作电压时，可使电平检测器动作，发出过励磁信号或直接跳闸。

过励磁保护的整定值，可由变压器饱和磁通密度决定。过励磁保护简单易行，可以做成两段式，取其不同的动作值和延时时限，根据实际需要动作于信号、减励磁或跳闸。

7. 自耦变压器保护

自耦变压器保护与普通变压器保护的设计原则及选用的保护类型是相同的，如自耦变压器的差动保护、瓦斯保护、相间短路后备保护与普通变压器完全相同。但是，由于自耦变压器的高、中压侧有公共的中性点，并直接接地，以及在不同运行方式下，各侧电流分布不同。所以，其零序保护及过负荷保护的配置有所不同。

自耦变压器在运行时的功率传输有电磁耦合传输和直接传输两种方式。根据分析表明：

（1）高压侧同时向中、低压侧或中、低压侧同时向高压侧送电的情况下，若输送容量不超过额定容量，则公共绕组及各侧均不会出现过负荷现象。所以，应在高压侧或低压侧装设过负荷保护。

（2）中压侧同时向高、低压侧或高、低压侧同时向中压侧送电的情况下，若三侧电流均不超过额定值，则公共绕组可能过负荷。因此，必须在公共绕组上装设过负荷保护。

（3）低压侧同时向高、中压侧或高、中压侧同时向低压侧送电的情况下，由于低压绕组容量通常较小，可能在高、中压侧及公共绕组负荷未达额定值时，低压绕组已经过负荷。所以，应在高、低压侧装设过负荷保护。

由于自耦变压器高、中压侧具有电气上的联系和中性点共同接地，当高压侧或中压侧网络内发生接地短路时，零序电流将从一个网络流向另一网络，而且流经中性点回路中的零序电流将随故障点位置不同有较大的变化。

自耦变压器零序电流保护不能采用装设于其中性点回路中零序电流互感器的接线方案，而是采用分别装置于高、中压侧的零序电流过滤器的接线方案。高、中压侧零序电流保护的配置原则与中性点直接接地运行的普通变压器一样，为了取得保护动作的选择性，通常应装设零序功率方向元件。

自耦变压器的差动保护反应内部接地短路的灵敏度不够时，可增设零序电流差动保护。

三、零功率保护

随着我国特高压大电网的形成，在电力输送通道建设中，大量采用紧凑型线路、同杆架设、远距离输电等技术，虽然能有效减少线路数量，但也带来诸如线路故障率增加、对电厂危害加深等新问题。当发生双回线线间故障或异常，或发生对侧变电站母线故障或其他原因，导致全站停电，断路器偷跳、误碰等故障都会造成机组无法输出功率，导致机组输出功率突然为零。

当汽轮发电机组特别是大容量机组满载情况下发生正功率突降时，逻辑上，机组仍判断为并网状态，高压侧电压迅速升高、机组转速迅速上升，锅炉水位急剧波动；由于发电机没有灭磁、锅炉没有灭火，机组转速迅速上升，此时一般的机组保护不会动作，发电机不能灭磁，锅炉不能灭火，只能依靠汽轮机超速保护进行保护和控制，利用 OPC 动作后快速关闭高、中压调节汽门，使汽轮机转速下降。但是转速降至 2950r/min 时，调节汽门将重新开启，转速再次上升。高中压汽缸中聚集了很大能量，当调节汽门再次开启时，巨大的蒸汽能量会使汽轮机超速进一步加剧，如此在 DEH 的自动调节下，机组从超压、超频演变为低频过程，甚至可能出现频率摆动过程，对汽轮机叶片会有伤害。若此时 DEH 调节失灵，就会造成汽轮机超速，对运行机组的汽轮机将严重造成危害和影响。因此，当发生发电机正功率突降时，如不及时采取锅炉熄火、关闭主汽门、灭磁等一系列措施，必将严重威胁机组安全，甚至损坏热力设备。

为防止发生汽轮机损坏事故，中国大唐集团于 2011 年 6 月下发了《关于防止汽轮机损坏的反事故措施的实施意见》（安生〔2011〕38 号），提出如下实施意见，可供参考：

（1）所有送出线为同一走廊同杆并架的 300MW 及以上机组，必须加装零功率保护，以实现线路全停直接跳汽轮机功能，其他机组根据实际情况具体研究是需要加装。

（2）零功率保护安装后，要创造条件进行实际传动试验；新投运的零功率保护装置应进行至少一个月的可靠性验证，只投信号，不投跳闸。

可见，发电机零功率切机在大型机组上是十分必要的。

切机装置应满足以下原则：

（1）系统在断路器偷跳或误跳等任何原因导致机组与系统完全解列时，装置应动作。

（2）系统发生各种形式的短路故障以及故障切除或重合成功，未导致机组与系统完全解列时，装置应不动作。

（3）系统发生各种形式的短路故障最终导致机组与系统完全解列时，装置应动作。

（4）系统振荡持续或恢复，未导致机组和系统完全解列时，装置应不动作。

（5）系统振荡最终导致机组与系统完全解列时，装置应动作。

发电机零功率切机动作后，应迅速切换厂用电并对发电机灭磁，同时作用于锅炉灭火保护 MFT 和汽轮机紧急跳闸保护 ETS。发电机零功率切机功能由启动判据、动作判据和闭锁判据组成。以南瑞 RCS985UP 装置为例。

启动判据采用以下四种，为"或"的关系，满足以下任一条件，零功率切机保护启动：

（1）主变压器高压侧正序电压突增。

（2）发电机机端正序电压突增。

（3）发电机频率突增。

（4）发电机频率值大于给定值。

动作判据采用以下七个启动判据，为"与"的关系，当同时满足以下条件，判为发生零功率故障，动作切机：

（1）零功率切机保护装置启动。

（2）机组输出功率小于发电机正向低功率定值。

（3）主变压器高压侧正序电流突降。

（4）发电机机端至少两相电流小于定值。

（5）主变压器高压侧和发电机机端正序电压要同时大于定值。

（6）主变压器高压侧和发电机机端负序电压要同时小于定值。

（7）零功率切机保护装置保护出口跳闸连接片投入。

闭锁判据采用以下两个，为"或"的关系，满足以下任一条件，零功率切机保护被闭锁：

（1）灭磁开关位置闭锁。

（2）装置 CPU 检测到装置本身硬件故障时。

注意，当进行甩负荷试验时，应退出零功率切机保护。

第三节 线 路 保 护

一、过电流保护

过电流保护通常是指其启动电流按照躲开最大负荷电流来整定的一种保护装置，它在正常运行时不应该启动，而在电网发生故障时，则能反应于电流的增大而动作，在一般情况下，它不仅能够保护本线路的全长，而且也能保护相邻线路的全长，以起到后备保护的作用。

1. 工作原理和整定计算的基本原则

为保证在正常运行情况下过电流保护绝不动作，显然保护装置的启动电流必须整定得大于该线路上可能出现的最大负荷电流 I_{fmax}。然而，在实际上确定保护装置的启动电流时，还必须考虑在外部故障切除后，保护装置是否能够返回的问题，例如在图 3 - 40 所示网络接线中，当 k1 点短路时，短路电流将通过保护 5、4、3，这些保护都要启动，但是按照选择性的要求应由保护 3 动作切除故障，然后保护 4 和保护 5 由于电流已经减小而立即返回原位。

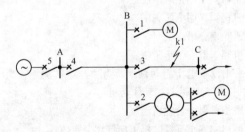

图 3 - 40 选择过电流保护启动
电流和动作时间的网络图

实际上当外部故障切除后，流经保护 4 的电流是仍然在继续运行中的负荷电流。还必须考虑到，由于短路时电压降低，变电站 B 母线上所接负荷的电动机被制动，因此，在故障切除后电压恢复时，电动机要有一个自启动的过程。电动机的自启动电流要大于它正常工作的电流，因此，引入一个自启动系数 K_{ast} 来表示自启动时最大电流 I_{max} 与正常运行时最大负荷电流 I_{fmax} 之比，即

$$I_{max} = K_{ast} I_{fmax} \tag{3-53}$$

保护4和保护5在这个电流的作用下必须立即返回，为此应使保护装置的返回电流 I_r 大于 I_{max} 引入可靠系数 K_{rel}，则

$$I_r = K_{rel} I_{max} = K_k K_{ast} I_{fmax} \tag{3-54}$$

由于保护装置的启动与返回是通过电流继电器来实现的，因此，继电器返回电流与启动电流之间的关系也就代表着保护装置返回电流与启动电流之间的关系。根据式（3-53）引入继电器的返回系数 K_r，则保护装置的启动电流 I_{st} 即为

$$I_{st} = \frac{1}{K_r} I_r = \frac{K_{rel} K_{ast}}{K_r} I_{fmax} \tag{3-55}$$

式中　K_{rel}——可靠系数，一般采用 1.15 ~ 1.25；

　　　K_{ast}——自启动系数，数值大于1，应由网络具体接线和负荷性质确定；

　　　K_r——电流继电器的返回系数，一般采用 0.85。

2. 按选择性的要求整定过电流保护的动作时限

如图 3-41 所示，假定在每个电气元件上均装有过电流保护，各保护装置的启动电流均按照躲开被保护元件上各自的最大负荷电流来整定。这样当 k1 点短路时，保护1 ~ 保护5 在短路电流的作用下都可能启动，但要满足选择性的要求，应该只有保护1 动作，切除故障，而保护2 ~ 保护5 在故障切除之后应立即返回，这个要求只有依靠使各保护装置带有不同的时限来满足。保护1 位于电网的最末端，只要电动机内部故障，它就可以瞬时动作予以切除，t_1 即为保护装置本身的固有动作时间。对保护2 来讲，为了保证 k1 点短路时动作的选择性，则应整定其动作时限 $t_2 > t_1$。引入时间阶段 Δt，则保护2 的动作时限为

$$t_2 = t_1 + \Delta t$$

保护2 的时限确定以后，当 k2 点短路时，它将以 t_2 的时限切除故障，此时为了保证保护3 动作的选择性，又必须整定 $t_3 > t_2$，引入 Δt 以后则得

$$t_3 = t_2 + \Delta t \tag{3-56}$$

依次类推，保护4、保护5 的动作时限分别为

$$t_4 = t_3 + \Delta t$$

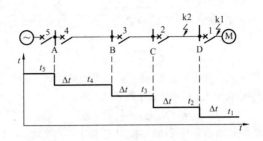

图 3-41 单侧电源放射形网络中过电流
保护动作时限的选择说明

$$t_5 = t_4 + \Delta t \qquad (3-57)$$
$$\vdots$$

一般说来，任一过电流保护的动作时限，应选择得比相邻各元件保护的动作时限均高出至少一个 Δt，只有这样才能充分保证动作的选择性。

这种保护的动作时限，经整定计算确定之后，即由专门的时间继电器予以保证，其动作时限与短路电流的大小无关，因此称为定时限过电流保护。

当故障越靠近电源端时，短路电流越大，而由以上分析可见，此时过电流保护动作切除故障的时限反而越长，因此，这是一个很大的缺点。正是由于这个原因，所以在电网中广泛采用电流速断和限时电流速断来作为本线路的主保护；以快速切除故障，利用过电流保护来作为本线路和相邻元件的后备保护。由于它作为相邻元件后备保护的作用是在远处实现的，因此是属于远后备保护。

由以上分析也可以看出，处于电网终端附近的保护装置，其过电流保护的动作时限并不长，因此在这种情况下它就可以作为主保护兼后备保护，而无须再装设电流速断或限时电流速断保护。

3. 过电流保护灵敏系数的校验

过电流保护灵敏系数的校验，当过电流保护作为本线路的主保护时，应采用最小运行方式下本线路末端两相短路时的电流进行校验，要求 K_{sen} ≥1.3～1.5；当作为相邻线路的后备保护时，则应采用最小运行方式下相邻线路末端两相短路时的电流进行校验，此时要求 K_{sen} ≥1.2。

此外，在各个过电流保护之间，还必须要求灵敏系数相互配合，即对同一故障点而言，要求越靠近故障点的保护应具有越高的灵敏系数，例如在图 3-41 的网络中，当 k1 点短路时，应要求各保护的灵敏系数之间具

有下列关系

$$K_{sen1} > K_{sen2} > K_{sen3} > K_{sen4} > \cdots \qquad (3-58)$$

在单侧电源的网络接线中，由于越靠近电源端时，保护装置的定值越大，而发生故障后，各保护装置均流过同一个短路电流，因此上述灵敏系数应互相配合的要求是自然能够满足的。在后备保护之间，只有当灵敏系数和动作时限都互相配合时，才能切实保证动作的选择性。

当过电流保护的灵敏系数不能满足要求时，应该采用性能更好的其他保护方式。电流速断、限时电流速断和过电流保护都是反应于电流升高而动作的保护装置。它们之间的区别主要在于按照不同的原则来选择启动电流。即速断是按照躲开某一点的最大短路电流来整定，限时速断是按照躲开前方各相邻元件电流速断保护的动作电流整定，而过电流保护则是按照躲开最大负荷电流来整定。

由于电流速断不能保护线路全长，限时电流速断又不能作为相邻元件的后备保护，因此，为保证迅速而有选择性地切除故障，常常将电流速断、限时电流速断和过电流保护组合在一起，构成阶段式电流保护。

使用Ⅰ段、Ⅱ段或Ⅲ段组成的阶段式电流保护，其最主要的优点就是简单、可靠，并且在一般情况下也能够满足快速切除故障的要求，因此在电网中特别是在35kV及以下的较低电压的网络中获得了广泛的应用。保护的缺点是它直接受电网的接线以及电力系统运行方式变化的影响，例如整定值必须按系统最大运行方式来选择，而灵敏性则必须用系统最小运行方式来校验，这就使它往往不能满足灵敏系数或保护范围的要求。

反时限过电流保护是动作时限与被保护线路中电流大小有关的一种保护，当电流大时，保护的动作时限短，而电流小时动作时限长，其原理接线及时限特性如图3-42（a）和（b）所示。为了获得这一特性，在保护装置中广泛应用了带有转动圆盘的感应型继电器或由静态电路构成的反时限继电器。此时电流元件和时间元件的职能由同一个继电器来完成，在一定程度上它具有图3-43所示的三段式电流保护的功能，即近处故障时动作时限短，稍远处故障时动作时限较短，而远处故障时动作时限自动加长，可以同时满足速动性和选择性的要求。

电流保护的接线方式，对相间短路的电流保护，目前广泛使用的是三相星形接线和两相星形接线这两种方式。

三相星形接线如图3-44所示，是将三个电流互感器与三个电流继电器分别按相连接在一起，电流互感器和继电器均接成星形，在中线上流回

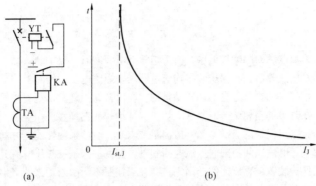

(a)   (b)

图 3 - 42　反时限过流继电器

（a）原理接线图；（b）时限特性

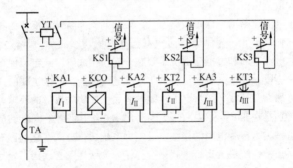

图 3 - 43　具有电流速断、限时电流速断和
电流保护的单相原理接线图

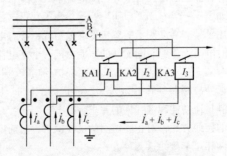

图 3 - 44　三相星形接线
方式的原理接线图

的电流为 $\dot{I}_a + \dot{I}_b + \dot{I}_c$，正常时此电流约为零，在发生接地短路时则为三倍零序电流 $3\dot{I}_0$ 三个继电器的触点是并联连接的，相当于"或"回路，当其中任一触点闭合后均可动作于跳闸或启动时间继电器等。由于在每相上均装有电流继电器，因此，它可以反应各种相间短路和中性点直接接地电网中的单相接地短路。

两相星形接线如图 3-45 所示，用装设在 A、C 相上的两个电流互感器与两个电流继电器分别按相连接在一起，它和三相星形接线的主要区别在于 B 相上不装设电流互感器和相应的继电器，因此，它不能反应 B 相中所流过的电流。在这种接线中，中线上流回的电流是 $\dot{I}_a + \dot{I}_c$。

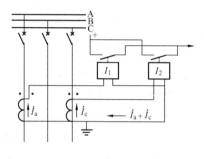

图 3-45　两相星形接线方式的原理接线图

（1）对中性点直接接地电网和非直接接地电网中的各种相间短路。前面所述两种接线方式均能正确反应这些故障，不同之处仅在于动作的继电器数目不一样，三相星形接线方式在各种两相短路时，均有两个继电器动作，而两相星形接线方式在 AB 和 BC 相间短路时只有一个继电器动作。

（2）对中性点非直接接地电网中的两点接地短路。如图 3-40 串联线路发生两点接地短路时希望只切除距电源较远的那条线路 BC，而不要切除 AB，这样可继续保证对变电站 B 的供电。三相星形接线时，能够保证 100% 地只切除线路 BC 而如果采用两相星形接线在不同相别的两点接地组合中只能保证有 2/3 的机会有选择地切除后面一条线路。动作情况如表 3-6 所示。

表 3-6　　两相星形接线在不同相别的两点接地组合

线路 BC 故障相别	A	A	B	B	C	C
线路 AB 故障相别	B	C	A	C	A	B
保护 BC 动作情况	未切除	切除	切除	切除	切除	未切除

如图 3-46 在变电站引出的放射形线路上，发生两点接地短路时，希

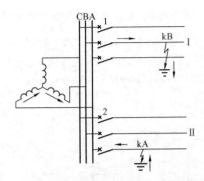

图 3 - 46   自同一变电站引出的放射线路上两点接地的示意图

望任意切除一条线路即可。当采用三相星形接线时，不必要的切除两条线路的机会就会较多，有 2/3 的机会只切除任一条线路。表 3 - 7 说明在两条线路上两相两点接地的各种组合时，保护的动作情况。

（3）对 Y，d 接线变压器后面的两相短路。当 Yd11 接线的升压变压器高压（Y）侧 B、C 两相短路时在低压（△）侧各相的电流为 $\dot{I}_A^\triangle = \dot{I}_C^\triangle$ 和 $\dot{I}_B^\triangle = -2\dot{I}_A^\triangle$；而当 Yd11 接线的降压变压器低压（△）侧 A、B 两相短路时，在高压（Y）侧各相的电流也具有同样的关系，即 $\dot{I}_A^Y = \dot{I}_C^Y$ 和 $\dot{I}_B^Y = -2\dot{I}_A^Y$。

表 3 - 7   图 3 - 46 中不同线路上两点接地时，两相式保护动作情况的分析

线路 I 故障相别	A	A	B	B	C	C
线路 II 故障相别	B	C	A	C	A	B
保护 1 动作情况	+	+	−	−	+	+
保护 2 动作情况	−	+	+	+	+	−
$t_1 = t_2$ 时，停电线路数	1	2	1	1	2	1

注   "＋"表示动作；"－"表示不动作。

现以图 3 - 47 所示的 Yd11 接线的降压变压器为例，分析三角形侧发生 AB 两相短路时的电流关系。在故障点 $\dot{I}_A^\triangle = -\dot{I}_B^\triangle$，$\dot{I}_C^\triangle = 0$，设△侧各相绕组中的电流分别为 I_a、I_b、I_c，则

$$\left.\begin{array}{l} \dot{I}_a - \dot{I}_b = \dot{I}_A^\triangle \\ \dot{I}_b - \dot{I}_c = \dot{I}_B^\triangle \\ \dot{I}_c - \dot{I}_a = \dot{I}_C^\triangle \end{array}\right\} \qquad (3-59)$$

第一篇 继电保护知识

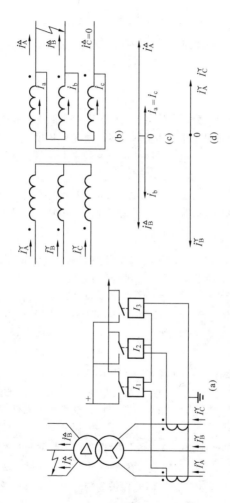

图 3 - 47 Yd11 接线降压变压器两相短路时的电流分析及过电流保护的接线

(a) 接线图; (b) 电流分布图; (c) 三角形侧电流相量图; (d) 星形侧电流相量图

由此可求出

$$\left.\begin{aligned} \dot{I}_{a} &= \dot{I}_{c} = \frac{1}{3}\dot{I}_{A}^{\triangle} \\ \dot{I}_{b} &= -\frac{2}{3}\dot{I}_{A}^{\triangle} = \frac{2}{3}\dot{I}_{B}^{\triangle} \end{aligned}\right\} \tag{3-60}$$

根据变压器的工作原理，即可求得星形侧电流的关系为

$$\left.\begin{aligned} \dot{I}_{A}^{Y} &= \dot{I}_{C}^{Y} \\ \dot{I}_{B}^{Y} &= -2\dot{I}_{A}^{Y} \end{aligned}\right\} \tag{3-61}$$

当过电流保护接于降压变压器的高压侧以作为低压侧线路故障的后备保护时，如果保护是采用三相星形接线，则接于 B 相上的继电器由于流有较其他两相大一倍的电流，因此灵敏系数增大一倍，这是十分有利的。如果保护采用的是两相星形接线，则由于 B 相上没有装设继电器，因此灵敏系数只能由 A 相和 C 相的电流决定，在同样的情况下，其数值要比采用三相星形接线时降低一半。为了克服这个缺点，可以在两相星形接线的中线上再接入一个继电器，如图 3 - 47（a）所示，其中流过的电流为 $(\dot{I}_{A}^{Y} + \dot{I}_{C}^{Y})/n_1$，即为电流 $\dot{I}_{B}^{Y}/n_1$，因此利用这个继电器就能提高灵敏系数。图 3 - 48 给出了一个三段式电流保护的接线图。

4. 分支电流的影响

对应用于双侧电源网络中的限时电流速断保护，需考虑保护安装地点与短路点之间有电源或线路（通称为分支电路）的影响，对此可归纳为如下两种典型的情况。

（1）助增电流的影响。如图 3 - 49 所示，分支电路中有电源，此时故障线路中的短路电流 I_{BC} 将大于 I_{AB}，其值 $I_{BC} = I_{AB} + I'_{AB}$。这种使故障线路电流增大的现象，称为助增。有助增以后的短路电流分布曲线亦示于图 3 - 49 中。

此时保护 1 电流速断的整定值仍按躲开相邻线路出口短路整定为 I'_{kset1}，其保护范围末端位于 M 点。在此情况下，流过保护 2 的电流为 I_{ABM}，其值小于 I_{BCM}（ $= I'_{kset1}$），因此保护 2 限时电流速断的整定值应为 $I''_{kset2} = K''_{rel}I_{ABM}$ 引入分支系数 K_{fz}，其定义为

$$K_{fz} = \frac{\text{故障线路流过的短路电流}}{\text{前一级保护所在线路上流过的短路电流}} \tag{3-62}$$

在图 3 - 49 中，整定配合点 M 处的分支系数为

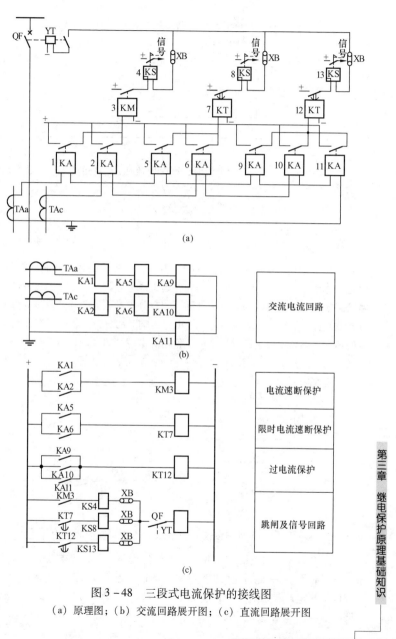

图 3-48　三段式电流保护的接线图

（a）原理图；（b）交流回路展开图；（c）直流回路展开图

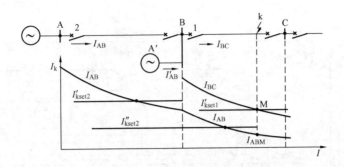

图 3-49 有助增电流时，限时电流速断保护的整定

$$K_{fz} = \frac{I_{BCM}}{I_{ABM}} = \frac{I'_{kset1}}{I_{ABM}} \qquad (3-63)$$

则 $I''_{kset2} = \frac{K''_{rel}}{K_{fz}} I'_{kset1}$ 在分母上多了一个大于 1 的分支系数的影响。

（2）外汲电流的影响，如图 3-50 所示，分支电路为一并联的线路，此时故障线路中的电流 I'_{BC} 将小于 I_{AB}，其关系为 $I_{AB} = I'_{BC} + I''_{BC}$，这种使故障线路中电流减小的现象，称为外汲。此时分支系数 $K_{fz} < 1$，短路电流的分布曲线亦示于图 3-50 中。有外汲电流影响时的分析方法同于有助增电流的情况，限时电流速断的启动电流整定同本部分的（1）。

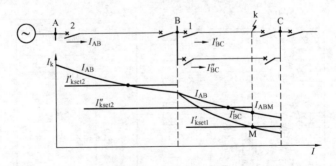

图 3-50 有外汲电流时，限时电流速断保护的整定

当变电站 B 母线上既有电源又有并联的线路时，其分支系数可能大于 1 也可能小于 1，此时应根据实际可能的运行方式，选取分支系数的最小值进行整定计算。对单侧电源供电的线路，实即为 $K_{fz} = 1$ 的一种特殊情况。

二、方向过电流保护

双侧电源供电情况下，由对侧电源供给的短路电流引起所保护线路反方向发生故障时，保护发生误动作。对误动作的保护而言，实际短路功率的方向照例都是由线路流向母线。显然与其所应保护的线路故障时的短路功率方向相反。因此，为了消除这种无选择的动作，就需要在可能误动作的保护上增设一个功率方向闭锁元件，该元件只当短路功率方向由母线流向线路时动作，而当短路功率方向由线路流向母线时不动作，从而使继电保护的动作具有一定的方向性，具有方向性过电流保护的单相原理如图3－51所示。

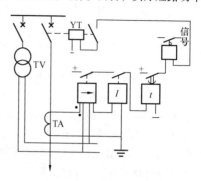

图3－51　方向过电流保护
的原理接线图

对继电保护中方向继电器的基本要求是：①应具有明确的方向性，即在正方向发生各种故障（包括故障点有过渡电阻的情况）时，能可靠动作，而在反方向故障时，可靠不动作；②故障时继电器的动作有足够的灵敏度。

如图3－52（b）对A相的功率方向继电器，加入电压 $\dot{U}_J(=\dot{U}_A)$ 和电流 $\dot{I}_J(=\dot{I}_A)$，则当正方向短路时，如图3-52（b）所示，继电器中电压、电流之间的相角为

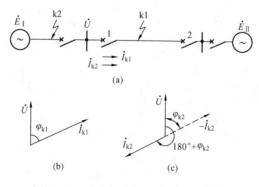

图3－52　方向继电器工作原理的分析
（a）网络接线；（b）k1点短路相量图；（c）k2点短路相量图

$$\varphi_{JA} = \arg \frac{\dot{U}_A}{\dot{I}_{k1A}} = \varphi_{k1} \quad\quad (3-64)$$

反方向短路时，如图 3-52（c）所示为

$$\varphi_{JA} = \arg \frac{\dot{U}_A}{\dot{I}_{k2A}} = 180° + \varphi_{k2} \quad\quad (3-65)$$

一般的功率方向继电器当输入电压和电流的幅值不变时，其输出（转矩或电压）值随两者间相位差的大小而改变，输出为最大时的相位差称为继电器的最大灵敏角。为了保证正方向故障，而 φ_k 在 0°～90°范围内变化时，继电器都能可靠动作，继电器动作的角度范围通常取为 $\varphi_{sen} \pm 90°$。此动作特性在复数平面上是一条直线，如图 3-53（a）所示，阴影部分为动作区，其动作方程可表示为

$$90° \geqslant \arg \frac{\dot{U}_{Je^{--j\varphi_{sen}}}}{\dot{I}_J} \geqslant -90° \quad\quad (3-66)$$

或

$$\varphi_{sen} + 90° \geqslant \arg \frac{\dot{U}_J}{\dot{I}_J} \geqslant \varphi_{sen} - 90° \quad\quad (3-67)$$

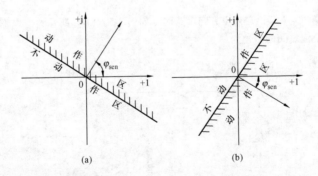

(a)　　　　　　　　　(b)

图 3-53　功率方向继电器的动作特性

（a）按式（3-66）构成；（b）按式（3-67）构成

采用这种特性和接线的继电器时，在其正方向出口附近发生三相短路、A-B 或 C-A 两相接地短路，以及 A 相接地短路时，由于 $U_A \approx 0$ 或数值很小，使继电器不能动作，这称为继电器的"电压死区"。当上述故

障发生在死区范围以内时，整套保护将要拒动，这是一个很大的缺点，因此实际上很少采用。

为了减小和消除死区，在实际上广泛采用非故障的相间电压作为参考量去判别电流的相位，例如对 A 相的方向继电器加入电流 $\dot{I}_\mathrm{A}$ 和电压 $\dot{U}_\mathrm{BC}$，此时，$\varphi_\mathrm{J} = \arg \dot{U}_\mathrm{BC} / \dot{I}_\mathrm{A}$。

除正方向出口附近发生三相短路时，$U_\mathrm{BC} \approx 0$，继电器具有很小的电压死区以外，在其他任何包含 A 相的不对称短路时，I_A 的电流很大，U_BC 的电压很高，因此继电器不仅没有死区，而且动作灵敏度很高。为了减小和消除三相短路时的死区，可以采用电压记忆回路，并尽量提高继电器动作时的灵敏度。

三、零序电流保护

当中性点直接接地的电网（又称大接地电流系统）中发生接地短路时，将出现很大的零序电流，而在正常运行情况下它们是不存在的，因此利用零序电流来构成接地短路的保护，就具有显著的优点。

在电力系统中发生接地短路时，可以利用对称分量的方法将电流和电压分解为正序、负序和零序分量，并利用复合序网来表示它们之间的关系。零序电流可以看成是在故障点出现一个零序电压 U_k0 而产生的，它必须经过变压器接地的中性点构成回路。对零序电流的方向，仍然采用母线流向故障点为正，而对零序电压的方向，以线路高于大地的电压为正。

零序分量的参数具有如下特点：

（1）故障点的零序电压最高，系统中距离故障点越远的零序电压越低。

（2）零序电流的分布，主要决定于送电线路的零序阻抗和中性点接地变压器的零序阻抗，而与电源的数目和位置无关。

（3）对于发生故障的线路，两端零序功率的方向与正序功率的方向相反，零序功率方向实际上都是由线路流向母线的。

（4）从任一保护安装处的零序电压与电流之间的关系看，由于母线上的零序电压实际上是从该点到零序网络中性点之间零序阻抗上的电压降，即该处零序电流与零序电压之间的相位差将由变压器零序阻抗的阻抗角决定，而与被保护线路的零序阻抗及故障点的位置无关。

（5）在电力系统运行方式变化时，如果送电线路和中性点接地的变压器数目不变，则零序阻抗和零序等效网络就是不变的。但此时，系统的正序阻抗和负序阻抗要随着运行方式而变化，正、负序阻抗的变化将引起

U_{k1}、U_{k2}、U_{k0}之间电压分配的改变，因而间接地影响零序分量的大小。

用零序电压和零序电流过滤器即可实现接地短路的零序电流和方向保护。

如图 3-54 所示，m、n 端子上得到的输出电压为 $\dot{U}_{mn} = \dot{U}_a + \dot{U}_b + \dot{U}_c = 3\dot{U}_0$，而对正序或负序分量的电压，因三相相加后等于零，没有输出，这种接线实际上就是零序电压过滤器。

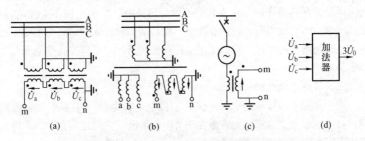

图 3-54 取得零序电压的接线图
(a) 用三个单相式电压互感器；(b) 用三相五柱式电压互感器；
(c) 用接于发电机中性点的电压互感器；(d) 在集成电路保护
装置内部合成零序电压

此外，当发电机的中性点经电压互感器或消弧绕组接地时，如图 3-54 (c)所示，从它的二次绕组中也能够取得零序电压。

实际上在正常运行和电网相间短路时，由于电压互感器的误差以及三相系统对地不完全平衡，在开口三角形侧也可能有数值不大的电压输出，此电压称为不平衡电压（以 U_{bP} 表示）。此外，当系统中存在有三次谐波分量时，一般三相中的三次谐波电压是同相位的，因此，在零序电压过滤器的输出端也有三次谐波的电压输出。对反应于零序电压而动作的保护装置，应该考虑躲开它们的影响。

如图 3-55 (a) 流入继电器回路中的电流为 $3I$。而对正序或负序分量的电流，因三相相加后等于零，这种过滤器的接线实际上就是三相星形接线方式中，取中线上所流过的电流，因此，在实际的使用中，零序电流过滤器并不需要专门用一组电流互感器，而是接入相间保护用电流互感器的中线上就可以了。

零序电流过滤器也会产生不平衡电流，它是由三个互感器不相等励磁电流而产生的，而励磁电流的不等，则是由于铁芯的磁化曲线不完全相同

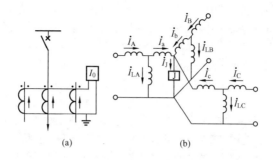

图 3 – 55　零序电流过滤器

（a）原理接线图；（b）等效电路

以及制造过程中的某些差别而引起的。当发生相间短路时，电流互感器一次侧流过的电流值最大并且包含有非周期分量，因此不平衡电流也达到最大值。

当发生接地短路时，在过滤器的输出端有 $3I_0$ 的电流输出，此时 I_{bp} 相对于 $3I_0$ 一般很小，因此，可以忽略，零序保护即可反应于这个电流而动作。

此外，对于采用电缆引出的送电线路，还广泛地采用了零序电流互感器的接线以获得 $3I_0$，如图 3 – 56 所示，此电流互感器就套在电缆的外面，从其铁芯中穿过的电缆就是电流互感器的一次绕组，因此，这个互感器的一次电流就是 $\dot{I}_A + \dot{I}_B + \dot{I}_C$，只当一次侧出现零序电流时，在互感器的二次侧才有相应的 $3I_0$ 输出，故称它为零序电流互感器。采用零序电流互感器的优点，和零序电流过滤器相比，主要的是没有不平衡电流，同时接线也更简单。

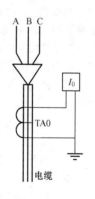

零序电流速断保护的整定原则如下。

（1）躲开下一条线路出口处单相或两相接地短路 图 3 – 56　零序电时可能出现的最大零序电流 $3I_{0max}$，引入可靠系数 K'_{rel}　流互感器接（一般取为 1.2 ~ 1.3），即为 $I'_{st} = I'_{rel}3I_{0max}$。　　　　线示意图

（2）躲开断路器三相触头不同期合闸时所出现的最大零序电流 $3I_{0bt}$；引入可靠系数 K_{rel} 即为：$I'_{st} = K_{rel}3I_{0bt}$，如果保护装置的动作时间大于断路器三相不同期合闸的时间，则可以不考虑这一条件。

整定值应选取其中较大者，但在有些情况下，如按照条件（2）整定将使启动电流过大，因而保护范围缩小时，也可以采用在手动合闸以及三相自动重合闸时，使零序Ⅰ段带有一个小的延时（约0.1s），以躲开断路器三相不同期合闸的时间，这样在定值上就无须考虑条件（2）了。

（3）当线路上采用单相自动重合闸时，按上述条件（1）、条件（2）整定的零序Ⅰ段，往往不能躲开在非全相运行状态下又发生系统振荡时所出现的最大零序电流，而如果按这一条件整定，则正常情况下发生接地故障时，其保护范围又要缩小，不能充分发挥零序Ⅰ段的作用。

因此，为了解决这个矛盾，通常是设置两个零序Ⅰ段保护，一个是按条件（1）或条件（2）整定（由于其定值较小，保护范围较大，因此称为灵敏Ⅰ段），它的主要任务是对全相运行状态下的接地故障起保护作用，具有较大的保护范围，而当单相重合闸启动时，则将其自动闭锁，需待恢复全相运行时才能重新投入。另一个是按条件（3）整定（由于它的定值较大，因此称为不灵敏Ⅰ段），装设它的主要目的，是为了在单相重合闸过程中，其他两相又发生接地故障时，用以弥补失去灵敏Ⅰ段的缺陷，尽快地将故障切除。当然，不灵敏Ⅰ段也能反应全相运行状态下的接地故障，只是其保护范围较灵敏Ⅰ段为小。零序Ⅱ段的工作原理与相间短路限时电流速断保护一样，其启动电流首先考虑和下一条线路的零序电流速断相配合。

零序Ⅲ段的作用相当于相间短路的过电流保护，在一般情况下是作为后备保护使用的，但在中性点直接接地电网中的终端线路上，它也可以作为主保护使用。本保护零序Ⅲ段的保护范围，不能超出相邻线路上零序Ⅲ段的保护范围。

运行经验表明，在220～500kV的输电线路上发生单相接地故障时，往往会有较大的过渡电阻存在，当导线对位于其下面的树木等放电时，接地过渡电阻可能达到100～300Ω此时通过保护装置零序电流很小，上述零序电流保护均难以动作。

为了在这种情况下能够切除故障，可考虑采用零序反时限过电流保护。由于启动电流整定得很小，因此在区外相间短路出现较大的不平衡电流以及本线路单相断开后的非全相运行过程中，继电器均可能启动，此时主要靠整定较大的时限来保证选择性，防止误动作。

在双侧或多侧电源的网络中，电源处变压器的中性点一般至少有一台要接地，由于零序电流的实际流向是由故障点流向各个中性点接地的变压器，因此在变压器接地数目比较多的复杂网络中，就需要考虑零序电流保护动作的方向性问题。

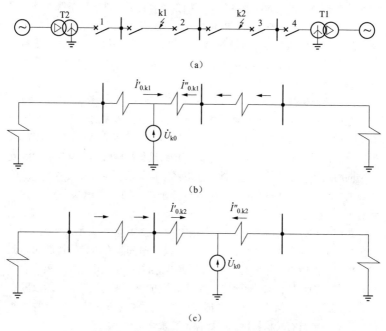

图 3-57　双电源线路发生故障电流分布

(a) 系统图；(b) k1 点短路零序等效网络和零序电流分布；

(c) k2 点短路零序等效网络和零序电流分布

如图 3-57 中，当 k1 点短路时，其零序等效网络和零序电流分布如图 3-57 (b) 所示。按照选择性的要求，应该由保护 1、2 动作切除故障，但是零序电流流过保护 3 时，可能引起它的误动；同样，当 k2 点短路时，如图 3-57 (c)，零序电流同样会引起保护 2 的误动。所以，必须加装功率方向元件来确保保护动作的选择性。

零序电压和零序电流接于功率方向元件上，当发生接地短路故障时，短路点的零序电流由零序电压产生，当发生正方向故障时，零序电压滞后零序电流，角度取决于保护装置安装处背后中性点接地变压器的零序阻抗，一般为 95° ~ 110°；当发生反方向故障时，零序电压超前零序电流，角度取决于线路阻抗，一般为 80° 左右。

由于越靠近故障点的零序电压越高，因此零序方向元件没有电压死区。相反地，倒是当故障点距保护安装地点很远时，由于保护安装处的零序电压较低，零序电流较小，继电器反而可能不启动。为此，必须校验方向元件在这种情况下的灵敏系数，例如当作为相邻元件的后备保护时，即应采用相邻元件末端短路时，在本保护安装处的最小零序电流、电压或功率（经电流、电压互感器转换到二次侧的数值）与功率方向继电器的最小启动电流、电压或启动功率之比来计算灵敏系数，并要求灵敏系数 $K_{sen} \geqslant 1.5$。

四、距离保护

距离保护可以应用在任何结构复杂、运行方式多变的电力系统中，能有选择性的、较快的切除相间故障。当线路发生单相接地故障时，距离保护在有些情况下也能动作；当发生两相短路接地故障时，它可与零序电流保护同时动作，切除故障。因此，在电网结构复杂，运行方式多变，采用一般的电流、电压保护不能满足运行要求时，则应考虑采用距离保护装置。

距离保护是以反映从故障点到保护安装处之间阻抗大小（距离大小）的阻抗继电器为主要元件（测量元件），动作时间具有阶梯特性的相间保护装置。当故障点至保护安装处之间的实际阻抗大于预定值时，表示故障点在保护范围之外，保护不动作；当上述阻抗小于预定值时，表示故障点在保护范围之内，保护动作。当再配以方向元件（方向特性）及时间元件，即组成了具有阶梯特性的距离保护装置。

1. 距离保护整定

（1）距离保护 I 段整定计算。定值计算按躲过本线路末端故障整定，一般可按被保护线路正序阻抗的 $80\% \sim 85\%$ 计算，即

$$Z_{st\,I} \leqslant K_{rel} Z_{xl} \tag{3-68}$$

（2）距离保护 II 段整定计算。按与相邻线路距离保护 I 段配合整定

$$Z_{st\,II} \leqslant K_{rel} Z_{xl} + K'_{rel} K_z Z'_{st\,I} \tag{3-69}$$

式中　Z_{xl}——被保护线路阻抗；

$Z'_{st\,I}$——相邻距离保护 I 段动作阻抗；

K_{rel}——可靠系数，取 $0.8 \sim 0.85$；

K'_{rel}——可靠系数，取 0.8；

K_z——助增系数，选取可能的最小值。

（3）距离保护 III 段整定计算。按与相邻线路距离保护 II 段配合整定

$$Z_{st\,III} \leqslant K_{rel} Z_{xl} + K'_{rel} K_z Z'_{st\,II} \tag{3-70}$$

式中　$Z'_{stⅡ}$——相邻距离保护Ⅱ段动作阻抗。

当第Ⅲ段采用阻抗继电器时，其启动阻抗一般按躲开最小负荷阻抗 Z_{fmin} 来整定，它表示当线路上流过最大负荷电流 $\dot{I}_{fmax}$ 且母线上电压最低时（用 $\dot{U}_{fmin}$ 表示），在线路始端所测量到的阻抗，其值为 $Z_{fmin} = \dfrac{\dot{U}_{fmin}}{\dot{I}_{fmax}}$。参照过电流保护的整定原则，考虑到外部故障切除后，在电动机自启动的条件下，保护第Ⅲ段必须立即返回的要求，应采用

$$Z'''_{st} = \frac{1}{K_{rel}K_{zq}K_{r}}Z_{fmin} \qquad (3-71)$$

其中可靠系数 K_{rel}、自启动系数 K_{ast} 和返回系数 K_r 均为大于1的数值。根据上式的关系，可求得继电器的启动阻抗为

$$Z'''_{stJ} = Z'''_{st}\frac{n_l}{n_y} \qquad (3-72)$$

式中　n_l——线路电流互感器变比；

　　　n_y——电压互感器变比。

以式（3-70）的计算结果为半径作圆，就得到全阻抗继电器的动作特性。如果保护第Ⅲ段采用方向阻抗继电器，在整定其动作特性圆时，尚须考虑其启动阻抗随角度的变化关系以及正常运行时负荷潮流和功率因数的变化，以确定适当的数值，采用方向阻抗继电器能得到较好的躲负荷性能。在长距离重负荷的输电线路上，如采用方向阻抗继电器仍不能满足灵敏度的要求时，可考虑采用透镜形阻抗继电器，四边形阻抗继电器或者是圆和直线配合在一起的复合特性阻抗继电器，利用直线特性来可靠地躲开负荷的影响等。常用单相阻抗继电器的动作判据及特性见表3-8。

表3-8　　　常用的单相阻抗继电器的动作判据与特性

序号	名　称	动作判据	动作特性
1	欧姆继电器	$270° > \arg \dfrac{\dot{U}}{\dot{U} - z_{set}\dot{I}} > 90°$ 或 $\left\| \dfrac{1}{2}z_{set}\dot{I} \right\| > \left\| \dfrac{1}{2}z_{set}\dot{I} - \dot{U} \right\|$	

序号	名 称	动 作 判 据	动 作 特 性
2	偏移圆特性阻抗继电器	$270° > \arg \dfrac{\dot{U} + Z_{d} \dot{I}}{\dot{U} - Z_{set} \dot{I}} > 90°$ 或 $\left\| \dfrac{Z_{set} + Z_{d}}{2} \dot{I} \right\| > \left\| \dfrac{Z_{set} - Z_{d}}{2} \dot{I} - \dot{U} \right\|$	
3	抛球特性阻抗继电器	$270° > \arg \dfrac{\dot{U} - Z_{tu} \dot{I}}{\dot{U} - Z_{set} \dot{I}} > 90°$ 或 $\left\| \dfrac{Z_{set} - Z_{tu}}{2} \dot{I} \right\| > \left\| \dfrac{Z_{set} + Z_{tu}}{2} \dot{I} - \dot{U} \right\|$	
4	全阻抗继电器	$270° > \arg \dfrac{\dot{U} + Z_{set} \dot{I}}{\dot{U} - Z_{set} \dot{I}} > 90°$ 或 $\| Z_{set} \dot{I} \| > \| \dot{U} \|$	
5	电抗继电器	$360° - \delta > \arg \dfrac{\dot{U} - Z_{set} \dot{I}}{\dot{I}} > 180° - \delta$ 或 $\| \dot{U} - 2Z_{set} \dot{I} \| > \| \dot{U} \|$ （比幅式 $\delta = 90° - \varphi_{Y}$）	
6	负荷限制继电器	$180° + \alpha > \arg \dfrac{\dot{U} - R_{set} \dot{I}}{\dot{I}} > \alpha$	

注 Z_{set} 为整定阻抗，Z_{d} 为偏移阻抗，Z_{tu} 为上抛阻抗，R_{set} 为整定电阻。

第一篇 继电保护知识

2. 短路时保护安装处电压计算的一般公式及阻抗继电器的接线方式

（1）短路时保护安装处电压计算的一般公式。

在图3-58中，线路 k 点发生短路。保护安装处的某相电压应该是短路点的该相电压与输电线路上该相的压降之和。考虑到输电线路的正序阻抗等于负序阻抗，则保护安装处相电压的计算公式为

$$\dot{U}_\varphi = \dot{U}_{k\varphi} + \dot{I}_{1\varphi}Z_1 + \dot{I}_{2\varphi}Z_2 + \dot{I}_0 Z_0 + \dot{I}_0 Z_1 - \dot{I}_0 Z_1$$

$$= \dot{U}_{k\varphi} + (\dot{I}_{1\varphi} + \dot{I}_{2\varphi} + \dot{I}_0)Z_1 + 3\dot{I}_0 \frac{Z_0 - Z_1}{3Z_1}Z_1$$

$$= \dot{U}_{k\varphi} + (\dot{I}_\varphi + K3\dot{I}_0)Z_1 \qquad (3-73)$$

式中　　　　φ——相，φ = A、B、C；

$\dot{I}_{1\varphi}$、$\dot{I}_{2\varphi}$、$\dot{I}_{3\varphi}$——流过保护的该相的正序、负序、零序电流；

Z_1、Z_2、Z_0——短路点到保护安装处的正、负、零序阻抗；

K——零序电流补偿系数，$K = \dfrac{Z_0 - Z_1}{3Z_1}$；

$\dot{U}_{k\varphi}$——短路点的该相电压。

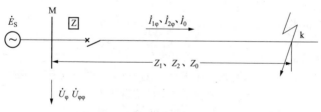

图3-58　单电源线路 k 点短路系统图

保护安装处的相间电压可以认为是保护安装处的两个相电压之差，公式为

$$\dot{U}_{\varphi\varphi} = \dot{U}_{k\varphi\varphi} + \dot{I}_{\varphi\varphi}Z_1 \qquad (3-74)$$

式中　$\varphi\varphi$——两相相间，$\varphi\varphi$ = AB、BC、CA；

$\dot{U}_{k\varphi\varphi}$——短路点的该相间电压；

$\dot{I}_{\varphi\varphi}$——两相电流差；

两相上的 $K3\dot{I}_0 Z_1$ 相抵消。

以上公式需要注意的是：

1）输电线路某相上的压降是该相的相电流加上 $K3\dot{I}_0$ 以后的电流乘以该段线路的正序阻抗。作为一般的计算公式，千万不要把这一项遗漏。只有在正常运行、系统振荡、两相短路、三相短路时，由于零序电流是零，输电线路上的某相压降才是该相相电流乘以线路的正序阻抗。

2）在任何短路故障类型下，对故障相或非故障相的相电压的计算、对故障相间或非故障相间电压计算，这两个公式都适用。

3）在非全相运行时运行相上发生故障、系统振荡过程发生短路，这两个公式同样适用。

（2）阻抗继电器的接线方式。

式（3－73）、式（3－74）表达的是保护安装处的故障相或故障相间的电压计算公式，在金属性短路时，短路点的电压这一项就是零。例如，单相金属性短路时，短路点的故障相电压为零，$\dot{U}_{k\varphi} = 0$，此时保护安装处的故障相电压为 $\dot{U}_\varphi = (\dot{I}_\varphi + K3\dot{I}_0)Z_1$。为了使阻抗继电器的测量阻抗等于短路点到保护安装处的正序阻抗 Z_1，显然对保护接地短路的接地阻抗继电器而言，加入继电器的电压应为故障相的相电压 $\dot{U}_\varphi$，加入继电器的电流应为故障相的相电流与电流 $K3\dot{I}_0$ 之和，即接线方式为 $\dfrac{\dot{U}_\varphi}{\dot{I}_\varphi + K3\dot{I}_0}$。这种接线方式通常称作带零序电流补偿的接线方式。在发生两相金属性接地短路和三相金属性短路时，由于短路点的故障相电压也为零。按这种接线方式构成的故障相上的阻抗继电器的测量阻抗也等于从短路点到保护安装处的正序阻抗，所以接地阻抗继电器可以保护各种接地短路和三相短路。在两相金属性短路时，短路点的故障相电压不为零，但是短路点的两故障相的相间电压为0。此时，保护安装处的两故障相的相间电压为 $\dot{U}_{\varphi\varphi} = \dot{I}_{\varphi\varphi}Z_1$。为了使阻抗继电器的测量阻抗等于短路点到保护安装处的正序阻抗，显然，对保护相间短路的相间阻抗继电器而言，加入继电器的电压应为两故障相的相间电压 $\dot{U}_{\varphi\varphi}$，加入继电器的电流应为两故障相的相电流之差 $\dot{I}_{\varphi\varphi}$，即接线方式为 $\dfrac{\dot{U}_{\varphi\varphi}}{\dot{I}_{\varphi\varphi}}$。这种接线方式通常称作零度接线方式。在发生两相金属性接地短路和三相金属性短路时，短路点的两故障相的相间电压也为零。按这种接线方式构成的两故障相间上的阻抗继电器，其测量阻抗也等于从短路点到保护安装处的正序阻抗。所以相间阻抗继电器可以保护所有的相间故障。

总结上述分析，可以得到一个重要结论，只要满足下述四个条件：①发生的是金属性短路；②从短路点到保护安装处之间的线路上，没有其他的分支电流；③阻抗继电器接线方式中的电流不为零；④没有从短路点到保护安装处之间的线路平行的其他线路互感的影响。那么，接在接地故障中故障相上的接地阻抗继电器，其测量阻抗都是从短路点到保护安装处的正序阻抗。对于接在相间故障中的两个故障相间上的相间阻抗继电器，只要满足前三个条件，其测量阻抗都是从短路点到保护安装处的正序阻抗。

3. 过渡电阻对距离保护的影响

电力系统中的短路一般都不是金属性的，而是在短路点存在过渡电阻。此过渡电阻的存在，将使距离保护的测量阻抗发生变化，一般情况下是使保护范围缩短，但有时候也能引起保护的超范围动作或反方向误动作。

相间短路时，过渡电阻就是电弧电阻，其数值不是很大。接地短路时过渡电阻除电弧电阻以外还有杆塔电阻和大地电阻，如果是经异物放电的话还有异物电阻，因此接地短路时过渡电阻就大很多。在继电保护考察保护的动作行为时，各个电压等级的输电线路在接地短路时的数值为：220kV，100Ω；330kV，150Ω；500kV，300Ω；750kV，400Ω；1000kV，600Ω。

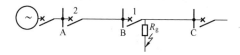

图 3-59　单侧电源线路经过渡
电阻 R_g 短路的等效图

如图 3-59 所示，短路点的过渡电阻 R_g 总是使继电器的测量阻抗增大，使保护范围缩短。然而，由于过渡电阻对不同安装地点的保护影响不同，因而在某种情况下，可能导致保护无选择性动作。例如，当线路 B-C 的始端经 R_g 短路，则保护 1 的测量阻抗为 $Z_{J1} = R_g$，而保护 2 的测量阻抗为 $Z_{J2} = Z_{AB} + R_g$，由于 Z_{J2} 是 Z_{AB} 与 R_g 的相量和，因此其数值比无 R_g 时增大不多，也就是说测量阻抗受 R_g 的影响较小。这样当 R_g 较大时，就可能出现 Z_{J1} 已超出保护 1 第 I 段整定的特性圆范围，而 Z_{J2} 仍位于保护 2 第

Ⅱ段整定的特性圆范围以内的情况。此时两个保护将同时以第Ⅱ段的时限动作，从而失去了选择性。

由以上分析可见，保护装置距短路点越近时，受过渡电阻的影响越大；同时保护装置的整定值越小，则相对地，受过渡电阻的影响也越大。因此对短线路的距离保护应特别注意过渡电阻的影响。

如图3-60所示双侧电源线路上，短路点的过渡电阻还可能使某些保护的测量阻抗减小。如在线路 B-C 的始端经过渡电阻 R_g 三相短路时，$\dot{I}'_k$ 和 $\dot{I}''_k$ 分别为两侧电源供给的短路电流，则流经 R_g 的电流为 $\dot{I}_k = \dot{I}'_k + \dot{I}''_k$，此时变电站 A 和变电站 B 母线上的残余电压为

$$\dot{U}_B = \dot{I}_k R_g$$

$$\dot{U}_A = \dot{I}_k R_g + \dot{I}'_k Z_{AB} \quad\quad (3-75)$$

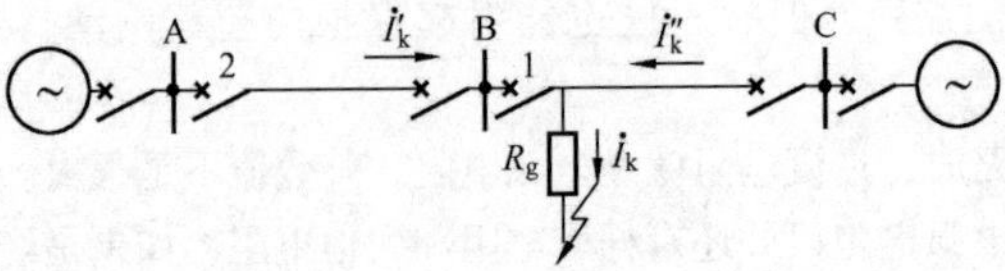

图3-60 双侧电源通过 R_g 短路的接线图

则保护1和保护2的测量阻抗为

$$Z_{J1} = \frac{\dot{U}_B}{\dot{I}'_k} = \frac{\dot{I}_k}{\dot{I}'_k} R_g = \frac{I_k}{I'_k} R_g e^{j\alpha}$$

$$Z_{J2} = \frac{\dot{U}_A}{\dot{I}'_k} = Z_{AB} + \frac{I_k}{I'_k} R_g e^{j\alpha} \quad\quad (3-76)$$

此处 α 表示 $\dot{I}_k$ 超前于 $\dot{I}'_k$ 的角度。当 α 为正时，测量阻抗的电抗部分增大，而当 α 为负时，测量阻抗的电抗部分减小。在后一情况下，也可能引起某些保护的无选择性动作。

产生相位差 α 的原因是短路点两端的电流可能不同相位，而造成不同相位的原因有两个：短路点两侧的电动势不同；短路点两侧的阻抗角不同。

正向经过渡电阻短路时，继电器的测量阻抗为 $Z_m = Z_k + Z_a$。Z_a 为过渡电阻 R_g 产生的附加阻抗，比过渡电阻本身大，Z_k 为故障点到保护安装

处阻抗值。当 Z_a 是阻感性 Z_a'、纯阻性 Z_a'' 和阻容性 Z_a''' 时继电器测量阻抗分别是 Z_m'、Z_m''、Z_m'''。相量图如图 3 – 61（a）所示，其测量阻抗的幅值和相位都发生了变化。如果阻抗继电器是方向继电器，其动作特性是图 3 – 61（b）所示的圆，从图中可见，当 Z_a 是阻感性和纯阻性时，可能会造成区内短路时阻抗继电器的拒动，当 Z_a 是阻容性时，从图 3 – 61（c）可见，区外短路时阻抗继电器可能会误动，这种区外短路的误动一般称作超越，而正向近处短路时，继电器可能会拒动，一般把正向出口短路继电器拒动称作是出口短路有死区。

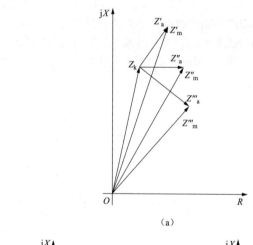

（a）

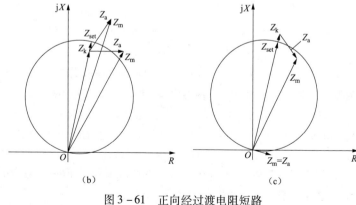

（b）　　　　　　　　　　　　（c）

图 3 – 61　正向经过渡电阻短路

（a）相量图；（b）附加阻抗为阻感性和纯阻性；（c）附加阻抗为阻容性

反向经过渡电阻短路时，继电器的测量阻抗为 $Z_m = -Z_k - Z_a$。当 Z_a 是阻感性 Z'_a、纯阻性 Z''_a 和阻容性 Z'''_a 时继电器测量阻抗分别是 Z'_m、Z''_m、Z'''_m。相量图如图 3-62（a）所示，其测量阻抗的幅值和相位都发生了变化。如果阻抗继电器是方向继电器，其动作特性是图 3-62（b）所示的圆，反方向短路希望继电器不要误动。从图中可见，如果在反方向出口发生短路，$Z_k = 0$。而过渡电阻产生的附加阻抗是阻容性的话，测量阻抗 $Z_m = -Z_a$ 将落在第二象限。如果过渡电阻很小，因而 Z_a 的幅值不大时，测量阻抗相量将有可能落入阻抗继电器的动作特性圆内导致继电器误动。所以对方向阻抗继电器来讲，最严重的情况是反向出口发生经小电阻短路，过渡电阻的附加阻抗又是阻容性的，此时方向阻抗继电器最易误动。如果反方向出口短路时过渡电阻的附加阻抗是阻感性的话，继电器的测量阻抗降落在第三象限，因而方向阻抗继电器不会误动。

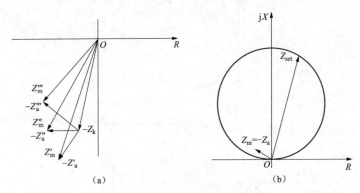

图 3-62　反向经过渡电阻短路

(a) 相量图；(b) 附加阻抗为阻容性

在图 3-63（a）所示的网络中，假定保护 2 的距离 I 段采用不同特性的阻抗元件，它们的整定值选择得均为 $0.85Z_{AB}$。如果在距离 I 段保护范围内阻抗为 Z_d 处经过渡电阻 R_g 短路，则保护 2 的测量阻抗为 $Z_{J2} = Z_d + R_g$。由图 3-63（b）可见，当过渡电阻达 R_{g1} 时，具有透镜型特性的阻抗继电器开始拒动；达 R_{g2} 时，方向阻抗继电器开始拒动；而达 R_{g3} 时，则全阻抗继电器开始拒动。一般说来，阻抗继电器的动作特性在 $+R$ 轴方向所占的面积越大则受过渡电阻 R_g 的影响越小。

目前防止过渡电阻影响的方法有：①根据图 3-63 分析所得的结论，采用能容许较大的过渡电阻而不致拒动的阻抗继电器，可防止过渡电阻对继电器工作的影响。例如，对于过渡电阻只能使测量阻抗的电阻部分增大的单侧电源线路，可采用不反应有效电阻的电抗型阻抗继电器。在双侧电源线路上，可采用可减小过渡电阻影响的动作特性的阻抗继电器；②另一种方法是利用所谓瞬时测量装置来固定阻抗继电器的动作。相间短路时，过渡电阻主要是电弧电阻，其数值在短路瞬间最小，大约经过 0.1~0.15s 后，就迅速增大。根据 R_g 的上述特点，通常距离保护的第Ⅱ段可采用瞬时测量装置，以便将短路瞬间的测量阻抗值固定下来，使 R_g 的影响减至最小。

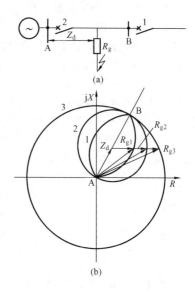

图 3-63　过渡电阻对不动作
阻抗元件影响的比较
（a）网络接线；（b）对影响的比较

4. 振荡闭锁

电力系统中由于输电线路输送功率过大，超过静稳定极限，由于无功功率不足而引起系统电压降低或由于短路故障切除缓慢或由于非同期自动重合闸不成功都可能引起系统振荡。

当电力系统中发生同步振荡或异步运行时，各点的电压、电流、功率的幅值和相位都将发生周期性的变化。电压与电流之比所代表的阻抗继电器的测量阻抗也将周期性的变化。当测量阻抗进入动作区域时，保护将发生误动作。

振荡闭锁应满足如下一些要求：

（1）当系统发生振荡时，无论是静态稳定破坏引起的振荡，还是暂态稳定破坏引起的振荡，振荡闭锁应将距离保护闭锁，即不开放距离保护。

（2）在系统发生振荡期间，调度人员要进行一些操作，例如切机、切负荷。这种情况一般称作先振荡后操作，在先振荡后操作期间，振荡闭锁应继续将距离保护闭锁。

（3）在非全相运行，以及非全相运行系统发生振荡时，振荡闭锁应继续将距离保护闭锁。

（4）在正常运行下的第一次短路，振荡闭锁应开放保护，以允许距离保护切除区内故障。

（5）区外故障后紧接着又发生区内故障时，振荡闭锁应开放保护，以允许距离保护切除区内故障。

（6）在振荡中发生短路时，振荡闭锁应在两侧电动势夹角较小时开放保护，以允许距离保护切除区内故障。在两侧电动势夹角较大时应闭锁保护，以防止振荡中发生区外短路时距离保护误动。

（7）在非全相运行期间，如果运行相上发生短路，振荡闭锁应开放保护，以允许距离保护切除区内故障。

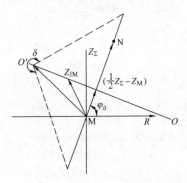

图 3 - 64 系统振荡时测量阻抗的变化

图 3 - 64 是系统振荡时测量阻抗的变化轨迹，分析得出，在同样整定值的条件下，全阻抗继电器受振荡的影响最大，而透镜型继电器所受的影响最小。一般而言，继电器的动作特性在阻抗平面上沿 OO′ 方向所占的面积越大，受振荡的影响就越大。此外，距离保护受振荡的影响还与保护的安装地点有关。当保护安装地点越靠近于振荡中心时，受到的影响就越大，而振荡中心在保护范围以外或位于保护的反方向时，则在振荡的影响下距离保护不会误动作。

当保护的动作带有较大的延时（例如大于或等于 1.5s）时，如距离Ⅲ段，可利用延时躲开振荡的影响。对于在系统振荡时可能误动作的保护装置，应该装设专门的振荡闭锁回路，以防止系统振荡时误动。

如利用负序（和零序）分量元件启动的振荡闭锁回路和反应测量阻抗变化速度的振荡闭锁回路。当系统发生振荡而无短路时，没有负序和零序电流增量，以此来区分短路和振荡。对反应测量阻抗变化速度的振荡闭锁回路。其基本原理是：三段距离保护其定值的配合，必然存在着 $Z_{\mathrm{I}} < Z_{\mathrm{II}} < Z_{\mathrm{III}}$。可利用振荡时各段动作时间不同的特点构成振荡闭锁。当系统发生振荡且振荡中心位于保护范围以内时，由于测量阻抗逐渐减小，因此 Z_{III} 先启动，Z_{II} 再启动，最后 Z_{I} 启动。而当保护范围内部故障时，由于测量阻抗突然减小，因此，Z_{I}、Z_{II}、Z_{III} 将同时启动。基于上述区别，实

现这种振荡闭锁回路的基本原则是：当 $Z_{\mathrm{I}} \sim Z_{\mathrm{III}}$ 同时启动时，允许 Z_{I}、Z_{II} 动作于跳闸，而当 Z_{III} 先启动，经 t_0 延时后，Z_{II}、Z_{I} 才启动时，则把 Z_{I} 和 Z_{II} 闭锁，不允许它们动作于跳闸。

5. 断线闭锁

当电压互感器二次回路断线时，距离保护将失去电压，在负荷电流的作用下，阻抗继电器的测量阻抗变为零，因此可能发生误动作。对此，在距离保护中应采取防止误动作的闭锁装置。

对断线闭锁装置的主要要求是：当电压回路发生各种可能使保护误动作的故障情况时，应能可靠地将保护闭锁，而当被保护线路故障时，不因故障电压的畸变错误地将保护闭锁，以保证保护可靠动作，为此应使闭锁装置能够有效地区分以上两种情况下的电压变化。运行经验证明，最好的区别方法就是看电流回路是否也同时发生变化。

为了避免在断线的情况下又发生外部故障，造成距离保护无选择性的动作，一般还需要装设断线信号装置，以便值班人员能及时发现并处理。断线信号装置大都是反应于断线后所出现的零序电压。

如图 3 – 65 所示，断线信号继电器 KS 有两组绕组，其工作绕组 W_1 接于由 $C_1 \sim C_3$ 组成的零序电压过滤器的中线上。当电压回路断线时，KS 即可动作发出信号。这种反应于零序电压的断线信号装置，在系统中发生接地故障时也要动作，这是不能容许的。为此，将 KS 的另一组绕组 W_2 经 C_0 和 R_0 而接于电压互感器二次侧接成开口三角形

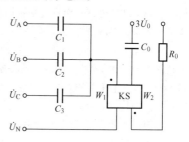

图 3 – 65　电压回路断线信号
装置原理接线图

的电压 $3U_0$ 上，使得当电力系统中出现零序电压时，两组绕组 W_1 和 W_2 所产生的零序安匝大小相等方向相反，合成磁通为零，KS 不动作。此外，当三相同时断线时，上述装置又将拒绝动作，不能发出信号，这也是不能容许的，为此可在电压互感器二次侧在一相的熔断器上并联一个电容器（图中未示出），这样当三个熔断器同时熔断时，就可通过此电容器给 KS 加入一相电压，使它动作发出信号。

影响距离保护的因素还有串补电容补偿，短路电流中的暂态分量，电流互感器的过渡过程，电容式电压互感器的过渡过程，输电线线路的非全相运行等。

五、纵联保护

电流、电压保护和距离保护原理用于输电线路时电流电压经过互感器引入保护装置，比较容易实现。但由于互感器传变的误差、线路参数值的不精确性以及继电器本身的测量误差等原因，这种保护装置可能将被保护线路对端所接的母线上的故障，或母线所连接的其他线路出口处的故障，误判断为本线路末端的故障而将被保护线路切除。为了防止这种非选择性动作，不得不将这种保护的无时限保护范围缩短到小于线路全长。一般将保护的Ⅰ段定值整定为线路全长的 80% ~ 85%，对于其余的 15% ~ 20% 线路段上的故障，只能带第Ⅱ段的时限切除。为了保证故障切除后电力系统的稳定运行，这样做对于某些重要线路是不能允许的。纵联保护在电网中可实现全线速动，因此它可保证电力系统并列运行的稳定性和提高输送功率、缩小故障造成的损坏程度、改善与后备保护的配合性能。

所谓输电线的纵联保护，就是用某种通信通道（简称通道）将输电线两端的保护装置纵向连接起来，将各端的电气量（电流、功率的方向等）传送到对端，将两端的电气量比较，以判断故障在本线路范围内还是在线路范围之外，从而决定是否切断被保护线路。因此，理论上这种纵联保护具有绝对的选择性。

纵联保护的通道可分为以下几种类型：①电力线载波纵联保护（简称高频保护，50 ~ 400kHz）；②微波纵联保护（简称微波保护，300MHz ~ 300GHz）；③光纤纵联保护（简称光纤保护）；④导引线纵联保护（简称导引线保护）。纵联保护的信号分为闭锁信号、允许信号和跳闸信号。跳闸信号与保护元件是否动作无关，只要收到跳闸信号，保护就作用于跳闸，对闭锁式保护，同时满足本端保护元件动作和无闭锁信号两个条件时，保护动作于跳闸；对允许式保护，同时满足本端保护元件动作和有允许信号两个条件时，保护才动作于跳闸。

高频保护就是将线路两端的电流相位（或功率方向）转化为高频信号，然后利用输电线路本身构成一高频（载波）电流的通道，将此信号送至对端，进行比较。因为它不反应于被保护输电线范围以外的故障，在定值选择上也无须与下一条线路相配合，故可不带动作延时。高频保护按其工作原理的不同可以分为两大类，即方向高频保护和相差高频保护。方向高频保护的基本原理是比较被保护线路两端的功率方向；而相差高频保护的基本原理是比较两端电流的相位。

对于短线路、发电机和变压器等电力设备和母线可利用导引线保护。以短线路为例：如图 3 - 66 所示，在线路的 M 和 N 两端装设特性和变比完全相同的电流互感器，两侧电流互感器一次回路的正极性均置于靠近母线的一侧，二次回路的同极性端子相连接（标"·"号者为正极性），差动继电器则并联连接在电流互感器的二次端子上。

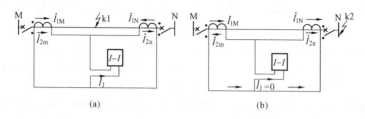

图 3 - 66　纵差动保护的单相原理接线图

（a）内部故障情况；（b）正常运行及外部故障情况

在线路两端，仍规定一次侧电流（$\dot{I}_{1M}$ 和 $\dot{I}_{1N}$）的正方向为从母线流向被保护的线路，那么在电流互感器采用上述连接方式以后，流入继电器的电流即为各互感器二次电流的总和，即

$$\dot{I}_J = \dot{I}_{2m} + \dot{I}_{2n} = \frac{1}{n_1}(\dot{I}_{1M} + \dot{I}_{1N}) \tag{3-77}$$

式中　n_1——电流互感器的变比。

当正常运行以及保护范围（指两侧电流互感器之间）外部故障时，如图 3 -66（b）所示。如果不计电流互感器励磁电流的影响，而流入继电器回路（或称差动回路）的电流 $\dot{I}_J = 0$，继电器不动作。但实际上，由于电流互感器的误差和励磁电流的影响，在正常运行和外部短路情况下，仍将有某些电流流入差动回路，此电流称为不平衡电流。

当保护范围内部（如 k1 点）故障时，如为双侧电源供电，则两侧均有电流流向短路点，如图 3 -66（a）所示，此时短路点的总电流为 $\dot{I}_k = \dot{I}_{1M} + \dot{I}_{1N}$，因此流入继电器回路，亦即差动回路的电流为 $\dot{I}_J = \frac{1}{n}\dot{I}_k$。由此可见，在保护范围内部故障时，纵差动保护反应于故障点的总电流而动作。

随着光纤通信技术的快速发展，用光纤作为继电保护通道使用的越来越多，这是目前发展速度最快的一种通道类型。用光纤通道做成的纵联保护有时也称为光纤保护。光纤通道通讯容量大又不受电磁干扰，且通道与输电线路有无故障无关，近年来发展的复合地线式光纤将绞制的若干根光纤与架空地线结合在一起,在架空线路建设的同时光缆的敷设也一起完成,使用前景十分诱人,由于光纤通讯技术日趋完善,因此它在传送继电保护信号方面,虽然起步比用微波通道晚,但其发展势头早已盖过微波通道。由于光纤通讯容量大,因此可以利用它构成输电线路的分相纵联保护,例如分相纵联电流差动保护、分相纵联距离等。目前如果采用专用光纤传输通道,传输距离可以达到120km。下面介绍光纤纵联差动保护。

在图 3-67 (a) 中,设流过两端保护的电流 I_M、I_N 以母线流向被保护线路的方向规定其为正方向。以两端电流的相量和作为继电器的动作电流 I_d,该电流也称差电流。以两端电流的相量差作为继电器的制动电流 I_r。

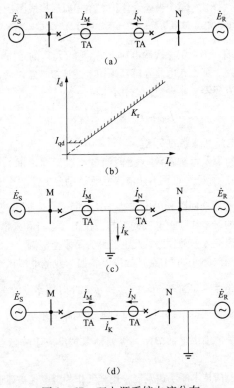

图 3-67 双电源系统电流分布

(a) 系统图;(b) 纵联电流差动继电器的动作特性;

(c) 内部故障;(d) 外部故障

$$\left.\begin{array}{l} I_{\mathrm{d}} = |\ \dot{I}_{\mathrm{M}} + \dot{I}_{\mathrm{N}}| \\[2mm] I_{\mathrm{r}} = |\ \dot{I}_{\mathrm{M}} - \dot{I}_{\mathrm{N}}| \end{array}\right\} \qquad (3-78)$$

纵联电流差动继电器的动作特性，一般如图 3 – 67（b）所示，阴影区为动作区，非阴影区为不动作区，这种动作特性称作比例制动特性，是差动继电器（线路、变压器、发电机、母线差动）常用的动作特性。图中 I_{qd} 为差动继电器的启动电流，K_r 是该斜线的斜率。当斜线的延长线通过坐标原点时，该斜线的斜率也等于制动系数。图 3 – 67（b）所示的两折线的动作特性以数学表达式表述为

$$\left.\begin{array}{l} I_{\mathrm{d}} > I_{\mathrm{qd}} \\[2mm] I_{\mathrm{d}} > K_{r} I_{\mathrm{r}} \end{array}\right\} \qquad (3-79)$$

当线路内部故障时，如图 3 – 67（c）所示，两端电流的方向与规定的正方向相同。此时动作电流为 $I_{\mathrm{d}} = |\ \dot{I}_{\mathrm{M}} + \dot{I}_{\mathrm{N}}| = |\ \dot{I}_{\mathrm{K}}|$，动作电流很大。$I_{\mathrm{r}} = |\ \dot{I}_{\mathrm{M}} - \dot{I}_{\mathrm{N}}| = |\ \dot{I}_{\mathrm{K}} - 2\dot{I}_{\mathrm{N}}|$，制动电流很小。因此，工作点落在动作特性的动作区，差动继电器动作。当线路外部短路时，$\dot{I}_{\mathrm{M}}$、$\dot{I}_{\mathrm{N}}$ 中有一个电流反向。如图 3 – 67（d），流过本线路的电流是穿越性的短路电流，如果忽略线路上的电容电流，此时 $I_{\mathrm{d}} = |\ \dot{I}_{\mathrm{M}} + \dot{I}_{\mathrm{N}}| = 0$，$I_{\mathrm{r}} = |\ \dot{I}_{\mathrm{M}} - \dot{I}_{\mathrm{N}}| = |\ 2\dot{I}_{\mathrm{K}}|$。因此工作点落在动作特性的不动作区，差动继电器不动作。所以，这样的差动继电器可以区分线路外部短路和线路内部短路。

从上述原理的叙述中，可以进一步得到两个重要的推论：①只要在线路内部有流出的电流，例如线路内部短路的短路电流，本线路的电容电流，这些电流都将成为动作电流；②只要是穿越性的电流，例如外部短路时流过线路的短路电流，负荷电流，都只形成制动电流，而不会产生动作电流，穿越性电流的两倍是制动电流。

六、重合闸装置

电力系统的运行经验表明，架空线路故障大都是"瞬时性"的，例如，由雷电引起的绝缘子表面闪络，大风引起的碰线，通过鸟类以及树枝等物掉落在导线上引起的短路等，在线路被继电保护迅速断开以后，电弧即行熄灭，故障点的绝缘强度重新恢复，外界物体（如树枝、鸟类等）也被电弧烧掉而消失。此时，如果把断开的线路断路器再合上，就能够恢复正常的供电，称这类故障是"瞬时性故障"。因此，在线路被断开以后

再进行一次合闸，就有可能大大提高供电的可靠性。为此在电力系统中采用了自动重合闸，即当断路器跳闸之后，能够自动地将断路器重新合闸的装置，根据运行资料的统计，成功率一般在60%~90%之间。

对于发电机和变压器来说，它们都是封闭的设备，不会受到外物的侵害，一般发生故障多数为永久性故障，为防止变压器和发电机受到两次故障电流的冲击，所以不宜装设重合闸。对于母线来说，它是多元件的集合地，如果重合在永久故障上，将给系统带来巨大的影响，所以母线不宜装设重合闸。

在电力系统中采用重合闸的技术经济效果，主要地可归纳如下：①大大提高供电的可靠性，减少线路停电的次数，特别是对单侧电源的单回线路尤为显著；②在高压输电线路上采用重合闸，还可以提高电力系统并列运行的稳定性；③在电网的设计与建设过程中，有些情况下由于考虑重合闸的作用，即可以暂缓架设双回线路，以节约投资；④对断路器本身由于机构不良或继电保护误动作而引起的误跳闸，也能起纠正的作用。

当重合于永久性故障上时，它也将带来一些不利的影响，如①使电力系统又一次受到故障的冲击；②使断路器的工作条件变得更加严重，因为它要在很短的时间内，连续切断两次短路电流。这种情况对于油断路器必须加以考虑，因为在第一次跳闸时，由于电弧的作用，已使油的绝缘强度降低，在重合后第二次跳闸时，是在绝缘已经降低的不利条件下进行的，因此，油断路器在采用了重合闸以后，其遮断容量也要有不同程度的降低（一般约降低到80%左右）。因而，在短路容量比较大的电力系统中，上述不利条件往往限制了重合闸的使用。

下列情况下，重合闸不应动作：①由值班人员手动操作或通过遥控装置将断路器断开时；②手动投入断路器，由于线路上有故障，而随即被继电保护将其断开时。因为在这种情况下，故障是属于永久性的，它可能是由于检修质量不合格、隐患未消除或者保安的接地线忘记拆除等原因所产生，因此再重合一次也不可能成功；③在母线保护、失灵保护、死区保护、充电保护、三相不一致保护动作时；④重合闸投运在单重位置，三相跳闸时。

优先采用由控制开关的位置与断路器位置不对应的原则来启动重合闸，这样就可以保证不论是任何原因使断路器跳闸以后，都可以进行一次重合。当用手动操作控制开关使断路器跳闸以后，控制开关与断路器的位置仍然是对应的。因此，重合闸就不会启动。

自动重合闸装置的动作次数应符合预先的规定，如一次式重合闸就应该只动作一次，当重合于永久性故障而再次跳闸以后，就不应该再动作；对二次式重合闸就应该能够动作两次，当第二次重合于永久性故障而跳闸以后，它不应该再动作。自动重合闸在动作以后，一般应能自动复归，准备好下一次再动作。

自动重合闸装置应有可能在重合闸以前或重合闸以后加速继电保护的动作，以便更好地和继电保护相配合，加速故障的切除。当采用重合闸后加速保护时，如果合闸瞬间所产生的冲击电流或断路器三相触头不同时合闸所产生的零序电流有可能引起继电保护误动作时，应采取措施予以防止。

在双侧电源的线路上实现重合闸时，应考虑合闸时两侧电源间同步问题。当断路器处于不正常状态（例如操动机构中使用的气压、液压降低等）而不允许实现重合闸时，应将自动重合闸装置闭锁。

具有同步和无电压检定的重合闸的工作示意图如图3-68所示，除在线路两侧均装设重合闸装置以外，在线路的一侧还装设有检定线路无电压的继电器KV，而在另一侧则装设检定同步的继电器K。重合闸本身的接线与三相一次重合闸接线的不同之处只是在启动时间元件的回路中串入了KV或K的触点。这样当线路有电压或是不同步时，重合闸就不能启动。

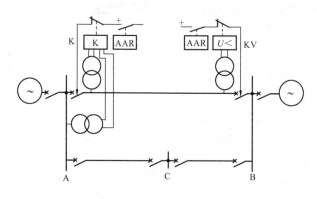

图3-68　具有同步和无电压检定的重合闸接线示意图
K—同步检定继电器；$U<$—无电压检定继电器；
AAR—自动重合闸装置

当线路发生故障，两侧断路器跳闸以后，检定线路无电压一侧的重合闸首先动作，使断路器投入。如果重合不成功，则断路器再次跳闸。此时，由于线路另一侧没有电压，同步检定继电器不动作，因此，该侧重合闸根本不启动。如果重合成功，则另一侧在检定同步之后，再投入断路器，线路即恢复正常工作。由此可见，在检定线路无电压一侧的断路器，如重合不成功，就要连续两次切断短路电流，因此，该断路器的工作条件就要比同步检定一侧断路器的工作条件恶劣。为了解决这个问题，通常在每一侧都装设同步检定和无电压检定的继电器，利用连接片进行切换，使两侧断路器轮换使用每种检定方式的重合闸，因而使两侧断路器工作的条件接近相同。

在使用检查线路无电压方式的重合闸的一侧，当其断路器在正常运行情况下由于某种原因（如误碰跳闸机构、保护误动作等）而跳闸时，由于对侧并未动作，因此，线路上有电压，因而就不能实现重合，这是一个很大的缺陷，为了解决这个问题，通常都是在检定无电压的一侧也同时投入同步检定继电器，两者的触点并联工作。此时如遇有上述情况，则同步检定继电器就能够起作用，当符合同步条件时，即可将误跳闸的断路器重新投入。但是，在使用同步检定的另一侧，其无电压检定是绝对不允许同时投入的。

因此，从结果上看，这种重合闸方式的配置原则如图 3 - 69 所示，一侧投入无电压检定和同步检定（两者并联工作），而另一侧只投入同步检定。两侧的投入方式可以利用其中的切换片定期轮换。

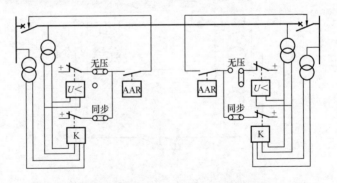

图 3 - 69　采用同步检定和无电压检定重合闸的配置关系图

为了尽可能缩短电源中断的时间，重合闸的动作时限原则上应越短越好。因为电源中断后，电动机的转速急剧下降，电动机被其负荷所制动，当重合闸成功恢复供电以后，很多电动机要自启动。此时由于自启动电流很大，往往会引起电网内电压的降低，因而又造成自启动的困难或拖延其恢复正常工作的时间，电源中断的时间越长则影响就越严重。

但重合闸必须带有时限，其原因如下：

（1）在断路器跳闸后，要使故障点的电弧熄灭并使周围介质恢复绝缘强度是需要一定时间的，必须在这个时间以后进行合闸才有可能成功。在考虑上述时间时，还必须计及负荷电动机向故障点反馈电流所产生的影响，因为它是使绝缘强度恢复变慢的因素。

（2）在断路器动作跳闸以后，其触头周围绝缘强度的恢复以及消弧室重新充满油需要一定的时间，同时其操动机构恢复原状准备好再次动作也需要一定的时间。重合闸必须在这个时间以后才能向断路器发出合闸脉冲，否则，如重合在永久性故障上，就可能发生断路器爆炸的严重事故。

因此，重合闸的动作时限应在满足以上两个要求的前提下，力求缩短。如果重合闸是利用继电保护来启动，则其动作时限还应该加上断路器的跳闸时间。

重合闸前加速保护一般又简称为"前加速"，如图 3 - 70 所示的网络接线，拟定在每条线路上均装设过电流保护，其动作时限按阶梯型原则来配合。因而，在靠近电源端保护 3 处的时限就很长。为了能加速故障的切除，可在保护 3 处采用前加速的方式，即当任何一条线路上发生故障时，第一次都由保护 3 瞬时动作予以切除。如果故障是在线路 AB 以外（如 k1 点），则保护 3 的动作都是无选择性的。但断路器 3 跳闸后，即启动重合闸重新恢复供电，从而纠正了上述无选择性的动作。如果此时的故障是瞬时性的，则在重合闸以后就恢复了供电。如果故障是永久性的，则故障由保护 1 或保护 2 切除，当保护 2 拒动时，则保护 3 第二次就按有选择性的时限 t_3 动作于跳闸。

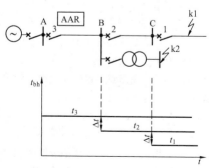

图 3 - 70　重合闸前加速的网络接线图

采用前加速的优点是：①能够快速地切除瞬时性故障；②可能使瞬时性故障来不及发展成永久性故障，从而提高重合闸的成功率；③能保证发电厂和重要变电站的母线电压在 0.6 ~ 0.7 倍额定电压以上，从而保证厂用电和重要用户的电能质量；④使用设备少，只需装设一套重合闸装置，简单、经济。

前加速的缺点是：①断路器工作条件恶劣，动作次数较多；②重合于永久性故障上时，故障切除的时间可能较长；③如果重合闸装置或断路器 3 拒绝合闸，则将扩大停电范围。甚至在最末一级线路上故障时，都会使连接在这条线路上的所有用户停电。

前加速保护主要用于 35kV 以下由发电厂或重要变电站引出的直配线路上，以便快速切除故障，保证母线电压。在这些线路上一般只装设简单的电流保护。

重合闸后加速保护一般又简称为"后加速"，所谓后加速就是当线路第一次故障时，保护有选择性动作，然后，进行重合。如果重合于永久性故障上，则在断路器合闸后，再加速保护动作，瞬时切除故障，而与第一次动作是否带有时限无关。

"后加速"的配合方式广泛应用于 35kV 以上的网络及对重要负荷供电的送电线路上。因为在这些线路上一般都装有性能比较完善的保护装置，例如，三段式电流保护、距离保护等，因此，第一次有选择性地切除故障的时间（瞬时动作或具有 0.5s 的延时）均为系统运行所允许，而在重合闸以后加速保护的动作（一般是加速第 Ⅱ 段的动作，有时也可以加速第 Ⅲ 段的动作），就可以更快地切除永久性故障。

后加速保护的优点是：①第一次是有选择性的切除故障，不会扩大停电范围，特别是在重要的高压电网中，一般不允许保护无选择性的动作而后以重合闸来纠正（前加速的方式）；②保证了永久性故障能瞬时切除，并仍然是有选择性的；③和前面的加速保护相比，使用中不受网络结构和负荷条件的限制，一般说来是有利而无害的。

后加速的缺点是：①每个断路器上都需要装设一套重合闸，与前加速相比较为复杂；②第一次切除故障可能带有延时。

在 220 ~ 500kV 的架空线路上，由于线间距离大，运行经验表明，其中绝大部分故障都是单相接地短路。在这种情况下，如果只把发生故障的一相断开，然后再进行单相重合，而未发生故障的两相仍然继续运行，就能够大大提高供电的可靠性和系统并列运行的稳定性。这种方式的重合闸就是单相重合闸。如果线路发生的是瞬时性故障，则单相重合成功，即恢复三相的正常运行。如果是永久性故障，单相重合不成功，则需根据系统的具体情况，如不允许长期非全相运行时，即应切除三相并不再进行重合；如需要转入非全相运行时，则应再次切除单相并不再进行重合。目前一般都是采用重合不成功时跳开三相的方式。

对单相重合闸选相元件的基本要求如下：①应保证选择性，即选相元件与继电保护相配合只跳开发生故障的一相，而接于另外两相上的选相元件不应动作；②在故障相末端发生单相接地短路时，接于该相上的选相元件应保证足够的灵敏性。

根据网络接线和运行的特点，常用的选相元件有如下几种。

（1）电流选相元件：在每相上装设一个过电流继电器，其启动电流按照大于最大负荷电流的原则进行整定，以保证动作的选择性。这种选相元件适于装设在电源端、且短路电流比较大的情况，它是根据故障相短路电流增大的原理而动作的。

（2）低电压选相元件：用三个低电压继电器分别接于三相的相电压上，低电压继电器是根据故障相电压降低的原理而动作。它的启动电压应小于正常运行以及非全相运行时可能出现的最低电压。这种选相元件一般适于装设在小电源侧或单侧电源线路的受电测，因为在这一侧如用电流选相元件，则往往不能满足选择性和灵敏性的要求。

（3）阻抗选相元件：用三个低阻抗继电器分别接于三个相电压和经过零序补偿的相电流上，以保证继电器的测量阻抗与短路点到保护安装地点之间的正序阻抗成正比。阻抗选相元件比以上两种选相元件具有更高的选择性和灵敏性，因而在复杂网络的接线中获得了较广泛的应用。至于阻抗继电器的特性，根据需要可以采用全阻抗继电器、方向阻抗继电器或偏移特性的阻抗继电器。在有些情况下也可以考虑采用透镜特性或四边形特性的阻抗继电器。

（4）相电流差突变量选相元件：利用每两相的相电流之差构成三个选相元件，它们是利用故障时电气量突变的原理构成的。

当采用单相重合闸时，其动作时限的选择除应满足三相重合时所提出的要求（大于故障点灭弧时间及周围介质去游离的时间，大于断路器及其操动机构复归原状准备好再次动作的时间）以外，还应考虑下列问题。

（1）不论是单侧电源还是双侧电源，均应考虑两侧选相元件与继电保护以不同时限切除故障的可能性。

（2）潜供电流对灭弧所产生的影响。这是指当故障相线路自两侧切除后，如图 3 – 71 所示，由于非故障相与断开相之间存在有静电（通过电容）和电磁（通过互感）的联系，因此，虽然短路电流已被切断，但在故障点的弧光通道中，仍然流有如下的电流：

1）非故障相 A 通过 AC 相间的电容 C_{AC} 供给的电流；

2）非故障相 B 通过 BC 相间的电容 C_{BC} 供给的电流；

3）继续运行的两相中，由于流过负荷电流 $\dot{I}_{fA}$ 和 $\dot{I}_{fB}$ 而在 C 相中产生互感电动势 $\dot{E}_{M}$，此电动势通过故障点和该相对地电容 C_0 而产生的电流。

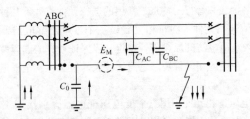

图 3 – 71　C 相单相接地时，潜供
电流的示意图

这些电流的总和就称为潜供电流。由于潜供电流的影响，将使短路时弧光通道的去游离受到严重阻碍，而自动重合闸只有在故障点电弧熄灭且绝缘强度恢复以后才有可能成功，因此，单相重合闸的时间还必须考虑潜供电流的影响。一般线路的电压越高，线路越长，则潜供电流就越大。潜供电流的持续时间不仅与其大小有关，而且也与故障电流的大小、故障切除的时间、弧光的长度以及故障点的风速等因素有关。因此，为了正确地整定单相重合闸的时间，国内外许多电力系统都是由实测来确定熄弧时间，如我国某电力系统中，在 220kV 的线路上，根据实测确定保证单相重合闸期间的熄弧时间应在 0.6s 以上。

图 3 – 72 所示为保护装置、选相元件与重合闸回路之间相互配合的方框结构示意图。

在单相重合闸过程中，由于出现纵向不对称，因此将产生负序和零序分量，这就可能引起本线路保护以及系统中的其他保护的误动作。对于可能误动作的保护，应在单相重合闸动作时予以闭锁或整定保护的动作时限大于单相重合闸的周期，以避免发生误动作。为了实现对误动作保护的闭锁，在单相重合闸与继电保护相连接的输入端都设有两个端子，一个端子接入在非全相运行中仍然能继续工作的保护，习惯上称为 N 端子；另一

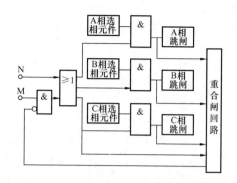

图 3－72　保护装置、选相元件与重合闸
回路之间相互配合的方框结构示意图

个端子则接入非全相运行中可能误动作的保护，称为 M 端子。在重合闸启动以后，利用"否"回路即可将接于 M 端的保护闭锁。当断路器被重合而恢复全相运行时，这些保护也立即恢复工作。

　　保护装置和选相元件动作后，经"与"门进行单相跳闸，并同时启动重合闸回路。对于单相接地故障，就进行单相跳闸和单相重合。对于相间短路则在保护和选相元件相配合进行判断之后，跳开三相，然后进行三相重合闸或不进行重合闸。

　　采用单相重合闸的主要优点是：①能在绝大多数的故障情况下保证对用户的连续供电，从而提高供电的可靠性。当由一侧电源单回线路向重要负荷供电时，对保证不间断地供电更有显著的优越性。②在双侧电源的联络线上采用单相重合闸，就可以在故障时大大加强两个系统之间的联系，从而提高系统并列运行的动态稳定。对于联系比较薄弱的系统，当三相切除并继之以三相重合闸而很难再恢复同步时，采用单相重合闸就能避免两系统的解列。

　　采用单相重合闸的缺点是：①需要有按相操作的断路器；②需要专门的选相元件与继电保护相配合，再考虑一些特殊的要求后，使重合闸回路的接线比较复杂；③在单相重合闸过程中，由于非全相运行能引起本线路和电网中其他线路的保护误动作，因此，就需要根据实际情况采取措施予以防止。这将使保护的接线、整定计算和调试工作复杂化。

　　由于单相重合闸具有以上特点，并在实践中证明了它的优越性。因此，已在 220～500kV 的线路上获得了广泛的应用。对于 110kV 的电力网，

第三章　继电保护原理基础知识

一般不推荐这种重合闸方式，只在由单侧电源向重要负荷供电的某些线路及根据系统运行需要装设单相重合闸的某些重要线路上，才考虑使用。

实现综合重合闸回路接线时，应考虑的一些基本原则如下：①单相接地短路时跳开单相，然后进行单相重合，如重合不成功则跳开三相而不再进行重合。②各种相间短路时跳开三相，然后进行三相重合；如重合不成功，仍跳开三相，而不再进行重合。③当选相元件拒绝动作时，应能跳开三相并进行三相重合。④对于非全相运行中可能误动作的保护，应进行可靠的闭锁；对于在单相接地时可能误动作的相间保护（如距离保护），应有防止单相接地误跳三相的措施。⑤当一相跳开后重合闸拒绝动作时，为防止线路长期出现非全相运行，应将其他两相自动断开。⑥任两相的分相跳闸继电器动作后，应联跳第三相，使三相断路器均跳闸。⑦无论单相或三相重合闸，在重合不成功之后，均应考虑能加速切除三相，即实现重合闸后加速。⑧在非全相运行过程中，如又发生另一相或两相的故障，保护应能有选择性地予以切除，上述故障如发生在单相重合闸的脉冲发出以前，则在故障切除后能进行三相重合；如发生在重合闸脉冲发出以后，则切除三相不再进行重合。⑨对空气断路器或液压传动的油断路器，当气压或液压低至不允许实行重合闸时，应将重合闸回路自动闭锁；但如果在重合闸过程中下降到低于允许值时，则应保证重合闸动作的完成。

3/2接线方式对重合闸的要求，以图3-73为例。

一般输电线路保护要发跳闸命令时只跳本线路的一个断路器，重合闸自然也只重合这个断路器，所以重合闸要按保护配置。但是有些输电线路保护要发跳闸指令时要跳两个断路器，如图3-73所示，线路L1一端的保护动作，1、2号断路器均要跳闸，重合闸要重合这两个断路器，这个断路器重合是有先后顺序的。如果先合中断路器2，但是重合于永久性故障上，保护再跳开2号断路器，如果万一此时2号断路器失灵，2号断路器的失灵保护再将3、8号断路器跳开，这将影响线路L2连接元件上的工作。如果先合边1号断路器，也重合于永久故障，并且再次跳1号断路器时，1号断路器失灵，失灵保护将I段母线上的所有断路器都跳开，L2连接元件和其他各连接元件的工作不受影响。所以，当线路保护跳两个断路器后，应先合边断路器，后合中断路器。此时，重合闸不能按保护配置，应按照断路器单独配置，每一个断路器应配置一套重合闸装置。

七、断路器保护

由于上述3/2接线方式对重合闸的要求，应按照断路器单独配置，同

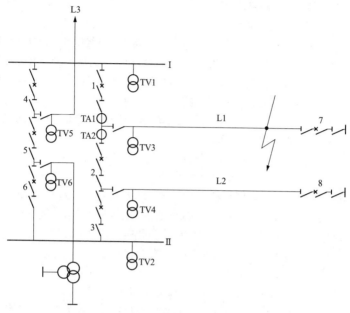

图 3 – 73   3/2 接线方式系统图

样，3/2 接线方式的失灵保护也要按照断路器配置，原因如下：

在图 3 – 73 中，L1 线路发生短路，线路保护跳开 1、2 号断路器，如果 1 号断路器失灵，为了短路点的熄弧，1 号断路器的失灵保护应将 I 段母线上所有断路器都跳开。如果是 I 段母线上发生故障，母线保护动作跳开母线上所有断路器。如果 1 号断路器失灵，失灵保护应将 2 号断路器跳开，并远跳 7 号断路器。所以边断路器的失灵保护动作后应该跳开边断路器所在母线上的所有断路器和中断路器，并启动远跳功能，跳开与边断路器相连线路对侧的断路器。如果 2 号断路器失灵，失灵保护应该将 3 号断路器跳开，并且远跳 8 号断路器。所以，中断路器失灵保护动作后应跳开它两侧的两个边断路器，并启动远方跳闸功能跳开与中断路器相连线路对侧的断路器。

启动远跳的原因：①利用对侧后备保护切除故障，时间较长；②防止在断路器与电流互感器之间故障形成保护死区。

所以，3/2 接线方式的失灵保护也要按照断路器配置。因此，把失灵保护、自动重合闸、三相不一致、死区保护、充电保护集合在一个装置中，这个装置叫作断路器保护。

1. 失灵保护的构成

失灵保护必须满足两个条件：①故障线路或者电气设备能瞬时复归的出口继电器动作后不返回（故障切除后，启动失灵的保护出口返回时间应不大于30ms）。②断路器未断开的判别元件动作后不返回。失灵保护的判别元件一般为相电流元件，发电机—变压器组或变压器断路器的失灵保护的判别元件应采用零序电流元件或者负序电流元件。判别元件的动作时间和返回时间均不应大于20ms。

失灵保护的动作时间整定原则：3/2接线方式如上所述。对于单、双母线的失灵保护，视系统保护配置具体情况，可以较短时限动作于断开与拒动相关的母联及分段断路器，再经一时限动作于跳开与拒动断路器相连的同一母线上的所有有源支路断路器。也可仅经一时限动作于断开与拒动断路器连接在同一母线上的所有有源支路断路器，变压器断路器的失灵保护，还应动作于断开变压器接有电源一侧的断路器。

失灵保护装设闭锁元件的原则是：

（1）一个半断路器接线的失灵保护不装设闭锁元件。

（2）有专用跳闸出口回路的单母线及双母线断路器失灵保护应装设闭锁元件。

（3）与母差保护共用跳闸出口回路的失灵保护不装设独立的闭锁元件，应共用母差保护的闭锁元件，闭锁元件的灵敏度应按失灵保护的要求整定；对数字式保护，闭锁元件的灵敏度宜按母线及线路的不同要求分别整定。

（4）发电机、变压器及高压电抗器断路器的失灵保护，为防止闭锁元件灵敏度不足应采取相应措施或不设闭锁回路。

反措要求，非电量保护及动作后不能随故障消失而立即返回的保护（只能靠手动复位或延时返回）不应启动失灵保护。

保护装置的断路器失灵保护有以下几种：故障相启失灵，非故障相启失灵，发电机—变压器三跳启失灵。另外，充电保护动作也应启动失灵。

2. 三相不一致保护

当断路器不管任何原因只有一相或者两相跳开，处于非全相状态时可由本保护跳开三相。其判据为：①本保护投入；②任一相跳开且无流；③并非三相均跳开；④不一致零序过流元件或者不一致负序电流元件动作。

3. 死区保护

在断路器和电流互感器之间发生短路时，在很多情况下保护动作跳开断路器后，故障没有切除。例如，图3-73中，当三相短路发生在2号断路器和TA2之间时，L2线路保护动作跳开2断路器后故障并没有切除。此时虽然通过失灵保护动作跳开有关断路器，但是考虑到这种站内的三相短路，故障电流大，对系统影响大，而失灵保护动作一般要经过较长的延时，所以设置了死区保护。动作判据：①收到三跳信号（例如发变三跳、线路三跳等）；②死区过流元件动作；③保护对应断路器跳开。同时满足以上条件，经延时启动死区保护，动作出口与失灵保护相同。

4. 充电保护

当用本装置所在的断路器对母线等元件充电而合于故障元件上时，本装置有充电保护作为此种情况下的保护。该保护由两段式电流保护构成，电流取自本断路器电流互感器，当充电保护投入时，相应段相电流元件动作，经相应整定延时后，充电保护动作，出口跳本断路器。充电保护动作后还启动失灵保护，在经失灵保护延时出口跳其他断路器。

第四节 母 线 保 护

当发电厂和变电站母线发生故障时，如不及时切除故障，将会损坏众多电力设备以及破坏系统稳定性，造成严重后果。常见的母线故障有：绝缘子对地闪络、雷击、运行人员误操作、母线电压和电流互感器故障等。对于母线保护的要求：①防止母线保护拒动或者误动；②母线保护应能正确区分区内故障和区外故障，并且能确定哪条母线出现故障。为了提高保护的可靠性，在保护中还设置有启动元件、复合电压闭锁元件、TA回路断线闭锁元件等。

不采用专门的母线保护而利用供电元件的保护装置就可以把母线故障切除，但利用供电元件的保护装置切除母线故障时，故障切除的时间一般较长。此外，当双母线同时运行或母线为分段单母线时，上述保护不能保证有选择性地切除故障母线。因此，在下列情况下应装设专门的母线保护：

（1）在110kV及以上的双母线和分段单母线上，为保证有选择性地切除任一组（或段）母线上所发生的故障，而另一组（或段）无故障的母线仍能继续运行，应装设专用的母线保护；

（2）110kV及以上的单母线，重要发电厂的35kV母线或高压侧为

110kV 及以上的重要降压变电站的 35kV 母线，按照装设全线速动保护的要求必须快速切除母线上的故障时，应装设专用的母线保护。

为满足速动性和选择性的要求，母线保护都是按差动原理构成的。

（1）在正常运行以及母线范围以外故障时，在母线上所有连接元件中，流入的电流和流出的电流相等，或表示为 $\sum I = 0$；

（2）当母线上发生故障时，所有与电源连接的元件都向故障点供给短路电流，而在供电给负荷的连接元件中电流等于零，因此，$\sum I = I_k$（短路点的总电流）；

（3）如从每个连接元件中电流的相位来看，则在正常运行以及外部故障时，至少有一个元件中的电流相位和其余元件中的电流相位是相反的，具体说来，就是电流流入的元件和电流流出的元件这两者的相位相反。而当母线故障时，除电流等于零的元件以外，其他元件中的电流则是同相位的。

1. 完全电流差动母线保护

完全电流差动母线保护，在母线的所有连接元件上装设具有相同变比和特性的电流互感器。因为在一次侧电流总和为零时，母线保护用电流互感器必须具有相同的变比 n_1，才能保证二次侧的电流总和也为零。所有电流互感器的二次绕组在母线侧的端子互相连接，另一侧的端子也互相连接，然后接入差动继电器。这样，继电器中的电流即为各个二次电流的相量和。在正常运行及外部故障时，流入继电器的是由于各电流互感器的特性不同而引起的不平衡电流；而当母线上故障时，所有与电源连接的元件都向短路点供给短路电流。

差动继电器的启动电流应按如下条件考虑，并选择其中较大的一个：

（1）躲开外部故障时所产生的最大不平衡电流，当所有电流互感器均按 10% 误差曲线选择，且差动继电器采用具有速饱和铁芯的继电器时，其启动电流 I_{st} 可按式（3-80）计算

$$I_{st} = K_{rel}I_{bpmax} = K_{rel} \times 0.1 I_{kmax}/n_1 \qquad (3-80)$$

式中　K_{rel}——可靠系数，取为 1.3；

　　　I_{kmax}——在母线范围外任一连接元件上短路时，流过差动保护电流互感器的最大短路电流；

　　　n_1——母线保护用电流互感器的变比；

　　　I_{bpmax}——外部故障时最大不平衡电流。

（2）由于母线差动保护电流回路中连接的元件较多，接线复杂，因此，电流互感器二次回路断线的几率就比较大，为了防止在正常运行情况

下，任一电流互感器二次回路断线时，引起保护装置误动作，启动电流应大于任一连接元件中最大的负荷电流 I_{fmax}，即

$$I_{\text{st}} = K_{\text{rel}} I_{\text{fmax}} / n_1 \qquad (3-81)$$

当保护范围内部故障时，应采用式（3-82）校验灵敏系数，其值一般应不低于2

$$K_{\text{lm}} = \frac{I_{\text{kmin}}}{I_{\text{st}} n_1} \qquad (3-82)$$

式（3-82）中 I_{kmin} 应采用实际运行中可能出现的连接元件最少时，在母线上发生故障的最小短路电流值。这种保护方式适用于单母线或双母线经常只有一组母线运行的情况。

2. 电流比相式母线保护

电流比相式母线保护的基本原理是根据母线在内部故障和外部故障时各连接元件电流相位的变化来实现的，假设母线上只有两个连接元件，当母线正常运行及外部故障时，按规定的电流正方向来看，$\dot{I}_{\text{I}}$ 和 $\dot{I}_{\text{II}}$ 大小相等相位相差180°。而当母线内部故障时，$\dot{I}_{\text{I}}$ 和 $\dot{I}_{\text{II}}$ 都流向母线，在理想情况下两者相位相同。

实际上当外部故障时，由于电流互感器以及中间变流器 ZLH 误差等因素的影响，各电流之间的相位差可能是 $180° \pm \Phi$，Φ 值可达 $60°$ 左右，这就有可能导致保护装置的不正确动作。所以当电流之间的相位差大于等于 $180° \pm \Phi$ 时，保护装置是不会动作的，因此，Φ 角又称为保护的闭锁角。当保护的闭锁角确定以后，则内部故障时，必须当电流之间的相位差 $<180° \pm \Phi$ 时，保护装置才能够动作，实际上这是容易满足的。

采用电流比相式母线保护的特点是：①保护装置的工作原理是基于相位的比较，而与幅值无关。因此，无须考虑不平衡电流的问题，这就提高了保护的灵敏性；②当母线连接元件的电流互感器型号不同或变比不一致时，仍然可以使用，这就放宽了母线保护的使用条件。

双母线同时运行时，元件固定连接的电流差动保护的主要部分由三组差动保护组成，如图3-74所示，第一组由电流互感器1、2、5和差动继电器 KD1 组成，用以选择第Ⅰ组母线上的故障；第二组由电流互感器3、4、6和差动继电器 KD2 组成，用以选择第Ⅱ组母线上的故障；第三组实际上是由电流互感器1、2、3、4和差动继电器 KD3 组成的一个完全电流差动保护，当任一组母线上发生故障时，它都启动，而当母线外部故障时，它不动作，在正常运行方式下，它作为供个保护的启动元

件，当固定连接方式破坏，并保护范围外部故障时，可防止保护的非选择性动作。

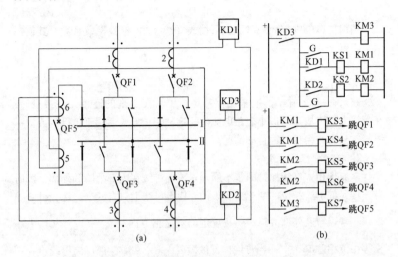

图 3 - 74　双母线同时运行时，元件固定连接的电流
差动保护单相原理接线图
（a）交流回路接线图；（b）直流回路展开图

当正常运行及母线外部短路时。流经 KD1、KD2 和 KD3 的电流均为不平衡电流。Ⅰ母故障时 KD1 和 KD3 动作，Ⅱ母故障时 KD2 和 KD3 动作。当母线按照固定连接方式运行时，保护装置可以保证有选择性地只切除发生故障的一组母线，而另一组母线可继续运行；当固定连接方式破坏时，任一母线上的故障都将导致切除两组母线。因此，从保护的角度来看，就希望尽量保证固定连接的运行方式不被破坏，这就必然限制了电力系统运行调度的灵活性，这是该保护的主要缺点。

双母线同时运行的母联相位差动保护，它利用比较母联中电流与总差电流的相位作为故障母线的选择元件。这是因为当第Ⅰ组母线上故障时，流过母联的电流是由母线Ⅱ流向母线Ⅰ，而当第Ⅱ组母线上故障时，则流过母联的电流是由母线Ⅰ流向母线Ⅱ。在这两种故障情况下，母联电流的相位变化了180°，而总差电流是反应母线故障的总电流，其相位是不变的。因此，利用这两个电流的相位比较，就可以选择出故障母线。基于这种原理，当母线上故障时，不管母线上的元件如何连接，只要母联中有电流流过，则选择元件就能够正确动作，因此，对母线上的元件就无须提出固定连接的要求。

保护装置的电压闭锁元件为两组低电压继电器,分别接在两组母线的电压互感器二次侧线电压上。正常运行时,低电压继电器不动作,将保护闭锁,可以防止各种原因引起的保护误动作。当母联断路器退出运行时,流经母联断路器的电流为零,则选择元件无法动作。此时,可用电压闭锁元件作为保护装置的选择元件,以选出发生故障的母线。这是因为,当母联断开运行时,一组母线上发生故障后,在一般情况下,故障母线上的电压很低,而非故障的母线上电压较高,因此利用低电压继电器并经过适当的整定以后,就可能选出故障的母线。根据选择性的要求,当任一组母线上故障时,保护装置应动作切除该母线上的全部连接元件,又根据系统运行方式的需要,每个连接元件都有可能运行在第Ⅰ组或第Ⅱ组母线上,因此,在各连接元件断路器的跳闸回路中均装设了切换连接片 XB,如图3-75所示。根据连接片切换位置的不同,可分别由任一母线跳闸继电器断开某元件的断路器。

上述几种母线保护接线中,为了提高保护的灵敏度,减轻电流互感器在母线内部故障时的负担,因而尽可能地降低差动回路的阻抗(一般只有几个欧),故称为低阻抗式母线差动保护。但由于差动回路阻抗小,在外部故障时也容易通过因各支路电流互感器饱和程度不同而产生的不平衡电流。减小进入继电器的不平衡电流的有效方法是提高差动回路的阻抗,因而出现了所谓高阻抗和中阻抗式的母线差动保护。

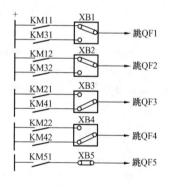

图3-75 母联相位差动保护
跳闸回路的原理接线图

在高阻抗式母线差动保护中,差动回路中串联接入一很大的阻抗,其值高达数百甚至上千欧。因而在外部故障时进入继电器的不平衡电流大大减小。但在内部故障时,通过差动回路的应是全部短路电流,将使差动回路的电压大大升高,在此情况下反应差动回路两端电压的过电压保护动作,将差动回路中串联的阻抗短接,使差动回路变成低阻抗,使继电器动作跳闸。这种保护的动作速度很快,在几个毫秒内即可动作。

介于高阻抗式和低阻抗式差动保护之间的有所谓中阻抗式母线差动保

第三章 继电保护原理基础知识

护。这种保护的差动回路总电阻约有 200Ω 左右，因而也可大大减小外部短路时进入继电器的不平衡电流，与制动回路相配合，可以保证保护动作的选择性。在内部短路时，差动回路的电压不超出允许范围因而不需要装设专门的过电压保护。

3. 微机型母差保护

差动回路包括母线大差回路和各段母线小差回路。母线大差是指除母联断路器和分段断路器外所有支路电流所构成的差动回路。某段母线的小差是指该段母线上所连接的所有支路（包括母联断路器和分段断路器）电流所构成的差动回路。母线大差比率差动用于判别母线区内和区外故障，小差比率差动用于故障母线的选择。

首先规定电流互感器的正极性端在母线侧，一次电流参考方向由线路流向母线为正方向。差动电流指所有母线上连接元件的电流和的绝对值；制动电流指所有母线上连接元件的电流的绝对值之和。

以如图 3-76 的双母接线方式的大差为例。差动电流和制动电流为

$$\left.\begin{array}{l} I_{\mathrm{d}} = | \ I_1 + I_2 + I_3 + I_4 \ | \\ I_{\mathrm{r}} = | \ I_1 \ | + | \ I_2 \ | + | \ I_3 \ | + | \ I_4 \ | \end{array}\right\} \tag{3-83}$$

差动继电器的动作特性一般如图 3-77 所示，阴影区域为动作区。这种动作特性称作比率制动特性。动作方程按式（3-84），此动作方程适用于南瑞继保 RCS-915 及许继电气 WMH-800A 等母线保护装置。

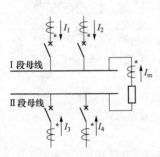

图 3-76　双母线接线图

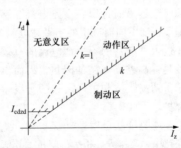

图 3-77　式（3-82）对应的动作特性

$$\left.\begin{array}{l} I_{\mathrm{d}} > I_{\mathrm{qd}} \\ I_{\mathrm{d}} > KI_{\mathrm{r}} \end{array}\right\} \tag{3-84}$$

除此之外，还有一种复式比率制动特性一般如图 3-78 所示。此动作方程按式（3-85），适用于深瑞 BP-2C 等母线保护装置。

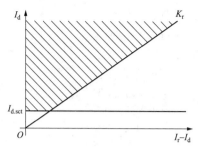

图 3 – 78　式（3 – 85）对应的动作特性

$$\left.\begin{array}{l} I_{\mathrm{d}} > I_{\mathrm{qd}} \\ I_{\mathrm{d}} > KI_{\mathrm{r}} - I_{\mathrm{d}} \end{array}\right\} \tag{3 – 85}$$

复式比率制动能够更明确的区分区内和区外故障。因为它引入了复合的制动电流 $I_{\mathrm{r}} - I_{\mathrm{d}}$，一方面在外部故障时，$I_{\mathrm{r}}$ 随着短路电流的增大而增大，$I_{\mathrm{r}} > > I_{\mathrm{d}}$，能有效地防止差动保护误动。另一方面在内部故障时，$I_{\mathrm{d}} - I_{\mathrm{r}} \approx 0$ 保护无制动量，使差动保护能不带制动量灵敏动作。这样既有区外故障时保护的高可靠性又有区内故障时保护的灵敏性。

当母联断路器合上时，母线并列运行，Ⅰ段母线发生故障，如图 3 – 79，大差小差的差动电流和制动电流如下

大差

$$\left.\begin{array}{l} I_{\mathrm{d}} = \mid I_1 + I_2 + I_3 + I_4 \mid \\ I_{\mathrm{r}} = \mid I_1 \mid + \mid I_2 \mid + \mid I_3 \mid + \mid I_4 \mid \end{array}\right\} \tag{3 – 86}$$

Ⅰ段母线小差

$$\left.\begin{array}{l} I_{\mathrm{d}} = \mid I_1 + I_2 + I_{\mathrm{m}} \mid \\ I_{\mathrm{r}} = \mid I_1 \mid + \mid I_2 \mid + \mid I_{\mathrm{m}} \mid \end{array}\right\} \tag{3 – 87}$$

Ⅱ段母线小差

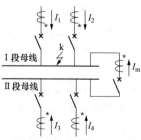

图 3 – 79　母线并列运行时Ⅰ段母线发生故障

$$I_d = | I_3 + I_4 - I_m |$$
$$I_r = | I_3 | + | I_4 | + | I_m | \Bigg\}$$
(3-88)

当 I 段母线发生故障时，可以看出对于大差元件 $I_d = I_r$，因此大差元件动作，确定母线发生区内故障；其次，II 段母线小差元件 $I_d = 0$，I 段母线小差元件 $I_d = I_r$，因此判断故障发生在 I 段母线。大差、小差元件同时动作，母差保护差动继电器才动作。

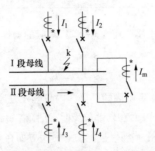

图 3-80 母线分列运行时 I 段母线发生故障

当母联断路器断开时，母线分列运行，I 段母线发生故障，如图 3-80，对于 I 段母线而言，大差小差的差动电流和制动电流如下：

大差
$$I_d = | I_1 + I_2 |$$
$$I_r = | I_1 | + | I_2 | + | I_3 | + | I_4 | \Bigg\}$$
(3-89)

I 段母线小差
$$I_d = | I_1 + I_2 |$$
$$I_r = | I_1 | + | I_2 | \Bigg\}$$
(3-90)

II 段母线小差
$$I_d = 0$$
$$I_r = | I_3 | + | I_4 | \Bigg\}$$
(3-91)

可以看出，I 段母线小差 $I_d = I_r$ 不变，而大差 $I_d < I_r$，显然大差灵敏度大大下降。尤其当 I 段母线连接小系统，短路电流较小，II 段母线连接大系统，负荷电流较大的时候，I_d 有可能比 I_r 小很多，以至于大差元件落在不动作区。这样虽然 I 段母线小差元件正常动作，但是大差元件不动作，差动继电器拒动。为了保证母线分列运行时，母差保护的动作灵敏性，可以采取以下措施：

（1）解除大差元件。当母联断路器退出运行时，通过辅助触点解除大差元件，只要小差元件就可以触发差动继电器动作，但这样的缺点是降低了母差保护的可靠性。

（2）设置高值低值。大差元件的比率制动系数设置一个高值和一个低值。当母线并列运行时，大差元件的比率制动系数使用高值；当母线分列运行时，自动降低大差元件的比率制动系数，采用低值，避免大差元件拒动。目前通常采用的也是这种措施，高值一般设为 0.5 ~ 0.6，低值设为 0.3。

母差保护极其重要，母差保护误动后，会误跳大量线路，造成灾难性的后果。所以，为了防止保护出口继电器由于振动或人员误碰等原因误动作，通常采用复压闭锁元件。复合电压闭锁元件的触点串接于差动继电器的出口回路中。现在微机型母线保护通常采用软件闭锁方式。差动继电器动作后，只有复压闭锁元件也动作，母差保护才能出口去跳相应断路器。一般在母线保护中，母线差动保护、断路器失灵保护、母联死区保护、母联失灵保护都要经过复合电压闭锁。但母联充电保护和母联过流保护不经复合电压闭锁。

为了防止母差保护误动，母线保护中应设置有 TA 断线闭锁元件。当母差用 TA 断线时，立即将母差保护闭锁。对 TA 断线闭锁元件的要求如下：

（1）延时发出报警信号。对于母差保护，母线连接支路众多，制动电流为所有支路电流绝对值之和。所以某一支路的一相 TA 二次回路断线，一般不会导致保护误动作。因此，应经一定延时发出报警信号，并将母差保护闭锁。

（2）分相设置闭锁元件。一相 TA 断线就去闭锁该相差动保护，以减少母线上又发生故障时差动保护拒动的几率。

（3）母联、分段断路器 TA 断线，不应闭锁母差保护。但此时应切换到单母线方式，发生区内故障时不再进行母线选择。

由于母线保护关联到母线上的所有出线元件，因此，在设计母线保护时，应考虑与其他保护的配合问题：

（1）母差保护动作后，对于闭锁式纵联保护，本侧收发信机应停信，使对侧迅速跳闸。

（2）母线保护动作后，为防止线路断路器对故障母线进行重合，应闭锁线路重合闸。

（3）在母线保护动作后，应立即去启动失灵保护。这是为了在母线发生故障时母联断路器失灵，或故障点发生在死区时，失灵保护能迅速可靠的切除故障。

（4）母线保护动作后，对于线路纵差保护，应发远跳命令去切除对侧断路器。

（5）主变压器非电量保护不应启动母线失灵保护，这是因为非电量保护动作后不能快速自动返回，容易造成失灵保护误动。

第四章

电力系统安全自动装置基础知识

第一节 励 磁 系 统

电力系统在正常运行时，发电机励磁电流的变化主要影响电网的电压水平和并联运行机组间无功功率的分配。在某些故障情况下，发电机端电压降低，将导致电力系统稳定水平下降。为此，当系统发生故障时，要求发电机迅速增大励磁电流，以维持电网的电压水平及稳定性。可见，同步发电机励磁的自动控制在保证电能质量、无功功率的合理分配和提高电力系统运行的可靠性方面都起着十分重要的作用。

同步发电机的励磁系统一般由励磁功率单元和励磁调节器两个部分组成，励磁功率单元向同步发电机转子提供直流电流，即励磁电流；励磁调节器根据输入信号和给定的调节准则控制励磁功率单元的输出，整个励磁自动控制系统是由励磁调节器、励磁功率单元和发电机构成的一个反馈控制系统。

一、励磁系统承担的任务

1. 控制电压

电力系统在正常运行时，负荷总是经常波动的，同步发电机的功率也随着负荷的波动相应变化，需要对励磁电流进行调节以维持机端或系统中某一点的电压在给定的水平。励磁自动控制系统担负了维持电压水平的任务。

当励磁电流 I_{fd} 一定时，发电机端电压 U_f 随无功负荷增大而下降。图 4-1说明，当无功电流为 I_{W1} 时，发电机端电压为额定值 U_{fN}，励磁电流为 I_{fd1}。当无功电流增大到 I_{W2} 时，如果励磁电流不增加，则端电压降至 U_{f2}，可能满足不了运行的要求，必须将励磁电流增大至 I_{fd2} 才能维持端电压为额定值 U_{fN}。同理，无功电流减小时，U_f 也会上升，必须减小励磁电流。同步发电机的励磁自动控制系统就是通过不断地调节励磁电流来维持机端电压为给定水平的。

2. 控制无功功率的分配

在实际运行中，与发电机并联运行的母线并不是无限大母线，即系统等值阻抗并不等于零，它的电压将随着负荷波动而改变。改变其中一台发电机的励磁电流不但影响它的电压和无功功率，而且也将影响与之并联运行机组的无功功率，其影响程度与系统情况有关。因此，同步发电机的励磁自动控制系统还担负着并联运行机组间无功功率合理分配的任务。

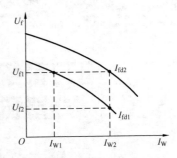

图 4 - 1　同步发电
机的外特性

3. 提高同步发电机并联运行的稳定性

电力系统暂态稳定是指电力系统在某一正常运行方式下突然遭受大扰动后，能否过渡到一个新的稳定运行状态或者回复到原来运行状态的能力。所谓大的扰动是电力系统发生某种事故，如高压电网发生短路或发电机被切除等。

图 4 - 2 所示，是同步了电机的功率特性或功角特性。

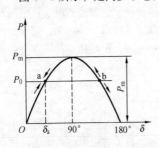

图 4 - 2　同步发电
机的功率特性

当 δ 小于 90°时，如图 4 - 2 中 a 点所示，发电机是静态稳定的。当 δ 大于 90°时，如 b 点所示，发电机不能稳定运行。$\delta = 90$°时为稳定的极限情况，所以最大可能传输的功率极限为 P_m

$$P_m = \frac{E_q U}{X_\Sigma} \qquad (4 - 1)$$

实际运行时，为了可靠起见留有一定裕度，运行点总是低于功率极限值。当发电机装有自动励磁调节器时，静稳定功率角增大，即 δ 可大于 90°运行，使功率极限轨迹扩大。图 4 - 2 所示的发电机功率特性，对应于某一 E_q 值，称为内功率特性曲线。事实上，当发电机输出的有功功率 P_f 增加，功角 δ 增大时，要维持发电机的端电压 U_f 恒定，对于具有按电压偏差调节励磁的发电机来说，必须增加励磁电流使 E_q 值升高。于是，运行点将移到另一条幅值较大的内功率特性曲线上。同理，功角 δ 再增加，运行特性曲线也更高。这样，就得到幅值连续增高的一簇内功率特性曲线。由于励磁调节装置能有效地提高系统静态稳定的功率极限，因而要求所有运行的发电机机组都要装设励磁调节器。

如图 4-3 所示，在正常运行情况下，发电机输送功率为 P_0，在功角特性的 a 点运行，当突然受到某种扰动后，系统运行点由特性曲线 1 上的 a 点突然变到曲线 II 上的 b 点。由于动力输入部分存在惯性，输入功率仍为 P_0，于是发电机轴上将出现过剩转矩使转子加速，系统运行点由 b 点沿曲线 II 向 F 点移动。过了 F 点后，发电机输出功率大于 P_0，转子轴上将出现制动转矩，使转子减速。发电机能否稳定运行决定于曲线 II 与 P_0 直线间所形成的上、下两块面积（图 4-3 中阴影部分）是否相等，即所谓等面积法则。

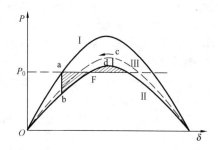

图 4-3 发电机的暂态稳定等面积法则

在上述过程中，发电机如能强行增加励磁，使受到扰动后的发电机组的运行点移到功角曲线 III 上运行，这样不但减小了加速面积，而且还增大了减速面积，因而使发电机第一次摇摆时功角 δ 的幅值减小，改善了发电机的暂态稳定性。当往回摆动时，过大的减速面积并不有利，这时如能让它回到特性曲线 II 上的 d 点运行，就可以减小回程振幅，对稳定性更为有利。在一定的条件下，励磁自动控制系统如果能按照要求进行某种合适的控制，同样可以改善电力系统的暂态稳定性。

然而，由于发电机励磁系统时间常数等因素，要使它在短暂过程中完成符合要求的控制也并不容易，这要求励磁系统首先必须具备快速响应的条件。为此，一方面缩小励磁系统的时间常数，另一方面尽可能提高强行励磁的倍数。

4. 改善电力系统的运行条件

（1）短路切除后可以加速系统电压的恢复过程，改善异步电动机的自启动条件。电网发生短路等故障时，电网电压降低，使大多数用户的电

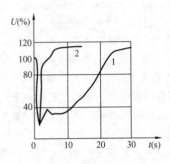

图 4 - 4   短路切除
后电压的恢复

1—无励磁自动控制；2—有励磁
自动控制

动机处于制动状态。故障切除后，由于电动机自启动时需要吸收大量无功功率，以致延缓了电网电压的恢复过程。发电机强行励磁的作用可以加速电网电压的恢复，有效地改善电动机的运行条件。图 4 - 4 表示了机组有励磁自动控制和没有励磁自动控制时短路切除后电压恢复的不同情况。

（2）为发电机异步运行和自同期并列创造条件。同步发电机失去励磁时，需要从系统中吸收大量无功功率，造成系统电压大幅度下降，严重时甚至危及系统的安全运行；在此情况下，如果系统中其他发电机组能提供足够的无功功率，以维持系统电压水平，则失磁的发电机还可以在一定时间内以异步运行方式维持运行，这不但可以确保系统安全运行而且有利于机组热力设备的运行。

当系统中有功功率发生缺额时，备用水轮发电机组用自同期并列方式迅速投入电网，这对保证系统可靠运行具有一定意义。然而发电机组用自同期方式投入电网时，将会造成电网电压的突然下降，这时系统中其他机组应迅速增加励磁电流，以保证电网电压的恢复和缩短机组的并列过程。

（3）提高继电保护装置工作的正确性。当系统处于低负荷运行状态时，发电机的励磁电流不大，若系统此时发生短路故障，其短路电流较小，且随时间衰减，以致带时限的继电保护不能正确工作。励磁自动控制系统就可以通过调节发电机励磁以增大短路电流，使继电保护正确工作。

二、励磁方式

在电力系统发展初期，同步发电机的容量不大，励磁电流由与发电机组同轴的直流发电机供给，即所谓直流励磁机系统。随着发电机容量的提高，所需励磁电流也相应增大，机械整流子在换流方面遇到了困难，而大功率半导体整流元件制造工艺又日益成熟，于是大容量机组的励磁功率单元就采用了交流发电机和半导体整流元件组成的交流励磁机系统。另外用发电机自身作为励磁电源的方法，即发电机自并励系统，这种励磁系统对于水轮发电机尤为适用。

1. 直流励磁机系统

（1）自励直流励磁机系统。图 4 - 5 是自励直流励磁机系统的原理接线图。发电机转子绕组由专用的直流励磁机 GEL 供电，调整励磁机磁场电阻 R_G 可改变励磁机励磁电流中的 I_{RC}，从而达到人工调整发电机转子电流的目的，实现对发电机励磁的手动调节。

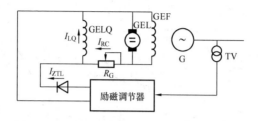

图 4 – 5　自励直流励磁机系统原理接线

在正常工作时，I_{ZTL} 与 I_{RC} 同时负担励磁机的励磁绕组 GELQ 的调整功率，这样可以减少励磁调节器的容量。

（2）他励直流励磁机系统。他励直流励磁机的励磁绕组是由副励磁机供电的，其原理接线图如图 4 – 6 所示。副励磁机 GEF 与励磁机 GEL 都与发电机同轴。

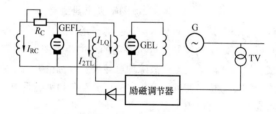

图 4 – 6　他励直流励磁系统原理接线

由于他励方式取消了励磁机的自并励，励磁单元的时间常数就是励磁机励磁绕组的时间常数，与自励方式相比，时间常数减小了，即提高了励磁系统的电压增长速度。

2. 交流励磁机系统

（1）他励交流励磁机系统。他励交流励磁机系统是指交流励磁机带有他励电源——中频副励磁机。在此励磁系统中，交流励磁机经硅整器供给发电机励磁，其中硅整流器可以是静止的也可以是旋转的。

1）如图 4 – 7 交流励磁机带静止硅整流器方式，是由与主机同轴的交流励磁机、中频副励磁机和调器等组成。在这个系统中，发电机 G 的励磁电流由频率为 100Hz 的交流励磁机 GEJ 经硅整流器 GZ 供给，交流励磁机的励磁电流由晶闸管整流器供给，其电源由副励磁机提供。副励磁机是自励式中频交流发电机，用自励恒压调节器保持其端电压恒定。由于副励磁机的起励电压较高，不能像直流励磁机那样能依靠剩磁起励，所以在机组启动时必须外加起励电源，直到副励磁机的输出电压足以使自励恒压调节器正常工作时，起励电源方可退出。

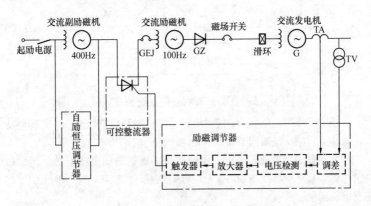

图 4 - 7　他励交流励磁机原理接线

在此励磁系统中，励磁调节器控制晶闸管元件的导通角，来改变交流励磁机的励磁电流。达到控制发电机励磁的目的。由图 4 - 8 可知，一旦副励磁机或自励恒压调节器发生故障均可导致发电机组失磁。如果采用永磁发电机作为副励磁机，就可以简化它的调节设备和励磁系统的操作。励磁系统的可靠性也就可以大为提高。

2）图 4 - 8 是交流励磁机带旋转硅整流器方式的原理图，它的副励磁机是永磁发电机，其磁极是旋转的，电枢是静止的，而交流励磁机正好相

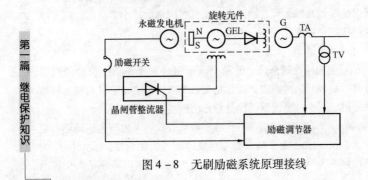

图 4 - 8　无刷励磁系统原理接线

反。交流励磁机电枢绕组的三相交流电经二极管整流后直接送到发电机的转子回路。因为励磁机的电枢、硅整流元件、发电机的励磁绕组都在同一根轴上旋转，所以它们之间不需要任何滑环与电刷等接触元件，这就实现了无刷励磁。

（2）自励交流励磁机系统。图4-9所示为自励交流励磁机带静止晶闸管方式。发电机G的励磁电流由交流励磁机GEJ经晶闸管整流装置KZ供给。交流励磁机的励磁一般采用晶闸管自励恒压方式。励磁调节器ZLT直接控制晶闸管整流装置KZ。采用半导体励磁调节器及晶闸管整流装置，其时间常数很小，与图4-7的励磁方式相比，励磁调节的快速性较好。

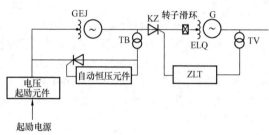

图4-9　自励交流励磁机晶闸管整流励磁接线

如图4-10所示是自励交流励磁机带静止硅整流方式。发电机G的励磁电流由交流励磁机GEJ经硅整流装置GZ供给，半导体型励磁调节器控制晶闸管整流装置KZ，以达到调节发电机励磁的目的。这种励磁系统与图4-7的励磁方式相比其响应速度较慢，本方案不用副励磁机。

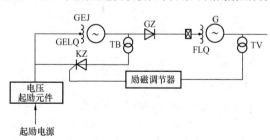

图4-10　自励交流励磁机硅整流励磁接线
TB—励磁变压器

3. 发电机自并励系统

如图 4 – 11 是发电机自并励系统中接线最简单的一种励磁方式，它只用一台接在机端的励磁变压器 TL 作为励磁电源，通过晶闸管整流装置 KZ 直接控制发电机的励磁，这种励磁调节速度很快。

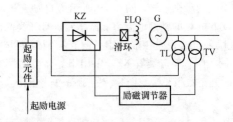

图 4 – 11   发电机自并励磁系统接线

自并励方式在发电机近端短路时强励能力差，甚至可能使机组失磁。为了弥补这一缺陷，可以从励磁变压器与励磁变流器同时获得电源，由与定子电流成比例的串联变压器 T 的二次电压 U_f 与励磁变压器 TL 的二次电压 U_x 的相量和，作为晶闸管的阳极电压，如图 4 – 12 所示，这种励磁方式称为交流侧串联自复励方式。

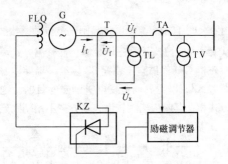

图 4 – 12   交流侧串联自复励系统接线

同步发电机励磁系统中整流电路的主要任务是将交流电压变换为直流电压，供给发电机励磁绕组或励磁机的励磁绕组。大型发电机的转子励磁回路通常采用三相不可控整流电路，有时也采用三相全控桥式整流电路，如图 4 – 13 所示。励磁机励磁回路通常采用三相半控桥式整流电路或三相全控桥式整流电路。

三相全控桥式整流电路中，由于六个桥臂全都采用了晶闸管元件。为保证电路的正常工作，对触发脉冲提出了较高要求，除了共阴极组的晶闸

管元件要靠触发换流外，共阳极组晶
闸管元件也必须靠触发换流。并且一
般要求触发脉冲的宽度均大于60°，即
所谓"宽脉冲触发"，这样才能保证整
流电路在刚投入之际，例如共阴极组
的某一元件被触发导通时，共阳极组
各有一元件同时处在触发状态，电路
才能构成通路。一经触发导通，接着
各元件依次触发换流。另外也可采用
"双脉冲触发"即本元件被触发的同

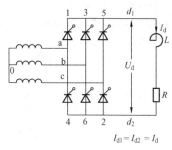

图 4 – 13　三相全控桥式整流电路

时，还送一脉冲给前一元件，以使整流桥在刚投入时构成电流的最初通路。

三、励磁调节方式

1. 相位复式励磁

复式励磁的工作原理仅反应负载电流的幅值，而和负载电流的功率因
数无关。但是发电机的电压却不仅与负载电流有关，而且还受负载功率因
数的影响。在负载电流相等的条件下，功率因数低时补偿的励磁电流要大
些。反之，功率因数高时，补偿的励磁电流可小些。这种既反映电流大小
又反映电流相位的复式励磁称为相位复式励磁。

相位复式励磁为了反映电流和电压间的相位，引入了电流和电位两个
测量信号。相位复式励磁的原理图如图 4 – 14 所示，图中 TX 为相复励变
压器，W 为二次绕组，其输出经整流器 UFGZ 整流后送到励磁机的励磁绕
组。TX 的一次有两个绕组，电流绕组 W_1 接至发电机的电流互感器 TA，
电压绕组经电抗 R_{DK} 后接至发电机的电压互感器 TV，这两个绕组的合成
安匝数就是相复励变压器的原边总磁势。

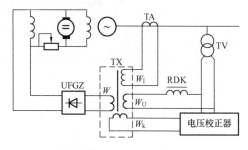

图 4 – 14　相位复式励磁原理图

第四章　电力系统安全自动装置基础知识

合理地选择一次绕组 W_I 和 W_U 的匝数及电流、电压的相位，就可以满足输出与功率因数有关的要求。按这种原理构成的相复励装置，虽然补偿一部分由于功率因数变化而引起的电压偏差，使发电机的电压质量有所改善，但由于非线性和温度等诸因素的影响，很难做到完全补偿，电压质量很难满足要求。所以，一般相位复式励磁装置都带有电压校正器。在相复励变压器 TX 中还设有控制绕组 W_k 通过改变接入绕组 W_k 中的直流电流的大小可以控制铁芯的饱和程度，如图 4-14 所示。电压校正器输出接到控制绕组 W_k，校正器输出电流小时，TX 的励磁阻抗较大，其一次的合成磁势转换到二次的安匝数也较大。当校正器输出的电流增大时，由于 TX 铁芯的励磁阻抗随之减小，则其一次磁势转换到二次的安匝数也就相应减小。这样，绕组 W_k 中的电流受电压校正器控制，直接起到调节电压的作用。

相复励调节器响应速度较快，工作可靠，在我国电力系统中主要用于 10 万 kW 以下中等容量的发电机组。

2. 半导体励磁

图 4-15 是他励交流励磁机系统中所采用半导体励磁调节器的基本框图，图中测量比较、综合放大和移相触发、晶闸管整流等单元是构成励磁调节器的基本单元，每个单元再由若干环节组成。

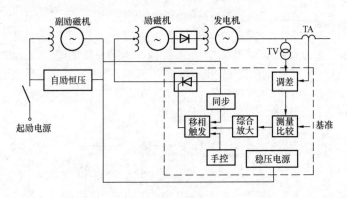

图 4-15　半导体励磁调节器基本框图

测量比较单元的作用是测量发电机电压并变换为直流电压，与给定的基准电压相比较，得出电压的偏差信号。

综合放大单元对测量单元输出的信号起综合和放大的作用。为了得到调节系统良好的静态和动态性能，除了由电压测量比较来的电压偏差信号外，有时还根据要求综合来自其他装置送来的信号，如稳定信号、低励磁限制信号、补偿信号等，如图4－16所示。综合放大后的控制信号输出到移相触发单元。

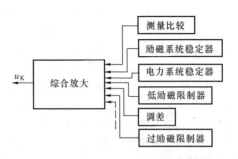

图4－16　接到综合放大单元的各种信号

移相触发单元包括同步、移相、脉冲形成和脉冲放大等单元。触发单元根据输入控制信号的大小，改变输送到晶闸管的触发脉冲相位，即改变控制角α，以控制晶闸管整流电路的输出，从而调节发电机的励磁电流。为了使触发脉冲能可靠地工作，所以还往往需要采用脉冲放大环节。

晶闸管整流电路要求在晶闸管每次承受正向电压的某一时刻，向它的控制极输入触发脉冲，才能使晶闸管导通。而且当控制电压一定时，各相的控制角α相同。晶闸管触发脉冲与主电路之间的这种相位配合关系，称为同步。对于不同接线方式的晶闸管整流电路，由于晶闸管在每个周期内导电的区间不同，因此触发电路与主电路同步的相位配合也有些不同。三相半控桥式整流电路，由于共阳极组的整流元件是不可控的，在自然换流点换流。共阴极组的晶闸管应在其承受的相电势为正的一段区间内触发导通。三相触发脉冲应按＋A、＋B、＋C相的顺序依次相隔120°发出。

三相全控整流电路中，共阴极组的晶闸管元件只有在阳极电位最高的一段区间内才有可能导通。触发脉冲应在这一区间内发出。与半控整流电路一样，三相触发脉冲按＋A、＋B、＋C相的顺序依次相隔120°发出。共阳极的晶闸管只有在阴极电位最低的一段区间内才有可能导通，触发脉冲应在这一区间内发出。三相触发脉冲按－C、－A、－B相的顺序依次相隔120°发出。这样六相触发脉冲应按＋A→－C→＋B→－A→＋C→－B相的顺序依次相隔60°发出。

第四章　电力系统安全自动装置基础知识

供给移相触发单元的电压信号与主电路电源间应具有一定的相位关系，才能保证触发脉冲按要求的相位发出。该同步电压信号是由同步变压器获得。同步变压器的一次绕组接主电路电源，二次绕组供给触发电路作为同步电压信号。在三相桥式半控整流电路中，同步变压器二次接成三相星形，在三相桥式全控整流电路中采用六相双星形接法。

半导体励磁调节器对移相触发单元的要求如下：①触发脉冲应与主电路的电源同步。②触发脉冲的数目及移相范围，应满足整流电路和调压范围的要求。③在整个移相范围内应保证各相触发脉冲的控制角 α 一致，否则将使整流桥输出电压的谐波分量增大。一般各相脉冲的相位偏差应小于 $10°$，在全控桥中相位偏差角应不大于 $5°$。④触发脉冲须具有足够的功率（电压、电流），以便晶闸管元件能可靠地导通。由于晶闸管元件控制极参数的分散性，所需的触发电压、电流随温度而变化，为了使所有的晶闸管元件均能可靠地导通，设计触发电路输出的电压、电流值时，要留有一定裕量，但也不应大于它的允许值。⑤触发脉冲的上升前沿要陡，它的上升时间一般在 $10\mu s$ 左右。⑥触发脉冲要有一定的宽度。在励磁调节器中，由于晶闸管主电路具有较大的电感负载，触发脉冲更应加宽。因为在大电感负载情况下，晶闸管的导通电流由零逐渐上升，如果电流未上升到掣住电流就消失，晶闸管又会重新关断。一般脉冲宽度应不小于 $100\mu s$，通常为 $1ms$（相当于 $50Hz$ 正弦波的 $18°$）。对三相全控桥式整流电路，要求触发脉冲宽度大于 $60°$ 或者用双脉冲触发。⑦触发单元与主电路应互相隔离，以保证安全。

四、励磁调节器的调整

对励磁调节器特性进行调整，主要是为了满足运行方面的要求，这些要求是：①发电机投入和退出运行时，能平稳地改变无功负荷，不致发生无功功率的冲击；②保证并联运行的发电机组间无功功率的合理分配。

为此在励磁调节器中设置了电压整定及调差单元。在公共母线上并联运行的发电机组间无功功率的分配，主要取决于各台发电机的无功调节特性。而无功调节特性是用调差系数 δ 来表征的。调差系数用 δ 表示，其定义为

$$\delta = \frac{U_{f1} - U_{f2}}{U_N} = U_{f1*} - U_{f2*} = \Delta U_{f*} \qquad (4-2)$$

式中　U_N——发电机额定电压；

　U_{f1}、U_{f2}——分别为空载、额定无功电流时的发电机电压，一般取 $U_{f2} = U_N$。

调差系数 δ 也可用百分数表示，即

$$\delta\% = \frac{U_{f1} - U_{f2}}{U_N} \times 100 \qquad (4-3)$$

图 4-17 为发电机调节特性的三
种类型。$\delta > 0$ 为正调差系数，其调节
特性下倾，即发电机端电压随无功电
流增大而降低；$\delta < 0$ 为负调差，调节
特性上翘，发电机端电压随无功电流
增大而上升；$\delta = 0$ 称为无差特性，这
时发电机电压恒为定值。

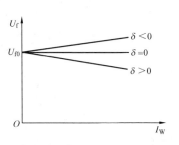

图 4-17　发电机调节特性

图 4-18 调差单元由隔离电流互
感器和接在其二次的同轴可调电阻组
成。电阻上的电压降直接加在电压互
感器的二次侧，其接线方法使输出电压幅值只反映电流的无功分量。

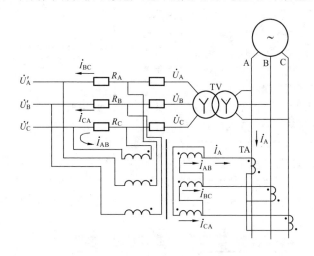

图 4-18　调差单元的原理接线

通常用自然调差系数 δ_0 来描述励磁控制系统的调节性能。δ_0 的大小
与控制系统放大倍数有关，当励磁功率单元和发电机组选定后，δ_0 的大
小取决于励磁调节器的放大倍数。励磁调节器的放大倍数越大，δ_0 就越
小，因此调差单元对调节特性的影响，在正调差情况下可以用图 4-19 表
示，图中直线 1 为励磁自动控制系统所固有的调节特性即自然调差系数

δ_0；$I_{we}R$ 是调差单元对调节特性的影响，它与特性 1 综合后就形成图中直线 2 的正调差特性 δ。

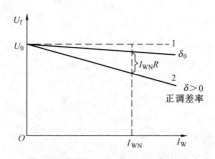

图 4 – 19　接入调差装置后的发电机调节特性

假设某一台发电机带有励磁调节器，与无限大母线并联运行。由图 4 – 20可见。发电机无功电流从 I_{W1} 减小到 I_{W2}，只需要将调节特性由 1 平移到 2 的位置。如果调节特性继续向下移动到 3 的位置时，则它的无功电流将减小到零，这样机组就可退出运行，不会发生无功功率的突变。

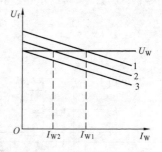

图 4 – 20　调节特性的平移与机组无功功率的关系

同理，发电机投入运行时，只要令它的调节特性处于 3 的位置，待机组并入电网后再进行向上移动特性的操作，使无功电流逐渐增加到运行要求值。现场运行人员只要调节机组的励磁调节器中的整定电位器就可控制其调节特性上下移动，实现了无功功率的转移。

第二节　同 期 装 置

同期装置是一种在电力系统运行过程中执行并网时使用的指示、监视、控制装置，它可以检测并网点两侧的电网频率、电压幅值、电压相位是否达到条件，以辅助手动并网或实现自动并网。

在电力系统中，同步发电机的并列方法可分为准同期并列和自同期并列两种。同步发电机组并列时应遵循如下的原则：①并列断路器合闸时，对待并发电机组的冲击电流应尽可能小，其最大值不应超过允许值；②发电机组并入系统后，应能迅速进入同步运行状态，进入同步运行的暂态过程要短。

并列的理想条件为两侧电源电压的三个状态量全部相等，即图 4 – 21 （b）中 $\dot{U}_f$、$\dot{U}_x$ 两个矢量完全重合并且同步旋转。所以并列的理想条件可表达为：①$\omega f = \omega x$ 或 $f_f = f_x$ 待并发电机频率与系统频率相等；②$U_f = U_x$ 发电机电压与母线电压幅值相等；③$\delta = 0$ 相角差为零，$\dot{U}_f$ 与 $\dot{U}_x$ 两电压矢量重合。

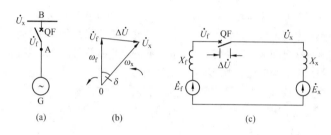

图 4 – 21　准同期并列

（a）电路示意图；（b）矢量图；（c）等值电路图

如果存在电压幅值差，冲击电流主要为无功电流分量，冲击电流的电动力对发电机产生影响，由于定子绕组端部的机械强度最弱，所以需特别注意对它造成的危害；如果存在较小的相角差，冲击电流主要是有功电流分量，说明合闸后发电机与系统间有功功率立刻进行交换，使机组联轴受到突然冲击，这对机组和系统运行是不利的；进入同步状态的暂态过程与合闸时滑差角频率 ω_{s0} 大小有关，当 ω_{s0} 较小时，可以很快进入同步运行，如果 ω_{s0} 较大，则需经历较长时间振荡才能进入同步运行，如果很大，则可能导致失步。

准同期并列主要对脉动电压 U_s 和滑差角频率 ω_s 进行检测和控制，并控制在合适的时间发出合闸信号，使合闸瞬间的 U_s 值在允许值以内。

为了使待并发电机组满足并列条件，自动准同期装置设置了三个控制单元：①频差控制单元的任务是检测 $\dot{U}_f$ 与 $\dot{U}_x$ 间的滑差角频率 ω_s，且调节发电机转速，使发电机电压频率接近于系统频率；②电压差控制单元的功能是检测 $\dot{U}_f$ 与 $\dot{U}_x$ 的电压差，且调节发电机电压 $\dot{U}_f$ 使它与 $\dot{U}_x$ 间电压差值小于规定值，促使并列条件的实现；③合闸信号控制单元检查并列条件，当待并机组的频率和电压都满足并列条件时，控制单元就选择合适的时间发出合闸信号，使并列断路器 QF 的主触头接通时，相角差 δ_0 接近于零或控制在允许范围以内。

考虑到断路器操动机构和合闸回路控制电器的固有动作时间，必须在两电压矢量重合之前发出合闸信号，即取一提前量。准同期并列装置采用的提前量有越前相角和越前时间两种。

同步发电机的准同期并列装置按自动化程度也可分为：①半自动准同期并列装置这种并列装置没有频差控制单元和电压差控制单元，只有合闸信号控制单元。并列时，待并发电机的频率和电压由值班员监视和调整，当频率和电压都满足并列条件时，准同期并列装置就在合适的时间发出合闸信号；②自动准同期并列装置设置了频率差控制单元、电压差控制单元和合闸命令控制单元。当同步发电机并列时，发电机的频率和电压都由并列装置自动调节。当满足并列条件时，就发出合闸信号。

恒定越前时间并列装置的整定计算。

（1）越前时间 t_{yJ}。通常令

$$t_{yJ} = t_c + t_{QF} \qquad (4-4)$$

式中　t_c——自动装置合闸出口电路的动作时间；

t_{QF}——并列断路器的合闸时间。

t_{yJ}——决定于 t_{QF} 其值随并列断路器的类型而变。

（2）允许电压差。U_f 与 U_x 间的允许电压差值一般定为（0.1～0.15）U_N。

（3）允许滑差角频率 ω_{sy} 由于断路器合闸时间存在着误差，因此就产生合闸相角误差 δ_0，在时间误差一定的条件下，δ_0 与 ω_s 成正比。设 δ_{oy} 为发电机组的允许合闸相角，可求得最大允许滑差 ω_{sy} 为

$$\omega_{sy} = \frac{\delta_{0y}}{\mid \Delta t_c \mid + \mid \Delta t_{QF} \mid} \qquad (4-5)$$

式中　$\mid \Delta t_c \mid$、$\mid \Delta t_{QF} \mid$——为自动并列装置、断路器的误差时间。

δ_{0y} 决定于发电机的最大允许冲击电流 i''_{hm}，当给定 i''_{hm} 后可得

$$\delta_{0y} = 2\arcsin \frac{i''_{hm}(X''_q + X_x)}{2 \times 1.8\sqrt{2}E''_q} \qquad (4-6)$$

将求得的 δ_{0y} 值代入式（4-6）即可求得允许滑差 ω_{sy}。

恒定越前时间准同期并列装置中的合闸信号控制单元由滑差角频率检测、电压差检测和越前时间信号等主要环节组成。

第三节 快切装置及备自投装置

一、快切装置

大容量火电机组的特点之一是采用机、炉、电单元集控方式，其厂用电系统的安全可靠性对整个机组乃至整个电厂运行的安全、可靠性有着相当重要的影响，而厂用电切换则是整个厂用电系统的一个重要环节。

（一）切换原则

厂用电系统一般都具有两个电源，即厂用工作电源和备用（启动）电源。正常运行时机组厂用电由工作电源供电，停机状态由备用电源供电，机组在启动和停机过程都必须带负荷进行厂用电切换。另外，当机组或厂用工作电源发生故障时，为了保证厂用电不中断及机组安全有序地停机，不扩大事故，必须尽快把厂用电电源从工作电源切换到备用电源。因此，发电机组对厂用电切换的基本要求是安全可靠。其安全性体现为切换过程中不能造成设备损坏，而可靠性则体现为提高切换成功率，减少备用变压器过流或重要辅机跳闸造成锅炉汽轮机停运的事故。

（二）切换方式

厂用电源切换的方式可按断路器动作顺序分，也可按启动原因分，还可按切换速度进行分类。

1. 按断路器动作顺序分类

（1）并联切换。先合上备用电源，两电源短时并联，再跳开工作电源。这种方式多用于正常切换，如启、停机。并联方式另分为并联自动和并联半自动两种。

（2）串联切换。先跳开工作电源，在确认工作断路器跳开后，再合上备用电源。母线断电时间至少为备用断路器合闸时间。此种方式多用于事故切换。

（3）同时切换。这种方式介于并联切换和串联切换之间。合备用命令在跳工作命令发出之后、工作断路器跳开之前发出。母线断电时间大于0ms而小于备用断路器合闸时间，可设置延时来调整。这种方式既可用于正常切换，也可用于事故切换。

2. 按启动原因分类

（1）正常手动切换。由运行人员手动操作启动，快切装置按事先设定的手动切换方式（并联、同时）进行分合闸操作。

（2）事故自动切换。由保护接点启动发电机—变压器组、厂用变压器和其他保护出口跳工作电源断路器的同时，启动快切装置进行切换，快切装置按事先设定的自动切换方式（串联、同时）进行分合闸操作。

（3）不正常情况自动切换。有两种不正常情况：一是母线失压，母线电压低于整定电压达整定延时后，装置自行启动，并按自动方式进行切换；二是工作电源断路器误跳，由工作断路器辅助触点启动装置，在切换条件满足时合上备用电源。

3. 按切换速度分类

对于大容量火力发电厂，尤其是 300MW 及以上的机组，厂用电高压电动机的容量大且数量较多，当厂用电源中断时，由于高压电机及负载的机械惯性，电动机将维持较长时间继续旋转，且将转变为异步发电机运行工况，因此厂用电母线在一段时间内会维持一定的残压并缓慢衰减，频率也会随着转速降低而缓慢下降。图 4－23 为典型的厂用母线电压衰减曲线。从图中可以看出，在厂用电源中断瞬间，母线残压的衰减量还不大，但残压与备用电源电压的矢量角差已开始拉开，如果备用电源投入的时机不当，将产生很大的冲击电流，直接作用于电动机，这不但影响了电动机的使用寿命，甚至可能导致切换失败造成厂用电中断，其后果是十分严重的。因此，厂用电切换必须根据系统的残压衰减特性，选择合适的切换时机。根据实际运行经验得出，为保证厂用电的成功切换且不产生大的冲击电流，备用电源断路器最合适的合闸时刻是厂用母线残压与备用电源电压的相角差不超过 30°，即厂用电系统切换全过程在 100ms 以内。

（1）快速切换。假设有图 4－22 所示的厂用电系统，工作电源由发电机端经厂用高压工作变压器引入，备用电源由电厂高压母线或由系统经启动/备用变压器引入。正常运行时，厂用母线由工作电源供电，当工作电源侧发生故障时，必须跳开工作电源断路器 QF1，合 QF2，跳开 QF1 时厂用母线失电，由于厂用负荷多为异步电动机，电动机将惰行，母线电压为众多电动机的合成反馈电压，称其为残压，残压的频率和幅值将逐渐衰减。

以极坐标形式绘出的某 300MW 机组 6kV 母线残压相量变化轨迹（残压衰减较慢的情况），如图 4－23 所示。

图中 V_D 为母线残压，V_S 为备用电源电压，ΔU 为备用电源电压与母线残压间的差拍电压。合上备用电源后，电动机承受的电压 U_M 为

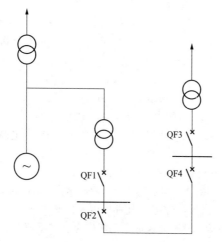

图 4 - 22　厂用电一次系统简图

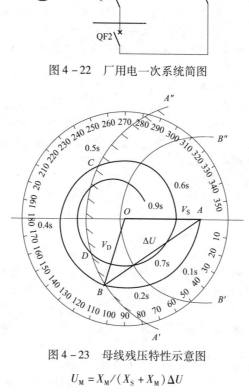

图 4 - 23　母线残压特性示意图

$$U_{\mathrm{M}} = X_{\mathrm{M}} / (X_{\mathrm{S}} + X_{\mathrm{M}}) \Delta U \qquad (4 - 7)$$

式中　X_{M}——母线上电动机组和低压负荷折算到高压厂用电压后的等值
电抗；

X_{S}——电源的等值电抗。

令 $K = X_M / (X_S + X_M)$，则

$$U_M = K\Delta U \qquad\qquad (4-8)$$

为保证电动机安全自启动，U_M 应小于电动机的允许启动电压，设为 1.1 倍额定电压 U_e，则有

$$K\Delta U < 1.1U_e \qquad\qquad (4-9)$$

$$\Delta U(\%) < 1.1/K \qquad\qquad (4-10)$$

设 $K = 0.67$，则 $\Delta U(\%) < 1.64$。图 4-23 中，以 A 为圆心，以 1.64 为半径绘出弧线 A′-A″，则 A′-A″ 的右侧为备用电源允许合闸的安全区域，左侧则为不安全区域。若取 $K = 0.95$，则 $\Delta U(\%) < 1.15$，图 4-23 中 B′-B″ 的左侧均为不安全区域。

假定正常运行时工作电源与备用电源同相，其电压相量端点为 A，则母线失电后残压相量端点将沿残压曲线由 A 向 B 方向移动，如能在 A-B 段内合上备用电源，则既能保证电动机安全，又不使电动机转速下降太多，这就是所谓的"快速切换"。

(2) 同期捕捉切换。图 4-23 中，过 B 点后 BC 段为不安全区域，不允许切换。在 C 点后至 CD 段实现的切换以前通常称为"延时切换"或"短延时切换"。前面已分析过，用固定延时的方法并不可靠。最好的办法是实时跟踪残压的频差和角差变化，尽量做到在反馈电压与备用电源电压向量第一次相位重合时合闸，这就是所谓的"同期捕捉切换"。以上图为例，同期捕捉切换时间约为 0.6s，对于残压衰减较快的情况，该时间要短得多。若能实现同期捕捉切换，特别是同相点合闸，对电动机的自启动也很有利，因此时厂母电压衰减到 65%~70% 左右，电动机转速不至于下降很大，且备用电源合上时冲击最小。

同期捕捉切换之"同期"与发电机同期并网之"同期"有很大不同，同期捕捉切换时，电动机相当于异步发电机，其定子绕组磁场已由同步磁场转为异步磁场，而转子不存在外加原动力和外加励磁电流。因此，备用电源合上时，若相角差不大，即使存在一些频差和压差，定子磁场也将很快恢复同步，电动机也很快恢复正常异步运行。所以，此处同期指在相角差零点附近一定范围内合闸（合上）。

在实现手段上，同期捕捉切换有两种基本方法：一种基于"恒定越前相角"原理，即根据正常厂用负荷下同期捕捉阶段相角变化的速度（取决于该时的频差）和合闸回路的总时间，计算并整定出合闸提前角，快切装置实时跟踪频差和相差，当相差达到整定值，且频差不超过整定范围时，即发合闸命令，当频差超范围时，放弃合闸，转入残压切换。这种

方法缺点是合闸角精确度不高，且合闸角随厂用负载变化而变化。另一种基于"恒定越前时间"原理，即完全根据实时的频差、相差，依据一定的变化规律模型，计算出离相角差过零点的时间，当该时间接近合闸回路总时间时，发出合闸命令。该方法从理论上讲，能较精确地实现过零点合闸，且不受负荷变化影响。但实用时，需解决不少困难：一是要准确地找出频差、相角差变化的规律并给出相应的数学模型，不能简单地利用线性模型；二是由于厂用电反馈电压频率变化的不完全连续性（有跳变）及频率测量的间断性（10ms一点）等，造成频差及相差测量的间断和偏差；另外，合闸回路的时间也有一定的离散性等。由于在同期捕捉阶段，相差的变化速度可达 1～2（°）/ms，因此，任何一方面产生的误差都将大大降低合闸的准确性。

（3）残压切换。当残压衰减到 20%～40% 额定电压后实现的切换通常称为"残压切换"。残压切换虽能保证电动机安全，但由于停电时间过长，电动机自启动成功与否、自启动时间等都将受到较大限制。

（三）切换模式

1. 正常手动切换功能

手动切换是指厂用电系统正常工况时，手动切换工作电源与备用电源。这种方式可由工作电源切换至备用电源，也可由备用电源切换至工作电源。它主要用于发电机启、停机时的厂用电切换。该功能由手动启动，在控制台或装置面板上均可操作。手动切换可分为并联切换及串联切换。

（1）手动并联切换。

1）并联自动。

并联自动指手动启动切换，如并联切换条件满足要求，装置先合备用（工作）断路器，经一定延时后再自动跳开工作（备用）断路器。如果在该段延时内，刚合上的备用（工作）断路器被跳开，则装置不再自动跳开工作（备用）断路器。如果手动启动后并联切换条件不满足，装置将立即闭锁且发闭锁信号，等待复归。

2）并联半自动。

并联半自动指手动启动切换，如并联切换条件满足要求，装置先合备用（工作）断路器，而跳开工作（备用）断路器的操作则由人工完成。如果在规定的时间内，操作人员仍未跳开工作（备用）断路器，装置将发告警信号。如果手动启动后并联切换条件不满足，装置将立即闭锁且发闭锁信号，等待复归。

（2）手动串联切换。

手动串联切换指手动启动切换，先发跳工作电源开关指令，不等开关辅助触点返回，在切换条件满足时，发合备用（工作）断路器命令。如断路器合闸时间小于断路器跳闸时间，自动在发合闸命令前加所整定的延时以保证断路器先分后合。

2. 事故切换功能

事故切换指由发电机—变压器组、高压厂用变压器保护（或其他跳工作电源断路器的保护）接点启动，单向操作，只能由工作电源切向备用电源。事故切换可分为事故串联切换和事故同时切换。

（1）事故串联切换。由保护接点启动，先跳开工作电源断路器，在确认工作电源断路器已跳开且切换条件满足时，合上备用电源断路器。

（2）事故同时切换。由保护接点启动，先发跳工作电源断路器指令，不等待工作断路器辅助触点变位，一旦切换条件满足时，立即发合备用电源断路器命令（或经整定的短延时"同时切换合备用延时"发合备用电源断路器命令）。"同时切换合备用延时"定值可用来防止电源并列。

3. 非正常工况切换功能

非正常工况切换是指装置检测到不正常运行情况时自行启动，单向操作，只能由工作电源切向备用电源。非正常工况切换可分为母线低电压和工作电源断路器偷跳。

（1）母线低电压。当母线三线电压均低于整定值且时间大于所整定延时定值时，装置根据选定方式进行串联或同时切换。

（2）工作电源断路器偷跳。因各种原因（包括人为误操作）引起工作电源断路器误跳开，装置可根据选定方式进行串联或同时切换。

二、备自投装置

对供电可靠性要求较高的某些重要用户，往往有两个或多个供电电源。这些电源由于某些原因（如运行安全、系统接线、潮流分布或继电保护等原因）不能并联运行，通常一个供电电源工作，其余供电电源备用。正常运行时，用户由工作电源供电；当工作电源故障断开或者因某种原因突然停电（正常操作停电除外）后，应自动地、快速地切换到备用电源，使用户不致因工作电源故障而长时间停电。这种能使备用电源自动投入动作的装置，叫作备用电源自动投入装置，简称 BZT。

备用电源自动投入装置应符合下列要求：①应保证在工作电源或设备断开后，才投入备用电源或设备；②工作电源或设备上的电压，不论因任何原因消失时，自动投入装置均应动作；③自动投入装置应保证只动作一次。

发电厂厂用备用电源自动投入装置，还应符合下列要求：①当一个备用电源同时作为几个工作电源的备用时，如备用电源已代替一个工作电源后，另一工作电源又被断开，必要时，自动投入装置应仍能动作；②有两个备用电源的情况下，当两个备用电源为两个彼此独立的备用系统时，应各装设独立的自动投入装置，当任一备用电源都能作为全厂各工作电源的备用时，自动投入装置应使任一备用电源都能对全厂各工作电源实行自动投入；③自动投入装置，在条件可能时，可采用带有检定同期的快速切换方式，也可采用带有母线残压闭锁的慢速切换方式及长延时切换方式。

通常应校验备用电源和备用设备自动投入时过负荷的情况，以及电动机自启动的情况，如过负荷超过允许限度或不能保证自启动时，应有自动投入装置动作于自动减负荷。当自动投入装置动作时，如备用电源或设备投于故障，应使其保护加速动作。

第四节　自动电压控制系统（AVC）

AVC 是自动电压控制（Automatic Voltage Control）的简称。它属于一种在线的电网无功调度系统，是利用计算机和通信技术，通过实时监测电网电压/无功，进行在线优化计算，实行实时最优闭环控制，满足电网安全电压约束条件下的优化无功潮流，对电网中的无功资源以及调压设备进行自动控制，以达到保证电网安全、优质和经济运行的目的。

1. AVC 装置的功能

AVC 装置作为电网电压无功优化系统中分级控制的电压控制实现手段，是针对负荷波动和偶然事故造成的电压变化迅速动作来控制调节发电机励磁实现电厂侧的电压控制，保证向电网输送合格的电压和满足系统需求的无功功率。同时接受来自调度通信中心的上级电压控制命令和电压整定值，通过电压无功优化算法计算并输出以控制发电机励磁调节器的整定点来实现远方调度控制。

2. AVC 控制原则

首先保证电网安全稳定运行，在正常条件下，改善全系统的电压分布，保证电压合格，降低网损。在紧急情况下，通过电压控制和其他措施避免系统崩溃。

对发电厂无功功率进行调节，AVC 子站采用如下两大类控制思想，一种是由折算的总无功功率，经计算直接确定出各机组的无功功率目标进行快速直接调节，另一种是采用对总无功功率目标在机组间按一定的原则分配；同时又充分考虑母线电压和母线电压目标的差值，对机组进行变步长的智能调节控制，对机组进行增减磁的调节速率是由母线电压目标和当前母线电压的差值自动调节确定。

3. AVC 的组成与工作原理

（1）AVC 主站。AVC master station 指设置在调度（通信）中心，用于自动电压控制（AVC）分析计算并发出控制指令的计算机系统及软件，同时接收子站的反馈信息。

（2）AVC 子站。AVC slave station 指运行在电厂或者变电站的就地控制装置或软件，用于接收、执行主站的控制指令，并向主站回馈信息。

（3）工作原理。由于发电机无功出力、机端电压会随着励磁电流的变化而变化，而且通过主变压器还会对高压侧母线电压产生影响，因此需要改变励磁调节器的电压设定值，从而实现对励磁电流的控制。电厂自动电压控制系统按照控制中心主站端自动电压控制控制指令对励磁调节器的电压设定值进行实时、动态的调节，通过改变发电机励磁电流实现电压无功的自动调控。

4. AVC 控制模式

（1）全厂控制模式。发电厂 AVC 子站接收 AVC 主站系统下发的发电厂高压母线电压/全厂总无功功率目标值或设定的电压控制曲线，按照一定的控制策略，合理分配各机组的无功功率，AVC 子站直接或通过 DCS 向发电机的励磁系统发送增减磁信号以调节发电机无功功率，达到主站控制目标，实现全厂多机组的电压/无功自动控制。

（2）单机控制模式。发电厂 AVC 子站直接接收 AVC 主站系统下发的每台机组的无功功率目标值，直接或通过 DCS 向发电机的励磁系统发送增减磁信号以调节发电机无功功率，使机组的无功功率达到目标值。

5. AVC 控制方式

（1）远方控制方式。AVC 子站接收 AVC 主站的控制命令，按照确定的控制模式，直接或通过 DCS 向发电机的励磁系统发送增/减励磁信号以调节发电机无功功率，达到主站控制目标，形成发电厂侧 AVC 子站与 AVC 主站的闭环控制。

（2）本地控制方式。在 AVC 子站与主站通信故障或其他特殊情况下，子站退出远方控制，采用本地控制方式，按照预先设定的发电厂高压母线电压控制曲线，实现发电厂自动电压/无功控制。

第二篇

继电保护技能

第五章

继电保护基本技能

第一节 识图与绘图

一、识图方法

对于电气图，要做到正确识图，必须做到以下几点。

（1）掌握电气图的基本知识。在识图前需掌握电气制图标准中的基本概念、基本要求和规则及各类电气图的基本特点等知识。

（2）了解涉及电气图的有关标准和规程规范。识图的主要目的是用来指导安装、调试、运行、维修和管理等环节，而与这些环节有关的技术标准、规程规范并不能在图上一一反映出来，所以在读电气图时，必须了解涉及电气图的有关技术标准和规程规范。

（3）了解与电气图相关的土建图、管路图和机械图等。电气安装或调试往往与土建工程和管路工程配合进行，如电气布置与土建工程的平面和立面布置有关，线路的走向与土建结构的位置和走向有关，还与管道的规格、用途、走向有关。所以读电气图时需了解与电气图相关的土建图、管路图和机械图等，并把它们对应起来识图。

识图的具体方法分为以下四个步骤：

（1）仔细阅读图纸说明。拿到图纸后，首先要仔细阅读图纸说明，如图纸目录、技术说明、设备表、施工说明书等，这样有助于从整体上理解图纸的概况和所要表达的重点。

（2）读系统图和框图。阅读图纸说明后，就要读系统图和框图，从而了解整个系统或分系统的概况，即它们的基本组成、相互关系及其主要特征，为进一步理解系统或分系统的工作原理打一个基础。

（3）读电路图。为了进一步理解系统或分系统的工作原理，需仔细阅读电路图。电路图是电气图的核心，内容丰富，阅读难度大。对于复杂的电路图，应先读相关的逻辑图和功能图。

看电路图时，首先要分清一次回路和二次回路、交流回路和直流回路，然后按照先看一次回路，再看二次回路的顺序进行识图。看一次回路时，通常从电气设备开始，经开关设备到电源；看二次回路时则要从上而下，从左到右看，即从电源开始，顺次看各条回路。通过看一次回路，搞清电气设备经哪些开关设备取得电源；通过看二次回路，搞清二次回路的构成，各回路的元器件动作情况，各元器件之间的相互关系以及各元器件与一次回路的关系，进而搞清整个系统的工作原理。

（4）读接线图。在进行设备安装接线和维修检查及故障处理时，需进一步阅读接线图。读接线图时，与电路图相互对照，可以帮助搞清接线图。读接线图要根据端子标志、回路标号从电源端顺次查下去，搞清线路的走向和电路的连接方法，即搞清每个元器件是如何通过连接线构成闭合回路的。

回路标号见表 5 - 1 和表 5 - 2。

表 5 - 1　　　　　　　　　直流回路的数字标号

回 路 名 称	数 字 标 号 组			
	一	二	三	四
正电源回路	101	201	301	401
负电源回路	102	202	302	402
合闸回路	103 ~ 131	203 ~ 231	303 ~ 331	403 ~ 431
绿灯或合闸回路监视继电器回路	103	203	303	403
跳闸回路	133 ~ 149 1133、1233	233 ~ 249 2133、2233	333 ~ 349 3133、3233	433 ~ 449 4133、4233
备用电源自动合闸回路	150 ~ 169	250 ~ 269	350 ~ 369	450 ~ 469
开关设备的位置信号回路	170 ~ 189	270 ~ 289	370 ~ 389	470 ~ 489
事故跳闸音响信号回路	190 ~ 199	290 ~ 299	390 ~ 399	490 ~ 499
保护回路	01 ~ 099（或 0101 ~ 0999）			
发电机励磁回路	601 ~ 699（或 6011 ~ 6999）			
信号及其他回路	701 ~ 799（或 7011 ~ 7999）			
断路器位置遥信回路	801 ~ 809（或 8011 ~ 8999）			
断路器合闸绕组或操动机构电动机回路	871 ~ 879（或 8711 ~ 8799）			
隔离开关操作闭锁回路	881 ~ 889（或 8810 ~ 8899）			
发电机调速电动机回路	991 ~ 999（或 9910 ~ 9999）			
变压器零序保护共用电源回路	001、002、003			

第二篇　继电保护技能

表 5 - 2		交流回路的数字标号				
回路名称	互感器的文字符号及电压等级	回路标号组				零序
		U 相	V 相	W 相	中性线	
保护装置及测量表计的电流回路	TA	U11 ~ U19	V11 ~ V19	W11 ~ W19	N11 ~ N19	L11 ~ L19
	TA1—1	U111 ~ U119	V111 ~ V119	W111 ~ W119	N111 ~ N119	L111 ~ L119
	TA1—2	U121 ~ U129	V121 ~ V129	W121 ~ W129	N121 ~ N129	L121 ~ L129
	TA1—9	U191 ~ U199	V191 ~ V199	W191 ~ W199	N191 ~ N199	L191 ~ L199
	TA2—1	U211 ~ U219	V211 ~ V219	W211 ~ W219	N211 ~ N219	L211 ~ L219
	TA2—9	U291 ~ U299	V291 ~ V299	W291 ~ W299	N291 ~ N299	L291 ~ L299
保护装置及测量仪表电压回路	TV1	U611 ~ U619	V611 ~ V619	W611 ~ W619	N611 ~ N619	L611 ~ L619
	TV2	U621 ~ U629	V621 ~ V629	W621 ~ W629	N621 ~ N629	L621 ~ L629
	TV3	U631 ~ U639	V631 ~ V639	W631 ~ W639	N631 ~ N639	L631 ~ L639
经隔离开关辅助触点或继电器切换后的电压回路	6 ~ 10kV	U(W,N)760 ~ 769,V600				
	35kV	U(W,N)730 ~ 739,V600				
	110kV	U(V,W,L,试)710 ~ 719,N600				
	220kV	U(V,W,L,试)720 ~ 729,N600				
	330(500)kV	U(V,W,L,试)730 ~ 739,N600; U(V,W,L,试)750 ~ 759,N600				
绝缘监察电压表的公用回路		U700	V700	W700	N700	
母线差动保护公用电流回路	6 ~ 10kV	U360	V360	W360	N360	
	35kV	U330	V330	W330	N330	
	110kV	U310	V310	W310	N310	
	220kV	U320	V320	W320	N320	
	330(500)kV	U330(U350)	V330(V350)	W330(W350)	N330(N350)	

二、一次接线图

发电厂和变电站的电气主接线是由高压电器通过连接线组成的、接受和分配电能的电路，又称一次接线或电气主系统，用规定的设备文字和符号，按其作用依次连接的单线接线图，称作主接线图。它不仅标明了各主要设备的规格、数量，而且反映各设备的作用、连接方式和各回路间相互关系，从而构成发电厂或变电站电气部分的主体。它直接影响着配电装置

第五章 继电保护基本技能

的布置、继电保护的配置、自动装置和控制方式的选择。对电力系统运行的可靠性、灵活性和经济性起决定性作用。

电气主接线是发电厂或变电站电气部分的主体，是保证出力、连续供电和电能质量的关键环节。它必须满足工作可靠、调度灵活、运行检修方便、且具有经济性和发展的可能性等基本要求，但各厂、站的主接线亦随其容量、装机台数、负荷性质以及在系统中的地位和条件的限制而有所不同。设计时，需因地制宜进行综合分析，以便正确确定主接线形式，合理选择变压器的容量和结构型式。

主接线的设计是一个综合性问题，其设计原则应以设计任务书为依据，以国家经济建设方针、政策及有关技术规范、规程为准则；结合工程具体特点，准确地掌握基础资料，如对给定电厂容量、机组台数、主要负荷性质和要求、接入系统情况以及燃料来源、供水、除灰、交通运输、气象、环境污染、开挖及回填土方量、居民搬迁等情况，均应全面综合分析，以确定建厂标准和主要技术标准。做到既要技术先进，又要经济实用。

主接线的形式可概括分为两大类，其一为母线式主接线，如单母线、双母线、一个半断路器接线等；其二为无母线接线形式，如桥形（内桥、外桥）、多角形、单元接线为了提高供电可靠性及灵活性。常采用一些辅助改进措施，如将母线分段提高其可靠性；加设旁路母线，使其在不停电状态下检修馈线断路器；加装电抗器限制短路电流以便合理地选用轻型设备；以及采用改进后的派生接线形式（例如双角形接线、变压器—母线形接线）等。主接线形式应根据工程的具体情况选用。通常在火电厂中，发电机电压级多采用母线式接线，更多地采用分段形式。而在升高电压级、变电站及水电厂中，多采用不分段的单母线或双母线并加设旁路母线，更多的是采用无母线接线形。

对电气主接线的基本要求有以下几点：

（1）保证必要的电能质量。主接线的接线形式必须保证供电可靠，因事故被迫中断供电的机会越少、影响范围越小、停电时间越短，主接线的可靠程度就越高。在设计时，除予以定性评价外，对于重要的大型发电厂或变电站的电气主接线，还需对上述诸因素进行定量分析和计算。发电厂和变电站都是电力系统的重要组成部分，其可靠度的要求应与系统相适应。要根据系统和负荷的要求，进行具体分析，以满足必要的供电可靠性。随着电力事业不断发展，大容量发电机组及新型设备的投运，自动装置和先进技术的使用，都有利于提高主接线的可靠性。相反，不必要的多用设备，使接线复杂、运行不便，将会导致可靠性降低。此外，与设备质量、运行管理水平等因素也与可靠性有密切关系。

（2）具有一定灵活性和方便性的主接线应能适应各种运行状态，并能灵活地进行运行方式的转换。不仅正常运行时能安全可靠地供电，而且在系统故障或设备检修及故障时，也能适应调度的要求，并能灵活、简便、迅速地倒换运行方式，使停电时间最短，影响范围最小。显然，复杂的接线使操作复杂，误操作几率增加。过于简单的接线，则不一定能满足运行方式的要求，给运行造成不便，甚至增加不必要的停电次数和时间。

（3）具有经济性在主接线设计时，主要矛盾往往发生在可靠性与经济性之间。欲使主接线可靠、灵活，将导致投资增加。所以，必须把技术与经济两者综合考虑，在满足供电可靠、运行灵活方便的基础上，尽量使设备投资费和运行费为最少，相应注意节约占地面积和搬迁费用，在可能和允许条件下应采取一次设计，分期投资、投产，尽快发挥经济效益。

（4）具有发展和扩建的可能性随着建设事业的高速度发展，往往对已投产的发电厂或变电站又需要扩建，尤其是火电厂和变电站，从发电机、变压器一直到馈线数均有扩建的可能，所以在设计主接线时应留有发展余地。不仅要考虑最终接线的实现，同时还要兼顾到分期过渡接线的可能和施工的方便。

图 5-1 是 2×300MW 发电厂电气一次系统图，图中 300MW 发电机为国产 QFSN-300-2 型三相双星形两极同步发电机（G），其额定有功功率为 300MW，定子额定电压为 18kV，定子额定电流为 11320kA，额定励磁电压为 460V，额定励磁电流为 2253A，额定功率因数为 0.85。发电机中性点经消弧绕组（L）接地。

发电机中性点接地方式与定子单相接地故障电流的大小、定子绕组过电压、定子接地保护型式有关。发电机中性点通常采用非直接接地方式，具体有三种：①中性点不接地方式；②中性点经消弧绕组接地；③中性点经高阻接地。

根据发电机安全的要求，发电机外壳都是接地的。因此，发电机定子绕组因绝缘破坏而引起单相接地故障较为普遍。发电机中性点不接地时，发生单相接地故障，接地点的接地电流为全系统对地电容电流之和。如果此电流比较大就会在接地点燃起电弧，引起弧光过电压，从而使非接地相的对地电压进一步升高，使绝缘损坏，形成两点或多点的接地短路，造成停电事故。为了解决这个问题，通常在中性点接入一个电感绕组（如图 5-1 中的 L），这样当单相接地时，在接地点增加了一个电感性质的电流，此电流与电容电流方向相反，抵消原系统中的电容电流，所以中性点接入的电感绕组称之为消弧绕组。

根据对电容电流补偿程度的不同，消弧绕组可以有完全补偿、欠补偿和过补偿三种补偿方式。

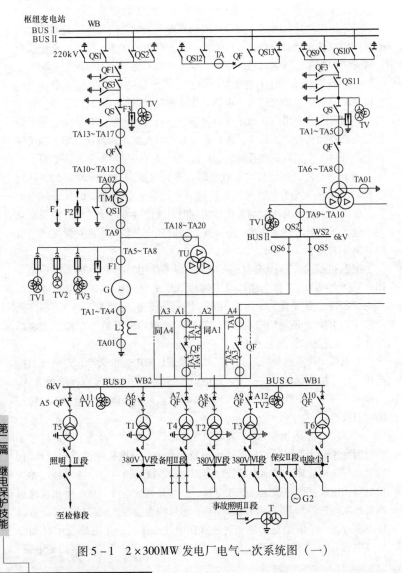

图 5-1　2×300MW 发电厂电气一次系统图（一）

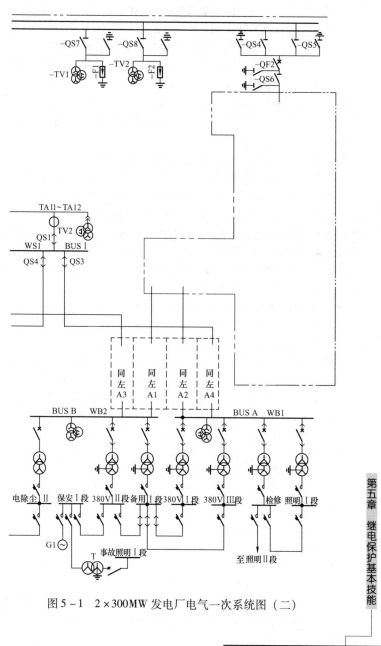

图 5－1 2×300MW 发电厂电气一次系统图（二）

当发电机定子绕组发生单相接地故障,接地电流超过允许值时,中性点还可采用经高电阻接地的方式。这种方式是利用电阻串入电容回路,改变接地电流相位,加速泄放接地回路中的残余电荷,促使接地电弧自行熄灭,限制了弧光过电压。为了减小电阻值,一般是在发电机中性点接入单相配电接地变压器,电阻接在变压器的二次侧。这样,中性点接地电阻的一次值是实际值的 K^2 倍(K 为变压器变比)。

发电机中性点经高电阻接地后,为定子接地保护提供了电源(定子接地保护从配电变压器二次侧引出),便于检测,但人为加大了发电机单相短路电流,故发生单相接地故障时保护需动作停机。

图 5-1 中采用单元接线的 300MW 发电机中性点,采用经消弧绕组接地的接地方式,消弧绕组采用欠补偿方式。此外,中性点还配置了 100% 定子接地保护。这样当发电机定子绕组发生单相接地故障时,既可通过消弧绕组的补偿作用将接地电流限制到允许值以下,同时又可通过定子接地保护动作瞬间停机,减小故障损失。单机容量为 200MW 以上的发电厂一般都采用简单可靠的单元接线,即发电机与变压器直接连接成一个单元,组成发电机—变压器组。单元接线有发电机—变压器单元接线,扩大单元接线,发电机—变压器—线路单元接线,直接接入高压和超高压配电装置。

(1)发电机—变压器单元接线。发电机—变压器单元接线根据采用的变压器不同,可组成以下几种。

1)发电机—双绕组变压器单元接线,如图 5-1 所示,在发电机出口不装设断路器,至于是否装隔离开关,一般为检修发电机方便应装设隔离开关,但对 200MW 及以上的机组,发电机与变压器之间一般采用分相封闭母线,可以不装隔离开关,有时仅设置可拆连接片。

2)发电机—三绕组变压器单元接线。为了在发电机停止工作时,还能保持高压和中压电网之间的联系,发电机出口应装设断路器。但对 200MW 及以上大机组,若采用这种接线方式,存在以下问题:

——由于很大的发电机额定电流和机端短路电流,使出口断路器制造很困难,造价也很高;

——发电机和变压器之间采用封闭母线后,由于出口断路器的存在,将使一次回路及相应的安装工艺复杂;

——三绕组变压器的中压侧(110kV 及以上)往往只能制造死抽头,这对高、中压侧调压及负荷分配不利;

——布置在主厂房前的主变压器、厂用高压变压器和备用变压器数量很多,若主变压器为三绕组时,增加中压侧引线构架,并且主变压器可能为单相，将造成布置的复杂和困难。

因此，对200MW及以上的机组，一般都采用与双绕组变压器组成单元接线的方式。若发电厂有两种升高电压等级时，则装设联络变压器。这样使接线简单、可靠、灵活。

（2）发电机—变压器扩大单元接线。当发电机的容量与升高电压等级所能传输的容量相比，发电机容量较小而不匹配时，可采用两台发电机接一台主变压器的扩大单元接线，以减少主变压器台数和高压侧断路器数目以及相应的间隔。当采用扩大单元接线时，发电机出口应装设断路器和隔离开关。

（3）发电机—变压器—线路单元接线。大型发电厂采用发电机—变压器—线路单元接线，厂内不设高压配电装置，电能直接送到附近的枢纽变电站。一般在下列情况下宜采用本接线：

1）某些矿源丰富的地区同时有几个大型发电厂，则宜建设一个公用的枢纽变电站较为经济；

2）有的电厂地方狭窄，厂内不设高压配电装置，可解决占地面积庞大的困难，并为电厂总布局创造有利条件；

3）有的电厂距现有枢纽变电站较近，故而在电厂内不设高压配电装置，直接从枢纽变电站引出线路更为方便。

这种接线的特点是发电厂内只有机—炉—电单元控制室，不设网络控制室，因而单元性强，运行管理方便。又因为不设高压配电装置，设备投资及检修工作量减少，运行方式简单可靠，故障率低。

图5-1所示的电厂即采用了发电机—双绕组变压器—线路组单元接线，发电机与变压器之间采用全连式分相封闭母线，其间不设置可拆连接片，接线简单可靠。

图5-1中主变压器为SFP7-360000/200型双绕组强迫油循环风冷式电力变压器（TM），额定容量为360000kVA，额定电压为242/18kV，相数为三相，绕组连接方式为YN，d11。主变压器中性点经隔离开关接地。

主变压器中性点的接地方式，主要是由电网的接地方式决定。由于与220kV系统相联系，所以两台主变压器中性点均为直接接地方式。中性点之所以经隔离开关接地，是为了保证电网在各种运行方式下零序电流和电压分布大致不变，以满足零序电流保护的要求，调度可根据电网零序电流的分配，决定主变压器中性点隔离开关的投入和退出。但在主变压器送电操作时，必须投入中性点隔离开关，以限制操作过电压。正常运行后，则由调度决定其投入和退出。

但在主变压器送电操作时，必须投入中性点隔离开关，以限制操作过电压。正常运行后，则由调度决定其投入和退出。

电气设备在运行中承受的过电压，有来自外部的雷电过电压和内部过电压两种类型。内部过电压又分为工频过电压、谐振过电压和操作过电压。

对于输电线路遭受的雷电过电压主要是直击雷过电压和感应雷过电压，其基本防护措施是在导线上方架设避雷线，通过避雷线将雷电流引入大地，降低直击雷过电压幅值，通过避雷线的屏蔽作用降低感应雷过电压幅值，从而保护输电线路。

对于发电厂（或变电站）遭受的雷电过电压主要是直击雷过电压和侵入雷电波过电压。直击雷过电压的基本防护措施是装设避雷针和避雷线，将雷电流引入大地，保护电气设备；侵入雷电波过电压的主要防护措施是装设阀型避雷器和氧化锌避雷器。

图 5 - 1 中发电机—变压器—线路单元的雷电过电压保护包括对直击雷的防护和对侵入雷电波的防护。为防止直击雷对厂前区的主变压器、高压厂用变压器、高压启动/备用变压器及架空线路的损害，在主变压器两侧分别安装两支独立的避雷针，在 220kV 架空线路上装设架空地线。为防止沿线路侵入的雷电波危及发电厂电气设备，在主变压器高压侧装设了氧化锌避雷器 F3；在主变压器中性点装设了阀型避雷器 F2 和并联间隙 F；在发电机出口装设了氧化锌避雷器 F1。其中，F3 用来限制侵入主变压器高压侧的雷电波幅值，使主变压器得到可靠保护；F2 和 F 是用来保护主变压器中性点绝缘的。根据继电保护和电网的要求，图 5 - 1 中 220kV 系统为中性点接地系统，主变压器中性点正常运行是一台接地运行，一台不接地运行。对于中性点不接地运行的主变压器，当雷电波侵入主变压器时，相当于末端开路的情况，雷电波在中性点全反射，产生将近两倍入射波的过电压。为限制此过电压，在主变压器中性点处装设了阀型避雷器和并联间隙。理论分析和运行经验表明，主变压器中性点仅靠避雷器作为保护是不可靠的。因为在短路、断线等电网故障下，电网处于不对称运行状态，中性点将出现较高的过电压，如果此时避雷器动作，由于其灭弧电压偏低，可能造成避雷器的损坏或爆炸。因此，目前对于 220kV 及以上的分级绝缘变压器不接地中性点的防雷措施，就是采用避雷器加并联间隙的保护方式。发电机出口的 F1 是用来保护发电机绝缘的。一般来说，侵入主变压器高压侧的雷电波过电压，经电容耦合传递到发电机侧时，其幅值已被限制到不危险的程度。所以只要可靠地保护了变压器，无需对发电机再采取保护措施，但对多雷区以及对 200MW 及以上的发电机，其传递过电压幅值较高，影响发电机绝缘，所以在发电机出口装设避雷器加以保护。

内部过电压及其保护：由于系统接线方式、设备参数、故障性质以及操作方式等因素的影响，使内部过电压的幅值、振荡频率、持续时间各不相同。通常将弱阻尼、持续时间长、频率为工频的过电压称为工频过电压，它是由空载长线电容效应、不对称接地故障、发电机突然甩负荷等引起。当系统内开关操作或出现事故时，其运行状态发生突变，即由一种稳定状态过渡到另一种稳定状态。在过渡过程中，由于系统中电容、电感等储能元件（如发电机、变压器等的互感；输电线路相间及对地电容和高压设备电容等）的存在而发生电磁能量的振荡、互换及重新分布，从而在某些设备上甚至在整个系统中出现很高的过电压，这个过电压就是操作过电压。它是由于操作电容负荷（如断开电容器组、断开和投入空载长线）和操作电感负荷（如断开空载变压器、并联电抗器、高压电动机）等引起的。系统中电容、电感元件的组合可以构成一系列不同自振频率的振荡回路，因此在开关操作或发生故障时，系统中的某些振荡回路就可能与外加电源产生谐振现象，即振荡回路的自振频率与电源的谐波频率之一相等，形成周期性的或准周期性的剧烈振荡，电压幅值急剧上升，即出现严重的谐振过电压。它可由传递过电压、断线、电压互感器饱和等引起。

在上述三种内部过电压中，谐振过电压对电气设备和保护装置的危害极大，一般在设计和运行中避免和消除出现谐振过电压的条件，而不考虑设置保护装置。对220kV及以下的系统中，雷电过电压起主导作用，它决定电气设备的绝缘水平，而对操作过电压，只要电气设备在正常绝缘水平下，均能耐受它的作用。因此一般不采用专门限制操作过电压的措施。对330kV及以上的系统，操作过电压将起主导作用，一般可采用开断性能优良的断路器和并联电抗器作为限制操作过电压的主保护，采用阀型和氧化锌避雷器作为其后备保护。工频过电压的防护原则与操作过电压相同。

图5-1为220kV系统，其内部过电压的保护将不设置专门的保护装置，而只设置雷电过电压的保护。

高压断路器具有完善的灭弧装置和高速的传动机构，在正常时接通和断开电路中的负荷电流；故障时能迅速断开短路电流，切除故障。因而它是发电厂和变电站中最重要的电气设备之一。对断路器有以下几点基本要求：

（1）在合闸状态应为良好的导体，不但能通过正常的负荷电流，即使通过短路电流，也不应因发热和电动力的作用而损坏。

（2）在分闸状态时应具有良好的绝缘性，在规定的环境条件下，能承受相对地的电压以及同一相断口间的电压。

（3）在开断规定的短路电流时，应有足够的开断能力和尽可能短的开断时间，一般在开断临时性故障后，要求能进行自动重合闸。

（4）在接通规定的短路电流时，短时间内触头不能产生熔焊等情况。

（5）在制造厂给定的技术条件下，高压断路器要能长期可靠地工作，有一定的机械寿命和电气寿命。

根据断路器使用的灭弧介质，目前断路器主要有少油断路器、空气断路器、真空断路器、六氟化硫（SF_6）断路器。

图 5-1 为单机容量为 300MW 的发电厂，供电容量大，发生事故可能使系统稳定性破坏，甚至使系统瓦解，所以在 220kV 架空线路两侧分别装设一台 SF_6 断路器。

隔离开关是在无负荷电流情况下切断和闭合线路的电气设备，其主要作用是将线路中的高压设备与电源隔开，使检修时有明显的断开点，以保证检修人员的人身安全。由于隔离开关无灭弧装置，因此仅能用来分、合只有电压没有负荷电流的线路，否则会在隔离开关的触头间形成强大电弧，危及人身和设备安全，造成重大事故。因此在一次系统中，隔离开关必须在断路器已将电路断开的情况下，才能接通和断开。

为保证设备和检修人员的安全，35kV 以上的隔离开关宜配置接地开关，当隔离开关断开后，将接地开关投入（隔离开关闭合时，其接地开关应为断开位置），将待检修的线路或设备接地，以保安全。

图 5-1 中 220kV 线路采用 CW7-220 型户外式隔离开关（QS），接地开关配用 CS170-Ⅱ型手动操动机构。

电压互感器作为一次系统和二次回路间的电压联络设备，为测量仪表、继电保护和自动装置提供运行设备（一次设备）的电压信息，从而正确反映运行设备的正常运行和故障情况。

图 5-1 所示的发电机—变压器—线路单元中，发电机的出口配置了三组 VKV4-0.5 电压互感器，其中 TV1 和 TV2 供测量、保护和自动调节励磁装置之用，TV3 为发电机匝间保护专用；在 220kV 线路上配置了一组 JCC5-220 电压互感器 TV，用于测量、保护和同期。

电流互感器作为一次系统和二次回路间的电流联络设备，为测量仪表、继电保护和自动装置提供运行设备的电流信息，从而正确反映电气设备的正常运行和故障情况。

在图 5-1 所示的发电机—变压器—线路单元中，发电机的中性线及出线套管处分别配置了九组 LMZ-20 型电流互感器 TA01、TA1~TA8；主变压器的中性点及低压侧套管处分别配置了两组 LMZ-20 型电流互感器 TA02、TA9；在主变压器高压侧套管处和 220kV 架空线路上分别装设了八组 LCWB – 220W 型电流互感器 TA10 ~ TA12、TA13 ~ TA17。

高压厂用变压器作为高压厂用工作电源，引接方式有以下三种：①当有发电机电压母线时，高压厂用工作电源从发电机电压母线上引接；②当发电机与主变压器成单元连接时，高压厂用工作电源从发电机出口引接；③当发电机与主变压器成扩大单元连接时，高压厂用工作电源从主变压器低压侧引接。

图 5 – 1 中的高压厂用变压器从发电机出口引接，并且，采用分裂绕组变压器（TU），其型式为 SFPF – 50000/18，额定电压为 18/6.3 – 6.3kV，额定容量为 50000/31500/31500kVA。

之所以采用分裂绕组变压器，是因为采用大容量机组和电力变压器后，高压厂用变压器低压侧的短路电流较大，而分裂绕组变压器具有在正常运行时电抗很小，低压侧短路时电抗很大的特点，从而起到限制短路电流的作用。目前，大型发电厂各机组的厂用电系统是独立的。厂用电源电压一般采用 6kV 和 380/220V 两种电压等级。

图 5 – 1 为 6kV 高压厂用母线为单母接线，且分为（C 和 D）两段，由同一台变压器（TU）经高压开关柜（A1、A2）供电，每段都有备用电源。6kVC、D 两段母线分别接有单元机组辅机和公用系统设备的高压电动机（图中未画出），以及低压厂用变压器，其配置原则是保证负荷分配均匀和供电可靠。

图 5 – 1 中每单元机组配备六台双绕组低压厂用变压器，它包括三台低压厂用工作变压器（T1 ~ T3）、一台低压厂用备用变压器（T4）、一台照明变压器（T5）及一台电除尘变压器（T6）。与此相应，380V 低压厂用母线每单元机组配有三段工作母线、一段备用母线、一段照明母线及一段电除尘母线，它们均由相应低压厂用变压器供电。此外，每单元机组还设有一段保安母线，作为保安电源，它由本单元的一段 380V 工作母线供电，保安备用电源由柴油发电机供电。与保安母线相应地还设置了一段事故照明母线，它们之间经一接线为 YN，y；变比为 1∶1 的隔离变压器（T）相连。这是因为保安段为 380V 三相中性点不接地系统，事故照明段为三相四线制的中性点接地系统。

最后，全厂设了一段公用检修母线，它是由从 6kVA 段母线引出的检修变压器供电的。

高压厂用启动/备用变压器作为机组的启动电源和高压厂用变压器的事故备用电源，引接方式有以下四种。

（1）当有发电机电压母线时，从发电机电压母线的不同分段上引接或从电厂与电力系统相连接的母线上引接。

（2）当发电机与主变压器成单元连接时，从与电力系统相连接的最低一级电压母线上引接；也可以从联络变压器的低压绕组引接，但需注意断路器的短路容量、电源电压及联络变压器阻抗对厂用电压母线（正常及启动时）的影响。

（3）当发电厂为发电机—变压器—线路组单元接线且与区域变电站相连时则可从该变电站较低电压等级的母线上引接。

（4）当全厂需设有两个高压厂用备用电源时，可分别由相对独立的两个电源上引接，如分别从同一电压等级但电源不同的母线上引接或分别由不同电压等级母线上引接或分别由母线和联络变压器第三绕组上引接。

图 5 - 1 中高压厂用启动/备用变压器，从枢纽变电站的 220kV 母线上引接，并且采用有载调压的分裂绕组变压器（T），其型式为 SFPFZ - 63000/220，额定电压为 230/6.3 - 6.3kV，额定容量为 63000/31500/31500kVA。采用有载调压变压器，是考虑到当变压器带负荷运行时，由于变压器本身有一定的阻抗，随着负荷电流大小的变化产生的电压降落大小不同，同时系统电压也在波动，而变压器低压侧电压的大小直接影响厂用负荷的正常运行及寿命。为了维持 6kV 系统电压在允许范围内，对高压厂用启动/备用变压器采用有载调压方式。

高压厂用启动/备用变压器 6kV 侧设置了两段备用母线，即 I 段和 II 段。

在正常运行时，每台机组的高压厂用电源由各自的高压厂用变压器供电，即为 + A1 - QF 和 A2 - QF 合闸运行，而 + A3 - QF 与 + A4 - QF 处于断开位置，备用电源处于备用状态（备用电源自投装置闭锁开关投入）。此时，高压启动/备用变压器高压侧断路器 = P = ST - QF 有两种运行方式。一种为热备用状态，即正常运行时处于合闸状态；一种为冷备用状态，即正常运行时处于断开状态。考虑到 220kV 系统为中性点直接接地系统，高压启动/备用变压器的中性点也为直接接地方式，所以断路器 = P = ST - QF 的合断将引起系统零序阻抗的变化，从而影响系统零序保护。为了消除中性点运行方式对系统零序保护的影响，所以在高压备用变压器处于热备用状态，即 QF 应处于合闸状态。

当高压厂用变压器因故障退出运行时，断路器 + A1 - QF、+ A2 - QF 跳闸，断路器 + A3 - QF、+ A4 - QF 自动合闸，即高压启动/备用变压器投入运行。此时，6kV 备用 I 段经隔离插头 QS3、QS4 供电给 6kVA 段和 C 段，6kV 备用 II 段经隔离插头 QS5、QS6 供电给 6kVB 段和 D 段。这样，每台机组 6kV 有两个备用电源，保证可靠供电。

三、35kV 及以下电磁型继电保护与自动装置的二次接线图

1. 变压器—线路组保护

（1）图 5 - 2 为容量在 800 ~ 1600kVA 的变压器—线路组保护方案，方案设计特点如下。

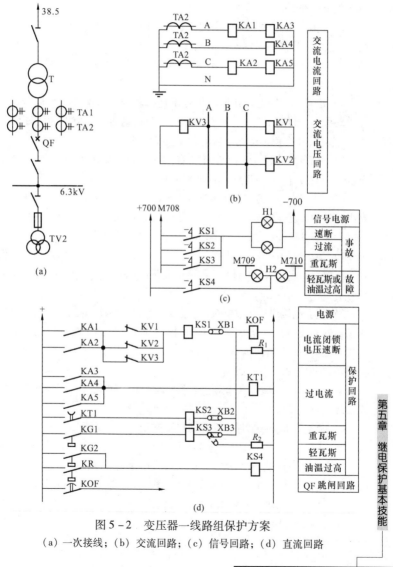

图 5 - 2　变压器—线路组保护方案

（a）一次接线；（b）交流回路；（c）信号回路；（d）直流回路

第五章　继电保护基本技能

1）电流闭锁电压速断保护回路。此保护为主保护，电流元件设两相，装于 A、C 相上；电压元件设三相，分别取自三个线电压，如图 KV1、KV2、KV3 正常运行时触点断开闭锁保护。故障时，如 A 相接地故障 KV1、KV3 返回，KA1 启动，KOF 绕组回路带电，KS1 动作发信号，KOF 去跳断路器 QF。

2）过电流保护回路。此保护为后备保护，设三相，分别装于 A、B、C 三相上，可提高后备保护的灵敏度，保护动作后，启动 KT1 时间继电器，KT1 动合触点延时闭合启动 KS2、KOF 继电器，KS2 启动发信，KOF 去跳断路器 QF。

3）瓦斯保护回路。瓦斯保护分重瓦斯和轻瓦斯保护，重瓦斯保护 KG1 动作后，启动 KS3、KOF 继电器，KS3 启动发信，KOF 去跳断路器 QF，轻瓦斯保护 KG2 动作，启动 KS4 去发信号。

4）油温过高保护回路。变压器容量在 1000kVA 及以上时，装有温度继电器，油温过高时 KR 动作启动 KS4 去发信号。

（2）图 5 - 3 为容量在 2000 ~ 16000kVA 变压器保护方案。变压器装有纵差保护、复合电压启动的过电流保护、瓦斯保护和油温过高保护。此方案适应于升压变压器，对于降压变压器应做部分修改。

1）差动保护回路。差动保护由 BCH - 2 型差动继电器构成，为主保护，瞬时动作启动 KOF1 跳变压器两侧断路器 QF1、QF2、QF3，发出事故信号。

2）复合电压启动的过电流保护回路。该保护为后备保护，当主保护拒动或外部故障相应保护拒动时，该保护动作，以第一时限启动 KOF2，跳桥断路器 QF3。若故障消除，保护返回；若故障仍未消除，再以第二时限启动 KOF1，跳 QF1、QF2。

3）瓦斯保护回路。重瓦斯动作瞬时跳 QF1、QF2、QF3；轻瓦斯动作发信号。

4）油温过高保护回路。保护动作发信号。

2. 三相一次后加速重合闸接线图

图 5 - 4 为单侧供电线路的三相一次后加速重合闸接线图。操作电源为直流 220V，采用 DH - 3 型重合闸继电器、后加速保护和不对应启动方式。图中虚框内为重合闸继电器内部接线，它由一个时间继电器 KT、带电流保持绕组的中间继电器 KM、白色信号灯 HW、电容器 C 和电阻 R4、R5、R6、R7 等组成。电路的动作过程如下：

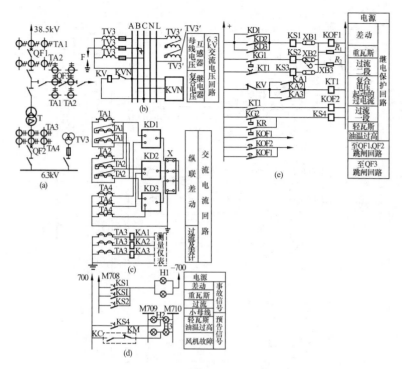

符 号	名 称	型 号	规 格	数 量
KD1 ~ KD3	差动继电器	BCH - 2	- 220V	3
KA1 ~ KA3	电流继电器	DL - 31/10	25 ~ 10A	3
KVN	负序电压继电器	DY - 4	~ 100V，10 ~ 20V	1
KV	低电压继电器	DY - 36/160	~ 100V，40 ~ 160V	1
KM1、KM2	中间继电器	DZS - 233	- 220V	2
KT1	时间继电器	DS - 33	- 220V，1 ~ 10S	1
KS1 ~ KS3	信号继电器	DX - 31	0.025A	3
KS4	信号继电器	DX - 31	- 220V	1
R1	电阻	ZG11	- 220V、15W、3500Ω	1
R2	电阻	ZG11	- 220V、15W、4000Ω	1
XB1、XB3	连接片	YY1 - D		2
XB2	切换片	YY1 - S		1

图 5 - 3 2000 ~ 16000kVA 变压器保护方案

(a)—一次接线；(b)交流电压回路；(c)交流电流回路；(d)信号回路；(e)直流回路

第五章 继电保护基本技能

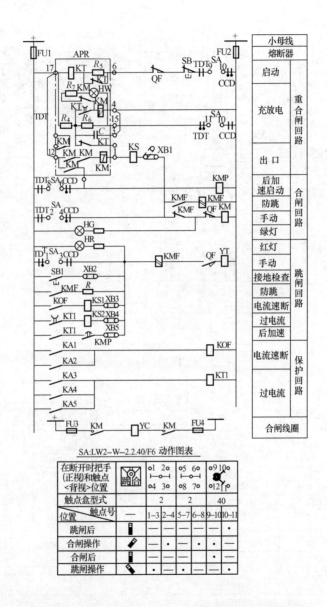

图 5-4 单侧供电线路的三相一次后加速重合闸接线图

（1）正常运行时，QF 处于合闸位置，其辅助动合触点闭合，动断触点断开，SA 在"合闸后"位置，SA9 - 10 触点通。APR 投入运行，电容器 C 通过电阻 R4 充电，经过 15 ~ 20s 的时间充到所需电压。同时正电源经 R4→R6→HW→R7→KM 动断触点和电压绕组至负电源形成通路，HW 亮，指示 APR 处于准备工作状态。需要指出：由于 R4、R6 和 R7 的分压作用，KM 电压绕组虽然带电，但不足以启动。

（2）APR 动作过程。当 QF 因线路故障跳闸时，其辅助动断触点闭合、动合触点断开，于是正电源经 APR 中的 KT 绕组→QF 辅助动断触点→SB→SA9 - 10，至负电源形成通路。KT 触点经整定时限（0.5 ~ 1.5s）动作闭合，接通电容器 C 和中间继电器 KM 电压绕组回路，C 对 KM 放电，KM 常开触点闭合。此时正电源经 KM 触点及电流绕组→KS→XB1→KMF 触点→QF 辅助动断触点→KM 至负电源形成合闸回路，于是 APR 动作，使断路器重新合闸。KM 自保持，使 QF 合闸回路畅通，可靠合闸。QF 合闸后，其动断触点断开合闸回路，KS 复归、C 又重新充电，经 15 ~ 20s 的时间，准备好下一次动作。

（3）保证动作一次分析。若 QF 重合到永久性故障上时，则 QF 在继电保护作用下再次跳闸。这时虽然 APR 的启动回路仍然接通，但由于 QF 自重合到跳闸的时间很短，远远小于 15 ~ 20s，不足以使 C 充电到所需电压，当 KT 的动合触点延时闭合后 KM 上的电压由 R4 和 R6 的分压决定，其值甚小，故 KM 不会动作，从而保证了 APR 只动作一次。

当手动操作跳闸时，SA9 - 10 触点断开，SA10 - 11 触点闭合，一方面切断 APR 启动回路；另一方面使 C 对 R6 放电，KM 不会动作，从而保证了手动跳闸时 APR 不会动作。当某些保护装置动作跳闸，又不允许 APR 动作时，可以利用其 KOF 触点短接 SA10 - 11 触点（图中未画出），使 C 在 QF 跳闸瞬时开始放电，尽管这时接通了 APR 的启动回路，但由于 KT 的延时作用，在 KT 的动合触点延时闭合之前，C 放电完毕或电压很低，KM 无法启动，APR 不会动作合闸。

（4）后加速保护。图中用继电器 KMP 延时复归的动合触点来加速保护的动作。假如在线路过电流保护范围内发生短路时，电流继电器 KA3 ~ KA5 动作，经整定时限，有选择性地使 QF 跳闸。接着 APR 动作，一方面使 QF 重新合闸，另一方面通过 APR 装置中的中间继电器 KM 的动合触点启动后加速继电器 KMP，KMP 的延时复归的动合触点闭合。如果线路故障未消除，KA3 ~ KA5 再次启动，使 KT1 动作，其瞬时触点闭合，于是正电源经 KT1 触点→KMP 触点→XB5→KMF→QF 辅助动合触点→YT 至负源形成通路，YT 带电使 QF 瞬时跳闸，实现了后加速保护。

如果在电流速断保护范围内故障，由于该保护不带时限、不需要接入后加速保护跳闸回路。

（5）接地检查。图 5 - 4 中 SB1 为接地检查按钮，当同一母线上有两回及以上的线路时才设置，单回线路应取消。SB1 可快速查找出单相接地故障线路，当母线 TV 发出单相接地信号时，按下 SB1，使 QF 跳闸，释放 SB1 时，接通 APR 启动回路，使 QF 合闸。这一操作过程很快，用户感觉不到供电瞬时中断。逐一检查线路，当接地信号消失时，则表明该回线路单相接地。三相一次后加速自动重合闸装置，由于可选择性地切除故障，避免了故障扩大，提高了用电可靠性，因而在 6 ~ 35kV 的线路上得到广泛应用。

3. 母线分段或联络断路器备用电源自动投入装置接线图

图 5 - 5 为母线分段或联络断路器的"备用电源自动投入装置"AAT 接线图。正常运行两组变压器线路组分别向两段母线供电，QF1 为分段或联络断路器，两段母线上各接有一组 TV，动作过程分析如下。

（1）正常工作时，两组变压器线路组分别向两段母线供电，QF2 ~ QF5 合闸，分段或联络断路器 QF1 处于跳闸位置。

（2）AAT 动作过程。当 T1（T2）内部故障，使 QF2、QF4（QF3、QF5）跳闸；或线路故障，保护动作使 QF4（QF5）跳闸，使工作电源消失，TV1（TV2）失电，KV1、KV2（KV3、KV4）失电返回，而备用电源有电，KV6（KV5）带电，使低压启动回路接通，KT1（KT2）带电延时跳开 QF2（QF3）；或工作电源消失，使 QF2（QF3）跳闸。QF2（QF3）跳闸后，其辅助动断触点闭合，使回路正电源→KM1→KM2→KS、KM3、HW→QF2（QF3）触点至负电源接通，产生短时脉冲。一方面 HW、KS 指示 AAT 动作发信号；另一方面 KM3 带电启动 QF1 的合闸回路，使 QF1 合闸。

（3）回路分析。KV1、KV2、KV6 触点串联作用，保证工作电源消失，备用电源有电才能投备用电源。由于 AAT 启动回路由 QF2、QF4（QF3、QF5）的辅助动合触点与 KM1（KM2）串联，正常时 KM1（KM2）一直带电，QF2、QF4（QF3、QF5）跳闸时 KM1（KM2）失电，但 KM1（KM2）延时释放触点延时返回，使 AAT 启动回路只产生短时脉冲，同时 QF2、QF4（QF3、QF5）只要一台跳闸，KM1（KM2）不再启动，保证了 AAT 只动作一次。

（4）复归。QF2、QF4（QF3、QF5）跳闸，QF1 合闸后，其红、绿灯

闪光，操作控制开关使之与断路器位置对应。排除故障后，使 QF1 跳闸、QF2、QF4（QF3、QF5）合闸，恢复正常工作方式。

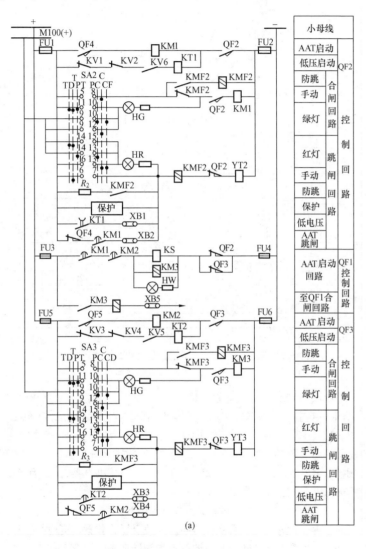

(a)

图 5-5 母线分段或联络断路器的 ATT 接线图（一）

（a）直流回路

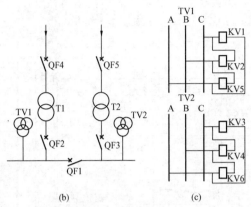

(b)   (c)

主 要 设 备 表

符　号	名　称	型　号	规　格	数　量
SA2、SA3	控制开关	LW2 – Z – 1a、4、6a、40、20、2a/F8		2
KM1、KM2	中间继电器	DZS – 12B	– 220V	2
KM3	中间继电器	DZB – 11B	– 220V	1
KMF1 ~ KMF3	防跳中间继电器	DZB – 15B	220V、1A	3
KT1、KT2	时间继电器	DS – 32	– 220V	2
KV1 ~ KV4	电压继电器	DY – 37	~100V、50Hz	4
KV5、KV6	电压继电器	DY – 33	~100V、50Hz	2
KS	信号继电器	DX – 31B	~220V	1
R1 ~ R3	电　阻	ZG11 – 25	1Ω、25W	3

图 5 – 5　母线分段或联络断路器的 ATT 接线图（二）

（b）一次接线；（c）交流电压回路

4. ZZQ – 3A 型自动准同期装置

图 5 – 6 中 ASA 为 ZZQ – 3A 型自动准同期装置；SSA1 为 LWX2 – H – 2、2、2、2、2/F4 – 8X 型自动准同期开关；SSM 为 LWX2 – la、la/F4 – X 型解除手动准同期开关；KVS 为电源监视继电器；KOF1 为 DZS – 14B 型合闸出口继电器；K1、K2 为 DZS – 31B 型加、减速继电器；KY 为 BT – 1B/200 型同期检查继电器。

用自动准同期并列操作时，其操作过程如下：

（1）操作待并发电机断路器的同期开关至工作位置，将待并发电机电压和运行系统电压经同期开关的触点加到同期小母线 L1′ – 620、L1 – 610、L3 – 610 上，并准备好断路器的合闸回路。

（2）操作自动准同期开关 SSA1，将自动准同期装置 ASA 投入工作。

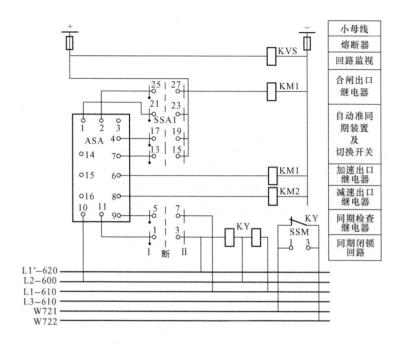

图 5 - 6　集中自动准同期接线图

（3）自动准同期装置 ASA 投入工作后，ASA 检测机组频率，发出加、减速脉冲，启动中间继电器 KM1、KM2，通过 KM1、KM2 的输出触点去控制机组的加、减速回路，达到调节转速的目的。当机组与系统的频差小于整定值，电压差又小于允许值时，ASA 自动发出合闸脉冲，启动合闸出口继电器 KM1 动合触点闭合，启动合闸接触器，然后再启动合闸绕组，使断路器合闸。

（4）待并发电机并列后，将 SSA1 复位，将同期装置退出工作。

5. 继电强励装置接线图

图 5 - 7 为继电强励装置接线图，图中通过正序电压滤过器取样电压，防止了升压变压器高压侧二相短路，有 1/3 几率不动作的缺点，动作灵敏度高。

KV1、KV2 是低电压继电器；KM1、KM2 为中间继电器；K1 为强励接触器；RE 为励磁调整电阻；RF 为固定电阻。KV1、KV2 为启动元件，当发电机的电压低于 $0.8 \sim 0.85 U_M$ 时，KV1、KV2 动作，通过 KM1、KM2

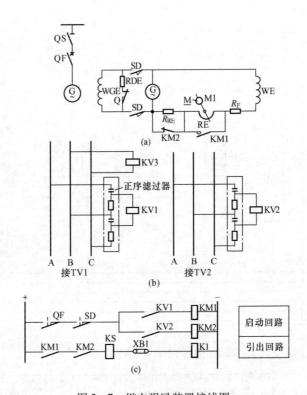

图 5 - 7　继电强励装置接线图

（a）一次回路图；（b）电压回路图；（c）直流电路图

及信号继电器 KS 使 K1 带电动作，K1 的触点将 RE 短接，使励磁机的励磁电流增至最大值，从而使励磁机的电压升高至顶值，实现强励动作。当发电机电压恢复至 KV1、KV2 返回值以上时，KV1、KV2 触点断开，励磁机电压恢复正常。

为了防止强励装置误动作，在强励接触器的启动回路串接了发电机出口断路器和灭磁开关 SD 的辅助触点，从而保证了发电机出口断路器及灭磁开关在投入之前及事故跳闸后，可靠地解除强励装置。同时，从安全角度为了防止发电机突然甩负荷时，发电机电压过度升高需装设强减装置。实现强励的办法是在励磁回路中短接磁场变阻器，亦即调整电阻，那么要实现继电强减可在励磁回路中投入某一电阻即可，在图 5 - 7（a）中 R_{RE} 为减磁电阻；K2 为减磁接触器。图 5 - 7（b）中 KV3 为过电压继电器；

图5-8为继电强减直流电路图，KM3 为中间继电器。当发电机电压过高时（一般整定为 $1.3U_N$），KV3 动作，通过中间继电器 KM3 去启动强减接触器 K2，K2 的动断触点断开，投入减磁电阻 R_{RE}，使励磁机的励磁电流减少，从而实现了发电机励磁电流减少，电压下降。通常减磁电阻 R_{RE} 的阻值比励磁机励磁绕组的电阻大好几倍，能够强行将励磁机的电压降低到接近于零。

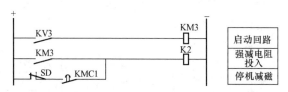

图 5-8　继电强减直流电路图

KMC1—灭磁开关 SD 的合闸位置继电器的延时返回触点

6. 中央信号回路接线图

图 5-9 是 ZC-23 型冲击继电器的内部接线，ZC-23 型主要由变流器 TA、灵敏元件 KA、出口中间元件（干簧中间继电器）和滤波器件等组成。

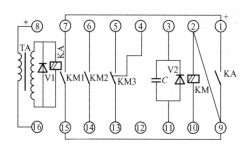

图 5-9　ZC-23 型冲击继电器的内部接线

继电器的基本原理是：利用串联在直流信号回路的微分变流器 TA 将回路中持续的矩形电流脉冲变成短暂的尖顶电流脉冲去启动灵敏元件 KA，KA 触点去启动出口中间继电器 KM 动作。由 ZC-23 型冲击继电器构成的中央信号回路接线，如图 5-10 所示，其动作原理如下。

（1）信号动作：当信号启动回路接通 WS 小母线时，经变流器 TA 微分后，送入 KA 的绕组，KA 动作去启动出口中间继电器 KM，KM 触点接通电铃或电笛回路发出音响信号。当 KA 绕组上的尖顶脉冲过去后，KA

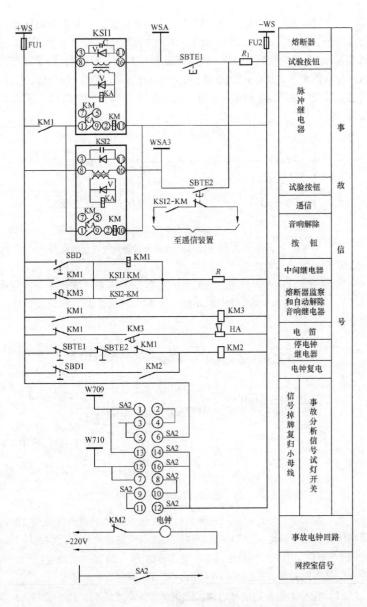

图 5 - 10 ZC - 23 型冲击继电器构成的中央信号回路接线图（一）

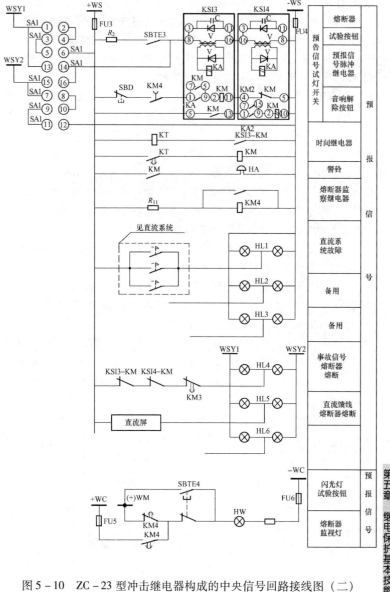

图 5 – 10　ZC – 23 型冲击继电器构成的中央信号回路接线图（二）

触点返回，KM 靠其触点 KM 自保持。

（2）复归过程:按下复归按钮 SBD 或如果延时自动复归时,其时间继电器的动断触点经一定时间后自动断开,KM1 绕组断电,其触点全部返回,音响信号停止。这时,信号回路电流虽没消失,但已为稳态,KA 的绕组上不会出现电压而启动 KM,继电器的所有元件都被复归,准备第二次动作。

当信号回路的电流脉冲信号中途突然消失时,由于微分变流器的作用,KA 的绕组上会产生返回脉冲,但此电压脉冲被二极管 V1 旁路,故 KA 不动作,KM 也不会动作。

（3）自动复归:在需要自动复归的回路中,可以利用两台冲击继电器反极性串联接线来实现,如图 5 - 10 预告信号接线部分。作为复归的一台冲击继电器,端子③与⑯短接,接电源正极。端子⑪与⑧短接,接电源负极。要求信号回路为线性电阻,可实现冲击继电器自动复归。

图 5 - 10 中央信号回路接线的特点:

（1）为了便于运行及分析故障,设有事故分析小母线,以便各安装单位能接入所需的事故分析信号 W709、W710。

（2）为了对预告信号回路电源进行监视,装设了监视继电器 KM4。由其动合触点接通白灯 HW 进行正常监视,HW 的电源由控制电源小母线和闪光小母线取得,信号电源消失时闪光报警。

（3）由于本接线按单元控制考虑,一个单元的预告或事故分析信号光字牌数量不很多,故试验可直接用转换开关而不必用接触器。当试验开关所接光字牌超过 230 个时,建议用 LW 型开关启动直流接触器接通光字牌,其接线如图 5 - 11 所示。

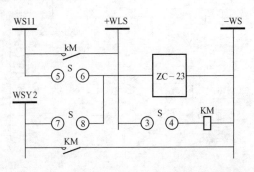

图 5 - 11　用直流接触器的光字牌试灯回路
KM—接触器, CZ0 - 40；S—转换开关, LW5 - 15B024

7. 发电机指挥信号装置

发电机指挥信号装置是用于主控制室和汽机房之间彼此传送命令和机组运行状态的，每一机组都应有一套完整的指挥信号系统。在主控制室的发电机控制屏（台）上和汽机房汽机控制屏上，各装设一套发送和接受命令的指挥信号装置，其接线如图5-12所示。

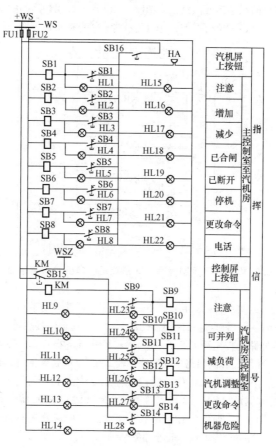

图 5-12 发电机指挥信号装置接线

SB1 ~ SB14—按钮 LA7，220V；HL1 ~ HL28—光字牌 ZSD-55，灯泡 110V，15W；
SB15、SB16—按钮 LA2；KM—中间信号继电器 DZ-15，220V；HA—蜂鸣器
FM1，220V；FU1、FU2—熔断器 R1-10/6A，250V（与发电机信号回路共用）

主控制室发给汽机房的信号一般有下列八种：①注意；②增加；③减少；④发电机已合闸；⑤发电机已断开；⑥停机；⑦更改命令；⑧电话。

汽机房发给主控制室的信号一般有下列六种：①注意；②减负荷；③可并列；④汽机调整；⑤更改命令；⑥机器危险。

指挥信号小母线 WSZ，接全厂共用的放置在主控制室的警铃。

锅炉房的联系信号回路接线如图 5－13 所示，锅炉房的联系信号一般设有：①注意；②负荷增加；③负荷减少；④负荷不稳等四个信号。

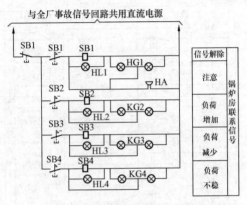

图 5－13　锅炉房联系信号回路图

四、220kV 及以下控制信号、测量以及继电保护与自动装置等的二次回路图

最基本的跳、合闸回路如图 5－14 所示。断路器的手动合闸回路为控制开关 SA5－8。触点经过断路器的动断触点接通合闸接触器绕组 YC；其手动跳闸回路为控制开关 SA6－7，触点经过断路器的动合触点接通跳闸绕组 YT。在跳、合闸回路中的断路器辅助触点 QF 是保证跳、合闸脉冲为短脉冲的。在合闸操作前 QF 动断触点是闭合的，控制开关 SA 的手柄转至"合闸"位置时 SA5－8 触点接通，合闸接触器 KMC 绕组则有电流通过，其触点闭合，即将合闸绕组 YC 回路接通，断路器随即合闸。合闸过程完成，与断路器传动轴一起连动的辅助触点 QF 即断开，自动地切断合闸接触器绕组中的电流。跳闸的过程为 SA6－7 触点接通，经 QF 动合触点（合闸状态该接点闭合）直接接通 YT 绕组，使断路器跳闸，随即 QF 触点断开，保证跳闸绕组短脉冲。此外，跳、合闸回路中串有断路器的辅助触点 QF，可由 QF 触点切断跳、合闸绕组回路的电弧电流，以避免烧坏控制开关或合、跳闸继电器的触点。为此，要求 QF 触点必须具有足够的

切断容量，并需精确调整，既保证断路器的可靠跳、合闸，又要比控制开关或跳合闸继电器的触点先断开。

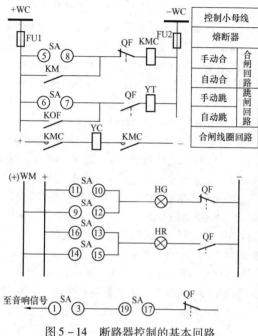

图 5 - 14   断路器控制的基本回路

为了实现自动跳、合闸，只需将保护出口继电器的触点 KOF 或自动装置动作的中间继电器 KM 触点与控制开关的相应触点并联，即可实现自动跳、合闸目的。

断路器的正常位置由信号灯来指示，如图 5 - 14 所示。在双灯制接线中，红灯 HR 表示断路器的合闸状态，它是由断路器的动合辅助触点或合闸位置继电器触点与控制开关 SA16 - 13 触点接通电源而点亮，表示断路器处在正常合闸状态。绿灯 HG 表示断路器的跳闸状态，它是由断路器的动断辅助触点或跳闸位置继电器触点与控制开关 SA10 - 11 触点接通电源而点亮，表示断路器处在正常跳闸状态。

当继电保护动作使断路器跳闸或自动装置动作使断路器合闸时，利用指示灯的闪光来表示，其接线是按照控制开关与断路器的辅助触点不对应启动原则设计的。例如，运行人员在就地手动操作使断路器跳闸时，控制开关仍处于原来的"合闸后"位置，而断路器已经跳闸，两者位置即不一致，此时绿灯 HG 经控制开关"合闸后"接通的 SA9－12 触点接至闪光电源小母线（＋）WM、HG 灯闪光，以引起运行人员注意。当将控制开关切换至"跳闸后"的对应位置时，绿灯闪光即停止而发出平光。当控制开关使断路器跳闸后，而自动装置将断路器自动合闸时，也将出现控制开关与断路器位置不对应的情况，这时将出现红灯 HR 闪光，其动作原理同上。

断路器由继电保护动作而跳闸时，还要求发出事故跳闸音响信号，也是利用上述不对应原则实现的，当控制开关转至"预备合闸"和"合闸"位置瞬间，为避免由于断路器位置与控制开关位置不对应而引起误发事故音响信号，图 5－14 采用了 SA1－3 触点和 SA17－19 触点串联的方法，来满足只在"合闸后"位置才接通事故信号回路的要求。控制开关在"预合"或"预跳"位置时，由于与断路器辅助触点出现不对应情况，形成绿灯或红灯的闪光，这种显示可以让运行人员进一步核对操作是否正确。当操作完毕后，闪光立即停止，红灯或绿灯亮即可表明操作过程完成。

所谓"跳跃"，是指断路器在手动或自动装置动作合闸后，保护动作使断路器跳闸如果操作控制开关未复归或控制开关触点、自动装置触点卡住，此时发生的多次"跳—合"现象。所谓"防跳"，就是利用操动机构本身的机械闭锁或在操作接线上采取措施以防止这种"跳跃"的发生。

多年来的实践证明，机械"防跳"装置不可靠。电气"防跳"装置广泛采用电流启动电压保持的"串联防跳"接线方式；如图 5－15 所示为断路器的"串联防跳"接线之一，KMF 为专设的"防跳"继电器。当控制开关 SA5－8 接通，使断路器合闸后，如保护动作，其触点 KOF 闭合，使断路器跳闸，此时 KMF 的电流绕组带电，其触点 KMF1 闭合。如果合闸脉冲未解除，例如控制开关未复归，其触点 SA5－8 仍接通，或自

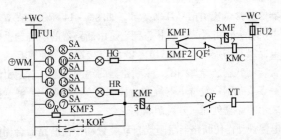

图 5－15　断路器的"串联防跳"接线之一

SA—控制开关；KMF—防跳中间继电器

动投入继电器触点（图中未示出）、SA5 - 8 触点卡住等情况，则 KMF 的电压绕组自保持，其触点 KMF 断开合闸绕组回路，使断路器不致再次合闸。只有合闸脉冲解除，KMF 的电压绕组断电后，接线才恢复原来状态。

具有综合重合闸装置的断跳器分相控制回路接线如图 5 - 16 所示，手动或自动同步合闸时需经后加速继电器 KM1 来启动合闸继电器 KO，在合闸的同时，KM1 同时启动距离保护和零序保护后加速装置。如果合闸在故障线路上，由于 KM1 先启动，故可立即加速跳闸。为避免两侧断路器不同时合闸时，由于对侧断路器后合造成非全相运行而出现的零序电流使先合的断路器再次跳闸，因此，要求综合重合闸装置只应启动 KO，而不应启动 KM1，重合闸动作后能延时的 0.1s 时间启动后加速回路，而避免上述误动作的发生。

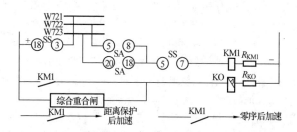

图 5 - 16　具有综合重合闸装置的分相断路器控制回路

控制开关与失灵保护的触点闭锁接线如图 5 - 17 所示，发电机变压器组、联络变压器或厂用备用变压器等的失灵保护常由三相跳闸继电器（KOF）或保护装置总出口继电器的触点和电流元件 KA1 ~ KA3 组成启动回路，如图 5 - 18 所示。由于 KOF 可由控制开关 SA 启动，故应以 SA 的触点闭锁。电流元件采用三相式接线，动作电流整定一般低于负荷电流。失灵保护的动作时间应大于断路器的跳闸时间与其保护装置（或启动回路电流元件）返回时间之和。

图 5 - 17　控制开关与失灵保护的触点闭锁接线

如图 5 - 18 所示：

（1）控制开关 SA 采用 LW2 - 2 型。断路器的位置状态以红、绿灯表示。断路器在跳闸位置时，绿灯 HG 发亮；合闸位置时，红灯 HR 发亮。合闸接触器 KM 的绕组电阻为 224Ω（一般采用 CZO 直流接触器）断路器跳闸绕组电阻一般为 88Ω，串接在指示灯回路（总回路电阻为 4000 ~ 5000Ω），基本上对灯的亮度没有影响，能达到监视电源及下次操作时监视回路完整性的目的。如断路器处于合闸位置，红灯 HR 回路接通（回路为：+ WC→FU1→SA16 - 13→HR→KMF→QF→YT→FU2 - WC），此时跳闸回路被监视。如果其回路断线或辅助触点 QF 接触不良，红灯 HR 不亮。当电源消失或 FU1、FU2 熔断器熔断，红、绿灯均不亮，从而达到监视电源的作用。但此时不发音响信号。

（2）当自动同步或备用电源自动投入触点 KM1 闭合时，断路器合闸，红灯 HR 闪光；当保护动作触点 KOF 闭合时，断路器跳闸，绿灯 HG 闪光，表明断路器的实际位置与控制开关位置不一致。当断路器在合闸位置，其控制开关触点 SA1 - 3 和 SA19 - 17 闭合，如保护动作或断路器误脱扣时，断路器辅助触点 QF 闭合，接通事故信号小母线 SYM 回路，发出音响信号。

（3）断路器跳闸或合闸绕组的短脉冲，是靠其回路串入断路器的辅助触点 QF 来保证的。

（4）当控制开关 SA 在"预合"或"预分"位置时，指示灯通过 SA9 - 10 或 SA14 - 13 触点接通闪光小母线 + WM 回路，指示灯发出闪光。

（5）断路器的"防跳"。图 5 - 18 中的中间继电器 KMF 为专设的"防跳"继电器。

触点 KMF3 的作用：保护出口继电器触点 KOF 接通跳闸绕组，使断路器跳闸，如果无 KMF3 触点并联，当触点 KOF 较辅助触点 QF 断开时间快时，可能导致 KOF 触点烧坏。故 KMF3 触点起到保护 KOF 触点的作用，并起了可靠地"防跳"作用。

电阻 R_1 的作用：当保护出口继电器回路串接有信号继电器，如触点 KMF 闭合而无此电阻 R_1 时，信号继电器可能仍未可靠掉牌而被 KMF3 短路。故此电阻起到保证信号继电器可靠动作的作用。一般串接电流信号继电器为 0.5A（阻值为 0.7Ω）或 1A（阻值为 0.2Ω），故 R_1 电阻选用 1Ω 即可满足上述要求。当保护出口继电器的触点 KOF 回路无串接信号继电器时，此电阻可以取消。

液压操动机构合闸电流小、机构简单，其控制回路介绍如下。

（1）防止断路器慢分装置。当断路器处于合闸状态，由于某种原因液压机构中的高压油压降到"零"时，此时如未采取措施而启动油泵，

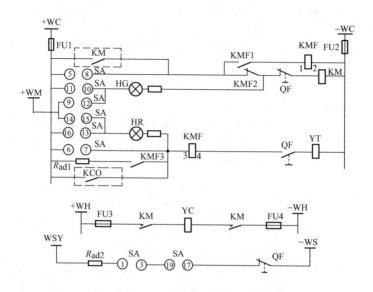

图 5 – 18　控制室控制的断路器灯光监视控制信号回路接线图

LW2-1a,4,6a,40,20/F8 触点图表

在"跳闸"后位置的手把(正面)的样式和触点盒(背面)接线图	合跳	o1 2 / 4 3o	o5 6 / 8o 7o	o9 10 / 12 11o	13 14 / 16 15	17 18 / 20 19	21 22 / 24 23								
手柄的触点盒的型式	F8	1a		4		6a		40				20		20		
位置 ＼ 触点号	—	1-3	2-4	5-8	6-7	9-10	9-12	10-11	13-14	14-15	13-16	17-19	18-20	21-23	21-22	22-24
跳闸后		-	×	-	-	-	×	-	×	-	×	-	×	-	-	×
预备合闸		×	-	-	-	×	-	×	-	-	-	-	-	×	-	-
合闸		-	-	×	-	-	×	-	-	×	-	×	-	-	×	-
合闸后		-	-	×	-	-	×	-	×	-	×	-	×	-	-	×
预备跳闸		-	×	-	-	×	×	-	×	-	-	-	-	-	×	-
跳闸		-	-	-	×	-	×	-	×	-	×	-	×	-	-	×

SA—控制开关, LW2 – 1a. 4. 6a. 40. 20. 20/F8；HG—绿色信号灯具，XD – 2，附 2500Ω 电阻；HR—红色信号灯具，XD – 2，附 2500Ω 电阻；FU1、FU2—熔断器 RI – 10/6，250V；FU3、FU4—熔断器 RM10 – 60/25，250V；KMF—防跳中间继电器 DZB – 115/220V；R_{ad1}—附加电阻 ZG11 25，1Ω；R_{ad2}—附加电阻 ZG11 – 25，1000Ω；KM—接触器；YT、YC—断路器的跳闸、合闸绕组；WC—控制小母线；WH—合闸母线；WS—信号小母线；WM—闪光小母线

则在油压逐渐升高的过程中将使断路器慢慢分闸。这样会造成灭弧室烧毁或爆炸。因此，必须采取防止慢分的方法，常用的方法有以下几种：

1) 机械闭锁方法。此方法直观，但操作较麻烦，曾发生误操作而造成慢分事故。

2) 机械自动闭锁装置。这种装置有自动防慢分的能力，可避免由于误操作而引起的慢分事故。

3) 电气闭锁装置。当油压下降到零时，利用贮压器活塞推动微动开关 CK5，将油泵电动机回路闭锁，如图 5-19 所示，图中 CK2 和 CK1 分别为连锁油泵启动和停止的微动开关。

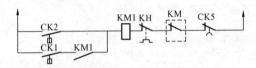

图 5-19　防止慢分的电气闭锁接线

（2）液压装置微动开关。断路器控制回路利用由活塞阀杆驱动的微动开关触点来闭锁油泵电动机和断路器跳、合闸回路。不同制造厂的液压装置微动开关的数量及用途各不相同。为保证安全可靠，合闸闭锁与重合闸闭锁的微动开关触点应各自分开。

（3）液压机构的闭锁回路。闭锁接线与系统的保护和重合闸装置及操作箱型式和接线有密切关系。以 CY3 型液压机构的微动开关为例说明其有关闭锁回路。

1) 不设重合闸装置的断路器分相控制合闸回路，应当采用压力闭锁动断触点和中间继电器（如 KM1）串联在合闸绕组回路中，接线简单可靠，又能监视回路，断线时发出信号，如图 5-20 所示。

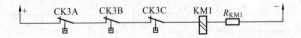

图 5-20　合闸闭锁继电器回路接线

2) 对设重合闸装置的断路器分相控制合闸回路，当合闸与重合闸液压闭锁触点合用，只有一个继电器 KM1 时，必须同时完成合闸与重合闸闭锁的任务。在合闸与重合闸液压闭锁触点分设的机构，应将其闭锁继电器回路分开。在分相操动机构中，上述 KM1 触点（应使用两副触点并联以增加可靠性）可直接闭锁手动合闸继电器 KO。

3）分相控制的跳闸回路使用 CK4 压力闭锁触点闭锁，如图 5 – 21 所示。凡采用综合重合闸的线路、旁路及母联兼旁路等断路器，其跳闸回路有三相跳闸（包括手动、母线保护和失灵保护跳闸）与分相跳闸两种。为了后者的需要，压力中间继电器的触点 KM2 必须串入断路器跳闸绕组回路。凡不采用综合重合闸及采用三相重合闸的断路器，为简化接线及节省电缆，其闭锁中间继电器的 KM2 可直接与跳闸继电器 KOF 串接。

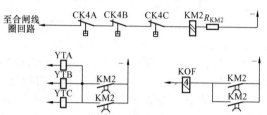

图 5 – 21　分相控制跳闸回路压力闭锁

4）三相控制的跳、合闸回路闭锁。以往三相操作接线中，微动开关的触点直接串入跳、合闸绕组回路，但由于受微动开关触点数量的限制，在闭锁的同时不能发出闭锁信号。为此，现通过压力中间继电器来增加触点数，以达到闭锁与发出信号的目的，如图 5 – 22 所示。

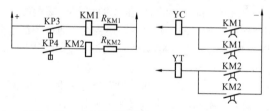

图 5 – 22　三相控制的跳、合闸回路闭锁接线

5）贮压器零压闭锁与压力升高闭锁。对没有零压闭锁微动开关触点的液压机构，通常按图 5 – 23 接线。这种闭锁的优点是，当 CK1 和 CK2 触点动作失灵，油泵升压不能终止时，高压力表电触点 KP2a 会接通而启动中间继电器 KM，将电动机合闸回路断开；当压力降低至零时，低压力触点 KP1a 也会接通 KM 而将电动机回路断开。这样，就同时可起到零压闭锁与压力升高闭锁的作用。由于压力表电触点容量小，如作零压闭锁时，不如微动开关可靠。

（4）液压闭锁信号。在设有重合闸闭锁微动开关的接线中，应有发出重合闸闭锁的信号，在无重合闸闭锁微动开关的控制接线中，仅发

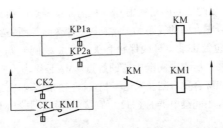

图 5 – 23　无零压闭锁微动开关触点的零压闭锁接线

"合闸闭锁"信号。由于目前微动开关触点还不十分可靠,考虑到跳、合闸闭锁的重要性,为了及时发现微动开关触点失灵和闭锁回路断线,前面介绍的所有闭锁信号均需发出,但有时可共用一光字牌信号。需要指出,断路器在运行中,液压降至跳闸闭锁时,会误发"控制回路断线信号"。故在跳闸闭锁的同时,最好能将其光信号回路进行闭锁。

图 5 – 24 为采用液压分相操动机构的断路器控制回路接线图,回路中采用灯光监视方式,三相共用一个 LW2 – 2 型控制开关 SA。为实现三相同时手动跳、合闸,增加了三相合闸继电器 KO 和三相跳闸继电器 KOF 以达到增加触点数的目的。当三相跳、合闸时,启动 KOF 或 KO,再由其触点去接通跳、合闸绕组回路。三相合闸继电器 KO 及三相跳闸继电器 KOF 均为电压启动电流自保持的中间继电器,以保证合、跳闸的可靠性。为了达到断路器"防跳"的目的,分别在三相装设"防跳"继电器 KMF1 ～ KMF3。本图为 SW6 – 220 型 220kV 少油断路器,采用 CY3 型液压机构的控制接线,其主要特点为:

1)单相故障时进行单相跳闸和三相重合闸脉冲,但单相重合。两相及相间故障时进行三相跳闸和三相重合,正常操作时采用三相方式。

2)当液压低于 14.8MPa 时,压力信号器 CK4 启动的中间继电器 KM 触点断开,切除跳闸回路。

3)当液压低于 18.6MPa 时,压力信号器 CK2 触点闭合,启动 KMA、KMB 和 KMC,油泵即启动,进行加压,待油压升高至 19.2MPa 时,压力信号器 CK1 触点断开自保持回路,油泵停止工作。

4)当液压小于定值时,CK5 触点断开,可对重合闸进行闭锁。

5)当液压升高至 25MPa 以上或降低至 10MPa 以下时,压力继电器 KP2 或 KP1 动作,发出油压不正常信号,并切断其相应的油泵控制回路。

6)本接线为灯光监视,三相共设一只红灯及一只绿灯,由跳、合闸位置继电器触点接通。

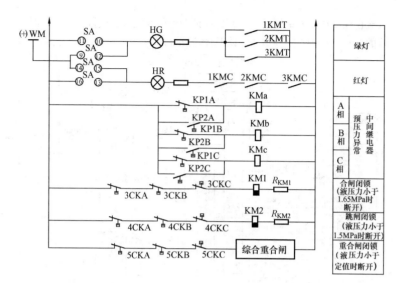

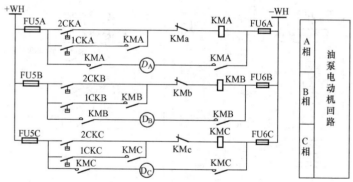

图 5-24　CY3 型液压操动机构的断路器控制回路接线图

1KMT~3KMT—跳闸位置继电器；1KMC~3KMC—合闸位置继电器；KMA、
KMB、KMC—油泵电动机直流接触器；KMa、KMb、KMc—压力中间继电器；
KM1—合闸压力闭锁继电器；KM2—跳闸压力闭锁继电器；S1—切换开关

　　7) 跳、合闸位置继电器分别为各相装设，可以用跳、合闸位置继电器触点发出三相位置不一致及控制回路断线信号，由跳闸位置继电器发出事故音响信号。

　　图 5-25 为弹簧操动机构分相操作的断路器控制接线。三相操作借助于合闸继电器 KO 和跳闸继电器 KOF 来实现。KO 及 KOF 继电器均用带有

电流自保持绕组的中间继电器，以保证命令脉冲能可靠执行。只有在断路器的各相进行操作切换后才解除其命令脉冲。

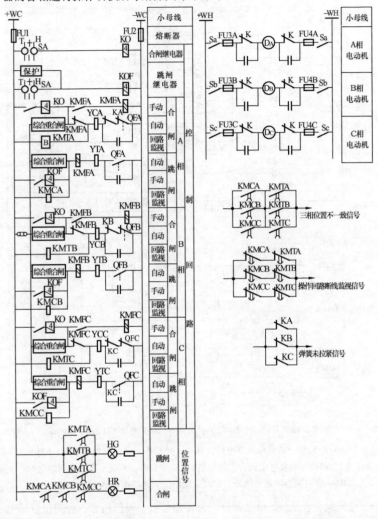

图 5-25　弹簧操动机构分相操作的断路器控制接线图
Sa、Sb、Sc—电源开关

各相分别装设跳、合闸位置继电器 KMTA、KMTB、KMTC 以及 KM-CA、KMCB、KMCC。断路器的合闸位置信号由各相的合闸位置监视继电器的常开触点串联接至红色信号灯回路。跳闸位置信号由各相的跳闸位置监视继电器的常开触点并联接至绿色信号灯回路。

三相位置不一致及控制回路断线信号均可由跳、合闸位置继电器的触点发出，同图 5－25 一样，可以由跳闸位置继电器的触点发出事故音响信号。

图 5－26 为音响监视的少油断路器的分相弹簧操动机构的控制信号接线图，其特点为：

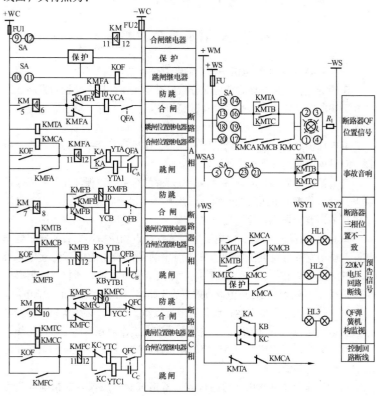

图 5－26　少油断路器的分相弹簧操动机构的
控制信号接线图（音响监视）

SA—控制开关 LW2－YZ－1a.4.6a.40.20/F1；KMFA、KMFB、KMFC—防跳中间继电器 ZJ1－1，220V（电流待定）；KMTA、KMTB、KMTC、KMCA、KMCB、KMCC—中间继电器 ZJ2－2，220V；KM—中间继电器 YZJ1－5，220V（电流待定）；KOF—跳闸继电器 ZJ2－2，220V；FU1～FU2、FU—熔断器 RI－10/6，250V；R_1—电阻 ZG11－25，2500Ω；HL1～HL3—光字牌 ZSD－110/2，灯泡220V，15W

1）为增加控制开关 SA 的触点，设有合闸、跳闸继电器。

2）各相分别装设跳、合闸位置继电器 KMTA、KMTB、KMTC、KM-CA、KMCB、KMCC 和"防跳"继电器 KMFA ~ KMFC。断路器合闸位置信号灯由各相的 KMC 触点串联接入，断路器跳闸位置信号灯和事故跳闸信号回路，则由各相的 KMT 触点并联接入。

3）增加"断路器三相位置不一致"光字牌信号。

第二节　试验准备与报告

一、35kV 及以下继电保护与自动装置试验前准备工作

在现场检验工作开始之前应充分做好准备工作，拟定好检验程序，准备好必要的图纸资料，检验规程和试验用仪器仪表，并且填写好安全工作措施卡。

继电保护和自动装置的调试已对准备工作进行了介绍。为保证检验质量，对试验电源的基本要求如下。

交流试验电源和相应调整设备应有足够的容量，以保证在最大试验负载下，通入装置的电压及电流均为正弦波（不得有畸变现象）。试验电流及电压的谐波分量不宜超过基波的 5%。

试验用的直流电源的额定电压应与装置装设场所所用的直流额定电压相同。现场应备有自直流电源总母线引出的供试验用的电压为额定值及 80% 额定值的专用支路。试验支路应设专用的安全开关。所接熔断器必须保证选择性。不允许用运行中设备的直流支路电源作为检验时的直流电源。

继电保护工作人员在运行设备上进行检验工作时，必须事先取得发电厂或变电站运行值班员的同意，遵照电业安全工作规程的规定履行工作许可手续，并在运行值班员利用专用的连接片将装置的所有跳闸回路断开之后，才能进行检验工作。

试验工作应注意选用合适的仪表，整定试验所用仪表的精确度应为 0.5 级，测量继电器内部回路所用的仪表应保证不致破坏该回路参数值，如并接于电压回路上的，应用高内阻仪表；若测量电压小于 1V，应用电子毫伏表或数字型电表；串接于电流回路中的，应用低内阻仪表。绝缘电阻测定，一般情况下用 1000V 绝缘电阻表进行。

二、35kV 及以下保护和自动装置的简单试验接线和检验操作

1. 调节电流用设备

如图 5 - 27 所示，变阻器与被试继电器串联，根据调节电流的大小可

第一篇　继电保护技能

以有各种接线方式。

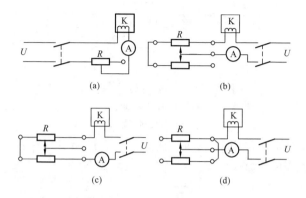

图 5 – 27　滑线式变阻器与继电器
串联的各种接线方式
（a）单连式沿线变阻器与继电器串联；（b）双连式滑线变
阻器与继电器串联的接线形式 1；（c）双连式滑线变阻器与
继电器串联接线形式 2；（d）双连式滑线变阻器与继电器
串联的接线形式 3

　　滑线式变阻器的优点是调节的平滑性好且对电流波形没有影响，而它
的缺点是可以容许通过的电流数值较小。

　　选择检验保护装置用的可调试验电阻时，必须考虑到阻值的大小将会
使电流的相角发生变化，这对于检验与相角有要求的方向继电器、阻抗继
电器时会带来误差。为了使这个角度在容许范围内时，变阻器工作部分的
阻值应大于继电器绕组阻值的 25 倍以上。

　　对 10A 以上的电流进行调整一般不采用滑线式可调变阻器，可采用
低压变压器（俗称负荷变流器或升流器），二次侧接被试电路，一次侧经
滑线式可调变阻器或自耦调压器电源。低压变压器的容量由电源电压与被
试电路电流决定，被试电流越大则变压器的容量越大，一般 220 ~ 120V/
24 ~ 12V 的升流器，其容量为 1 ~ 3kVA。

　　负荷变流器一般可用行灯变压器或电焊变压器及其他类似的变压器，
对于试大变流比的电流互感器时应使用专用的大电流发生器。负荷变流
器的试验接线图如图 5 – 28 所示。

　　变流比为 200/5 以上的电流互感器也可作负荷变流器升流用，电流互

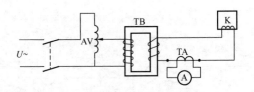

图 5 - 28 负荷变流器的接线图

AV 一自耦调压器；TB—负荷变流器；

TA 一标准电流互感器

感器的二次绕组经过可调滑线电阻或自耦调压器接到试验电源上，而将被试的继电器接到一次绕组上。

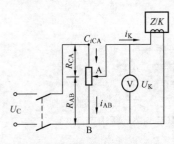

图 5 - 29 变阻器式分压器接线图和工作原理图

2. 调节电压用设备

任何具有起端、终端和可移动接触电刷的三个出线头的绕线式变阻器都可以用作变阻器式分压器。保护装置中的电压回路或单个继电器所流过的电流不大于 $1 \sim 3A$ 时，采用具有三个出线头的滑线式变阻器即可。

分压器接线图和工作原理图如图 5 - 29 所示。电源电压 U_C 加到全部电阻 B、C 上，而继电器接到 A、B 上。电源电压分成两部分：在电阻 R_{CA} 上的电压降等于 $i_{CA}R_{CA}$，AB 段的电压降等于 $i_{AB}R_{AB}$，即 $U_C = i_{CA}R_{CA} + i_{AB}R_{AB}$。加在继电器上的电压是 R_{AB} 上的电压降，所以继电器上的电压为 $U_K = i_{AB}R_{AB}$。

调节移动电刷 A 可以变更电阻 R_{AB}，于是 U_K 跟着变化。假若移动电刷 A 到 B 点，则 $R_{AB} = 0$，$U_K = 0$。假若移到 C 点，则 $U_K = U_C$，这样，继电器上的电压 U_K 就可以得到从 0 到 U_C 平滑地调整。

当选择分压器用的变阻器时，必须考虑到通过支路 CA 的电流等于两个电流之和，即

$$i_{CA} = i_{AB} + i_K \qquad (5-1)$$

因而必须按此电流来选择变阻器。

此外，还必须考虑到分压器与滑线式电阻一样会使 U_K 对于 U_C 有一些相角差，因而在校验对相角有要求的继电器（如方向继电器、阻抗继电器）时会带来一些误差。为了使这个角度在容许限度内，当加到继电

器绕组上的电压为额定电压时，分压器并联部分的电阻 R_{AB}，应小于继电器绕组阻抗的 1/10，即

$$R_{AB} \leqslant \frac{Z_K}{10} \qquad (5-2)$$

假设试验电源电压 $U_c = 220V$，试选择试验 GG-11 方向继电器所用的分压器的变阻器。继电器电压绕组额定电压为 100V，绕组阻抗 $Z_K = 400\Omega$。

按照上述条件分压器并联部分应有的电阻为

$$R_{AB} = \frac{Z_K}{10} = \frac{400}{10} = 40 \quad (\Omega) \qquad (5-3)$$

当继电器加至其额定电压 100V 时，流过分压器并联部分的电流为

$$i_{AB} = \frac{100}{40} = 2.5 \quad (A) \qquad (5-4)$$

继电器绕组中流过的电流为

$$i_K = \frac{100}{400} = 0.25 \quad (A) \qquad (5-5)$$

于是，分压器串联部分 CA 中的电流为

$$i_{AC} = 2.5 + 0.25 = 2.75 \quad (A) \qquad (5-6)$$

当电源电压为 220V 时，有

$$U_{CA} = 220 - 100 = 120 \quad (V) \qquad (5-7)$$

故分压器串联部分的电阻为

$$R_{CA} = \frac{120}{2.75} = 45 \quad (\Omega) \qquad (5-8)$$

分压器的全电阻为

$$R = 40 + 45 = 85 \quad (\Omega) \qquad (5-9)$$

由此可知，必须选用电阻为 85Ω，电流为 2.75A 或以上的变阻器。

自耦调压器实质上是一、二次共用同一绕组，二次经滑动炭刷可调的自耦变压器。自耦变压器可以是降压的，也可以是升压的。这两类变压器的原理接线图示于图 5-30。

在 L_1 的绕组中通入电流 I 时，在自耦变压器的铁芯中产生磁通，磁通在绕组中所感应的电动势均匀地分布于各匝间，并且与外加电压 U_1 均衡。二次绕组的电压等于每一匝的感应电动势与接在抽头上的匝数的乘积。电压与匝数成正比，即

$$\frac{U_1}{U_2} = \frac{L_1}{L_2} \qquad (5-10)$$

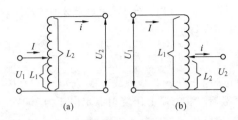

图 5 – 30　自耦变压器原理图

（a）升压；（b）降压

因此，假如将自耦变压器的 L_2 抽头作成可调节的，亦即 U_2 可以调节，那么就得到自耦调压器了。自耦调压器可作成单相的，也可作成三相的。单相自耦调压器在一次绕组上施 220V 或 127V 的电压侧在二次绕组上就可得到 0～250V 平滑调节的电压。三相自耦调压器一次输入 380V 的电压，二次侧能得到平滑调节的 0～450V 电压。

3. 调节电压与电流间相角的设备

（1）利用移相器调节相角。感应型移相器就是一台绕线式转子被制动的异步电动机。转子转动的传动机构，可以作成手动操作也可作成电动操作。

转子被制动的绕线式异步电动机的工作原理和变压器一样，其定子绕组是一次绕组，转子绕组是二次绕组。这个变压器的特点是当转子绕组的空间位置对于定子绕组的相对位移在 0°～360°之间变化时，一次电压与二次电压之间的电气相角也在同样的范围内变动，所以这种装置叫转动变压器，因其主要功能是作移相用，故称为移相器。

移相器的原理接线如图 5 – 31 所示，手摇移相器可使电压之间或电流之间的相角在 0°～180°或 0°～360°之间平滑地变动。电动操作的移相器，因其转子绕组是通过滑环用炭刷引出的，相角可以在 0°～360°内连续调节。

一般移相器一、二次绕组的电压比是 1:1（匝数比）。根据试验电源电压和被试设备电压的要求，一次和二次既可以接成"星形"，也可以接成"三角"。如一次接成"星形"，可输入三相 380V 电压；接成"三角"，只能接三相 220V 电源。

（2）利用不同相间电压、电流取得相位移的原理。众所周知，在三相四线制系统中，三个相电压 U_a、U_b、U_c 彼此相差 120°角，而三个相间电压 U_{ab}、U_{bc}、U_{ca} 亦互成 120°角。假如使用某一相（例如 A 相）电压供

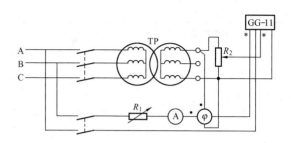

图 5 - 31　试验方向继电器用感应型
移相器接线图

给一个电路，而用其他两相或相间电压供给另一个电路，就可以根据三个相电压和三个相间电压的不同组合方式很容易地在 0°～360°之间得到 12 个角，每两个角之间相差 30°，见表 5 - 3。

表 5 - 3　　　　三相四线系统不同相别组合获得的相角表

给定的角	被引用的相别		相　量　图
	一次	二次	
0° 360°	A	A	
30°	A	AB	
60°	A	− B	
90°	A	CB	

第五章　继电保护基本技能

给定的角	被引用的相别		相 量 图
	一次	二次	
120°	A	C	
150°	A	CA	
180°	A	−A	
210°	A	BA	
240°	A	B	
270°	A	BC	
300°	A	−C	
330°	A	AC	

第二篇 继电保护技能

如果试验电源取自二次绕组接成三角形的变压器或虽然是星形接线但中性点不容许接地时，只能取相间电压。在这种情况下，利用变换相间电压的方法很容易地在 0°～360° 之间得到彼此相差 60° 的 6 个角，见表5－4。

表5－4　　　三相三线制系统不同相别组合获得的相角表

给定的角	被引用的相别		相　量　图
	一次	二次	
0° 360°	AB	AB	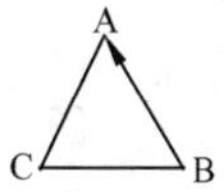 A、C、B 三角形（相量图）
60°	AB	CB	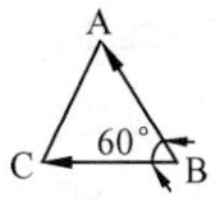 A、C、B 三角形，60°
120°	AB	CA	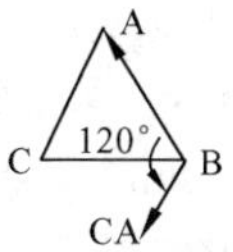 A、C、B 三角形，120°，CA
180°	AB	BA	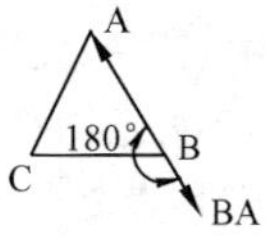 A、C、B 三角形，180°，BA
240°	AB	BC	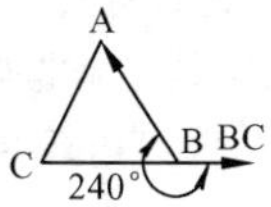 A、C、B 三角形，240°，BC
300°	AB	AC	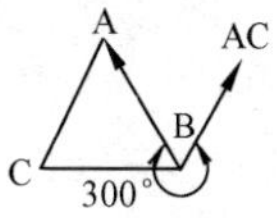 A、C、B 三角形，300°，AC

这种利用相电压和相间电压不同相别的组合得到的相角变化是跳跃式的，这是个缺点，这个缺点可用滑线式变阻器接成如图5－32所示的电位计法得到克服。可调滑线式变阻器 R_2 两个固定端为 A、B，从滑动端 D 得到的电压 U_K 对于 U_{BC} 或 U_{AC} 的相位就可以在 0°～60° 之间平滑地调节。

第五章　继电保护基本技能

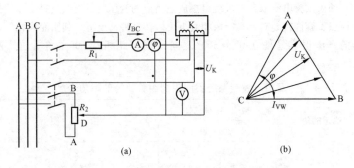

图 5 – 32　借助电位计接法改变相角法
(a) 接线图；(b) 相量图

　　这样，用倒换相别和附加电位计法综合起来就可以得到角度从 0° ~ 360°之间平滑地调整。这个方法的缺点是当调节相位时，加在继电器上的电压 U_K 的数值有些变化。为了克服这个缺点，可再经过一个电位计把电压降到继电器所需的电压。因为继电器的额定电压较试验电源电压为低。

　　4. 调节交、直流电流电压用仪表仪器及其试验接线的选择

　　(1) 试验电源的选择。

　　1) 试验用交流电源应与动力用电源分开，特别要注意不能与冲击负荷如电焊用负荷一起混用。在不具有专用变压器供电的情况下，应考虑由于电源质量不好给试验带来的影响。

　　2) 试验用直流电源质量好的要算蓄电池电源。电动发电机组电源、整流电源中都含有交流成分。

　　3) 无论是交流电源还是直流电源均不希望直接接地。要防止交流和直流之间发生串电现象以免损坏仪表、仪器，并对试验人员的安全有好处。

　　4) 三相四线制试验电源，为消除三次谐波的影响，不宜从相电压取得电流或电压，而应从相间电压取得电流、电压。

　　5) 试验感应型继电器时，注意电流的波形应为正弦波，波形的影响可以使继电器的误差超过规定值。10A 以下使用不同电流容量的可调电阻组合串联调整电流的方法，可以较好地保持电流的波形。10A 以上的电流进行调整可使用负荷变流器（升流器），但应事先用示波器检验，证明负荷变流器二次的波形为正弦波。

　　6) 在用变阻器式分压器取得电压时，要注意当被试电路接通或断开

时，由于负荷的变化而带来电压的改变及由此产生的影响。

在测量动作电压时应按被试电路已经接入的情况下确定。测量触点断开能力时，电压应该接在触点打开的情况下确定。

7）在检验与相位有关的继电器时（如功率方向、阻抗继电器），应注意试验电源的相角，特别是被试回路接入前后电气角度发生的变化。同时还要注意相位表极性的接入必须与被试继电器的极性一致。

不同继电器负荷应用不同的分压器，如继电器内阻电阻成分高时，应使用电阻分压器；如继电器内阻接近电感性质时，可用自耦调压器作为分压器。这样，分压器的输入端与输出端的相位能保持一致。

（2）仪表的选择和使用。

1）测定继电器动作值和返回值，应选用准确度为 0.5 级的仪表。

2）电流表、电压表等的最大量限应尽可能不大于被测值的两倍以上，即在最大量限的 50% 以上刻度读数。

3）频率表应在规定的额定电压下使用。

4）使用相位表时，电压不得超过额定值的 ±10%，电流不应小于其额定值的 20%。

5）使用电流互感器时，其二次侧不应开路。

6）试验频率变化的继电器特性时，如低频率继电器，应采用对频率影响小的仪表，如整流型仪表和电动式仪表。

7）电动式和电磁式仪表的指示受外磁场的影响较大，故在使用时，应注意远离有大电流通过的强磁场。为了避免受外磁场的影响，最好使用无定位仪表，并将往返的连接线缠在一起，以减少感应影响。

8）如被测继电器的动作时间小于 0.1s，应用毫秒表或示波器进行测量。

9）用电流互感器扩大测量范围时，其次级的仪表或负荷的总阻抗不应超过互感器所允许的二次负荷。

10）所有交流式仪表的刻度都是按正弦波的有效值来设计的，故在测量正弦波的电流和电压时，可使用任何类型的交流式仪表。但如果是测量非正弦电流、电压（如速饱和变流器二次电流、整流后脉动电压等则因测量仪表的类型不同，测量结果差别很大，故对测量仪表应审慎选择。测量电流的有效值时，可使用电磁式或电动式仪表；如测量电流的平均值时，应采用磁电型（永磁型）或整流型仪表。

11）同时测量电流和电压时，如测量绕组阻抗或做伏安特性等试验，应根据具体情况来选择仪表和接线方式，以获得准确的测量结果。

在图 5 - 33（a）接线方式中电流表所读得的电流值为被试继电器与电压表两者电流之和。而在图 5 - 33（b）接线方式中，电压表的读数为电流绕组和继电器绕组两者电压降之和。试验时，究竟采用哪种接线方式须视仪表与被试继电器两者阻抗的比值而定。如继电器绕组阻抗小于电压表阻抗的 1/100 时，宜采用图 5 - 33（a）的接线方式；如继电器绕组的阻抗大于电流表阻抗的 100 倍以上时，宜采用 3 - 33（b）的接线方式。

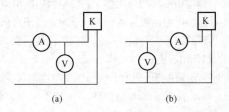

图 5 - 33　用电压表及电流表测量阻抗的试验接线图

（a）被试阻抗远小于电压表阻抗的接法；（b）被试阻抗远大于电流表阻抗的接法

12）测量某个特定回路的电流时，应使用内阻尽可能小的电流表，以减小对回路参数的影响。而测量保护装置的不平衡电压、继电器的功率损耗、电压互感器的变比、回路中某个元件上的电压降等，应用高内阻电压表。

13）用万能表和多量限的仪表进行转换测量时，不应带电切换，以防损坏仪表。

14）对未知电路进行测量时，不应使用高精密度的仪表，尤其不应使用较低的量限，以防冲击损坏或烧毁。

15）测量电压或测量电流不大于 5A 的试验用导线，应使用截面不小于 $1.5 \sim 2.5 \text{mm}^2$ 的多股软线，且应有良好的绝缘性能和足够的机械强度。

测量小电压时，应注意连接导线接触良好，导线的截面积应足够大，以防接触电阻造成的电压降给测量带来误差。

5. 检验操作

使用绝缘电阻表时应遵守下列规定：

（1）试验用导线必须是单根绝缘线，并在两端装上绝缘套。绝缘电阻表和试验线应当完全干燥和清洁。

（2）当测定对地绝缘电阻时，宜将绝缘电阻表的"地"或"—"的一端连接到接地端子。当测定电缆缆芯间的绝缘电阻时，绝缘电阻表的连接没有区别。

（3）绝缘电阻表的转速应是 120~180r/min。若转速过高或过低时，绝缘电阻表的指示都将不正确，特别是在检验电缆的绝缘电阻时。如果绝缘电阻表只用作导通试验时，转速快慢对检验结果并无影响。

（4）如果被检查绝缘的二次回路太大，则可分部进行。

（5）检查绝缘的工作，应按照图纸进行。应很清楚地决定在回路的什么地方需要断开，什么地方需要连接，并做好记录，以便恢复和防止遗漏。

（6）绝缘检查完毕之后，应将所有被试验的导线及电缆芯对地放电，并将所有在试验中拆动的线头，按记录逐条恢复至原位。

（7）新安装的与运行中的二次回路，保护和安全自动装置绝缘电阻的检查，均用 1000V 绝缘电阻表进行，并应符合电力工业技术管理暂行法规的规定和遵守有关的技术保安规程。

在试验接线工作完毕后，必须经第二人复查，二次回路通电或耐压试验前，应通知值班员和有关人员，并派人到各现场看守，检查回路上确无人工作后，方可加压。

对交流二次电压回路通电时，必须可靠断开至电压互感器二次侧的回路，防止反充电。

保护装置进行整组试验时，不宜用将继电器触点短接的办法进行。传动或整组试验后不得再在二次回路上进行任何工作，否则应做相应的试验。所有交流继电器的最后定值试验必须在保护屏的端子排上通电进行。开始试验时，应先做原定值试验，如发现与上次试验结果相差较大或与预期结果不符等任何细小疑问时，应慎重对待，查找原因，在未得出正确结论前，不得草率处理。对电子仪表的接地方式应特别注意，以免烧坏仪表和保护装置中的插件。在新型的集成电路保护装置上进行工作时，要有防止静电感应的措施，以免损坏设备。

三、检验报告的要求

检验必须有完整、正规的检验报告，检验报告的内容一般应包括下列各项：

（1）被试设备的名称、型号、制造厂、出厂日期、出厂编号、装置的额定值；

（2）检验类别（新安装检验、全部检验、部分检验、事故后检验）；

（3）检验项目名称；

（4）检验条件和检验工况；

（5）检验结果及缺陷处理情况；

（6）有关说明及结论；

（7）使用的主要仪器、仪表的型号和出厂编号；

（8）检验日期；

（9）检验单位的试验负责人和试验人员名单；

（10）试验负责人签字。

第三节　相关工具、仪表仪器的使用

一、常用工具的作用及使用方法

1. 电工工具

电工所使用的工、器具必须完好无损，发现绝缘部分缺损必须立即更换或采取防护措施，不得使用不合格的工具进行工作。电工必须学会检测各类工具的基本标准并要经常对工具进行检查，对特殊带电工作或临近设备带电情况下，必须按安全规程对所使用工具和环境进行特殊处理后方可工作，为防止误碰带电设备，应采取在工具上绕缠有足够厚度的绝缘材料、对临近设备采取绝缘隔离等措施。

继电保护调试工作中，为避免对保护调试及试验结果的正确性造成影响，以及对无关设备误送电，常常需要打开回路线并按相应试验回路接线，所以电工常备工具，如一字改锥、十字改锥、钳子、验电笔等（有的保护装置需专用工具）。如有保护改造项目时还需要斜口钳、剥线钳、电缆刀、锯弓等。

2. 焊接工具

（1）电烙铁使用方法：

1）新购的烙铁，在烙铁上要先镀上一层锡，具体方法是：将电烙铁烧热，待刚刚能熔化焊锡时，涂上助焊剂，再用焊锡均匀地涂在烙铁头上，使烙铁头均匀地涂上一层锡。

2）掌握好电烙铁的温度，当在铬铁上加松香冒出柔顺的白烟，而又不"吱吱"作响时为焊接最佳状态，控制焊接时间，不要太长，这样会损坏元件和电路板。

3）清除焊点的污垢，要对焊接的原件用刻刀除去氧化层并用松香和锡预先上锡。

4）选用合适的焊锡，应选用焊接电子元件用的低熔点焊锡丝。

5）助焊剂，用25%的松香溶解在75%的酒精（重量比）中作为助焊剂。

6）焊接方法，把焊盘和元件的引脚用细砂纸打磨干净，涂上助焊剂。用烙铁头蘸取适量焊锡，接触焊点，待焊点上的焊锡全部熔化并浸没元件引线头后，电烙铁头沿着元器件的引脚轻轻往上一提离开焊点。

7）焊接时间不宜过长，否则容易烫坏元件，必要时可用镊子夹住管脚帮助散热。

8）焊点应呈正弦波峰形状，表面应光亮圆滑，无锡刺，锡量适中。

9）焊接完成后，要用酒精把线路板上残余的助焊剂清洗干净，以防炭化后的助焊剂影响电路正常工作。

10）集成电路应最后焊接，电烙铁要可靠接地，或断电后利用余热焊接。或者使用集成电路专用插座，焊好插座后再把集成电路插上去。

11）电烙铁应放在烙铁架上。

（2）镊子：用于夹住元件进行焊接。

（3）刻刀：用于清除元件上的氧化层和污垢。

（4）吸锡器：作用是把多余的锡除去，常见的有自带热源的和不带热源的两种。

（5）焊锡：焊接用品，在锡中间有松香。

（6）松香：除去氧化物的焊接用品。

（7）助焊剂：作用和松香一样，但效果比松香好，可是，因为助焊剂含有酸性，所以使用过的原件都要用酒精擦净，以防腐蚀。

二、常用仪器仪表

1. 可携式电工仪表

它是指用来校验现场控制屏（台）、继电保护屏、开关柜等安装的仪表、保护继电器、自动装置及其他电器、电机等的仪表，其准确度一般要求为0.5~1.0级（也有少数0.2级的）。使用可携式电工仪表的注意事项如下：①将仪表搬运至现场时，应注意勿使其受到剧烈震动，有锁扣表针按钮的要预先将表针锁住不使其活动，到现场后还应检查其内外部有无损伤；②对于多量限的仪表，要预先估计好被测量的数值（用计算法或参考过去测试记录及被测试的同类仪器数据），再选定试验仪表端子，既要防止表针超过仪表最大量限，又不要使表针指示过小，最好使表针指示在标度尺的1/2~3/4间；③使用单一量限的仪表，若测量数值超过量限时，应选用精密级（0.5级以上）互感器配合使用，并选用适当变比使互感器二次的电流不大于5A，二次电压不大于100V，仪表量限端子也应选用此量限；④要注意仔细检查接线，至少要经过两人反复检查；⑤在高低压互感器的二次回路工作时，要特别注意在串联电流表时勿将电流回路断开，并联电压表时勿将电压回路短路；⑥测定仪表、仪器误差时，也要考虑标准仪表的误差，要计算综合误差，要避免受环境温度、电场磁场等外部影响及电源频率、波形等内部影响，根据情况应采取措施或修正误差值；⑦做测试记录时，应同时注明使用的标准仪表型式、编号，以便以后核对；⑧携带式仪表应按规程规定定期送实验室以 0.2 级准确度的精密仪表校验调整，以保证其准确度。

指针表读取精度较差，但指针摆动的过程比较直观，其摆动速度幅度有时也能比较客观地反映了被测量的大小，数字表读数直观，但数字变化的过程看起来很杂乱，不太容易观看。在电压档，指针表内阻相对数字表来说比较小，测量精度相比较差。某些高电压微电流的场合甚至无法测准，因为其内阻会对被测电路造成影响。数字表电压档的内阻很大，至少在兆欧级，对被测电路影响很小。但极高的输出阻抗使其易受感应电压的影响，在一些电磁干扰比较强的场合测出的数据可能是虚的。

总之，在相对来说大电流高电压的模拟电路测量中适用指针表，在低电压小电流的数字电路测量中适用数字表，可根据情况选用指针表和数字表。

2. 万用表

万用表是一种能测量多种电参量的仪表，它可用来测量电阻、直流电流、直流电压、交流电流、交流电压，有的还能测量电感、电容、音频衰减及晶体管电流放大倍数等。现在常见的主要有数字式万用表和机械万用表两种。

使用注意事项如下。

（1）在未接入电路进行测量时，需检查转换开关是否在所测档的位置上，不能放错；如果被测量是电压，而转换开关置于电流或电阻档，则会将仪表损坏。

（2）在测量电流或电压时，如果被测电压、电流大小不清楚，应将量限置于最高档上，以防指针打坏。然后，逐渐转换到合适的量限上测量，以减小测量误差，转换量限时，须注意不可带电转换。

（3）测量直流电压或直流电流时，需要注意被测量电路的极性，仪表正负端子应与被测电路正负极相对应。测量电流时，仪表必须串联在电路里；测量电压时，必须将仪表并联于电路上。

（4）测量 2500V 交流或直流高压时，必须注意安全，防止触电。电路中有固定大电容时，应事先放电。

（5）测量时，必须注意表笔的插孔是否所测的项目，有的表所有测量项目共用一对表笔插孔，如 MF－14 型、MF－16 型等；有的表则有两对表笔插孔，如 MF－7 型、500 型等。

（6）测量交流电压时，须考虑被测电压的波形，万用表只适宜测量正弦波电压或电流的有效值，而测量非正弦量则不准确。

（7）测量电阻时，被测电阻至少有一端与电路完全断开，并待切断电源后再进行测量，电阻的量限应选得合适，原则上是使指针停在表头标度中心位置附近为宜，因为此位置的测量误差最小，测量低电阻时，要注意接触电阻；测量高电阻（大于 $10k\Omega$）时，应注意不要形成并联电路（如将双手分别触及两测试表笔金属端或触及电阻两端引线）。

（8）每次测量完毕后，应将转换开关拨到交流电压最高一档，以免误用损坏仪表。另外，还要避免拨到电阻档，因测试表笔碰在一起会形成短路而耗费电池。

3. 绝缘电阻表

绝缘电阻表又叫摇表、兆欧表、高阻表、绝缘电阻测定器。常用的绝缘电阻表是由磁电系流比计和一只手摇直流发电机组成。使用方法如下：

（1）选用原则：对高压电力设备，选用电压高的绝缘电阻表来测试；而对电压低的设备，因绝缘所能承受的电压不高，只能用电压比较低的绝缘电阻表来测试。

（2）测量前，为防止发生人身和设备事故，并希望得到精确的测量结果，要切实断开被测设备的电源并接地，进行一次放电，然后才能用绝缘电阻表测量。

（3）对有可能感应出高电压的设备，在未消除这种可能性之前，不得进行测量。例如测量绕组绝缘时，应将该绕组所有端子用导线短路连接后，再测量。

（4）要将被测设备表面擦拭干净，以免造成测量误差。

（5）仪表接线端子与被测设备间连接的导线，不能用双股绝缘线和绞线，应用单股线分开单独连接，以避免绞线绝缘不良而引起误差。

（6）测量时手摇发电机应保持匀速，不要时快时慢，一般规定为 120r/min，允许有 20% 的差值。

（7）测试前，要先对绝缘电阻表进行一次检验，若开路时指针不指"∞"处，短路时指针不指在"0"处，说明此表不准，需要调换良好的绝缘电阻表测量或检修后再使用。

（8）测量时，以 1min 后的读数为准。遇电容量很大的被测物时，则以指针稳定不动时为准。对于电机，规定要测取 15s 和 60s 时的绝缘电阻值，其中后者对前者之比叫作吸收比。吸收比的值越大，说明绝缘越良好，并以此数值判断绝缘是否合格。正常绝缘的发电机、高压电动机、变压器的吸收比都大于 1.3。

（9）用绝缘电阻表测量绝缘电阻的正确接线法，如图 5-34 所示。对于绝缘电阻表上分别标有接地（E）、电路（L）和保护环（G）的接线端子要正确使用测量绝缘电阻时，将被测端接于"电路"的端子上，而以良好的接地线接于"接地"的端子上，如图 5-34（a）所示。测电机绝缘电阻时，将电机绕组接于"电路"的端子上，机壳接于"接地"的端子上，如图 5-34（b）所示。测量电缆的缆芯对缆套的绝缘电阻时，除将缆芯和缆套分别接于"电路"和"接地"接线端子外，再将电缆套与芯之间的内层绝缘物接"保护环"上，以消除因表面漏电而引起的误差，如图 5-34（c）所示。

（10）测量完毕，须待绝缘电阻表停止转动和被测物放电后方可拆线，以免触电。如被测物电容量很大时，不待绝缘电阻表停转就应用绝缘工具拆下试验导线再放电，以防绝缘电阻表被打坏。

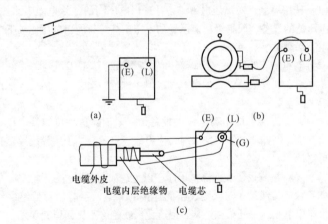

（a）

（E）（L）

（b）

（E）（L）

（G）

电缆外皮
电缆内层绝缘物　电缆芯

（c）

图 5-34　绝缘电阻表测量绝缘电阻的正确接线法
（a）测量电路的绝缘电阻；（b）测量电机的
绝缘电阻；（c）测量电缆的绝缘电阻

4. 直流电桥

主要用来测量电阻，根据结构特点，可分为单电桥、双电桥和单双两用电桥。单电桥一般适用于测中值电阻（$1 \sim 10^6$）Ω，双电桥适用于测低值电阻（1Ω 以下）。继电保护常用单电桥其使用方法如下。

（1）使用时，首先大致估计一下被测电阻和所要求的精度，根据估计数来选择电桥，所选用电桥的精度应略高于被测电阻的容许误差。

（2）如果需要外接检流计时，检流计的灵敏度要合适，不必要求过高，否则调整电桥平衡困难。一般在调节电桥最低一档时，检流计有明显变化就行。

（3）如果需要外接电源，则电源应根据电桥要求来选取，一般电压为 2 ~ 4V（即用两节二号电池）。为了保护检流计，在电源电路中串联一个可调电阻，进行测量时逐渐减小电阻，以提高灵敏度。

（4）使用电桥时，须先将检流计锁扣打开，检查指针或光点是否指零位，否则应调至零位。

（5）将被测电阻 R_x 接到电桥面板上标有 R_x 的两个接线端子。若外接电源，则电源正极接在面板（＋）号端子上，负极接在面板（－）号端子上。

（6）根据被测电阻的估计值选择适当的桥臂比率，使"比较臂"可调电阻各档充分被利用，以提高读数的精度。

（7）测量时，按下"电源按钮"并锁住，然后按下检流计按钮。若此时指针向正方向偏转，则说明比较臂 R 数值不够，应加大。反之，应减小。这样反复调节，直至指针停留在零位。在调节过程中，需调一下比较臂，按一下检流计按钮。因为电桥未达平衡时，检流计通过的电流较大，如果长时间按下按钮，检流计易损坏。

（8）测量完毕，先松开检流计按钮，再放松电源按钮。

（9）测量完毕进行读数时，注意应将比较读数乘上倍率。

（10）使用完毕后，检流计锁扣应该锁住。

使用电桥测量电阻除按上述步骤及注意事项进行外，还需注意下面几点：

（1）接线不仅要注意极性的正确，而且要接牢靠，以免脱落致使电桥不平衡，烧坏检流计。

（2）测量前，先将被测电阻的任一端与原所接线路断开。

（3）测量时，需考虑周围环境的影响，如湿度、温度等。

（4）测量具有电感的电阻时，应先接通电源，等一会再接通检流计的按钮，断开时，应先断开检流计的按钮，再断开电源，以免绕组的自感电动势打坏检流计。

5. 钳形电表

使用很方便，不用拆断电线、切断电源、重新连接电线，就能测出设备电流和电压情况，但精度不高，只适用于对设备或电路运行情况进行粗略测量，不能用作精确测量。钳形电表使用方法：

（1）测量时，被测载流导线的位置应放在钳形口内的中央里部，以免产生的误差过大。

（2）测量前应估计被测电流的大小、电压的大小，选择合适量限，或者先放在最大量限档上进行测量，然后根据测量值的大小变换合适的量限。

（3）钳口应该紧密接合，如有杂声可重新开合一次或检查钳口有无污垢存在。如有污垢，则应清除后再行测量。

（4）测量完毕一定要注意把量限开关放置在最大量限位置上，以免下次使用时，由于疏忽未选择量限就进行测量，而造成损坏电表的事故。

（5）测量小于5A以下电流时，为了得到较为准确的测量值，在条件许可的情况下可把导线多绕几圈，放进钳口内进行测量，但实际电流数值应为读数除以放进钳口内的导线匝数。

6. 相位伏安表

它具有一表多用、输入阻抗高、体积小、重量轻、测量准确、维修简单、使用方便等优点，适用于电力系统设备二次回路检查、继电保护、高压设备和自动装置的调试。使用方法：

（1）信号接入。相角测量由 $\dot{U}_1$（或 $\dot{I}_1$）及 $\dot{U}_2$（或 $\dot{I}_2$）分别组成第一和第二两个回路。相角测量时，一个回路中，只能接入一个信号。如果接入电压，应将同一回路上的电流插头从表上拔去，红色电压端子＊号接进线端。测电流卡钳进线前，必须将二芯插头接在表上，卡钳进线，应注意方向，＊号表示进线一侧。

（2）幅值测量。根据被测信号，先转动转换开关，如果不知道信号大小，应先放在电压最大位置450V档和电流10A档，在测量过程中，再逐渐减小，然后按下测量选择开关中对应的 $\dot{U}_1$、$\dot{I}_1$、$\dot{U}_2$、$\dot{I}_2$、φ。幅值测量时，如需从 $\dot{U}_1$（或 $\dot{U}_2$）切换到 $\dot{U}_2$（或 $\dot{U}_1$），应将电键开关从 $\dot{U}_1$（或 $\dot{U}_2$）先切换到0位置，再从0位切换到 $\dot{U}_2$（或 $\dot{U}_1$）的位置。测量完毕以及平时存放或运输过程中，测量选择开关均应放置0位，以保护表头。

（3）相角测量。将测量选择开关切换到 φ 位置。转换开关的位置与相角测量无关。将相角测量电键开关放在"校"的位置，按下电池开关，指针应指示满标度。如不指示满标度，可用螺丝刀调整面板上的电位器 W，再将相角测量电键开关切换到 360° 位置，表针指示读数为 $\varphi \times 4$ 即为被测相角值。如果小于 180°，可将电键开关从 360° 切换到 180 指示，读数为 $\varphi \times 2$。如果小于 90°，可将开关从 180° 切换到 90°，直接指示读数 φ。读数完毕，放开电池开关，相角测量开关放回 360° 位置。相角指示的角度，为第二路信号对第一路信号的滞后角。电流信号较小时，可把被测电线在卡钳铁芯上多绕几匝，卡钳输出也成倍增长，但不保证测量精度。

（4）功率因数 $\cos\varphi$ 的测量。将被测电压接在 $\dot{U}_1$ 上，电流接在 I_2 上。如相角读数 $\varphi < 90°$，表示电路是感性的，将相角测量开关倒到 90° 量限，表针指示的 φ 角度，与表盘上的功率因数 $\cos\varphi$ 标度是对应的；如果相角读数 $\varphi > 270°$，表示电路是容性的。切换 $360° - \varphi$ 后对照 $\cos\varphi$ 标度读数，或将被测电压换到 U_2 上，被测电流换接到 I_1 上，再读数。

（5）相序的测量。$\dot{U}_{ab}$（或 $\dot{U}_{a0}$）接 1 路 $\dot{U}_1$，$\dot{U}_{bc}$（或 $\dot{U}_{b0}$）接 2 路 $\dot{U}_2$。如表指示为 120°，则为正相序；若指示为 240°，则为负相序。

三、专用仪器

1. 电秒表

电秒表用于测量任何动态的动作时间；测量各种继电器、自动装置、断路器、接触器等的动作时间；另外，对其他变量加上附加装置，将被测信息转换为开关动作（机械触点或无触点开关），还可测量人体生理试验的反应时间；校对和测量各种量表，测量液压流量和内燃机油耗等时间参数。电秒表按构造工作原理可分电磁振动式、电子式及同步电机式。电秒表应在规定的工作环境下（$20 \pm 10°C$、相对湿度小于 80%）使用，并按测量分类选择相应的电路进行连接，其测量方法见表 5 - 5。

表 5 - 5　　　　　　　　　　电秒表测量方法表

使用方法 测量分类	K 的位置	外接开关	动作状态及说明		
			准备状态	测量状态	结束状态
1 个闭合时间	连续性	S1	断	通	断
		S2	断	断	断
2 个闭合的间隔时间	连续性	S1	断	通	通
		S2	断	断	通

使用方法 / 测量分类	K 的位置	外接开关	动作状态及说明		
			准备状态	测量状态	结束状态
1 个断续接触时间	连续性	S1	通	通	通
		S2	通	断	通
2 个断开之间的间隔时间	连续性	S1	通	通	断
		S2	通	断	断
2 个触动时间的间隔	触动性	S1	断	瞬时通	断
		S2	断	断	瞬时通

2. 示波器

（1）示波器按键和旋钮的作用。

1）电源开关（POWER）：按入此开关，仪器电源接通，指示灯亮。

2）亮度（INTENSITY）：光迹亮度调节，顺时针旋转光迹增亮。

3）聚焦（FOCUS）：用以调节示波管电子束的焦点，使显示的光点成为细而清晰的圆点。

4）光迹旋转（TRACEROTATION）：调整光迹与水平线平行，一般不用。

5）标准信号（PROBEADJUST）：此端口输出幅度为 0.5V，频率为 1kHz 的方波信号，用以校准 Y 轴偏转因数和扫描时间因数，一般不用。

6）耦合方式（AC ND DC），以通道 1 为例。

AC：信号中的直流分量被隔开，用以观察交流成分；

DC：信号与仪器通道直接耦合，当需要观察信号的直流成分或信号的频率较低时应选用此方式；

ND：输入端处于接地状态，用以确定输入端为零时光迹所在位置。

7）通道 1 输入插座（CH1 ORY）：双功能端口，在常规使用时，此端口作为垂直通道 1 的输入口，当仪器工作在 X－Y 方式时，此端口作为水平轴信号输入口。

8）通道 1 灵敏度选择开关（VOLTS/DIV）：选择垂直轴的偏转灵敏度，从 5mV/DIV～10V/DIV 分 11 个档级调整，可根据被测信号的电压幅度选择合适的档级。

9）微调拉钮＊5（VARIABLEPULL＊5）：配合灵敏度选择开关进行

微调。

10）垂直位移（POSITION）：用以调节光迹在垂直方向的位置。

11）垂直方式（MODE）：选择垂直系统的工作方式。

CH1：只显示通道 1 的信号。

CH2：只显示通道 2 的信号。

ALT：两路信号交替显示，该方式适合于在扫描速率较快的时候使用。

CHOP：两路信号断续工作，该方式适合于在扫描速率较慢的时候使用。

ADD：用于显示两路信号相加的结果，当 CH2 极性开关被按入时，则两信号相减。

12）通道 2 输入插座（CH2 ORY）：垂直通道 2 的输入口，在 X－Y 方式时，此端口作为 Y 轴信号输入口。

13）水平位移（POSITION）：用以调节光迹在水平方向的位置。

14）极性（SLOPE）：用以选择被测信号在上升沿或下降沿触发扫描。

15）电平（LEVEL）：用以调节被测信号在变化至某一电平时的确触发扫描。

16）扫描方式（SWEEPMODE）：详见如下几种。

自动（AUTO）：当无触发信号输入时自动，屏幕上显示扫描光迹，一旦有触发信号输入，电路自动转换为触发扫描状态，此方式适合频率在 50Hz 以上的信号。

常态（NORN）：当无触发信号输入时，屏幕上无扫描光迹，有触发信号输入时，且触发电平在旋钮合适位置时，电路被触发扫描，当频率在 50Hz 以下，必须选择该方式。

单次（SINLE）：用于产生单次扫描，按动此键，扫描方式开关均被复位，电路工作在单次扫描状态，当触发信号输入时，扫描只产生一次，下次扫描需再次按此键。

17）触发（准备）指示（TRIREADY）：该指示灯有两种功能：①当仪器工作在非单次扫描方式时，该灯亮表示扫描电路工作在被触发状态；②当仪器工作在单次扫描方式时，该灯亮表示扫描电路工作在准备状态，此时若有信号输入将产生一次扫描，指示灯随之熄灭。

18）扫描速率（SEC/DIV）：当扫描"微调"置校准位置时，可根据度盘的位置和波形在水平轴的距离读出被测信号的时间参数。

19）微调拉钮＊5（VARIABLEPULL＊5）：用于连续调节扫描速率，

顺时针旋足为校准位置，拉出此按钮水平增益扩展五倍，因此扫描速度旋钮的指示值应为原来的五分之一。

20）触发源（TRIERSOURCE）：用于选择不同的触发源。

CH1：在双踪显示时，触发信号来自 CH1 通道；在单踪显示时，触发信号则来自被显示的通道。

CH2：在双踪显示时，触发信号来自 CH2 通道；在单踪显示时，触发信号则来自被显示的通道。

交替（ALT）：在双踪交替显示时，触发信号交替来自两个 Y 通道，此方式用于同时观察两路不相关的信号。

电源（LINE）：触发信号来自市电。

外接（EXT）：触发信号来自触发输入端口。

21）外触发输入（EXTINPUT）：当选择外触发方式时，触发信号由此端口输入。

22）接地：外壳接地端。

23）AC/DC：外触发信号的耦合方式，当选择频率很低的外触发源时，应置于地。

（2）示波器测量。用示波器测量电压，不但能测量到电压值的大小，同时也能观察到电压的波形，尤其能正确的测定波形的峰值及波形各部分的大小。对于测量某些非正弦波形的峰值或波形某部分的大小，示波器测量法就是必不可少的。

用存储示波器测量电压时，不但可以利用屏幕上的光标对波形进行直接测量，并能在屏幕上显示测量数据，现以通用示波器为例说明交流电压的测试方法。

1）测试步骤：

a. 插好示波器的电源线，打开电源开关，电源指示灯亮，待出现扫描线后，调节亮度到适当的位置，调节聚焦控制，使扫描线最细。

b. 调节基线旋钮，使扫描线与水平刻度线平行。

c. 将微调/扩展控制开关旋钮顺时针旋到校准位置，为了避免测量误差，在测量前应将探极进行检查和校正。校正方法是：将探极接到示波器的校正方波输出端、调整探级上校正孔的补偿电容，直到屏幕上显示的方波为平顶。

d. 将 VOLTS/DIV 选择开关、工作方式开关、扫描时间选择开关，根据被测信号的大小，需要和频率高低放在适当位置上。

e. 将输入耦合开关置于"ND"位置，确定零电平的位置。再置于

"AC"位置，由探极输入被测信号，调节同步开关旋钮，使波形稳定，观察屏幕上信号波形在垂直方向显示的幅度，被测信号电压力 V/DIV 与显示度数的乘积；当使用 10:1 输入探极时，要将屏幕显示幅值值×10。

2）测量中应注意的事项：

a. 测量时，不要把仪表放置在附近有强磁场的地方使用；

b. 被测信号的幅度不能超过示波器各输入端规定的耐压值，防止烧坏示波器的放大器；

c. 测试时，示波器的机壳应悬浮，避免造成短路；

d. 用示波器测出的交流电压值为峰—峰值；

e. 测试线要尽量短，探极要靠近被测点，否则有可能引起波形畸变。

3）测量方法举例。

a. 直流电压的测量。把 AC – ND – DC 开关放到 ND，位置处于零电平以利于在屏上观察。这个位置不一定在屏的中心。VOLTS/DIV 放在适当电平，把 AC – ND – DC 开关放到 DC，此时，由于扫描线只在直流电压线上移动，直流电压信号可用 VOLTS/DIV 值乘移动宽度来取得，如在图 5 – 35 情况，若 VOLTS/DIV 是 50mV/DIV，计算是 50mV/DIV × 4.2 = 210（mV）〔但若用探头（10:1）实际信号值应再乘 10 倍，即 50mV/DIV × 4.2 × 10 = 2100（mV）= 2.1V〕。

b. 交流电压的测量。如直流电压测量，零电平可放到便于检查的任何处。在图 5 – 36 情况，若 VOLTS/DIV 是 1V/DIV，计算峰—峰值得：1V/DIV × 5 = 5V〔但若用探头（10:1），实际峰—峰值是 50V〕。

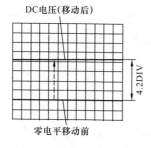

图 5 – 35　直流电压测量

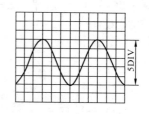

图 5 – 36　交流电压的测定

此外，若小振幅值信号叠加在直流电压上，为便于观测而放大信号，AC – ND – DC 开关可放到 AC，使直流电流不通过，对观察的灵敏度可提高。

c. 频率和周期的测量。以图 5 - 37 为例，1 周期是从 A 到 B，在屏上是 2 格。扫描时间假定为 1ms/DIV，周期是 1ms/DIV × 2.0 = 2.0ms，因而频率是 1/2.0ms = 500Hz。但若使用 × 10MA（× 5MA），扫描被放大，TIME/DIV 必须转换到 1/10（1/5）的指示值。

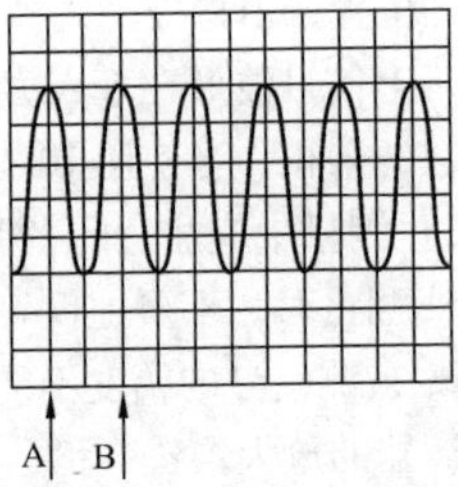

3. 选频电平表

测量方法如下。

图 5 - 37 频率和周期测量

（1）打开选频电平表的电源开关，仪器预热 30min；

（2）宽频测量：按宽频测量键，根据输入信号的阻抗和电平值，按进相应的 Z/Ω 键和量程开关的档位，即可测量；

（3）选频测量：根据需要选择"选测低噪声"或"选测低失真"，同时根据需要将通带选择开关拨向"1.74kHz"或"80Hz"，根据输入信号频率调节 f_1 频率使选频表对其正确调谐，使表头指示最大，这时看量程档位和表头指示值，即可读出被测信号的电平值。

4. 电平振荡器

测量方法如下。

（1）打开电平振荡器的电源开关，仪器预热 30min；

（2）0kHz 校准。微调 f_1 摇轮，使频率显示 000.00Hz，整机表头指示刻度在表头刻度的起始线上，即整机输出为零，说明整机工作正常，可以使用；

（3）频率调节；

（4）电平调节，转动衰减器的电平量程和电平微调按钮，可得到 +10dB ~ -70dB 的电平，此时仪器的输出是电平量程指示值与表头指示值的代数和；

（5）输出阻抗，根据外部阻抗选择 0Ω、75Ω、150Ω、600Ω 四种阻抗。

第二篇 继电保护技能

第四节　继电保护现场作业安全规范

一、电力安全工作规程及继电保护有关规程

1. 《电业生产安全工作规程》中对保证安全的组织及技术措施所作的相关规定

针对继电保护专业主要作了以下规定：

（1）二次回路上工作需填用第一种工作票的。

1）在高压室遮栏内或与导电部分小于规定的安全距离进行继电器和仪表等的检查试验时，需将高压设备停电的；

2）检查高压电动机和启动装置的继电器和仪表需将高压设备停电的。

（2）二次回路上工作需填用第二种工作票的。

1）一次电流继电器有特殊装置可以在运行中改变定值的；

2）对于连于电流互感器或电压互感器二次绕组并装在通道上或配电盘上的继电器和保护装置，可以不断开所保护的高压设备的。上述工作至少由两人进行。

（3）继电保护人员在现场工作过程中，凡遇到异常情况（如直流系统接地等）或断路器跳闸时，不论与本身工作是否有关，应立即停止工作，保持现状，待查明原因，确定与本工作无关时方可继续工作；若异常情况是本身工作所引起，应保留现场并立即通知值班人员，以便及时处理。

（4）工作前应做好准备，了解工作地点一次及二次设备运行情况和上次的检验记录，图纸是否符合实际。现场工作开始前应查对已做的安全措施是否符合要求，运行设备与检修设备是否明确分开，还应看清设备名称，严防走错位置。

（5）在全部或部分带电的盘上进行工作时，应将检修设备与运行设备前后以明显的标志隔开（如盘后用红布帘，盘前用"在此工作!"标示牌等）。在保护盘上或附近进行打眼等振动较大的工作时，应采取防止运行中设备掉闸的措施，必要时经值班调度员或值班负责人同意，将保护暂时停用。

（6）在继电保护屏间的通道上搬运或安放试验设备时，要与运行设备保持一定距离，防止误碰运行设备，使保护误动作。清扫运行设备和二次回路时，要防止振动，防止误碰，要使用绝缘工具。

（7）继电保护装置做传动试验或一次通电时，应通知值班员和有关人员，并由工作负责人或由其派人到现场监视，方可进行。

（8）所有电流互感器和电压互感器的二次绕组应有永久性的、可靠的保护接地。

（9）在带电的电流互感器二次回路上工作时，应采取下列安全措施：

1）严禁将变流器二次侧开路；

2）短路变流器二次绕组，必须使用短路片或短路线，短路应妥善可靠，严禁用导线缠绕；

3）严禁在电流互感器与短路端子之间的回路和导线上进行任何工作；

4）工作必须认真、谨慎，不得将回路的永久接地点断开；

5）工作时，必须有专人监护，使用绝缘工具，并站在绝缘垫上。

（10）在带电的电压互感器二次回路上工作时，应采取下列安全措施：

1）严格防止短路或接地。应使用绝缘工具，戴手套。必要时，工作前停用有关保护装置；

2）接临时负载，必须装有专用的刀闸和熔断保险器。

（11）二次回路通电或耐压试验前，应通知值班员和有关人员，并派人到各现场看守，检查回路上确无人工作后，方可加压。电压互感器的二次回路通电试验时，为防止由二次侧向一次侧反充电，除应将二次回路断开外，还应取下一次熔断器或断开刀闸。

（12）检验继电保护和仪表的工作人员，不准对运行中的设备、信号系统、保护连接片进行操作，但在取得值班人员许可并在检修工作盘两侧开关把手上采取防误操作措施后，可拉合检修断路器。

（13）试验用刀闸必须带罩，禁止从运行设备上直接取试验电源，熔丝配合要适当，要防止越级熔断总电源熔丝。试验接线要经第二人复查后，方可通电。

（14）保护装置二次回路变动时，严防寄生回路存在，没用的线应拆除，临时所垫纸片应取出，接好已拆下的线头。

二、继电保护有关规程中的规定

（1）有关安全方面的规定。

1）为防止三误事故，凡是在现场接触到运行的继电保护、安全自动装置及其二次回路的生产运行维护、科研试验、安装调试或其他（如仪表等）人员，除必须遵守《电业安全工作规程》外，还必须遵守《继电保护现场保安规定》。

2）上述有关人员必须熟悉掌握本规定的有关规定，应结合《电业安全工作规程》一并进行定期学习和考试。各级管理部门的领导及有关人员应熟悉本规定，并监督本规定的贯彻执行。

3）现场工作至少应有两人参加。工作负责人必须由经领导批准的专业人员担任。工作负责人对工作前的准备、现场工作的安全、质量、进度和工作结束后的交接负全部责任。外单位参加工作的人员，不得担任工作负责人。

4）在现场工作过程中，凡遇到异常（如直流系统接地等）或断路器跳闸时，不论与本身工作是否有关，应立即停止工作，保持现状，待找出原因或确定与本工作无关后，方可继续工作。上述异常若为从事现场继电保护工作的人员造成，应立即通知运行人员，以便有效处理。

（2）现场工作前需作的准备工作。

1）现场工作前必须做好充分准备，其内容包括：

a. 拟订工作重点项目及准备解决的缺陷和薄弱环节。

b. 工作人员明确分工并熟悉图纸与检验规程等有关资料。

c. 应具备与实际状况一致的图纸、上次检验的记录、最新整定通知单、检验规程、合格的仪器仪表、备品备件、工具和连接导线等。

2）了解工作地点一、二次设备运行情况，本工作与运行设备有无直接联系（如自投、联切等），与其他班组有无需要相互配合的工作。

3）对一些重要设备，特别是复杂保护装置或有联跳回路的保护装置，如母线保护、断路器失灵保护等的现场校验工作，应编制经技术负责人审批的试验方案和由工作负责人填写，并经技术负责人审批的继电保护安全措施票。

（3）现场工作。

1）工作负责人应查对运行人员所做的安全措施是否符合要求，在工作屏的正、背面由运行人员设置"在此工作"的标志。如进行工作的屏仍有运行设备，则必须有明确标志，以与检修设备分开。相邻的运行屏前后应有"运行中"的明显标志（如红布幔、遮栏等）。工作人员在工作前应看清设备名称与位置，严防走错位置。

2）运行中的设备，如断路器、隔离开关的操作，发电机、调相机、电动机的开停，其电流、电压的调整及音响、光字牌的复归，均应由运行值班员进行。"跳闸连片"（即投退保护装置）只能由运行值班员负责操作。在保护工作结束，恢复运行前要用高内阻的电压表检验连接片的任一端对地都不带使断路器跳闸的电源。

3）在一次设备运行而停部分保护进行工作时，应特别注意断开不经连接片的跳、合闸线及与运行设备安全有关的连线。

4）在检验继电保护及二次回路时，凡与其他运行设备二次回路相连的连接片和接线应有明显标记，并按安全措施票仔细地将有关回路断开或短路，做好记录。

5）在运行中的二次回路上工作时，必须由一人操作，另一人作监护。监护人由技术经验水平较高者担任。

6）不允许在运行的保护屏上钻孔。尽量避免在运行的保护屏附近进行钻孔或进行任何有振动的工作，如要进行，则必须采取妥善措施，以防止运行的保护误动作。

7）在继电保护屏间的过道上搬运或安放试验设备时，要注意与运行设备保持一定距离，防止误碰造成误动。

8）在现场要带电工作时，必须站在绝缘垫上，带线手套，使用带绝缘把手的工具（其外露带电部分不得过长，否则应包扎绝缘带），以保护人身安全。同时将邻近的带电部分和导体用绝缘器材隔离，防止造成短路或接地。

9）在清扫运行中的设备和二次回路时，应认真仔细，并使用绝缘工具（毛刷、吹风设备等），特别注意防止振动，防止误碰。

10）在进行试验接线前，应了解试验电源的容量和接线方式。配备适当的熔丝，特别要防止总电源熔丝越级熔断。试验用刀闸必须带罩，禁止从运行设备上直接取得试验电源。在进行试验接线工作完毕后，必须经第二人检查，方可通电。

11）对交流二次电压回路通电时，必须可靠断开至电压互感器二次侧的回路，防止反充电。

12）在电流互感器二次回路进行短路接线时，应用短路片或导线压接短路。运行中的电流互感器短路后，仍应有可靠的接地点，对短路后失去接地点的接线应有临时接地线，但在一个回路中禁止有两个接地点。

13）现场工作应按图纸进行，严禁凭记忆作为工作的依据。如发现图纸与实际接线不符时，应查线核对，如有问题，应查明原因，并按正确接线修改更正，然后记录修改理由和日期。

14）修改二次回路接线时，事先必须经过审核，拆动接线前先要与原图核对，接线修改后要与新图核对，并及时修改底图，修改运行人员及有关各级继电保护人员用的图纸。修改后的图纸应及时报送所直接管辖调度的继电保护机构。

保护装置二次线变动或改进时，严防寄生回路存在，没用的线应拆除。在变动直流二次回路后，应进行相应的传动试验，必要时还应模拟各种故障进行整组试验。

15）保护装置进行整组试验时，不宜用将继电器接点短接的办法进行。传动或整组试验后不得再在二次回路上进行任何工作，否则应做相应的试验。

16）带方向性的保护和差动保护新投入运行时，或变动一次设备、改动交流二次回路后，均应用负荷电流和工作电压来检验其电流、电压回路接线的正确性，并用拉合直流电源来检查接线中有无异常。

17）保护装置调试的定值，必须根据最新整定值通知单规定，先核对通知单与实际设备是否相符（包括互感器的接线、变比）及有无审核人签字。根据电话通知整定时，应在正式的运行记录簿上做电话记录，并在收到整定通知单后，将试验报告与通知单逐条核对。

18）所有交流继电器的最后定值试验必须在保护屏的端子排上通电进行。开始试验时，应先做原定值试验，如发现与上次试验结果相差较大或与预期结果不符等任何细小疑问时，应慎重对待，查找原因，在未得出正确结论前，不得草率处理。

19）在导引电缆及与其直接相连的设备上进行工作时，应按在带电设备上工作的要求做好安全措施后，方能进行工作。

20）在运行中的高频通道上进行工作时，应确认耦合电容器低压侧接地绝对可靠后，才能进行工作。

21）对电子仪表的接地方式应特别注意，以免烧坏仪表和保护装置中的插件。

22）在新型的集成电路保护装置上进行工作时，要有防止静电感应的措施，以免损坏设备。

（4）现场工作结束。

1）现场工作结束前，工作负责人应会同工作人员检查试验记录有无漏试项目，整定值是否与定值通知单相符，试验结论、数据是否完整正确，经检查无误后，才能拆除试验接线。复查在继电器内部临时所垫的纸片是否取出，临时接线是否全部拆除，拆下的线头是否全部接好，图纸是否与实际接线相符，标志是否正确完备等。检查除规定由运行人员操作的继电器外，所有的继电器检查后均应加铅封。

2）工作结束，全部设备及回路应恢复到工作开始前状态。清理完现场后，工作负责人应向运行人员详细进行现场交代，并将其记入继电保护工作记录簿，主要内容有整定值变更情况，二次接线更改情况，已经解决及未解决的问题及缺陷，运行注意事项和设备能否投入运行等。经运行人员检查无误后，双方应在继电保护工作记录簿上签字。

三、二十五项防措中有关继电保护的规定

1. 防止电气误操作事故的规定

（1）严格执行操作票、工作票制度，并使"两票"制度标准化，管理规范化。

（2）严格执行调度指令。当操作中发生疑问时，应立即停止操作，向值班调度员或值班负责人报告，并禁止单人滞留在操作现场，待值班调度员或值班负责人再行许可后，方可进行操作。不准擅自更改操作票，不准随意解除闭锁装置。

（3）应制定和完善防误装置的运行规程及检修规程，加强防误闭锁装置的运行、维护管理，确保防误闭锁装置正常运行。

（4）建立完善的解锁工具（钥匙）使用和管理制度。防误闭锁装置不能随意退出运行，停用防误闭锁装置时应经本单位分管生产的行政副职或总工程师批准；短时间退出防误闭锁装置应经变电站站长、操作或运维队长、发电厂当班值长批准，并实行双重监护后实施，并应按程序尽快投入运行。

（5）采用计算机监控系统时，远方、就地操作均应具备防止误操作闭锁功能。

（6）断路器或隔离开关电气闭锁回路不应设重动继电器类元器件，应直接用断路器或隔离开关的辅助触点；操作断路器或隔离开关时，应确保待操作断路器或隔离开关位置正确，并以现场实际状态为准。

（7）对已投产尚未装设防误闭锁装置的发、变电设备，要制定切实可行的防范措施和整改计划，必须尽快装设防误闭锁装置。

（8）新、扩建的发、变电工程或主设备经技术改造后，防误闭锁装置应与主设备同时投运。

（9）同一集控站范围内应选用同一类型的微机防误系统，以保证集控主站和受控子站之间的"五防"信息能够互联互通、"五防"功能相互配合。

（10）微机防误闭锁装置电源应与继电保护及控制回路电源独立。微机防误装置主机应由不间断电源供电。

（11）成套高压开关柜、成套六氟化硫（SF_6）组合电器（GIS/PASS/HGIS）"五防"功能应齐全、性能良好，并与线路侧接地开关实行连锁。

（12）应配备充足的经国家认证认可的质检机构检测合格的安全工作器具和安全防护用具。为防止误登室外带电设备，宜采用全封闭（包括网状等）的检修临时围栏。

（13）强化岗位培训，使运维检修人员、调控监控人员等熟练掌握防误装置及操作技能。

2. 二次系统的规定

（1）认真做好二次系统规划。结合电网发展规划，做好继电保护、安全自动装置、自动化系统、通信系统规划，提出合理配置方案，保证二次相关设施的安全水平与电网保持同步。

（2）稳定控制措施设计应与系统设计同时完成。合理设计稳定控制措施和失步、低频、低压等解列措施，合理、足量地设计和实施高频切机、低频减负荷及低压减负荷方案。

（3）加强110kV及以上电压等级母线、220kV及以上电压等级主设备快速保护建设。

（4）一次设备投入运行时，相关继电保护、安全自动装置、稳定措施、自动化系统、故障信息系统和电力专用通信配套设施等应同时投入运行。

（5）加强安全稳定控制装置入网管理。对新入网或软、硬件更改后的安全稳定控制装置，应进行出厂测试或验收试验、现场联合调试和挂网试运行等工作。

（6）严把工程投产验收关，专业人员应全程参与基建和技改工程验收工作。

（7）调度机构应根据电网的变化情况及时地分析、调整各种安全自动装置的配置或整定值，并按照有关规程规定每年下达低频低压减载方案，及时跟踪负荷变化，细致分析低频减载实测容量，定期核查、统计、分析各种安全自动装置的运行情况。各运行维护单位应加强检修管理和运行维护工作，防止电网事故情况下装置出现拒动、误动。

（8）加强继电保护运行维护，正常运行时，严禁220kV及以上电压等级线路、变压器等设备无快速保护运行。

（9）母差保护临时退出时，应尽量减少无母差保护运行时间，并严格限制母线及相关元件的倒闸操作。

（10）受端系统枢纽厂站继电保护定值整定困难时，应侧重防止保护拒动。

第六章

继电保护专业技能

第一节　整定计算与保护选择

一、厂用电系统保护整定计算

（一）厂用工作及备用分支保护整定原则

保护配置：相过流保护（低电压闭锁过流），零序过流保护。

1. 相过流保护

（1）按照躲过需要自启动电动机的最大启动电流之和整定。

$$I_{op2} = K_{rel}K_{ss}I_n/n_a \qquad (6-1)$$

式中　K_{rel}——可靠系数，取 $1.2 \sim 1.3$；

　　　I_n——工作进线上额定电流；

　　　K_{ss}——需要自启动的全部电动机在自启动时所引起的过电流倍数；

　　　n_a——电流互感器变比。

$$K_{ss} = \cfrac{1}{\cfrac{U_k\%}{100} + \cfrac{W_n}{K_{sm}W_{sl.\Sigma}}} \qquad (6-2)$$

式中　$U_k\%$——变压器阻抗；

　　　$W_{sl.\Sigma}$——需要自启动的全部电动机的总容量；

　　　W_n——变压器额定容量；

　　　K_{sm}——电动机启动时的电流倍数，取 5 倍。

（2）按照躲过本段母线上最大电动机速断过流（如果灵敏度不够可按启动电流）整定。

$$I_{op.2} = K_{rel}(I'_{st.max} + \Sigma I_1)/n_a \qquad (6-3)$$

式中　K_{rel}——可靠系数，取 $1.2 \sim 1.3$；

　　　$I'_{st.max}$——最大电动机速断电流；

　　　ΣI_1——除最大电动机速断以外的总负荷电流。

（3）按照与本段母线馈线过流配合整定。

$$I_{op} = K_{rel}(I'_{op.1} + \Sigma I_1)/n_a \qquad (6-4)$$

式中　K_{rel}——可靠系数，取 1.2~1.3；

　　　$I_{op.1}$——输煤线路过电流保护；

　　　ΣI_1——除输煤线路过电流以外的总负荷电流。

（4）按照与本段母线最大低压厂用变压器速断电流配合整定。

$$I_{op.2} = K_{rel}(I'_{op.t.max} + \Sigma I_1)/n_a \qquad (6-5)$$

式中　K_{rel}——可靠系数，取 1.2~1.3；

　　　$I'_{op.t.max}$——最大低压厂用变压器速断电流；

　　　ΣI_1——除最大低压厂用变压器速断电流以外的总负荷电流。

（5）按照躲过本段母线上最大电动机启动电流整定。

$$I_{op.2} = K_{rel}(I'_{st.max} + \Sigma I_1)/n_a \qquad (6-6)$$

式中　K_{rel}——可靠系数，取 1.2~1.3；

　　　$I'_{st.max}$——最大电动机启动电流；

　　　ΣI_1——除最大电动机启动电流以外的总负荷电流。

（6）工作进线灵敏度校验。

$$K_{sen} = \frac{I^{(2)}_{k.min}}{I_{op.2}n_a} > 1.5 \qquad (6-7)$$

式中　K_{sen}——灵敏度要求不小于 1.5；

　　　$I^{(2)}_{k.min}$——最小运行方式下高压厂用变压器低压侧本分支母线两相金
属性短路电流。

（7）动作时间整定：考虑厂用电切换对厂用电及电动机自启动过程
的影响整定时间一般不小于 0.5s。如果有馈出线，应该与馈出线配合。

（8）出口方式：跳本侧分支、闭锁快切。

2. 零序过流保护保护

零序过流可作为保护变压器绕组、引线、相邻元件接地故障的后备保
护，保护启动后 t_2 时间动作于全停方式，t_1 跳开时间分支断路器。厂用变
压器低压侧性点经 R 电阻接地，该定值与下一级保护配合，且保证 6kV
母线出口单相接地时灵敏系数不小于 2。

最大接地电流计算

$$I_{max} = \frac{U_1}{\sqrt{3}R} \qquad (6-8)$$

式中　I_{max}——最大接地电流；

　　　U_1——母线电压。

（1）第一段动作值：按照单相接地电流的 20% ~ 50% 选取。

$$I_{op.2} = \frac{(20 \sim 50)\% I_{max}}{n_{a.g}} \qquad (6-9)$$

式中　$n_{a.g}$——零序电流互感器变比。

（2）第一时限：考虑与本段母线所接负荷的最大零序动作时间配合整定。

$$t_{op.1} = t_{op.sm} + \Delta t \qquad (6-10)$$

式中　$t_{op.sm}$——所接负荷的最大零序动作时间。

（3）出口方式：跳本侧分支，启动快切。

（4）第二段时限：时间与第一时限零序过流保护配合，保护动作于跳闸。

$$t_{op.2} = t_{op.1} + \Delta t \qquad (6-11)$$

式中　$t_{op.2}$——第二时限零序过流时间；

　　　$t_{op.1}$——第一时限零序过流时间；

　　　Δt——时间级差。

（5）出口方式：动作于跳闸。

（二）高压电动机保护整定原则

保护配置：差动保护（大于 2000kW）、速断过流高定值保护、速断过流低定值保护、过负荷信号、反时限过负荷保护、零序过流保护、负序过流保护。

1. 差动保护

（1）最小动作电流值：按躲过差回路的最大不平衡电流整定。

$$I_{op} = K_{rel} K_{er} I_{n.2} \qquad (6-12)$$

式中　K_{rel}——可靠系数，取 2；

　　　K_{er}——电流互感器误差，取 0.1；

　　　$I_{n.2}$——电动机额定电流二次值。

工程整定：整定为 0.5 倍额定电流。

（2）比例差动制动系数：同时考虑到差动电流互感器实际安装位置较远，由于电流互感器负担不均的误差，在启动过程当中容易引起误动，一般取 40% ~ 60%，整定值为 50%。

出口方式：动作于跳闸。

（3）差动速断保护：只考虑在电流互感器饱和时可能发生的比率制动式差动保护拒动，整定为 8 ~ 10 倍额定电流，无制动差动保护不大于电流速断保护定值，灵敏度满足要求不用校验。

出口方式：动作于跳闸。

2. 速断电流高定值保护

(1) 速断过流保护按照躲过电动机的启动电流整定。

$$I_{op.2} = K_{rel}K_{st}I_{n.2} \qquad (6-13)$$

式中 $I_{op.2}$ ——动作电流值；

      K_{rel} ——可靠系数，取 1.5；

      K_{st} ——启动倍数，取 7；

      $I_{n.2}$ ——二次额定电流。

(2) 启动电流：一般取额定电流的 7 倍，给水泵可整定为电机额定电流的 6 倍。

(3) 启动时间：风机取 25s，给水泵取 20s，循泵、凝泵、磨煤等取 15s。

(4) 如果 F-C 回路，此保护退出或增加延时 0.3s。

(5) 灵敏度校验：按最小方式下的两相相间短路电流校验。

$$K_{sen} = \frac{I_{k.min}^{(2)}}{I_{op.2}n_a} > 1.5 \,, \; I_{k.min}^{(2)} = \frac{0.866I_{j.6kV}}{X_S + X_{AT}} \qquad (6-14)$$

式中 K_{sen} ——保护动作灵敏度；

      $I_{op.2}$ ——动作电流值；

      n_a ——电流互感器变比；

      $I_{k.min}^{(2)}$ ——低压侧母线短路最小短路电流（二相短路）；

      $I_{j.6kV}$ ——6kV 系统最小三相短路电流；

      X_S ——系统电抗；

      X_{AT} ——高压厂用变压器电抗。

3. 速断电流低定值保护

低定值速断保护的动作电流应为高定值速断保护动作电流的 0.8 倍。

$$I_{op.2} = K_{rel}I_{op.i} \qquad (6-15)$$

式中 $I_{op.2}$ ——动作电流值；

      K_{rel} ——可靠系数，取 0.8；

      $I_{op.i}$ ——速断电流高定值电流。

动作于跳闸。

如果 F-C 回路，此保护退出或增加延时 0.3s。

4. 过负荷保护

(1) 躲过长期运行电流并延时躲过电动机启动电流整定。

$$I_{op.2} = K_{rel}I_{n.2} \qquad (6-16)$$

式中 $I_{op.2}$ ——动作电流值；

K_{rel}——可靠系数，取 1.2；

$I_{n.2}$——二次额定电流。

（2）动作时间：躲过启动时间计算，一般按照启动时间另增加 3s 整定。

5. 过热保护

（1）动作电流按照躲过长期运行电流整定。

$$I_{op.2} = K_{rel}I_{n.2} \tag{6-17}$$

式中　$I_{op.2}$——动作电流值；

K_{rel}——可靠系数，取 1.2；

$I_{n.2}$——二次额定电流。

（2）发热时间常数确定。装置可以在各种运行工况下，建立电动机的发热模型，对电动机提供准确的过热保护，考虑到正、负序电流的热效应不同，在发热模型中采用热等效电流 I_{eq}，其表达式为

$$I_{eq} = \sqrt{K_1 I_1^2 + K_2 I_2^2} \tag{6-18}$$

式中　$K_1 = 0.5$，额定启动时间内；

$K_1 = 1$，额定启动时间后；

$K_2 = 3 \sim 10$，取 6。

电动机在冷态（即初始过热量 $\theta_\Sigma = 0$）的情况下，过热保护的动作时间为

$$t = \frac{T_{fr}}{K_1 \left(\dfrac{I_1}{I_n}\right)^2 + K_2 \left(\dfrac{I_2}{I_n}\right)^2 - 1.05^2} \tag{6-19}$$

当电动机停运，电动机积累的过热量将逐步衰减，本装置按指数规律衰减过热量，衰减的时间常数为 4 倍的电动机散热时间 T_{sr}，即认为 T_{sr} 时间后，散热结束，电动机又达到热平衡。

按躲过启动过程发热计算：

发热常数：一般取 5 ~ 100min。

散热常数：一般取 30min。

过热告警：热积累通常取 70% ~ 80%，这里取 70%，即为 0.7。动作于信号。

重启过热闭锁：一般发电厂电动机冷启动 2 次，热启动一次，所以每次积累最大为 50%，应整定为 0.5 ~ 0.6，但考虑电动机某些时候要求强行启动，所以设定闭锁定值取值较大 60%，动作闭锁合闸。

6. 负序过流保护

相间不平衡（负序电流）的产生主要原因分析如下：

（1）不平衡电压、启动过程产生的 5 次及 11 次谐波都可能引起负序电流的产生。按照规程要求，电动机在额定负载下运行时，相间电压的不对称度不得超过 10%。

（2）在其他电气设备或系统不对称短路产生的负序电流。

$$I_{\text{op.2}} = K_{\text{rel}} I_{\text{n.2}} \qquad (6-20)$$

式中　$I_{\text{op.2}}$——动作电流值；

　　　K_{rel}——可靠系数，取 0.3 ~ 0.6；

　　　$I_{\text{n.2}}$——二次额定电流。

保护动作时间应该大于系统保护最长动作时间，一般整定 3s。

不同负荷情况下电动机断线时的负序电流如表 6-1 所示。

表 6-1　　不同负荷情况下电动机断线时的负序电流

额定负载（p.u.）	100	90	80	70	60	50
转差率 S	4.45	3.21	2.53	2	1.66	1.33
电动机电流 $I_{\text{m}}/I_{\text{n}}$	2.36	1.86	1.59	1.31	1.11	0.91
负序电流 I_2/I_{n}	1.36	1.07	0.92	0.75	0.64	0.52

7. 零序过流保护

一次动作电流整定 8 ~ 10A，动作时间取为 0 ~ 0.3s，F-C 回路必须增加延时 0.3s。动作于跳闸。

6 ~ 10kV 电缆的电容电流见表 6-2。

表 6-2　　　　　　6 ~ 10kV 电缆的电容电流　　　　　（A/km）

S（mm）	U_{e}（kV）	
	6	10
10	0.33	0.46
16	0.37	0.52
25	0.46	0.62
35	0.52	0.69
50	0.59	0.77
70	0.71	0.9

S（mm）	U_e（kV）	
	6	10
95	0.82（0.10）	1.0
120	0.89（1.13）	1.1
150	1.1（1.32）	1.3
185	1.2（1.48）	1.4
240	1.3（1.69）	—

8. 低电压保护

低电压保护情况见表6-3。

表6-3 低电压保护情况

名　　　称	单位	整定
低电压Ⅰ段保护	V	50%~55%
低压Ⅰ段时间	s	9
出口方式		跳Ⅰ类负荷
低电压Ⅱ段保护	V	65%~70%
低压Ⅱ段时间	s	0.5
出口方式		跳Ⅱ类负荷
绝缘检查	V	10%~15%
绝缘检查动作时间	s	2
出口方式		信号

（三）低压厂用变压器保护整定原则

1. 高压侧速断电流

（1）按照躲过变压器低压侧母线短路时的最大短路电流整定。

$$I_{\text{op.2}} = \frac{K_{\text{rel}}I_k^{(3)}}{n_a} \qquad (6-21)$$

式中　K_{rel}——可靠系数，取 1.2~1.3；

$I_k^{(3)}$ ——低压侧母线短路最大短路电流；

n_a ——高压侧电流互感器变比。

（2）按照躲过变压器励磁涌流，变压器励磁涌流取10倍整定。

$$I_{op.2} = K_{rel}I_{n.2} \qquad (6-22)$$

式中　　K_{rel} ——可靠系数，取10；

$I_{n.2}$ ——二次额定电流。

（3）灵敏度校验：按电源侧两相短路电流校验。

$$K_{sen} = \frac{I_{k.min}^{(2)}}{I_{op.2}n_a} > 1.5 , \ I_{k.min}^{(2)} = \frac{0.866 \times I_{j.s}}{X_S + X_{AT}} \qquad (6-23)$$

式中　　K_{sen} ——保护动作灵敏度；

n_a ——高压侧电流互感器变比；

$I_{k.min}^{(2)}$ ——6kV侧母线短路最小短路电流（二相短路）；

$I_{j.s}$ ——低压侧母线短路最小三相短路电流；

X_S ——系统电抗；

X_{AT} ——高压厂用变压器电抗。

出口方式：动作跳闸。

2. 高压侧过电流保护

（1）按躲过变压器所带负荷中需要自启动的电动机最大启动电流之和整定。

变压器所带动力负荷中需要自启动的电动机及其容量，因为备用电源为暗备用，并且按照变压器容量90%的负荷作为启动容量。

$$I_{op.2} = K_{rel}K_{ss}I_{n.2} \qquad (6-24)$$

式中　　K_{rel} ——可靠系数，取1.2～1.3；

K_{ss} ——电动机自启动倍数；

$I_{n.2}$ ——二次额定电流。

电动机自启动倍数 $K_{ss} = \dfrac{1}{\dfrac{U_k\%}{100} + \dfrac{1}{0.6 \times K_{st} \times W_{m\Sigma}} \times \left(\dfrac{380}{400}\right)^2}$

$$= \dfrac{1}{\dfrac{U_k\%}{100} + \dfrac{1}{0.6 \times 5 \times 0.9} \times \left(\dfrac{380}{400}\right)^2} \qquad (6-25)$$

式中　　K_{ss} ——电动机自启动倍数；

$U_k\%$ ——变压器短路阻抗；

W_n ——变压器额定容量；

0.6 ——暗备用系数，取 0.6；

K_{st} ——电动机启动倍数，取 5 倍，以实测为准；

$W_{m\Sigma}$ ——本段自启动电动机容量。

式中引入 $\left(\dfrac{380}{400}\right)^2$，因为变压器额定电压为 400V 而电动机额定电压为 380V，为了归算到同一电压基准而考虑。

（2）躲过本段最大电动机速断（短延时）过流保护。

$$I_{op.2} = \frac{K_{rel}(I_{nl} + I_{mp} - I_{mn})}{n_a} \times \frac{U_l}{U_h} \tag{6-26}$$

式中　K_{rel} ——可靠系数，取 1.2 ~ 1.3；

I_{nl} ——变压器低压侧额定电流；

I_{mp} ——最大电动机速断过流；

I_{mn} ——最大电动机额定电流；

n_a ——高压侧电流互感器变比；

U_l ——变压器低压侧电压；

U_h ——变压器高压侧电压。

（3）躲过本段最大出线速断（短延时）过流保护。

$$I_{op.2} = \frac{K_{rel}(I_{nl} + I_{lp} - I_{ln})}{n_a} \times \frac{U_l}{U_h} \tag{6-27}$$

式中　K_{rel} ——可靠系数，取 1.3；

I_{nl} ——变压器低压侧额定电流；

I_{lp} ——最大出线（包括隔离变压器）延时过流；

I_{ln} ——最大出线（包括隔离变压器）额定电流；

n_a ——高压侧电流互感器变比；

U_l ——变压器低压侧电压；

U_h ——变压器高压侧电压。

（4）灵敏度校验：按低压母线上发生两相短路时产生的最小短路电流来校验。

$$K_{sen} = \frac{I_{k.\,min}^{(2)}}{I_{op} n_a} > 1.5 ，I_k^{(2)} = \frac{0.866 \times I_{j.s}}{X_{AT} + X_{ALT}} \tag{6-28}$$

式中　K_{sen} ——保护动作灵敏度；

$I_{k.\,min}^{(2)}$ ——最小运行方式下，厂用变压器低压侧母线上两相短路时，流过继电器的最小短路电流；

I_{op} ——动作电流值；

n_a ——高压侧电流互感器变比；

$I_k^{(2)}$ ——0.4kV 侧母线短路最小短路电流（二相短路）；

$I_{j.s}$ ——低压侧母线最小三相短路电流；

X_{ALT} ——低压厂用变压器电抗；

X_{AT} ——高压厂用变压器（启动备用变压器）电抗。

（5）考虑切换过程冲击电流影响延时，除满足配合关系外，一般不小于1s。

（6）出口方式：动作跳闸。

3. 过负荷保护

（1）躲过长期运行电流整定。

$$I_{op.2} = K_{rel}I_{n.2} \qquad (6-29)$$

式中 $I_{op.2}$ ——动作电流值；

K_{rel} ——可靠系数，取 1.2；

$I_{n.2}$ ——二次额定电流。

（2）动作时间：一般取 9s。

（3）出口方式：动作信号。

4. 高压侧零序保护

（1）按照躲过低压三相短路最大不平衡电流整定，一般一次动作电流整定 20A。

$$I_{op.2} = \frac{20}{n_a} \qquad (6-30)$$

式中 $I_{op.2}$ ——高压侧零序电流；

n_a ——零序电流互感器变比。

（2）时间取为 0 ~ 0.3s。动作于跳闸。

5. 低压侧零序过流保护

（1）按照躲过正常运行时变压器低压侧中性线上流过的最大不平衡电流整定，一般油浸变压器取额定电流的 25%。干式变压器没有此规定。

$$I_{op.2} = \frac{0.25K_{rel}I_{l.n}}{n_a} \qquad (6-31)$$

式中 $I_{op.2}$ ——低压侧零序电流；

K_{rel} ——可靠系数，取 1.2 ~ 1.3；

$I_{l.n}$ ——低压侧额定电流；

n_a ——低压侧中性点电流互感器变比。

(2) 当低压厂用变压器无分支线时，与低压电动机零序保护相配合，躲过最大容量电动机零序保护动作电流。

$$I_{op.2} = \frac{K_{rel}I_{op.i.max}}{n_a} \tag{6-32}$$

式中　　K_{rel}——可靠系数，取 1.2~1.3；

　　$I_{op.i.max}$——最大无零序过电流保护的出线（或电动机）速断保护；

　　　　n_a——低压侧中性点电流互感器变比。

（3）敏度校验：按低压母线单相接地电流校验。

$$K_{sen} = \frac{I_{k.min}^{(1)}}{I_{op.2}n_a} > 2 \tag{6-33}$$

式中　　$I_{op.2}$——最大容量电动机零序保护动作电流；

　　　K_{sen}——保护动作灵敏度；

　　$I_{k.min}^{(1)}$——0.4kV 侧母线短路最小短路电流（二相短路）；

　　　　n_a——低压侧零序电流互感器变比。

（4）动作时间：考虑低压断路器不同期熄弧时间不小于 0.5s。

（5）出口方式：动作跳闸。

6. 变压器差动保护

（1）高低压侧额定电流。

高压侧：　　　　$$I_{h.2} = \frac{S_n}{\sqrt{3}U_{h.n}n_{h.a}}$$

式中　　$I_{h.2}$——高压侧额定电流；

　　$U_{h.n}$——高压侧额定电压；

　　$n_{h.a}$——高压侧电流互感器变比；

　　　S_n——变压器额定容量。

低压侧：　　　　$$I_{L.2} = \frac{S_n}{\sqrt{3}U_{L.n}n_{L.a}}$$

式中　　$I_{L.2}$——低压侧额定电流；

　　$U_{L.n}$——低压侧额定电压；

　　$n_{L.a}$——低压侧电流互感器变比；

　　　S_n——变压器额定容量。

差动基本侧选定：选取高压侧。

（2）差动启动值。

计算的最大情况

$$I_{\text{op. min}} = K_{\text{rel}}(K_{\text{er}} + \Delta U + \Delta m)I_{\text{n}} \qquad (6-34)$$

式中 $I_{\text{op. min}}$——纵差保护最小动作电流；

        K_{rel}——可靠系数，取 1.3 ~ 1.5，这里取 1.4；

        K_{er}——电流互感器的比误差，10P 型取 0.03 × 2，5P 型和 TP 型取 0.01 × 2；

        ΔU——变压器调压引起的误差，取调压范围中偏离额定值的最大值（百分值）；

        Δm——由于电流互感器变比未完全匹配产生的误差，初设时取 0.1；

        I_{n}——变压器基准侧二次额定电流。

实际应用时，考虑外部故障切除时的不平衡电流，$I_{\text{op. min}}$ 取 (0.4 ~ 0.6)I_{n}。

（3）拐点及斜率。斜率应大于非周期分量引起的电流互感器误差产生的不平衡电流。

$$S = K_{\text{rel}}K_{\text{ap}}K_{\text{cc}}K_{\text{er}} = 2 \times 1.5 \times 1.0 \times 0.1 = 0.3 \qquad (6-35)$$

式中 K_{rel}——可靠系数，取 2；

        K_{ap}——非周期分量系数，两侧同为 P 级电流互感器取 1.5 ~ 2.0，取 1.5；

        K_{cc}——电流互感器的同型系数，取 1.0；

        K_{er}——电流互感器的比误差，取 0.1。

工程一般斜率取 0.5。

（4）灵敏度校验。此方案不用校验灵敏度。

（5）二、五次谐波制动系数。

可实测：一般低压厂用变压器二次谐波闭锁取 20%；

五次谐波闭锁退出，信号取 30%。

（6）保护出口及作用：动作跳闸，动作时间为 0s。

7. 高定值差动保护

（1）躲过变压器的励磁涌流，考虑 10 倍变压器额定电流不会使电流互感器饱和，现取较大动作值为 10 倍变压器额定电流，动作时间为 0s。

（2）出口方式：动作跳闸。

8. 变压器非电量保护

变压器非电量保护情况见表 6-4。

表 6 - 4　　　　　　　　　　变压器非电量保护情况

序号	保护名称	保护定值	出口方式
1	变压器本体温度风机停止（℃）	70	停止风扇
2	变压器本体温度风机启动（℃）	90	启动风扇
3	变压器本体超温信号（℃）	125	信号
4	变压器本体超温跳闸（℃）	150	跳闸（建议投信号）
5	变压器铁芯超温信号（℃）	130	信号

二、发电机—变压器组保护的整定

（一）发电机变压器继电保护整定计算的主要任务

发电机变压器继电保护整定计算的主要任务是：

（1）在工程设计阶段保护装置选型时，通过整定计算，确定保护装置的技术规范。

（2）对现场实际应用的保护装置，通过整定计算，确定其运行参数（给出定值），从而使继电保护装置正确地发挥作用，防止事故扩大，维持电力系统的稳定运行。

（3）发电机变压器继电保护装置必须满足可靠性、选择性、速动性及灵敏性的基本要求，正确而合理的整定计算是实现上述要求的关键。

（二）短路电流计算说明

为简化计算工作，可按下列假设条件计算短路电流：

（1）可不计发电机、变压器阻抗参数中的电阻分量；可假设旋转电机的负序阻抗与正序阻抗相等。

（2）发电机的正序阻抗，可采用次暂态电抗 X''_d 的饱和值。

（3）各发电机的等值电动势（标幺值）可假设为 1 且相位一致。仅在对失磁、失步、非全相等保护装置进行计算分析时，才考虑电动势之间的相角差问题。

（4）只计算短路暂态电流中的周期分量，但在纵联差动保护装置（以下简称纵差保护）的整定计算中以非周期分量系数 K_{ap} 考虑非周期分量的影响。

（5）发电机电压应采用额定电压值，系统侧电压可采用额定电压值或平均额定电压值，不考虑变压器电压分接头实际位置的变动。

（6）不计故障点的相间和对地过渡电阻。

（三）发电机保护的整定计算

1. 发电机比率制动式完全纵差保护

发电机的完全纵差保护反应发电机及其引出线的相间短路故障。发电机比率制动式完全纵差保护动作曲线如图 6-1 所示。

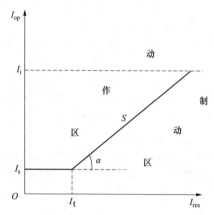

图 6-1　发电机比率制动式完全纵差保护动作曲线

（1）计算发电机二次额定电流。

发电机的一次额定电流 I_{GN} 、二次额定电流 I_{gn} 的表示式为

$$\begin{cases} I_{GN} = \dfrac{P_N}{\sqrt{3}U_N\cos\varphi} \\[3mm] I_{gn} = \dfrac{I_{GN}}{n_a} \end{cases} \qquad (6-36)$$

式中　P_N ——发电机的额定功率；

　　　U_N ——发电机的额定相间电压；

　　　$\cos\varphi$ ——发电机的额定功率因数。

（2）确定最小动作电流 I_s 。

按躲过正常发电机额定负载时的最大不平衡电流整定，即

$$I_s \geqslant K_{rel}(K_{er} + \Delta m)I_{gn} \qquad (6-37)$$

式中　K_{rel} ——可靠系数，取 1.5～2.0；

　　　K_{er} ——电流互感器综合误差，取 0.1；

　　　Δm ——装置通道调整误差引起的不平衡电流系数，可取 0.02。

当取 $K_{rel} = 2$ 时，得

$$I_s \geqslant 0.24I_{gn}$$

在工程上，一般可取

$$I_s \geqslant (0.2 \sim 0.3)I_{gn} \qquad (6-38)$$

（3）确定拐点电流 I_t。

拐点电流取

$$I_t = (0.7 \sim 1.0)I_{gn} \qquad (6-39)$$

（4）确定制动特性斜率 S。

按区外短路故障最大穿越性短路电流作用下不误动条件整定，计算步骤如下：

1）先计算机端保护区外三相短路时通过发电机的最大三相短路电流 $I_{k.max}^{(3)}$，表示式为

$$I_{k.max}^{(3)} = \frac{1}{X_d''} \frac{S_B}{\sqrt{3}\,U_N} \qquad (6-40)$$

式中 X_d''——折算到 S_B 容量的发电机饱和次暂态同步电抗，标幺值；

S_B——基准容量，通常取 $S_B = 100\text{MVA}$ 或 1000MVA。

2）再计算差动回路最大不平衡电流 $I_{unb.max}$，其表示式为

$$I_{unb.max} = (K_{ap}K_{cc}K_{er} + \Delta m)\frac{I_{k.max}^{(3)}}{n_a} \qquad (6-41)$$

式中 K_{ap}——非周期分量系数，取 $1.5 \sim 2.0$，TP 级电流互感器取 1；

K_{cc}——电流互感器同型系数，同型号时取 0.5，异型号时取 1。

因最大制动电流 $I_{res.max} = \dfrac{I_{k.max}^{(3)}}{n_a}$，所以制动特性斜率 S 应满足

$$S \geqslant \frac{K_{rel}I_{unb.max} - I_s}{I_{res.max} - I_t} \qquad (6-42)$$

式中 K_{rel}——可靠系数，可取 $K_{rel} = 2$。

工程中一般取 $S = 0.3 \sim 0.5$。

（5）灵敏度计算。

按上述原则整定的比率制动特性，当发电机机端两相金属性短路时，差动保护的灵敏系数一定满足 $K_{sen} \geqslant 2.0$ 的要求，不必进行灵敏度校验。

（6）差动速断动作电流。

1）按躲过机组非同期合闸产生的最大不平衡电流整定。对大型机组，一般差动速断动作电流取

$$I_i = (3 \sim 5)I_{gn}$$

2）发电机并网后，当系统处于最小运行方式时，机端保护区内两相短路时的灵敏度应不低于 1.2。

2. 纵向零序过电压保护

发电机定子绕组同分支匝间、同相不同分支间或不同相间短路。

（1）按躲过发电机正常运行时基波最大不平衡电压 $U_{unb.\,max}$ 整定，动作电压取

$$U_{0.\,op} = K_{rel}U_{unb.\,max} \qquad\qquad (6-43)$$

式中　K_{rel}——可靠系数，取 2.5。

当无实测值时，对应专用电压互感器开口三角电压为 100V，可取 $U_{0.\,op} = 1.5 \sim 3$ V。

（2）为防止外部短路时误动作，可增设负序方向闭锁元件。

（3）三次谐波电压滤过比应大于 80。

（4）该保护应有电压互感器断线闭锁元件。

（5）动作时限。按躲过专用电压互感器一次侧断线的判定时间整定，可取 0.2s。

3. 发电机复合电压过流保护

发电机复合电压过流保护由负序电压及低电压启动的过电流元件组成。

（1）过电流保护。

1）动作电流按发电机额定负荷下可靠返回的条件整定。

$$I_{op} = \frac{K_{rel}}{K_r} \cdot \frac{I_{GN}}{n_a} \qquad\qquad (6-44)$$

式中　K_{rel}——可靠系数，取 1.3 ~ 1.5；

　　　K_r——返回系数，取 0.9 ~ 0.95；

　　　I_{GN}——发电机额定电流；

　　　n_a——发电机电流互感器变比。

2）灵敏系数校验。灵敏系数按主变压器高压侧母线两相短路的条件校验。

$$K_{sen} = \frac{I_{k.\,min}^{(2)}}{I_{op}n_a} \qquad\qquad (6-45)$$

式中　$I_{k.\,min}^{(2)}$——主变压器高压侧母线金属性两相短路时，流过保护的最小短路电流。

要求灵敏系数 $K_{sen} \geqslant 1.3$。

3）动作时限。与主变压器后备保护的动作时间配合。

4）当发电机为自并励励磁方式时，电流元件应具有记忆功能，记忆时间稍长于动作时限。

（2）复合电压动作值。

1）低电压元件接线电压，按躲过发电机失磁时最低机端电压整定。

对于汽轮发电机，取

$$U_{op} = \frac{0.6U_N}{n_v} \qquad (6-46)$$

式中　n_v——电压互感器变比。

对于水轮发电机，取

$$U_{op} = \frac{0.7U_N}{n_v} \qquad (6-47)$$

灵敏系数按主变压器高压侧母线三相短路的条件校验。

$$K_{sen} = \frac{U_{op}n_v}{U_k} \qquad (6-48)$$

式中　U_k——主变压器高压侧出口三相短路时机端线电压，计算式为 U_k

$$= \frac{X_T}{X_T + X_d''}U_N ;$$

X_d''、X_T——折算到同一容量下的发电机次暂态电抗、主变压器电抗值。

要求灵敏系数 $K_{sen} \geqslant 1.2$。

2）负序电压元件接相电压或线电压，按躲过正常运行时的不平衡电压整定，一般取

$$U_{op.2} = \frac{(0.06 \sim 0.08)}{n_v}U \qquad (6-49)$$

式中　U——发电机的额定相电压或线电压，kV。

灵敏系数按主变压器高压侧母线两相短路的条件校验。

$$K_{sen} = \frac{U_{2.min}}{U_{op.2}n_v} \qquad (6-50)$$

式中　$U_{2.min}$——主变压器高压侧母线两相短路时，保护安装处的最小负序电压。

要求灵敏系数 $K_{sen} \geqslant 1.5$。

4. 定子绕组单相接地保护

发电机中性点接地方式主要有三种：不接地（含经单相电压互感器接地）；经消弧绕组接地；经配电变压器高阻接地。

基波零序过电压保护定值可设低定值段和高定值段。

（1）低定值段的动作电压 $U_{0.op}$。应按躲过正常运行时的最大不平衡基波零序电压 $U_{0.max}$ 整定，即

$$U_{0.\,op} = K_{rel} U_{0.\,max} \qquad (6-51)$$

式中 K_{rel} ——可靠系数，取 $1.2 \sim 1.3$。

$U_{0.\,max}$ 为机端或中性点实测不平衡基波零序电压，实测之前，可初设 $U_{0.\,op} = (5 \sim 10)\% U_{0n}$，$U_{0n}$ 为机端单相金属性接地时中性点或机端的零序电压（二次值）。

应校核系统高压侧接地短路时，通过升压变压器高低压绕组间的每相耦合电容 C_M 传递到发电机侧的零序电压 U_{g0} 大小。

传递电压计算用的电路如图 $6-2$、图 $6-3$ 所示。

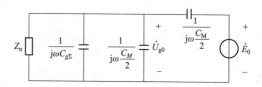

图 $6-2$ 主变压器高压侧中性点直接接地时

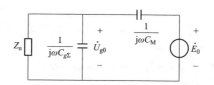

图 $6-3$ 主变压器高压侧中性点不接地时

图中，E_0 为系统侧接地短路时产生的基波零序电动势，由系统实际情况确定，一般可取 $E_0 \approx 0.6 U_{Hn}/\sqrt{3}$，$U_{Hn}$ 为系统额定线电压。$C_{g\Sigma}$ 为发电机及机端外接元件每相对地总电容。C_M 为主变压器高低压绕组间的每相耦合电容（由变压器制造厂提供）。Z_n 为 3 倍发电机中性点对地基波阻抗。

由图 $6-2$ 可得

$$\dot{U}_{g0} = \cfrac{Z_n \,\Big\|\, \cfrac{1}{j\omega\left(C_{g\Sigma} + \cfrac{C_M}{2}\right)}}{Z_n \,\Big\|\, \cfrac{1}{j\omega\left(C_{g\Sigma} + \cfrac{C_M}{2}\right)} + \cfrac{1}{j\omega\cfrac{C_M}{2}}} \dot{E}_0 \qquad (6-52)$$

由图 $6-3$ 可得

$$\dot{U}_{g0} = \frac{Z_n \left/\!\!\left/ \dfrac{1}{j\omega C_{g\Sigma}}\right.}{Z_n \left/\!\!\left/ \dfrac{1}{j\omega C_{g\Sigma}} + \dfrac{1}{j\omega C_M}\right.} \dot{E}_0 \qquad (6-53)$$

U_{g0} 可能引起基波零序过电压保护误动作。因此，定子单相接地保护动作电压整定值或延时应与系统接地保护配合，可分三种情况：

1）动作电压若已躲过主变压器高压侧耦合到机端的零序电压，在可能的情况下延时应尽量取短，可取 0.3～1.0s。

2）具有高压侧系统接地故障传递过电压防误动措施的保护装置，延时可取 0.3～1.0s。

3）动作电压若低于主变压器高压侧耦合到机端的零序电压，延时应与高压侧接地保护配合。

（2）高定值段的动作电压应可靠躲过传递过电压，可取（15～25）% U_{0n}，延时可取 0.3～1.0s。

（3）三次谐波电压比率接地保护。实测发电机并网前最大三次谐波电压比值为 a_1，并网前比率定值（1.3～1.5）× a_1；实测发电机并网后运行时最大三次谐波电压比值为 a_2，并网后比率定值（1.3～1.5）× a_2。

机组并网前后，机端等值容抗有较大的变化，因此三次谐波电压比率关系也随之变化，装置在机组并网前后各设一段定值，随机组出口断路器位置接点变化自动切换。

（4）三次谐波电压差动接地保护。动作判据为

$$\left|\dot{U}_t - k_p \dot{U}_n\right| > k_{zd}\left|\dot{U}_n\right|$$

式中　　k_p——调整系数向量，装置自动跟踪调整；

　　　　k_{zd}——制动系数，按推荐定值取 0.5。

延时需躲过区外故障后备保护延时，整定为 $t = 3s$ 动作于信号。

5. 励磁回路接地保护

为了大型发电机组的安全运行，无论水轮发电机或是汽轮发电机，在励磁回路一点接地保护动作发出信号后，应立即转移负荷，实现平稳停机检修。

目前广泛应用的转子接地保护多采用乒乓式原理和注入式原理，其中注入式原理在未加励磁电压的情况下也能监视转子绝缘。

高定值段：对于水轮发电机、空冷及氢冷汽轮发电机，可整定为 10～30kΩ；转子水冷机组可整定为 5～15kΩ；一般动作于信号。

低定值段：对于水轮发电机、空冷及氢冷汽轮发电机，可整定为

$0.5 \sim 10 \mathrm{k}\Omega$；转子水冷机组可整定为 $0.5 \sim 2.5 \mathrm{k}\Omega$；可动作于信号或跳闸。

动作时限：一般可整定为 $5 \sim 10 \mathrm{s}$。

6. 定子绕组对称过负荷保护

（1）定时限过负荷保护。动作电流按发电机长期允许的负荷电流下能可靠返回的条件整定

$$I_{\mathrm{op}} = \frac{K_{\mathrm{rel}} I_{\mathrm{GN}}}{K_{\mathrm{r}} n_{\mathrm{a}}} \qquad (6-54)$$

式中　K_{rel}——可靠系数，取 1.05；

　　　K_{r}——返回系数，取 $0.9 \sim 0.95$，条件允许应取较大值；

　　　n_{a}——电流互感器变比；

　　　I_{GN}——发电机一次额定电流，A。

保护延时（躲过后备保护的最大延时）动作于信号或动作于自动减负荷。

（2）反时限过电流保护。反时限过电流保护的动作特性，即过电流倍数与相应的允许持续时间的关系，由制造厂家提供的定子绕组允许的过负荷能力确定。

发电机定子绕组承受的短时过电流倍数与允许持续时间的关系为

$$t = \frac{K_{\mathrm{tc}}}{I_*^2 - K_{\mathrm{sr}}^2} \qquad (6-55)$$

式中　K_{tc}——定子绕组热容量常数，机组（空冷发电机除外）容量 S_{n} $\leqslant 1200 \mathrm{MVA}$ 时，$K_{\mathrm{tc}} = 37.5$（当有制造厂家提供的参数时，以厂家参数为准）；

　　　I_*——以定子额定电流为基准的标幺值；

　　　t——允许的持续时间，s；

　　　K_{sr}——散热系数，一般可取为 $1.02 \sim 1.05$。

定子绕组允许过电流曲线如图 6-4 所示。

图 6-4 中，$I_{\mathrm{op.\,min}*}$ 为反时限动作特性的下限电流标幺值，$I_{\mathrm{op.\,max}*}$ 为反时限动作特性的上限电流标幺值，均以发电机额定电流为基准。

设反时限过电流保护的跳闸特性与定子绕组允许过电流曲线相同，按此条件进行保护定值的整定计算。

反时限跳闸特性的上限电流 $I_{\mathrm{op.\,max}}$ 按机端金属性三相短路的条件整定。

$$I_{\mathrm{op.\,max}} = \frac{I_{\mathrm{GN}}}{X_{\mathrm{d}}'' n_{\mathrm{a}}} \qquad (6-56)$$

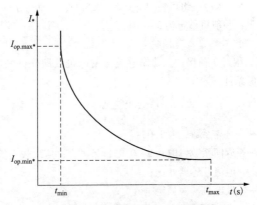

图 6 - 4　定子绕组允许过电流曲线

式中　X''_d——发电机次暂态电抗（饱和值），标幺值。

当短路电流小于上限电流时，保护按反时限动作特性动作。上限最小延时应与出线快速保护动作时限配合。

反时限动作特性的下限电流 $I_\mathrm{op.\,min}$ 按与定时限过负荷保护配合的条件整定

$$I_\mathrm{op.\,min} = K_\mathrm{co}I_\mathrm{op} = K_\mathrm{co}K_\mathrm{rel}\frac{I_\mathrm{GN}}{K_\mathrm{r}n_\mathrm{a}} \qquad (6-57)$$

式中　K_co——配合系数，取 1.0 ~ 1.05。

7. 励磁绕组过负荷保护

（1）定时限过负荷保护。动作电流按正常运行的额定励磁电流下能可靠返回的条件整定。当保护配置在交流侧时，其动作时限及动作电流的整定计算同定子绕组对称过负荷保护。额定励磁电流 I_fdN 应变换至交流侧的有效值 $I_\sim$，对于三相全桥整流的情况，$I_\sim = 0.816I_\mathrm{fdN}$。

保护带时限动作于信号，有条件的动作于降低励磁电流或切换励磁。

（2）反时限过电流保护。反时限过电流倍数与相应允许持续时间的关系曲线，由制造厂家提供的转子绕组允许的过热条件决定。整定计算时，设反时限保护的动作特性与转子绕组允许的过热特性相同，如图 6 - 5 所示。其表达式为

$$t = \frac{C}{I_\mathrm{fd*}^2 - 1} \qquad (6-58)$$

式中　C——转子绕组过热常数；

　　　$I_\mathrm{fd*}$——强行励磁倍数。

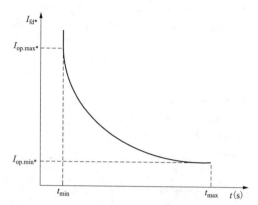

图 6 - 5 转子绕组反时限过电流保护跳闸特性

图 6 - 5 中，$I_{\mathrm{op.min}*}$ 为反时限动作特性的下限电流标幺值，$I_{\mathrm{op.max}*}$ 为反时限动作特性的上限电流标幺值，均以发电机额定励磁电流为基准。

最大动作时间对应的最小动作电流，按与定时限过负荷保护配合的条件整定。

反时限动作特性的上限动作电流与强励顶值倍数匹配。如果强励倍数为 2 倍，则在 2 倍额定励磁电流下的持续时间达到允许的持续时间时，保护动作于跳闸。当小于强励顶值而大于过负荷允许的电流时，保护按反时限特性动作。

对于无刷励磁系统，在整定计算时，应根据发电机的励磁电压与励磁机励磁电流的关系曲线，将发电机的额定励磁电压及强励顶值电压分别折算到励磁机的励磁电流侧，再进行相应的计算。

保护动作于解列灭磁。

8. 转子表层负序过负荷保护

（1）负序定时限过负荷保护。保护的动作电流按发电机长期允许的负序电流 $I_{2\infty}$ 下能可靠返回的条件整定

$$I_{2.\mathrm{op}} = \frac{K_{\mathrm{rel}} I_{2\infty} I_{\mathrm{GN}}}{K_{\mathrm{r}} n_{\mathrm{a}}} \qquad (6-59)$$

式中　　K_{rel}——可靠系数，取 1. 2；

　　　　K_{r}——返回系数，取 0. 9 ~ 0. 95，条件允许应取较大值；

　　　　$I_{2\infty}$——发电机长期允许的负序电流，标幺值。

保护延时需躲过发电机—变压器组后备保护最长动作时限，动作于信号。

（2）负序反时限过电流保护。负序反时限过电流保护的动作特性，由制造厂家提供的转子表层允许的负序过负荷能力确定。发电机短时承受负序过电流倍数与允许持续时间的关系为

$$t = \frac{A}{I_{2*}^2 - I_{2\infty}^2} \tag{6-60}$$

式中　　A ——转子表层承受负序电流能力的常数；

　　　　I_{2*} ——发电机负序电流，标幺值；

　　　　$I_{2\infty}$ ——发电机长期允许的负序电流，标幺值。

发电机允许的负序电流特性曲线如图 6-6 所示。

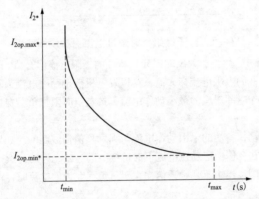

图 6-6　发电机允许的负序电流特性（即保护的动作特性）

图 6-6 中，$I_{2op.\,min*}$ 为负序反时限动作特性的下限电流标幺值，$I_{2op.\,max*}$ 为负序反时限动作特性的上限电流标幺值，均以发电机额定电流为基准。

整定计算时，设负序反时限过电流保护的动作特性与发电机允许的负序电流特性相同。反时限保护动作特性的上限电流，按主变压器高压侧两相短路的条件计算

$$I_{2op.\,max} = \frac{I_{GN}}{(X_d'' + X_2 + 2X_t) n_a} \tag{6-61}$$

式中　　X_2 ——发电机负序电抗，标幺值。

当负序电流小于上限电流时，按反时限特性动作。上限最小延时应与快速主保护配合。反时限动作特性的下限电流，按照与定时限动作电流配合的原则整定

$$I_{2op.\,min} = K_{co} I_{2.\,op} \tag{6-62}$$

式中 K_{co}——配合系数，可取 1.05 ~ 1.10。

下限动作延时按公式 $t = \dfrac{A}{I_{2*}^2 - I_{2\infty}^2}$ 计算，同时需参考保护装置所能提供的最大延时。在灵敏度和动作时限方面不必与相邻元件或线路的相间短路保护配合。

9. 发电机低励失磁保护

发电机低励失磁保护的主判据可分为：低电压判据（包含系统低电压、机端低电压）、定子侧阻抗判据（包含异步边界阻抗圆、静稳极限阻抗圆）、转子侧判据（包含转子低电压判据、变励磁电压判据）。

（1）低电压判据。

1）系统低电压。三相同时低电压的动作电压 $U_{op.3ph}$ 为

$$U_{op.3ph} = (0.85 \sim 0.95)U_{H.min}$$

(6 – 63)

式中 $U_{H.min}$——高压母线最低正常运行电压。

2）机端低电压。机端低电压动作值按不破坏厂用电安全和躲过强励启动电压条件整定，可取

$$U_{op.G} = (0.85 \sim 0.90)U_N$$

(6 – 64)

（2）定子侧阻抗判据。

定子侧阻抗判据图如图 6 – 7 所示。

1）异步边界阻抗圆。其整定值为

$$\begin{cases} X_a = -\dfrac{X'_d}{2} \cdot \dfrac{U_N^2}{S_N} \cdot \dfrac{n_a}{n_v} \\[4mm] X_b = -X_d \dfrac{U_N^2}{S_N} \cdot \dfrac{n_a}{n_v} \end{cases}$$

(6 – 65)

式中 X'_d、X_d——发电机暂态电抗和同步电抗（不饱和值），标幺值；

U_N——发电机额定电压，kV；

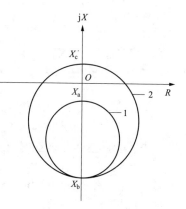

图 6 – 7   定子侧阻抗判据图
1—异步边界圆；2—汽轮发电机静稳边界圆

第六章 继电保护专业技能

S_N——额定视在功率，MVA。

异步边界阻抗圆动作判据主要用于与系统联系紧密的发电机失磁故障检测，它能反应失磁发电机机端的最终阻抗，但动作可能较晚。

2）静稳极限阻抗圆。对汽轮发电机，如图 6 - 7 中的圆 2，其整定值为

$$X_c = X_{con} \frac{U_N^2}{S_N} \frac{n_a}{n_v} \tag{6 - 66}$$

式中　X_{con}——发电机与系统间的联系电抗（包括升压变压器阻抗，系统处于最小运行方式）标幺值（以发电机额定容量为基准）。

X_b 由式（6 - 67）决定

$$X_b = - X_d \frac{U_N^2}{S_N} \cdot \frac{n_a}{n_v} \tag{6 - 67}$$

（3）转子低电压判据。

1）转子低电压表达式为

$$U_{fd.op} = K_{rel} \times U_{fd0} \tag{6 - 68}$$

式中　K_{rel}——可靠系数，可取 0.80；

U_{fd0}——发电机空载励磁电压。

对于水轮发电机和中小型汽轮发电机，上式比较合适。对于大型汽轮发电机，上式的 $U_{fd.op}$ 定值偏大，当进相运行时可能励磁电压 $U_{fd} < U_{fd.op}$，励磁低电压辅助判据会处于动作状态，失磁保护失去了辅助判据的闭锁作用，此时宜用变励磁电压判据。

2）低励失磁保护的辅助判据。

负序电压元件（闭锁失磁保护）。动作电压为

$$U_{op} = (0.05 \sim 0.06) U_N / n_v \tag{6 - 69}$$

负序电流元件（闭锁失磁保护）。动作电流为

$$I_{op} = (1.2 \sim 1.4) I_{2\infty} I_{GN} / n_a \tag{6 - 70}$$

式中　$I_{2\infty}$——发电机长期允许负序电流，标幺值。

由负序电流元件构成的闭锁元件，在出现负序电压或电流大于 U_{op} 或 I_{op} 时，瞬时启动闭锁失磁保护，经 8 ~ 10s 自动返回，解除闭锁。

这些辅助判据元件与主判据元件"与门"输出，防止非失磁故障状态下主判据元件误出口。

3）延时元件。

失磁阻抗判据应校核不抢先于励磁低励限制动作。动作于跳开发电机

的延时元件，其延时应防止系统振荡时保护的误动作。振荡周期由电网主管部门提供，按躲振荡所需的时间整定。对于不允许发电机失磁运行的系统，其延时一般取 $0.5 \sim 1.0s$。动作于励磁切换及发电机减出力的时间元件，其延时由设备的允许条件整定。

　　10. 发电机失步保护

　　失步保护动作后，一般只发信号，当振荡中心位于发电机—变压器组内部或失步振荡持续时间过长、对发电机安全构成威胁时，才作用于跳闸，而且应在两侧电动势相位差小于 $90°$ 的条件下使断路器跳开，以免断路器的断开容量过大。

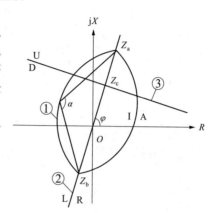

图 6 - 8　三元件失步保护逻辑图

　　三元件失步保护逻辑如图 6 - 8 所示。

　　第一部分是透镜特性，图中①，它把阻抗平面分成透镜内的部分 I 和透镜外的部分 A。

　　第二部分是遮挡器特性，图中②，它平分透镜并把阻抗平面分为左半部分 L 和右半部分 R。

　　两种特性的结合，把阻抗平面分为四个区，根据其测量阻抗在四个区内的停留时间作为是否发生失步的判据。

　　第三部分特性是电抗线，图中③，它把动作区一分为二，电抗线以下为 I 段（D），电抗线以上为 II 段（U）。

　　以下阻抗全部折算到发电机额定容量下，计算的主要内容为：

　　（1）遮挡器特性整定。遮挡器特性的参数是 Z_a、Z_b、φ，如果失步保护装在机端，则

$$\begin{cases} Z_a = X_{con} = X_s + X_T \\ Z_b = X'_d \\ \varphi = 80° \sim 85° \end{cases} \quad (6-71)$$

式中　　X_s——最大运行方式下的系统电抗，Ω；

　　　　X_T——主变压器电抗，Ω；

　　　　φ——系统阻抗角。

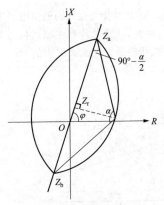

图 6 - 9   三元件失步保护
特性的整定

（2）α 角的整定及透镜结构的确定
如图 6 - 9 所示。

对于某一给定的 $Z_a + Z_b$，透镜内
角 α（即两侧电动势摆开角）决定了透
镜在复平面上横轴方向的宽度。确定透
镜结构的步骤如下：

1）确定发电机最小负荷阻抗，一
般取

$$R_{L\,min} = 0.9 \times \frac{U_N / n_v}{\sqrt{3} I_{gn}} \quad (6-72)$$

2）确定 Z_r

$$Z_r \leqslant \frac{1}{1.3} R_{L\,min} \quad (6-73)$$

3）确定内角 α。由 $Z_r = \dfrac{Z_a + Z_b}{2} \tan\left(90° - \dfrac{\alpha}{2}\right)$ 得

$$\alpha = 180° - 2\arctan\frac{2Z_r}{Z_a + Z_b} \quad (6-74)$$

α 值一般可取 900 ~ 1200。

（3）电抗线 Z_c 的整定。一般 Z_c 选定为变压器阻抗 Z_t 的 90%，即
$Z_c = 0.9 Z_t$。过 Z_c 作 $Z_a Z_b$ 的垂线，即为失步保护的电抗线。电抗线
是 I 段和 II 段的分界线，失步振荡在 I 段还是在 II 段取决于阻抗轨迹
与遮挡器相交的位置，在透镜内且低于电抗线为 I 段，高于电抗线为
II 段。

（4）滑极次数整定，振荡中心在发变组区外时，滑极次数整定 2 ~ 15
次，动作于信号。振荡中心在发电机—变压器组区内时，滑极次数整定
1 ~ 2 次，动作于跳闸或发信。

（5）跳闸允许电流 I_{off} 整定。其判据为 $I_{op} < I_{off}$，当 $I_{op} < I_{off}$ 时允许跳
闸出口。I_{off} 按断路器允许遮断电流 I_{brk} 计算，断路器（在系统两侧电势相
差达 180°时）允许遮断电流 I_{brk} 由断路器制造厂提供，如无提供值，可按
25% ~ 50% 的断路器额定遮断电流 $I_{brk.n}$ 考虑。

跳闸允许电流整定值按下式计算

$$I_{off} = K_{rel} I_{brk}$$

式中 K_{rel} ——可靠系数，取 0.85 ~ 0.90。

11. 发电机异常运行保护

（1）定子铁芯过励磁保护。

整定值按发电机或变压器过励磁能力较低的要求整定。当发电机与主变压器之间有断路器时，应分别为发电机和变压器配置过励磁保护。过励磁倍数 N 为

$$N = \frac{B}{B_n} = \frac{U/U_N}{f/f_N} = \frac{U_*}{f_*} \qquad (6-75)$$

式中　　B、B_n——磁通量及额定磁通量；

　　　　U、f——运行电压及频率；

　　　　U_N、f_N——发电机额定电压及频率；

　　　　U_*、f_*——电压和频率的标幺值。

1）定时限过励磁保护的过励磁倍数 N 设二段定值二段时限。低定值按躲过系统正常运行的最大过励磁倍数整定。高定值部分按下式计算或以电机制造厂数据为准

$$N = \frac{B}{B_n} = 1.3 \qquad (6-76)$$

动作时限根据厂家提供的设备过励磁特性决定。低定值部分带时限动作于信号和降低发电机励磁电流，高定值部分动作于解列灭磁或程序跳闸。当发电机及变压器间有断路器时，其定值按发电机与变压器过励磁特性不同分别整定。

2）反时限过励磁保护按发电机、变压器制造厂家提供的反时限过励磁特性曲线（参数）整定，如图 6-10 所示，曲线 1 指厂家提供的发电机或变压器允许的过励磁能力曲线，曲线 2 指反时限过励磁保护动作整定曲线。

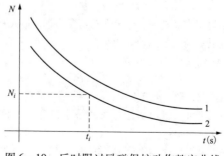

图 6-10　反时限过励磁保护动作整定曲线

过励磁反时限动作曲线 2 一般不易用一个数学表达式来精确表达，而是用分段式内插法来确定 $N(t)$ 的关系，拟合曲线 2。一般在曲线 2 上自由设定 8～10 个分点（N_i,t_i），$i=1,2,3,\cdots$。

反时限过励磁保护定值整定过程中，宜考虑一定的裕度，可以从动作时间和动作定值上考虑裕度（两者取其一）。从时间上考虑时，可以考虑整定时间为曲线时间的 60%～80%；从动作定值考虑时，可以考虑整定定值为曲线 1 的值除以 1.05，最小定值应与定时限低定值配合。

（2）发电机频率异常保护。

300MW 及以上的汽轮机，运行中允许其频率变化的范围为 48.5～50.5Hz。低于 48.5Hz 或高于 50.5Hz 时，累计允许运行时间和每次允许的持续运行时间应综合考虑发电机组和电力系统的要求，并根据制造厂家提供的技术参数确定。

保护动作于信号，当频率异常保护需要动作于发电机解列时，其低频段的动作频率和延时应注意与电力系统的低频减负荷装置进行协调。因此，要求在电力系统减负荷过程中，频率异常保护不应解列发电机，防止出现频率连锁恶化的情况。

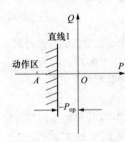

图 6-11　$P—Q$ 逻辑图

（3）发电机逆功率保护。

300MW 及以上发电机逆功率运行时，在 $P—Q$ 平面上，如图 6-11 所示，设反向有功功率的最小值为 $P_{\min} = OA$。逆功率保护的动作特性用一条平行于 Q 轴的直线 1 表示，其动作判据为

$$P \leqslant -P_{op} \qquad\qquad (6-77)$$

式中　P——发电机有功功率，输出有功功率为正，输入有功功率为负；

　　　P_{op}——逆功率继电器的动作功率。

1）动作功率 P_{op} 的计算公式为

$$P_{op} = K_{rel}(P_1 + P_2) \qquad\qquad (6-78)$$

式中　K_{rel}——可靠系数，取 0.5～0.8；

　　　P_1——汽轮机在逆功率运行时的最小损耗，一般取额定功率的 1%～4%；

　　　P_2——发电机在逆功率运行时的最小损耗，一般取 $P_2 \approx (1-\eta)P_{gn}$。其中：$\eta$ 为发电机效率，一般取 98.6%～98.7%

（分别对应 300MW 及 600MW 机组）；P_{gn} 为发电机额定功率。

所以，逆功率保护动作功率定值 P_{op} 一般整定为 $(0.5 \sim 2)\% P_{gn}$，并应根据主汽门关闭时保护装置的实测逆功率值进行校核。

在过负荷、过励磁、失磁等异常运行方式下，用于程序跳闸的逆功率继电器作为闭锁元件，其定值整定原则同上。

2）动作时限。经主汽门触点时，延时 $1.0 \sim 1.5s$ 动作于解列。不经主汽门触点时，延时 15s 动作于信号；根据汽轮机允许的逆功率运行时间，动作于解列时一般取 $1 \sim 3min$。

燃气轮机也有装设逆功率保护的需要，目的在于防止未燃尽物质有爆炸和着火的危险，定值可根据机组制造厂提供的技术数据整定。

（4）发电机定子过电压保护。

定子过电压保护的整定值，应根据电机制造厂提供的允许过电压能力或定子绕组的绝缘状况决定。

1）对于 300MW 及以上汽轮发电机

$$U_{op} = \frac{1.3U_N}{n_v} \qquad (6-79)$$

式中　U_N——定子额定电压；

　　　n_v——电压互感器变比。

动作时限取 0.5s，动作于解列灭磁。

2）对于水轮发电机

$$U_{op} = \frac{1.5U_N}{n_v} \qquad (6-80)$$

动作时限取 0.5s，动作于解列灭磁。

3）对于采用晶闸管励磁的水轮发电机

$$U_{op} = \frac{1.3U_N}{n_v} \qquad (6-81)$$

动作时限取 0.3s，动作于解列灭磁。

12. 断路器闪络保护

断口闪络保护动作的条件是断路器处于断开位置但有负序电流出现。负序电流 $I_{2.op}$ 的整定应躲过正常运行时高压侧最大不平衡电流，一般可取

$$I_{2.op} = 10\% \frac{I_{Tn}}{n_a} \qquad (6-82)$$

式中 I_{Tn} ——变压器高压侧额定电流。

断口闪络保护延时需躲过断路器合闸三相不一致时间，一般整定为 $0.1 \sim 0.2s$。当机端有断路器时，动作于机端断路器跳闸；当机端没有断路器时，动作于灭磁同时启动断路器失灵保护。

（四）变压器保护的整定计算

1. 变压器纵差保护

纵差保护是变压器内部故障的主保护，主要反应变压器绕组内部、套管和引出线的相间和接地短路故障，以及绕组的匝间短路故障。

（1）变压器参数计算。纵差保护有关的变压器参数计算，可按表 6 - 5 所列的公式和步骤进行，并设定：两绕组变压器；额定容量 S_N；绕组接法为 YNd11。

表 6 - 5   变压器参数计算表（以高、低压侧为示例）

序号	名称	高压侧	低压侧
1	一次额定电压	U_{Nh}	U_{Nl}
2	一次额定电流	$\dfrac{S_N}{\sqrt{3}U_{Nh}}$	$\dfrac{S_N}{\sqrt{3}U_{Nl}}$
3	各侧绕组接线方式	Y	D
4	电流互感器一次值	I_{h1n}	I_{l1n}
5	电流互感器二次值	I_{h2n}	I_{l2n}
6	二次额定电流	$I_{eh} = \dfrac{S_N}{\sqrt{3}U_{Nh}} \Big/ \dfrac{I_{h1n}}{I_{h2n}}$	$I_{el} = \dfrac{S_N}{\sqrt{3}U_{Nl}} \Big/ \dfrac{I_{l1n}}{I_{l2n}}$
7	平衡系数	$k_h = 1$	$k_l = \dfrac{k_h I_{eh}}{I_{el}}$

注　1. 对于通过软件实现电流相位和幅值补偿的微机型保护，各侧电流互感器二次均按 Y 接线。

　　2. 比例差动保护的具体整定方式应参考装置的说明书。

　　3. 基准侧的选取及平衡系数的计算方法与装置的具体实现有关，以上仅是以高压侧为基准侧作为示例进行平衡系数计算的，其中平衡系数和二次额定电流满足：$k_h I_{eh} = k_l I_{el}$。

（2）纵差保护动作特性参数的计算。纵差保护动作特性如图 6 - 12 所示。带比率制动特性的纵差保护的动作特性，用直角坐标系上的折线表示。该坐标系纵轴为保护的动作电流 I_{op}，横轴为制动电流 I_{res}，折线

ACD 的左上方为保护的动作区。

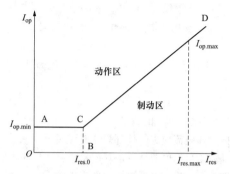

图 6-12　纵差保护动作特性图

这一动作特性曲线由纵坐标 OA、拐点的横坐标 OB、折线 CD 的斜率 S 三个参数所确定。OA 表示无制动状态下的动作电流，即保护的最小动作电流 $I_{op.min}$。OB 表示起始制动电流 $I_{res.0}$。

折线上任一点动作电流 I_{op} 与制动电流 I_{res} 之比 $I_{op}/I_{res} = K_{res}$ 称为纵差保护的制动系数。制动系数 K_{res} 与折线斜率 S 之间的关系为

$$\begin{cases} S = \dfrac{K_{res} - I_{op.min}/I_{res}}{1 - I_{res.0}/I_{res}} \\ K_{res} = S(1 - I_{res.0}/I_{res}) + I_{op.min}/I_{res} \end{cases} \qquad (6-83)$$

可见，对于动作特性具有一个折点的纵差保护，折线的斜率 S 是一个常数，而制动系数 K_{res} 则是随制动电流 I_{res} 而变化的。

1）纵差保护最小动作电流的整定。最小动作电流应大于变压器正常运行时的差动不平衡电流，即

$$I_{op.min} = K_{rel}(K_{er} + \Delta U + \Delta m)I_e \qquad (6-84)$$

式中　K_{rel}——可靠系数，取 1.3~1.5；

　　　K_{er}——电流互感器的比误差，10P 型取 0.03×2，5P 型和 TP 型取 0.01×2；

　　　ΔU——变压器调压引起的误差，取调压范围中偏离额定值的最大值（百分值）；

　　　Δm——由于电流互感器变比未完全匹配产生的误差，初设时取 0.05；

　　　I_e——变压器基准侧二次额定电流（经平衡系数调整后的变压器二次额定电流）。

在工程实用整定计算中可选取

$$I_{\text{op. min}} = (0.3 \sim 0.6)I_{\text{e}} \tag{6-85}$$

根据实际情况（现场实测不平衡电流）确有必要时，最小动作定值也可大于 $0.6I_{\text{e}}$。

2）起始制动电流 $I_{\text{res. 0}}$ 的整定。起始制动电流的整定需结合纵差保护动作特性，可取

$$I_{\text{res. 0}} = (0.4 \sim 1.0)I_{\text{e}} \tag{6-86}$$

3）动作特性折线斜率 S 的整定。

纵差保护的动作电流应大于外部短路时流过差动回路的不平衡电流。变压器种类不同，不平衡电流计算也有较大差别，下面是普通双绕组变压器差动保护回路最大不平衡电流 $I_{\text{unb. max}}$ 计算公式。

双绕组变压器

$$I_{\text{unb. max}} = (K_{\text{ap}}K_{\text{cc}}K_{\text{er}} + \Delta U + \Delta m)I_{\text{k. max}}/n_{\text{a}} \tag{6-87}$$

式中　K_{er}、ΔU、Δm、n_{a} 的含意同式（6-84），但 $K_{\text{er}} = 0.1$；

　　　K_{cc}——电流互感器的同型系数，$K_{\text{cc}} = 1.0$；

　　　$I_{\text{k. max}}$——外部短路时，最大穿越短路电流周期分量；

　　　K_{ap}——非周期分量系数，两侧同为 TP 级电流互感器取 1.0；两侧同
　　　　　　为 P 级电流互感器取 1.5～2.0。

差动保护的动作电流　$I_{\text{op. max}} = K_{\text{rel}}I_{\text{unb. max}} \tag{6-88}$

最大制动系数　　　$K_{\text{res. max}} = \dfrac{I_{\text{op. max}}}{I_{\text{res. max}}} \tag{6-89}$

式中最大制动电流 $I_{\text{res. max}}$ 的选取，在实际工程计算时应根据差动保护制动原理的不同以及制动电流的选择方式不同而会有较大差别。

根据 $I_{\text{op. min}}$、$I_{\text{res. 0}}$、$I_{\text{res. max}}$、$K_{\text{res. max}}$ 按式可计算出差动保护动作特性曲线中折线的斜率 S，当 $I_{\text{res. max}} = I_{\text{k. max}}$ 时有

$$S = \dfrac{I_{\text{op. max}} - I_{\text{op. min}}}{\dfrac{I_{\text{k. max}}}{n_{\text{a}}} - I_{\text{res. 0}}} \tag{6-90}$$

（3）灵敏系数的计算。纵差保护的灵敏系数应按最小运行方式下差动保护区内变压器引出线上两相金属性短路计算。图6-13为纵差保护灵敏系数计算说明图。根据计算最小短路电流 $I_{\text{k. min}}$ 和相应的制动电流 I_{res}，在动作特性曲线上查得对应的动作电流 I'_{op}，则灵敏系数为

$$K_{\text{sen}} = \dfrac{I_{\text{k. min}}}{I'_{\text{op}}} \tag{6-91}$$

要求 $K_{\text{sen}} \geqslant 1.5$。

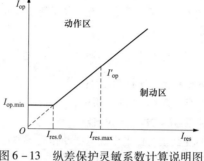

图 6 – 13 纵差保护灵敏系数计算说明图

纵差保护的其他辅助整定计算及经验数据按如下推荐：

1）差动速断保护的整定。对 220 ~ 500kV 变压器，差动速断保护是纵差保护的一个辅助保护。当内部故障电流很大时，防止由于电流互感器饱和判据可能引起纵差保护延迟动作。差动速断保护的整定值应按躲过变压器可能产生的最大励磁涌流或外部短路最大不平衡电流整定，一般取

$$I_{\text{op}} = KI_{\text{e}} \tag{6 – 92}$$

式中　I_{op}——差动速断保护的动作电流；

　　　I_{e}——变压器的基准侧二次额定电流；

　　　K——倍数，视变压器容量和系统电抗大小，K 推荐值如下：

　　　　6300kVA 及以下　　　　　7 ~ 12；

　　　　6300 ~ 31500kVA　　　　4.5 ~ 7.0；

　　　　40000 ~ 120000kVA　　　3.0 ~ 6.0；

　　　　120000kVA 及以上　　　　2.0 ~ 5.0；

容量越大，系统电抗越大，K 取值越小。

按正常运行方式保护安装处电源侧两相短路计算灵敏系数，$K_{\text{sen}} \geqslant 1.2$。

2）二次谐波制动系数的整定。利用二次谐波制动来防止励磁涌流误动的纵差保护中，整定值指差动电流中的二次谐波分量与基波分量的比值，通常称这一比值为二次谐波制动系数。根据经验，二次谐波制动系数可整定为 15% ~ 20%，一般推荐整定为 15%。

3）涌流间断角的推荐值。按鉴别涌流间断角原理构成的变压器差动保护，根据运行经验，闭锁角可取为 60° ~ 70°。

2. 变压器相间短路后备保护

复合电压启动的过电流保护计算如下：

（1）电流继电器的整定计算。电流继电器的动作电流应按躲过变压器的额定电流整定

$$I_{op} = \frac{K_{rel}}{K_r} I_e \qquad (6-93)$$

式中　K_{rel}——可靠系数，取 1.2 ~ 1.3；

　　　K_r——返回系数，取 0.85 ~ 0.95；

　　　I_e——变压器的二次额定电流。

（2）接在相间电压上的低电压继电器动作电压整定计算。该低电压继电器应按躲过电动机自启动条件计算

$$U_{op} = (0.5 ~ 0.6) U_n \qquad (6-94)$$

对发电厂中的升压变压器，当电压互感器取自发电机侧时，还应考虑躲过发电机失磁运行时出现的低电压，取

$$U_{op} = (0.6 ~ 0.7) U_n \qquad (6-95)$$

（3）负序电压继电器的动作电压整定计算。负序电压继电器应按躲过正常运行时出现的不平衡电压整定，不平衡电压值可通过实测确定。无实测值时，如果装置的负序电压定值为相电压，则

$$U_{op.2} = (0.06 ~ 0.08) \frac{U_n}{\sqrt{3}} \qquad (6-96)$$

如果装置的负序电压定值为相间电压，则

$$U_{op.2} = (0.060.08) U_n \qquad (6-97)$$

式中　U_n——电压器互感器二次额定相间电压。

（4）灵敏系数校验。电流继电器的灵敏系数校验为

$$K_{sen} = \frac{I_{k.min}^{(2)}}{I_{op} n_a} \qquad (6-98)$$

式中　$I_{k.min}^{(2)}$——后备保护区末端两相金属短路时流过保护的最小短路电流。

要求 $K_{sen} \geq 1.3$（近后备）或 1.2（远后备）。

相间低电压灵敏系数校验为

$$K_{sen} = \frac{U_{op}}{U_{r.max}/n_v} \qquad (6-99)$$

式中　$U_{r.max}$——计算运行方式下，灵敏系数校验点发生金属性相间短路时，保护安装处的最高电压。

要求 $K_{sen} \geqslant 1.3$（近后备）或 1.2（远后备）。

负序电压继电器的灵敏系数校验为

$$K_{sen} = \frac{U_{k.2.min}}{U_{op.2} \times n_v} \tag{6-100}$$

式中　$U_{k.2.max}$——后备保护区末端两相金属性短路时，保护安装处的最小负序电压值。

要求 $K_{sen} \geqslant 2.0$（近后备）或 1.5（远后备）。

3. 变压器间隙保护

（1）装在放电间隙回路的零序过电流保护的动作电流与变压器的零序阻抗、间隙放电的电弧电阻等因素有关，较难准确计算。根据工程经验，间隙电流保护的一次动作电流可取 100A。

（2）零序过电压继电器的整定，建议

$U_{op.0} = 180V$（电压互感器开口三角绕组每相额定电压 100V）

（3）用于中性点经放电间隙接地的间隙电流、零序电压保护动作后经一较短延时（躲过暂态过电压时间）断开变压器各侧断路器。

（4）间隙零序电压保护延时可取 $0.3 \sim 0.5s$。

（5）间隙零序过流保护延时可取 $0.3 \sim 0.5s$，也可考虑与出线接地后备保护时间配合。

4. 变压器过负荷保护的动作电流应按躲过各侧绕组的额定电流整定

$$I_{alarm} = \frac{K_{rel}}{K_r}I_e \tag{6-101}$$

式中　K_{rel}——可靠系数，采用 1.05；

　　　K_r——返回系数，$0.85 \sim 0.95$；

　　　I_e——根据各侧额定容量计算出的对应二次额定电流。

过负荷保护作用于信号，其延时应与变压器允许的过负荷时间相配合，同时应大于相间及接地故障后备保护的最大动作时间。

5. 失灵启动

断路器失灵判别元件宜与变压器保护独立，宜采用变压器保护动作接点结合电流判据启动失灵。电流判据可包括过电流判据，或零序电流判据，或负序电流判据。

（1）过电流判据应考虑最小运行方式下的各侧三相短路故障灵敏度，并尽量躲过变压器正常运行时的最大负荷电流，宜取

$$I = I_{k.min}/K_{sen} \qquad K_{sen} \text{ 取 } 1.5 \sim 2$$

或

第六章　继电保护专业技能

$$I = K_{\text{rel}} \times I_{\text{e}} \qquad K_{\text{rel}} \text{ 取 } 1.1 \sim 1.2$$

I_{e}——变压器二次额定电流。

仅采用过电流判据时，过电流判据应考虑最小运行方式下的各侧短路故障灵敏度。

（2）零序或负序电流判据应躲过变压器正常运行时可能产生的最大不平衡电流，宜取

$$I_0 = K_{\text{rel.0}} \times I_{\text{e}} \qquad K_{\text{rel.0}} \text{ 取 } 0.15 \sim 0.25$$
$$I_2 = K_{\text{rel.2}} \times I_{\text{e}} \qquad K_{\text{rel.2}} \text{ 取 } 0.15 \sim 0.25$$

I_{e} 为变压器二次额定电流。

（3）时间整定。失灵启动延时与失灵保护延时的总和应可靠躲过断路器跳开时间，一般为 $0.15 \sim 0.3\text{s}$。

6. 非全相保护

电流判据可包括零序电流判据，或负序电流判据。

（1）零序或负序电流判据应躲过变压器正常运行时可能产生的最大不平衡电流，宜取

$$I_0 = K_{\text{rel.0}} \times I_{\text{e}} \qquad K_{\text{rel.0}} \text{ 取 } 0.15 \sim 0.25$$
$$I_2 = K_{\text{rel.2}} \times I_{\text{e}} \qquad K_{\text{rel.2}} \text{ 取 } 0.15 \sim 0.25$$

I_{e} 为变压器额定电流。

（2）时间整定。非全相保护动作延时应可靠躲过断路器不同期合闸的最长时间，一般取 $0.3 \sim 0.5\text{s}$。

（五）发电机变压器组保护的整定计算

发电机变压器组的保护与发电机和变压器单独工作时的保护类型选择及整定计算基本相同。但由于发电机与变压器组成一个单元，所以，发电机变压器组的保护与发电机、变压器单独工作时的保护相比，又有某些不同的特点。某些保护可以合并，例如，发电机变压器组公共差动保护、相间后备保护、过负荷保护等。

发电机变压器组的保护对象，除了发电机、变压器之外，还包括高压厂用变压器、励磁变压器等厂用分支。

1. 纵差动保护

（1）对于100MW及以下的发电机—变压器组，当发电机与变压器之间有断路器时，发电机与变压器宜分别装设单独的纵差动保护；对100MW及以上发电机—变压器组，应装设双重主保护，每一套保护宜具有发电机纵差动保护和变压器差动保护。

（2）对于发电机—变压器组共用的完全纵差动保护，可有两种做法：

一种是将高压厂用变压器接入差动保护，即将高压厂用变压器低压侧电流接入差动回路，这种方法虽可以将保护范围扩大到高压厂用变压器，同时也可省去高压厂用变压器高压侧大变比电流互感器，但是当高压厂用变压器低压侧保护区内两相短路时，往往没有灵敏度，此外，差动保护各侧的电流平衡系数之比有时超出装置允许范围，需要增设辅助变流器或做特殊处理；另一种是高压厂用变压器不接入差动保护，即将高压厂用变压器高压侧电流接入差动回路，此时在高压厂用变压器高压侧需设大变比电流互感器，实质上，此时的发电机—变压器组纵差动保护与变压器纵差动保护的整定方法相同。

2. 相间故障后备保护

设置发电机变压器组相间故障后备保护时，应将发电机变压器组视为一个整体，所以应将发电机和变压器的反应相间故障的后备保护合并为一套。通常，取发电机的反应相间短路故障的后备保护作发电机变压器组的后备保护。

三、相关保护选型

（一）35kV 及以下电磁型继电保护与自动装置及二次回路的选型和初步计算

1. 35kV 及以下输电线路继电保护的构成和选型原则

（1）相间保护。35kV 及以下电力网通常由两相式的电流速断和定时限过电流保护构成相间故障保护，对于发电厂及重要变电站的 6~10kV 出线，一般有 DL 型电磁式继电器及时间继电器构成两相式的电流保护，对于用户的小型变电站中引出的 6~10kV 输电线路，一般由 GL 型感应型继电器构成，除采用定时限的电流保护外，也有采用反时限电流保护的。

（2）接地保护。目前 35kV 及以下输电线路基本上均为小接地系统，其接地保护的变化已从传统接地保护发展到无人值守变电站配合综合自动化装置的接地保护、接地选线装置等，其保护目前主要有以下几种：

1）系统接地绝缘监视装置：绝缘监视装置是利用零序电压的有无来实现对不接地系统的监视。将变电站母线电压互感器其中一个绕组接成星形，利用电压表监视各相对地电压，另一绕组接成开口三角形，接入过电压继电器，反应接地故障时出现的零序电压。当发生单相接地故障时，开口三角形出现零序电压，过电压继电器动作，发出接地信号。该保护只能实现监测出接地故障，并能通过三只电压表判别出接地的相别，但不能判别出是哪条线路的接地。要想判断故障线路，必须经拉线路试验，必将增加对用户的停电次数。且若发生两条线路以上接地故障时，将更难判别。

装置可能会因电压互感器的铁磁谐振、熔断器的接触不良、直流的接地、回路的接触不良而误发或拒发接地信号。

2）零序电流保护：零序电流保护是利用故障线路的零序电流比非故障线路零序电流大的特点来实现选择性的保护，如 DD－11 接地电流继电器和 RCS－955 系列保护。

该保护一般安装在零序电流互感器的线路上，且出线较多的电网中更能保证它的灵敏度和选择性。但由于零序电流互感器的误差、线路接线复杂、单相接地电容的大小、装置的误差、定值的误差、电缆的导电外皮等的漏电流等影响，发生单相接地故障线路零序电流二次反映不一定比非故障线路大，易发生误判断、误动。

3）零序功率方向保护：当系统的电容电流不大时，零序电流保护的灵敏度很低，可采用零序功率方向保护装置。零序功率方向保护是利用非故障线路与故障线路的零序电流相差 180°来实现有选择性的保护。如传统的零序功率方向继电器，无人值守综合自动化所应用的如南瑞 DSA113、119 系列零序功率方向保护。

零序功率方向保护没有死区，但对零序电压零序电流回路接线等要求比较高，对系统中有消弧线圈的需用五次谐波功率原理。

4）小电流接地选线综合装置：随着电力科技的发展，近年来小电流接地电力系统逐步应用了独立的小接地电流选线装置。将小电流系统所有出线引入装置进行接地判断及选线，如 MLX 系列。MLX 系列选线装置的原理是用电流（消弧线圈接地采用五次谐波）方向判断线路，选电流最大的三条线路在进行方向比较，从而解决零序电流较小、各种装置 LH 误差、测量误差、电力电缆潜流、消弧线圈、电容充放电过程等的影响，正确判别或切除故障线路。

（3）接地保护安装调试注意事项：

1）在无选择性零序电压保护装置及零序功率方向保护装置中，电压互感器一次、二次中性点必须可靠接地，一次绕组中性点接地不仅是安全接地而且是工作接地。若中性点接地不可靠，二次系统则不能正确反映一次系统发生接地故障时不平衡电压零序功率方向，因此开口三角形电压极性必须正确。

2）在利用零序电流互感器（多为电缆出线）构成的接地保护装置中，当电网发生接地故障时，故障电流不仅可能经大地流动，而且也经电缆导电外皮和铠装流动。因此，零序电流互感器上方电缆头保安接地线必须沿电缆方向穿过 LH 在线路侧接地。

零序互感器下方电缆皮接地则不需穿过零序互感器，避免形成短路环，电缆固定夹头与电缆外壳、接地线绝缘、零序电流互感器变比、极性误差应调整一致、正确，以减少互感误差。

3）在经消弧线圈接地的电网单相接地保护通常利用反映谐波的电缆电容的五次谐波分量保护和暂态电流速动保护，其实现选择性较困难。可在发现接地故障时投入有效电阻，以增加故障电流有功分量方法，利用零序电流保护、方向保护有选择地切除故障。

4）在电容器自投切系统中，补偿电容器应接成中性点不接地 Y 或 △ 接法。发生接地后，三相负载仍保持对称运行，从而不影响零序电流，保证接地保护的灵敏性、正确性。

5）在同一系统电缆线路和经电缆线路出线的架空线路中，它们单相接地电容电流大小存在差别，零序电流保护定值应充分考虑。

6）利用三个电流互感器构成的零序电流滤过器，必须克服其不平衡电流的影响。

2. 35kV 及以下电力变压器继电保护的构成和装设原则

35kV 及以下电力变压器一般为小型变压器，装设有过电流保护，当容量在 800kVA 及以上时，装瓦斯保护。其过电流保护一般为：

（1）用交流操作时的过电流保护在一些小型变电站没有配备直流电源，此时常采用 GL 系列的 GL – 26、GL – 15、GL – 16 型感应继电器。

（2）用直流操作时的过电流保护。

1）定时限过电流保护：一般由两段构成，即过电流保护及电流速断保护。

2）反时限过电流保护：一般采用 GL – 21、GL – 22、GL – 11、GL – 12 型感应继电器。

3. 电动机继电保护的构成和装设原则

关于相间短路保护：

（1）对于 1000V 以下的电动机，容量大的使用自动空气断路器，设专用保护，或利用其脱扣器保护；容量较小的用熔断器保护。

（2）对于大多数高压电动机都运行在中性点非直接接地系统中，保护通常由电流互感器两相差接线加一个电流继电器构成；当灵敏度不够时，可采用两相不完全星形和两个电流继电器构成。

（3）对于 2000kW 及以上的电动机，需要安装差动保护作为短路保护，差动保护的构成分为两相式和三相式接线，当采用三相接线时，对于两点接地短路有较高灵敏度。

4. 跳、合闸位置继电器的选择

（1）在正常情况下，通过跳、合闸回路的电流应小于其最小动作电流及长期热稳定电流。

（2）当直流母线电压为85%额定电压时，加于继电器的电压不小于其额定电压的70%。

（3）自动重合闸继电器及其出口信号继电器额定电流的选择，应与其启动的元件动作电流相配合，并保证动作的灵敏系数不小于1.5。

（4）电流启动的防跳继电器，其电流绕组额定电流的选择应与断路器跳闸绕组的额定电流相配合，并保证动作的灵敏系数不小于1.5。

（5）断路器的合闸或跳闸继电器的电流绕组额定电流的选择，应与断路器的合闸或跳闸绕组的额定电流相配合，并保证动作的灵敏系数不小于1.5。

（6）信号继电器和附加电阻的选择：

1）在额定直流电压下，信号继电器动作的灵敏系数不宜小于1.4。

2）在0.8倍额定直流电压下，由于信号继电器的串接而引起回路的压降应不大于额定电压的10%。

3）选择中间继电器的并联电阻时，应使保护继电器触点断开容量不大于其允许值。

4）应满足信号继电器的热稳定要求。

（7）重瓦斯保护回路并联信号继电器或附加电阻的选择：

1）并联信号继电器应根据直流额定电压来选择。

2）当用附加电阻代替并联信号继电器时，附加电阻的选择应满足上文（6）中1）~3）的规定。

5. 保护电流互感器的类型选择

（1）保护用电流互感器有两类：一类的准确限值由稳态对称一次电流下的复合误差来确定，称为P类（P意为保护）；另一类的准确限值由暂态工作循环中的误差来确定，称为TP类（TP意为暂态条件下的保护）。

1）500kV系统或高压侧为500kV的主设备，除保护装置本身能克服电流互感器饱和影响外，原则上应考虑电流互感器的暂态特性。可采用TP类电流互感器，或经过验算采用在该具体回路可基本保证暂态误差的P类电流互感器。

2）220kV及以下系统一般采用P类电流互感器。对于重要回路，如220kV线路、发电机和主变压器等，应考虑提高电流互感器的准确极限系数，以期具有较好暂态特性。

（2）额定参数选择。保护用电流互感器的额定参数选择注意考虑以下的一些情况：

1）为减少电流互感器暂态饱和对继电保护的影响，保护用电流互感器可选用较大的额定一次电流。但互感器额定一次额定电流显著大于工作一次电流时，可能给测量仪表带来不便，为此，保护和测量可采用不同的变比。

2）变压器中性点接地回路电流互感器的额定一次电流应按变压器允许的不平衡电流选择。一般情况下，可按变压器额定电流的1/3进行选择。

3）自耦变压器公共绕组回路用于该绕组过负荷保护用的电流互感器，应按公共绕组的允许负荷电流选择。此电流通常发生在低压侧开断、而高－中压侧传输自耦变压器的额定容量的情况。此时，公共绕组上的电流为中压侧与高压侧额定电流之差。

4）对于 Y，d 接线的变压器差动回路，额定一次电流的选择，需使两侧互感器的二次电流进入差动继电器时基本平衡。为此，变压器 Y 侧的电流互感器额定一次电流通常增大 $\sqrt{3}$ 倍。

5）大型发电机—变压器组厂用分支的额定电流远小于主变压器额定电流，该分支除发电机—变压器组差动保护以外的其他用途的电流互感器额定电流，可按厂用分支额定电流选择，但应注意满足该回路的动稳定要求。至于厂用分支侧用于发电机—变压器组差动保护的电流互感器，原则上应与主回路互感器变比一致，如一次电流过大装设有困难时，可根据具体情况采取某些变通措施，如增设二次电流互感器以改变变比，采用二次额定电流为 1A 的互感器（如其他互感器额定二次电流为 5A 时）以增大变比等。

6）中性点非有效接地系统的接地故障电流很小，为保证保护装置可靠动作，选择零序电流互感器时，应按二次电流及保护灵敏度来校验电流互感器的变比。

7）P 类电流互感器的准确级及误差限值。

误差限值：①P 类电流互感器在额定频率及额定负荷下，电流误差、相位误差和复合误差应不超过表 6－6 所列限值。②P 类保护用电流互感器能满足复合误差要求的额定准确限值的一次电流与额定一次电流之比为准确限值系数 ALF，即：$ALF = I_{pal}/I_{pn}$。标准准确限值系数为：5、10、15、

20 和 30。③P 类电流互感器的准确级以在额定准确限值一次电流下的最大允许复合误差的百分数标称，标准准确级为：5P 和 10P。

表 6－6　　　　　　　　　P 类电流互感器误差限值

准确级	额定一次电流下的电流误差（%）	额定一次电流下的相位差		额定准确限值一次电流下的复合误差（%）
		（′）	± crad	
5P	±1	±60	1.8	5
10P	±3	—	—	10

准确性验算：①一般要求：在初选保护用电流互感器时，可按其额定准确限值电流大于所要求的最大计算故障电流和额定二次输出容量大于实际二次负荷进行选择。这样选择是可行的，但互感器可能尚有潜力未得到充分利用。实际工作中常遇到二次输出容量有裕度但 ALF 不够的情况，或者相反。特别是前者，在系统容量很大，而额定二次电流选用 1A 或就地控制的情况是很容易出现的。因此，为合理的选用电流互感器，需要进行较精确验算。进行电流互感器准确性验算，推荐采用准确限值电动势法。为此，要求制造部门提供电流互感器的二次绕组的电阻 R_{ct} 或直接提供准确限值曲线。②按准确限值电动势验算：P 类电流互感器应在继电保护动作特性要求的故障计算电流并适当考虑暂态特性的情况下保持规定的准确性能，即要求电流互感器额定二次极限电动势大于保护要求的二次极限电动势。

P 类电流互感器的额定二次极限电动势为

$$E_{sl} = (ALF) \times I_{sn} \times (R_{ct} + R_{bn}) \qquad (6-102)$$

式中　ALF——准确限值系数；

　　　I_{sn}——额定二次电流；

　　　R_{ct}——电流互感器二次绕组电阻；

　　　R_{bn}——电流互感器额定负荷。

为保证继电保护动作性能要求的二次极限电动势为

$$E'_{sl} = K \times K_{fc} \times I_{sn} \times (R_{ct} + R_b) \qquad (6-103)$$

式中　K——考虑互感器暂态特性的系数；

　　　K_{fc}——计算故障电流倍数，与继电保护动作原理有关；

　　　R_b——电流互感器实际二次负荷；

其他量值符号的定义如前述。

由 $E_{sl} \geqslant E'_{sl}$，可求出电流互感器额定准确限值系数应符合式（6-104）

的要求

$$ALF = \frac{K \times K_{fc} \times (R_{ct} + R_b)}{R_{ct} + R_{bn}} \qquad (6-104)$$

③按准确限值曲线验算：如果制造厂提供了电流互感器的准确限值曲线，可由实际的二次负荷 R_b，从曲线上查出电流互感器的相应 ALT，所要求的计算故障电流倍数 $K_{fc} \leqslant (ALT)/K$。

保护的计算故障电流倍数 K_{fcc} 是计算故障电流 I_{fc} 与互感器的额定一次电流 I_{pn} 之比。要求电流互感器通过该计算故障电流 I_{fc} 时，其误差应在规定范围内，以保证保护装置的动作性能。

保护装置的主要性能及要求如下：①可信赖性。要求保护区内故障时电流互感器误差不致影响保护可靠动作。对于过电流保护和阻抗保护等应按此要求确定计算故障电流。过电流保护的计算故障电流 I_{fc} 为保护最大动作电流整定值 I_{opmax}，阻抗保护的计算故障电流 I_{fc} 为保护第一段末端短路时，流过互感器的最大短路电流 I_{scmax}。②安全性。要求保护区外故障时电流互感器误差不会导致保护误动作。对于差动保护和方向保护等应按此要求确定计算故障电流。电流差动保护的计算故障电流 I_{fc} 为外部短路时流过互感器的最大短路电流 I_{scmax}。方向保护的计算故障电流 I_{fc} 为保护反方向短路时，流过电流互感器的最大短路电流 I_{scmax}。③保护和自动装置电流回路功耗应根据实际应用情况确定，其功耗值与装置实现原理和构成元件有关，差别很大。

（3）保护用电流互感器的饱和问题及对策。

电流互感器的饱和决定了互感器的准确限值。P 类电流互感器的准确限值由对称故障电流下的误差确定，应考虑的影响电流互感器饱和的因素主要是：①短路电流幅值；②二次回路（包括互感器二次绕组）的阻抗；③电流互感器的工频二次励磁阻抗；电流互感器匝数比等。实际上在短路的暂态过程中，还有不少严重影响电流互感器特性的因素。

考虑暂态特性的 TP 类电流互感器应考虑如下因素：①短路电流偏移程度；②短路电流中直流分量衰减的时间常数；③铁芯中的剩磁等。由于电流互感器励磁阻抗与频率成比例，按工频励磁特性设计的互感器铁芯，在传变短路电流中缓慢衰减的直流分量时，特性将严重恶化，即所需励磁电流（磁链）大大增加，极容易导致互感器饱和。特别在超高压系统和发电厂附近等一次时间常数较大的回路，这是影响电流互感器饱和的极重要因素。电流互感器铁芯中的剩磁取决于一次电流中断的瞬间，最大的剩磁产生于互感器极度饱和时断开一次电流。此外，试验时互感器绕组通过直流也将产生剩磁。闭合铁芯的电流互感器剩磁系数（剩磁与饱和磁通之比）K_r最高达80%。剩磁一旦建立在正常运行时是难以消除的，除非采用专门的去磁方法。

如图6-14（a）表示出一次电流有偏移时对二次电流的影响。有剩磁但一次电流无偏移，互感器铁芯未饱和，二次电流无畸变。如图6-14（b）表示出一次电流全偏移对磁通和二次电流的影响。

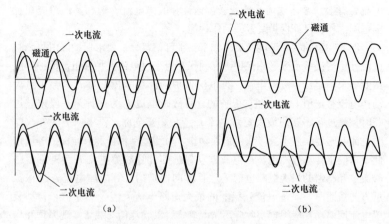

图6-14 电流互感器一次电流与磁通及二次电流的关系
（a）一次电流无偏移（有剩磁）；（b）一次电流全偏移

（4）电流互感器饱和对保护继电器的影响。

1）一般影响。电流互感器由于饱和引起的失真，如过零点偏移、峰值减小、有效值减小及出现谐波等，将对保护继电器动作特性产生有害影响，导致安全性下降（保护误动）和可信赖性降低（保护拒动或延时过长）。多个并联的电流互感器由于其饱和特性不同而在和回路引起很大误差，可能严重影响差动保护或零序保护的动作特性。

2）饱和对机电式继电器的影响。继电器在非正弦电流下的性能与其动作原理有关。机电式继电器一般反应于所施加电流的有效值，饱和引起的电流有效值降低直接影响其动作性能。对于通过内部磁通相位偏移产生动作力矩的继电器，由于故障电流不同频率分量的不同相移而动作性能受影响。机电式继电器在大电流时趋向饱和，这就减小了互感器的继电器负荷，使得在较大电流下的性能好于5A额定负荷时预计的性能。互感器经一定时延才进入非线性工作区，所以如果瞬动继电器动作快于饱和发生，继电器可能正确动作。另一方面，动作时间 1 ~ 2 个周波的继电器在互感器极度饱和时可能完全不动作，因为互感器饱和后每半个周波给出的电流脉冲可能小于很短。

3）饱和对静态模拟式继电器的影响。静态模拟式继电器响应于电流的峰值或平均值（不是有效值），有的继电器输入还通过工频带通滤过器。互感器饱和引起的电流幅值降低或波形缺损直接影响继电器动作性能。将机电式继电器和静态继电器两者用于协调配合时，要注意互感器饱和和故障电流偏移时，静态瞬动继电器可能与机电式瞬动继电器性能不同而引起的差异。

4）饱和对数字继电器的影响。数字式继电器的响应是继电器动作软件的函数，不同采样方式和算法所受影响有差别。对基于工频分量的算法明显受饱和角（一个周波中开始饱和时刻）影响。对于某一给定波形，差值可以补偿，但没有普遍适用的校正方法。

5）饱和对差动继电器的影响。电流互感器饱和对差动继电器的影响取决于继电器的类型和故障位于饱和区的内部还是外部。对于内部故障，差动继电器应保证在任何故障波形或电流偏移时可靠动作和不致过度延迟动作。更令人关注的是外部故障时差动继电器的误动问题。比例差动型继电器在严重外部故障时具有一定的抗误动能力，因为其动作特性要求动作电流对制动电流的比值大于特定值。某些比例差动继电器还具有谐波电流制动，其特性不仅与变压器涌流（这是采用谐波制动的原因）有关，而且与互感器饱和有关，这两种情况都使差动继电器工作回路流入不希望出现的电流。但谐波的出现，在严重内部故障时可能延迟或阻碍动作，故通常这种继电器的动作回路中包括一个无制动的高定值电流元件。如果整定适当，高阻抗型差动继电器可避免外部故障互感器饱和时误动，一般它整定得在最大一次电流情况下互感器完全饱和时不会误动作。

（5）饱和对电流互感器组不平衡电流的影响。

电流互感器三相饱和程度不同时，即使一次电流的不平衡很小，二次电流也可能出现明显不平衡。饱和程度不同可能由于以下原因引起：三相一次电流中暂态直流分量值不相等，三相所用的互感器型式、制造厂家、准确度或负荷不相同。不平衡电流可能导致负序或零序过电流继电器误动作。三相采用相同励磁特性和负荷的电流互感器可最大限度降低二次不平衡电流。

（6）减少电流互感器饱和影响的措施及应用。

减少电流互感器饱和影响的措施主要是两类：一类是适当选择电流互感器参数，以减少互感器饱和程度，包括采用 TP 类电流互感器；另一类是在保护动作原理和特性采取措施减少饱和影响。措施内容及应用情况如下：

1）保护装置采取措施降低饱和影响。

对某些受饱和影响严重的保护装置，如母线保护，已开发了一批能克服互感器饱和影响的保护装置，例如高阻抗保护、中阻抗保护及某些微机母线保护等，并已得到广泛应用。特别是微机保护，可以采用多种原理通过软件实现减轻饱和影响。实际工程中，有条件时应优先采用这类保护。对于重要的微机保护装置，如母线保护、发电机或发电机变压器组差动保护、线路电流差动保护和超高压系统其他重要保护，应要求研制单位采取措施避免或降低电流互感器饱和的影响，并提供使用单位选择电流互感器的方法。

2）恰当选择互感器措施降低饱和影响。

这是可普遍应用的方式，这类措施有：①保护用电流互感器尽量采用较大的额定一次电流，以减少短路电流倍数；②减少电流互感器二次负荷；③差动保护的各侧尽量选用饱和特性一致或近似的电流互感器，各侧互感器所接负荷尽量匹配，以减少差流；④适当提高对互感器的要求，根据运行经验，互感器二次极限电势大于计算对称故障电流下要求的电势一倍以上，可以取得较好效果，这相当于考虑暂态系数 $K \geqslant 2$；⑤各级电压的保护用电流互感器都应尽量采用上述措施以减少饱和影响，特别是 220kV 系统及发电厂内主设备保护用的电流互感器，考虑到一次电流时间常数较大和保护误动后果的严重性，宜提高准确限值系数，例如考虑 $K \geqslant 2$。

3）采用 TP 类考虑暂态特性的电流互感器。

恰当选用 TP 类电流互感器，保证互感器在故障时不饱和，即选用电流互感器的额定等效二次极限电势 E_{al} 应大于实际工作循环要求的等效二次极限电势 E_{slr}。建议在 500kV 系统中采用。

（7）保护用电流互感器的配置应符合以下要求：

1）电流互感器二次绕组的数量和准确等级应满足继电保护自动装置和测量仪表的要求。

2）保护用电流互感器的配置应尽量减少主保护的死区。保护接入电流互感器二次绕组的分配，应注意避免当一套保护停用而线路继续运行时，出现电流互感器内部故障时的保护死区。

3）对中性点有效接地系统，电流互感器可按三相配置，对中性点非有效接地系统，依具体要求可按两相或三相配置。

4）当采用一个半断路器接线时，对独立式电流互感器每串宜配置三组。每组的二次绕组数量按工程需要确定。

5）继电保护和测量仪表宜用不同二次绕组供电，若受条件限制须共用一个二次绕组时，其接线方式应注意避免仪表校验时影响继电保护工作。

6）电流互感器的二次回路不宜进行切换，当需要时，应采取防止开路的措施。

7）保护用电流互感器一次电流选择应符合以下要求：

a. 电流互感器的应根据其所属一次设备的额定电流或最大工作电流选择适当的额定一次电流。额定一次电流（I_{pn}）的标准值为 10、12.5、15、20、25、30、40、50、60、75 以及它们的十进位倍数或小数，有下标线的是优先值。

b. 电流互感器的额定连续热电流（I_{pn} 或其扩大值）、额定短时热电流（I_{th}）和额定动稳定电流（I_{dyn}）应能满足所在一次回路的最大负荷电流和短路电流的要求。当互感器一次绕组可串、并联切换时，应按串接情况进行 I_{th} 及 I_{dyn} 校验

c. 额定一次电流的选择应使得在额定变流比条件下的二次电流满足该回路测量仪表和保护装置的准确性要求。

d. 为适应不同要求，某些情况下在同一组电流互感器中，保护用二次绕组与测量用二次绕组可采用不同额定一次电流（不同变比）。

8）保护用电流互感器二次电流选择应符合以下要求：

a. 额定二次电流（I_{sn}）的标准值一般采用 1A 和 5A。

b. 对于新建发电厂和变电站，有条件时电流互感器额定二次电流宜选用 1A。

c. 如有利于电流互感器安装，或扩建工程原有电流互感器采用 5A 时，额定二次电流可选用 5A。

9）保护用电流互感器二次负荷选择及验算：

a. 测量用电流互感器的准确性和保安系数，保护用电流互感器的准确性和允许极限电流，都与二次负荷有关，需要合理选择二次负荷额定值并进行相应的验算。

b. 电流互感器的二次负荷额定值，即额定输出（S_{bn}，以 VA 表示）为 2.5、5、10、15、20、25、30、40、50、60、80、100VA。

6. 测量用电流互感器

（1）测量用电流互感器类型及额定参数选择。

测量用电流互感器有一般用途和特殊用途（S 类）两类，S 类电流互感器在较大工作电流范围内可保持规定的准确性。某些电流互感器一次电流值可扩大或二次绕组可带抽头。工程应用中应根据电力系统测量和计量系统的实际需要合理选择。

测量用电流互感器的额定电流参数选择还要注意考虑以下的一些情况：

1）测量用的电流互感器的额定一次电流应使正常负荷下仪表指示在刻度标尺的 2/3 以上，并应考虑过负荷运行时能有适当指示（测量仪表过负荷 20% 允许时间约 4min）。为此，宜选用 $I_{pn} \geq 1.25 I_b$，其中 I_b 为一次设备的额定电流或线路最大负荷电流。按此式选择的电流互感器，测量仪表允许短时通过的最大电流可达一次设备额定电流的 150%。对于直接启动电动机的测量仪表用的电流互感器应选用 $I_{pn} > 1.5 I_b$。

2）为在故障时一次回路短时通过大短路电流不致损坏测量仪表，测量用电流互感器可选用具有仪表保安限值的互感器，仪表保安系数（FS）可选择 5 或 10。

3）测量用电流互感器必要时可选用复变比（即二次绕组带抽头）的电流互感器，或者同一互感器的测量用二次绕组与保护用二次绕组可采用不同的变流比，以适应系统的发展变化或测量仪表与继电保护的不同要求。

4）必要时可采用具有电流扩大值特性的电流互感器，其连续热电流可为额定一次电流的 120%、150% 或 200%，以适应系统发展因而负荷电流超过额定电流的情况。

5）测量用电流互感器的二次负荷不应超出规定的保证准确性的负荷范围，而且要确保仪表保安系数不大于规定值。

（2）测量用电流互感器准确级选择。

1）测量用电流互感器的准确级，以该准确级在额定电流下所规定的最大允许电流误差的百分数来标称。标准的准确级为 0.1、0.2、0.5、1、3 级和 5 级；此外，还有供特殊用途（如要求在额定电流 1% ~120% 之间作准确测量）的 0.2S 及 0.5S 级。

2）对于 0.1、0.2、0.5 级和 1 级测量用电流互感器，在二次负荷为额定负荷的 25% ~100% 之间的任一值时，其额定频率下的电流误差和相位误差不超过表 6-7 所列限值。

表6-7 测量用电流互感器误差限值（一）

准确级	电流误差（±%）在下列额定电流（%）时				相位差，在下列额定电流时（%）							
					±（'）				±crad			
	5	20	100	120	5	20	100	120	5	20	100	120
0.1	0.4	0.2	0.1	0.1	15	8	5	5	0.45	0.24	0.15	0.15
0.2	0.7	0.3	0.2	0.2	30	15	10	10	0.9	0.45	0.3	0.3
0.5	51.5	50.75	0.5	0.5	90	45	30	30	2.7	1.35	0.9	0.9
1	3.0	1.5	1.0	1.0	180	90	60	60	5.4	2.7	1.8	1.8

3）供特殊用途的0.2S和0.5S类，在二次负荷为额定负荷的25%~100%之间任一值时，其额定频率下的电流误差和相位误差不应超过表6-8所列限值。

表6-8 特殊用途电流互感器的误差限值（二）

准确级	电流误差（±%）在下列额定电流（%）时					相位差，在下列额定电流时（%）									
						±（'）					±crad				
	1	5	20	100	120	1	5	20	100	120	1	5	20	100	120
0.2S	0.75	0.35	0.2	0.2	0.2	30	15	10	10	10	0.9	0.45	0.3	0.3	0.3
0.5S	1.5	0.75	0.5	0.5	0.5	90	45	30	30	30	2.7	1.35	0.9	0.9	0.9

注 本表仅用于额定二次电流为5A的互感器。

4）对于3级和5级，在二次负荷为额定负荷的50%~100%之间任一值时，其额定频率下的电流误差和相位误差不应超过表6-9所列限值。

表6-9 测量用电流互感器误差限值（三）

准确级	电流误差（±%），在下列额定电流（%）时	
	50	120
3	3	3
5	5	5

注 3级和5级的相位差不予规定。

（3）与测量仪表配套的电流互感器准确级选择。

1）测量用电流互感器在实际二次负荷下的准确等级应与配套使用的测量仪表的准确等级相适应。测量仪表包括：指示仪表，如电流、功率等电气量测量仪表；积分仪表，如电能计量仪表（含计费用计量仪表）；以及其他类似电器。不同用途测量仪表要求的准确等级不同，对配套的电流互感器的准确级也要求不同。表 6 – 10 为不同测量仪表要求的电流互感器准确等级。

2）电能计量用的电流互感器，工作电流宜在其额定电流的 2/3 以上。对于工作电流变化范围较大的情况，电能计量仪表宜采用 S 级电流互感器。

表 6 – 10　　　　　仪表与配套的电流互感器准确等级

指示仪表		计量仪表		
仪表准确级（级）	互感器准确级（级）	仪表准确级（级）		互感器准确级（级）
		有功电能表	无功电能表 *	
0.5	0.2	0.5	2.0	0.2 或 0.2S
1.0	0.5	1.0	2.0	0.5 或 0.5S
1.5	0.5	2.0	3.0	0.5 或 0.5S

* 无功电能表一般与同回路的有功电能表采用同一等级的电流互感器。

当一个电流互感器的回路接有几种不同型式的仪表时，应按准确级最高的仪表进行计算。

第二节　专业技能知识

一、常用继电器调试、检验及检修等工作

1. DL – 10 系列电流继电器

（1）使用常识。

1）继电器舌片行程在 78°～85°范围内，继电器电磁力矩与反作用机械力矩之值配合得最好。如不在该范围内，例如为 80°～87°时，虽提高了继电器的返回系数，但触点压力却大大减小。

2）弹簧的起始拉角（弹簧开始着力时调整把手的位置与刻度盘起始位置间的夹角）约为 20°～30°，而弹簧开始着力时调整把手的位置与刻度盘最大值之间的角度约为 90°。继电器的动作值可借改变弹簧拉力来均匀调整。

3）按继电器可动系统动力的稳定性和触点工作可靠性而言，不希望

用刻度盘的开始部分，这时因为机械力矩的数值很小，所以即使继电器的机械状态变更不大，例如侵入灰尘、触点弹片变形，均将使继电器的动作性能发生显著的变化，以致可能引起继电器拒绝动作，故最好应用在不小于全刻度盘的1/3处。在继电器热容量允许时，应使用规格较小的继电器，以使其整定位置能在刻度盘的右方。

4）利用连接片可将继电器的绕组串联或并联，当绕组串联时，动作值较并联时小1倍。如果再加上改变调整把手的位置则可使动作值的调整范围变更4倍。

（2）检验项目及要求。

1）一般性检验。应特别注意机械部分和触点工作可靠性检验。

2）整定点的动作值和返回值检验：①整定点动作值与整定值误差不应超过±3%；②返回系数应不小于0.85，当大于0.9时，应注意触点压力；③在运行中如需改变定值，则应进行刻度检验或检验所需要改变的定值；④继电器整定后，应用保护安装处最大故障电流值做冲击试验后重复试验定值，要求其值与整定值的误差仍不超过±3%。

（3）检验与调试。

1）机械部分检查：

a. 检查轴的纵向和横向活动范围，纵向活动范围应在0.15～0.2mm内。

b. 检查舌片与电磁铁的间隙。要求舌片上下端部弯曲的程度相同，舌片不应与磁极相碰。为此，继电器在动作位置时，舌片与磁极之间的间隙不得小于0.5mm。

c. 调整弹簧。弹簧的平面应与轴严格垂直。如不能满足要求时，可拧松弹簧里圈套箍和转轴间的固定螺丝，然后移动套箍至适当的位置，再将固定螺丝拧紧，或用镊子调整弹簧；弹簧由起始拉角转至刻度盘最大位置时，层间间隙应均匀。否则可将弹簧外端的支杆适当地弯曲，或用镊子整理弹簧最外一圈的终端。

d. 检查并调整触点。触点上有受熏及烧焦之处时，应用细锉锉净，并用细油石打磨光。如触点发黑可用麂皮擦净。不得用砂布打磨触点；动触点桥与静触点接触时，所交的角度应与55°～65°。且应在离静触点首端约1/3处接触，然后滑至约在末端1/3处终止。两静触点片的倾斜度应一致并位于同一平面上，触点应能同时接触。触点桥容许在其转轴上旋转10°～15°，并可沿纵向移动0.2mm。当触点开始闭合时，可动触点桥的背面，应不与其本身的限制钩接触。触点间的距离不得小于2mm；为使动断触点在正常情况下能可靠地闭合，当继电器绕组无电流时，必须使可动系统的本身重力能压下静触点并略往下移。用手轻轻转动舌片时，静触点的弹片应随触点桥的移动而伸直，且在某一时间内，触点回路不会断开，此时舌片与左方限制螺丝应有不小于 0.5mm 的距离。

对于带切换触点的继电器，为防止上下触点短路，动触点与下触点压接后，其与上触点的距离应不小于 3mm。当动触点在中间位置时，对上下静触点的距离均不应小于 1mm。继电器的静触点上，装有一限制振动的弹片。当继电器绕组中无电流时，此弹片与静触点仅能接触，但无压力，或有不大于 0.2mm 的间隙。对带有动断触点的继电器，当定值在刻度盘开始位置而绕组中无电流时，触点间应有足够的压力。当扭紧弹簧以增大定值时，静触点与限制振动的弹片之间的间隙，随着静触点的下降而增大，到最大定值时，此间隙应不大于 0.5mm。

e. 检查轴承、轴尖。将继电器置于垂直位置，将刻度盘上的调整把手移到左边最小刻度值上，检查触点动作的情况。如继电器良好，则将调整把手由最小刻度值向左旋转 20° ~ 30° 时继电器的弹簧应全部松弛。此时略将调整把手往复转动约 3° ~ 5°，即可使动触点与静触点时而闭合或开放。

当用手慢慢将把手向刻度盘的右侧移动时，可动触点桥变更位置的速度应均匀；如速度不均匀，则说明可动系统有异常的阻碍。继电器动作缓慢的原因，通常是由于轴承和轴尖污秽和损伤所致。检查轴承时，先用锥形小木条的尖端将轴承擦拭干净，再用放大镜检查。如发现轴承有裂口、偏心、磨损等情况，应予更换。

轴尖应用小木条擦净，并用放大镜检查。转轴的两端应为圆锥形，轴承的锥面应磨光，不得用刀尖或指甲削伤。轴尖的圆锥角应较轴承的凹口为尖，以使轴尖在轴承中仅在一点转动，而不是贴紧在凹口的四周转动。轴尖如有裂纹、削伤、铁锈等，应将轴尖磨光，用汽油洗净，并用清洁软布擦干。如仍不能使用，则应更换。

2）整定点的动作值和返回值检验。电流波形对电磁型继电器的工作转矩几乎没有影响，所以电流值可用变阻器、调压器、行灯变压器、大电流发生器等调节。设备容量由电源和被试继电器的要求决定，但应能平滑调整。

a. 继电器的动作电流试验和返回电流试验，继电器开始动作时的电流称为动作电流 I_{op}。继电器动作后，再使触点开始返回至原位时的电流称为返回电流 I_r，而返回系数 K_r 为

$$K_r = I_r / I_{op} \qquad\qquad (6-105)$$

b. 过电流继电器的返回系数应不小于 0.85。当大于 0.9 时，应注意触点压力。试验要求平稳单方向地调整电流值，并应注意舌片转动情况。如遇到舌片有中途停顿或其他不正常现象时，应检查轴承有无污垢、触点位置是否合适、舌片与电磁铁有无相碰等。

c. 动作值与返回值的测量应重复三次，每次测量值与整定值的误差不应大于 ±3%。否则应检查轴承和轴尖。

d. 在运行中如需改变定值，除检验整定点外，还应进行刻度检验或检验所需改变的定值。

e. 用保护安装处最大故障电流进行冲击试验后，复试定值，与整定值的误差不应超过 ±3%。否则应检查可动部分的固定和调整是否有问题，或绕组内部有否层间短路等。

3）返回系数的调整：返回系数不满足要求时应予调整。影响返回系数的因素较多，如轴尖的光洁度、轴承清洁情况、静触点位置等，但影响较显著的是舌片端部与磁极间的间隙和舌片的位置。返回系数的调整方法有以下四种：

a. 改变舌片的起始角和终止角。调整继电器左上方的舌片起始位置限制螺杆，以改变舌片起始位置角，此时只能改变动作电流，而对返回电流几乎没有影响，故用改变舌片的起始角来调整动作电流和返回系数。舌片起始位置离开磁极的距离越大，返回系数越小；反之，返回系数越大。

b. 调整继电器右上方的舌片终止位置限制螺杆，以改变舌片终止位置角，此时只能改变返回电流而对动作电流则无影响，故用改变舌片的终止角来调整返回电流和返回系数。舌片终止位置与磁极的间隙越大，返回系数越大；反之，返回系数越小。

c. 不改变舌片的起始角和终止角，而变更舌片两端的弯曲程度以改弯舌片与磁极间的距离，也能达到调整返回系数的目的。该距离越大返回系数也越大；反之返回系数越小。

d. 适当调整触点压力也能改变返回系数，但应注意触点压力不宜过小。

4）动作值的调整有以下两种：

a. 继电器的调整把手在最大刻度值附近时，主要调整舌片的起始位置，以改变动作值。为此可调整左上方的舌片起始位置限制螺杆。当动作值偏小时，使舌片的起始位置远离磁极；反之则靠近磁极。

b. 继电器的调整把手在最小刻度值附近时，主要调整弹簧，以改变动作值。适当调整触点压力也能改变动作值，但应注意触点压力不宜过小。

5）触点工作可靠性检验。

继电器触点应满足下列要求：以 1.05 倍动作电流和保护安装处最大故障电流冲击时，触点应无振动和鸟啄现象，着重检查和消除触点的振动。

a. 当电流近于动作值或当定值在刻度盘始端时，发现触点振动和有火花，可用以下四种方法消除。

a）静触点弹片太硬或弹片厚度和弹性不均，容易在不同的振动频率下引起弹片的振动，或由于弹片不能随继电器本身抖动而自由弯曲，以致接触不良产生火花，此时应更换弹片。

b）静触点弹片弯曲不正确，在继电器动作时，静触点可能将触点桥弹回而产生振动，此时可用镊子将弹片适当调整。

c）如果可动触点桥摆动角度过大，以致引起触点不容许的振动时，可将触点桥的限制钩加以适当弯曲消除之。

d）变更触点相遇角度也可能减小触点的振动和抖动，此角度一般约为 55° ~ 65°。

b. 当用大电流检查时产生振动与火花，其原因和消除方法如下四种。

a）当触点弹片较薄以致弹性过弱，在继电器动作时由于触点弹片过度弯曲，很容易使舌片与限制螺杆相碰而弹回，造成触点振动。继电器通过大电流时，可能使触点弹片变形，造成振动。消除方法是调整弹片的弯度，适当地缩短弹片的有效部分，使弹片变硬些。若用这种方法无效时，则应将静触点弹片更换。

b）在触点弹片与防振片间空隙过大时，亦易使触点产生振动，此时应适当调整其间隙距离。继电器转轴在轴承中的横向间隙过大，亦易使触点产生振动，此时应适当调整横向间隙或修理轴尖和选取与轴尖大小适应的轴承。

c）调整右侧限制螺杆的位置，以变更舌片的行程，使继电器触点在电流近于动作值时停止振动。然后检查当电流增大至保护安装处最大故障电流时是否振动。

d）过分振动的原因也可能是触点桥对舌片的相对位置不适当所致。为此将可动触点胶木座的固定螺丝拧松，使可动触点在轴上旋转一个不大的角度，然后再将螺丝拧紧。调整时应保持足够的触点距离和触点间的共同滑行距离。改变继电纵向串动之大小，往往可减小振动。

2. GL-10型电流继电器

GL-10系列电流继电器为具有反时限特性的继电器，用于发电机、变压器、线路及电动机的过负荷和短路保护，并适用于交流操作的保护装置中。

（1）检验项目及要求。

1）一般性检验。

2）机械部分检查还应满足下列要求：①感应型反时限元件的扇形齿与蜗母杆接触时应与其中心线对齐，扇形齿与蜗母杆的啮合深度为扇形齿深的1/3~2/3。扇形齿在其轴上不能有明显的窜动；②圆盘和可动方框的纵向活动范围为0.1~0.2mm；③圆盘平面与磁极平面应平行，圆盘与永久磁铁以及磁极的上下间隙应不小于0.4mm；④触点间距离应不小于2mm。

3）检验圆盘的始动电流。检验整定插孔下圆盘的始动电流，其值不应大于感应元件整定电流的40%。

4）检验感应元件的动作电流和返回电流。检验整定插孔下感应元件的动作电流和返回电流。要求动作电流与整定值误差不超过±5%，返回系数为0.8~0.9。在运行中如需改变定值者，尚应检验所需改变的定值。

5）检验速断元件的动作电流。要求0.9倍速断动作电流时的动作时间，应在反时限特性部分，1.1倍速断动作电流时的动作时间不大于0.15s。

6）感应元件的时间特性曲线检验。①在整定插孔下测定由感应元件动作电流至1.1倍速断元件动作电流的时间特性曲线，要求动作时间与整定值误差不大于±5%，而要求测定的各点应能绘出平滑的曲线；②如速断元件停用，则应检验在继电器安装处最大故障电流时的动作时间，此时速断元件不动作；③对于没有时间配合要求的继电器，只作整定点的动作时间，而不需作时间特性曲线。

（2）检验与调试。由于继电器系由感应原理构成，故要求试验电源为50Hz的正弦波。实验表明，试验电流波形的畸变主要是由于继电器的铁芯饱和所致。为克服电流畸变，可使整个试验回路的阻抗远远大于继电器阻抗，此时尽管继电器的铁芯仍饱和，但对整个试验回路影响不大，能使电流波形基本为正弦波。试验时应注意把信号牌恢复到正常位置，以免影响试验结果。如继电器为铁质外壳，试验时应将外壳盖上。

1）圆盘始动电流试验。继电器铝质圆盘开始不间断转动时的最小电流称为圆盘的始动电流，其值应不大于感应元件整定电流的40%。过大时应检查圆盘上、下轴承和轴尖是否清洁，圆盘转动过程有否摩擦等，必要时可更换下轴承内的小钢球。

2）感应元件动作电流和返回电流试验。平滑地通入电流，使继电器的扇形齿与蜗母杆啮合，并保持此电流直到继电器触点动作，该电流即为继电器的动作电流。若动作电流与整定值误差超过±5%时，可调整拉力弹簧使之满足要求。

3）将继电器通入动作电流，在扇形齿杠杆上升至将碰而未碰到可动衔铁杠杆以前，就开始减小电流至扇形齿与蜗母杆刚分开时的电流称为返回电流，要求返回系数为0.8～0.9。若不能满足要求时，可按下述方法进行调整。

a. 变更感应铁片与电磁铁间的距离。增大该距离可以提高返回系数，此方法调整范围不大，但很简单。

b. 调整扇形齿与蜗母杆的啮合深度。深度大时返回系数降低，深度小时返回系数增大，但深度过小时易造成继电器在动作过程中返回的危险。所以用此法调整后，应反复多次进行试验，要求均不应出现动作过程中扇形齿与蜗母杆脱离的现象，否则应重新调整啮合深度。

c. 继电器经过这样调整后，应重新试验动作值和返回值。

4）速断元件动作电流试验。试验速断元件的动作电流时，应向继电器通入冲击电流。如果动作电流与整定值误差过大时，可将刻度固定螺丝松开，旋转整定旋钮，当顺时针旋转时动作电流减小，逆时针旋转时动作电流增大，直至调整合适后用螺丝将旋钮固定。

5）速断元件的返回电流无严格要求，只要求当电流降至零时，继电器的瞬时动作衔铁能返回原位即可。0.9倍速断动作电流时的动作时间应在反时限特性部分，1.1倍速断动作电流时的动作时间不大于0.15s。

6）感应元件的时间特性曲线试验。此项试验应按检验项目及要求中的第6）项要求进行，但要注意在录取曲线的某一点时，应保持电流值不变，否则测出的时间不准确。

7）若动作时间与整定值误差超过±5%时，可调整永久磁铁的位置。把永久磁铁向圆盘外缘移动，则时限增加，反之时限减小。另外，也可移动时间刻度盘来获得时间调整。此两种方法应互相配合进行。

8）如受试验设备容量的限制，允许试至定时限部分，即特性曲线上当两个电流值相差不小于 20% ~25% ，而其动作时间相同的部分。

3. DZB – 100、DZB – 100Q 型中间继电器

DZB – 100、DZB – 100Q 系列中间继电器为辅助继电器，用于电力系统继电保护及自动装置的直流回路中，以增加其触点数量和容量。该系列继电器系吸合式电磁继电器。继电器的绕组装在"Ⅲ"形导磁体的铁芯上，它们由工作绕组和保持绕组构成。DZB – 115、DZB – 115Q 型继电器有一个电流工作绕组和一个电压保持绕组，DZB – 127、DZB – 127Q 型有一个电压工作绕组和两个电流保持绕组，DZB – 138、DZB – 138Q 型继电器有一个电压工作绕组、两个电流保持绕组和一个阻尼绕组。

继电器的动静接触系统分别固定于导磁体的衔铁和磁轭板上，衔铁与磁轭用角形薄片铰链（DZB – 138 型是用支柱铰链的），借助拉力弹簧的作用使继电器返回和处在打开位置。

（1）检验项目及要求。

1）一般性检验。一般性检验除了应达到检验通则的有关规定外，还有如下要求：调试校验前装配质量的检验。应先检查外观质量、装置的完整性，接线焊线是否正确牢固，紧固件是否拧紧等。

2）触点间隙、压力和超行程的调整，应达到规定的要求。①转换触点和动合触点的间隙应不小于 3mm；触点接触后的不同心度偏差允许不大于 0.6mm；同类型的触点应能同时闭合或断开，其不同时接触的行程不大于 0.1mm；②动合触点的触点压力（在动片吸持位置上测量）应不小于 20cN；动断触点的触点压力（在动片释放位置上测量）应不小于 15cN；③当动片与磁轭板之间的距离为 0.4mm 时（装支架的一端）动合触点应当闭合；当动片与支架弯片之间的距离为 0.4mm 时（装支架的一端）动断触点应当闭合；铁芯端面与动片之间的间隙在 0.08 ~0.11mm 范围之间（动片在吸持位置上测量）。

3）额定值：①DZB – 115、DZB – 115Q 型继电器的额定电流为 0.5、1、2、4、8A；保持电压为 24、48、110、220V；②DZB – 127、DZB – 127Q 型继电器的额定电压为 110、220V；保持电流为 1、2、4A；③DZB – 138、DZB – 138Q 型继电器的额定电压为 24、48、110、220V；保持电流为 1、2、4A。

4）动作值和返回值：该继电器的动作值为 30% ~70% 额定电压，或应不大于 80% 额定电流。该继电器的返回值为不小于 3% 额定值。

5）保持值：①具有电流保持绕组的继电器，其保持电流为不大于 80% 额定保持值，DZB – 138、DZB – 138Q 型继电器保持电流为不大于

65%额定保持值;②具有电压保持绕组的继电器,其保持电压不大于70%额定保持值。

6)动作时间。继电器的输入激励量为额定值时,动作时间不大于45ms;DZB-138、DZB-138Q型继电器在短接阻尼绕组时,动作时间不小于55ms。

7)返回时间。该继电器在断开保持绕组和阻尼绕组的情况下,返回时间不大于60ms。

(2)检验与调试。

1)一般性检验。一般性检验项目的检验方法除达到第一编检验通则的规定外,还有如下要求:①触点间隙可用移动支架位置及支架上的弯片位置来调整;②触点压力可用调整支架位置、超行程和弹簧拉力的方法解决;③铁芯端面与动片之间的间隙可通过增减垫圈的数量或厚度的方法来调整。

2)动作值与返回值的检验。

3)保持值的检验。

4)动作时间和返回时间检验。

4. DS-20A、DS-30型时间继电器

DS-20A系列、DS-30系列时间继电器可作为继电保护和自动装置中的时间元件。

继电器启动部分系按电磁原理构成,以DS-30系列为例叙述其动作原理。继电器绕组可由直流或交流电源供电。在交流时间继电器内,装有桥式整流器,将交流整流后供给继电器绕组,当绕组加上电压后,衔铁被吸入绕组内,扇形齿轮曲臂被释放,在钟表弹簧作用下,使扇形齿轮转动,带动棘轮上的传动齿轮,与此同时,启动器强行推动摆轮,使之立即启动,以缩短启动时间和增加启动的可靠性。因棘轮的作用,使同轴上主传动齿轮只能单向逆时针旋转,同时主动传齿轮带动钟表机构转动。在钟表机构摆动下,使动触点恒速旋转,经一定时限与静触点接触。动作时限的大小用改变静触点位置来调整。当断开电源后,衔铁被返回弹簧顶回原位。同时,扇形齿轮经轴套曲臂被衔铁顶回原处,使钟表弹簧重新拉伸,以备下次动作。

为使延时机构有足够的精度,动作时间为0.125~1.25s的继电器,采用无固有振动周期的擒纵机构,其余长时限继电器采用固有振动周期的擒纵机构。

继电器的安装方式为嵌入式或为凸出式,在嵌入继电器的盖子上可以

装设拖针，以指示继电器动作情况。

（1）检验项目及要求。

1）一般性检验；

2）动作电压、返回电压检验。动作电压不大于70%额定值。返回电压不小于5%额定值。交流继电器（DS-35～DS-39型）的动作电压不大于80%额定值；

3）动作时间检验。在整定位置，于额定电压下测量动作时间三次，每次测量值与整定值误差应不超过±0.07s。

（2）检验与调试。

1）机械部分检查。

a．衔铁上的弯板在固定槽中滑动应无显著摩擦。当手按下衔铁时，瞬时动断触点应断开，动合触点应闭合；

b．检查动触点在钟表机构的轴上固定是否牢固。按下衔铁时，动触点应在静触点1/3处开始接触并在其上滑行到1/2处停止。延时滑动触点在滑动过程中，应保证触点接触可靠。释放后，动触点应能迅速返回；

c．钟表机构的检查：

a）钟表机构的一般性检查：按下衔铁时，钟表机构开始走动直至终止位置的整个过程中应均匀走动，不准有忽快忽慢、时走时停、跳动或中途卡住现象。释放衔铁时，继电器返回不应缓慢，或中途停止，否则应在试验室进行钟表机构的解体检查。

b）钟表机构的解体检查：①钟表机构的解体。②钟表机构拆开后，检查各轴眼有无脏物及毛刺，清除轴眼边缘的毛刺，并用木条清除轴眼内的脏物。③各齿轮应无倒齿、倒刺、掉齿及齿裂，齿纹应均匀，否则应更换。齿轮有凹凸不平的地方，可用细锉打磨。④弹簧应无变形，层间均匀无裂痕，当发现有疲劳或裂痕时应更换。⑤棘轮的检查：棘轮又名离合轮，在构造上比较精细，它只能保证单方向无阻的转动。检查时用手握住长轴，另一手拨动齿轮，只能单方向转动，反方向便卡住，如有故障应进行消除。⑥用钟表螺丝刀将盖板上对称的三个小螺丝拧下。在揭开盖板时，注意三个小弹簧和钢珠不应丢失。三个钢珠应圆滑，小弹簧应层间均匀，端部弯曲，正常时小弹簧应和钢珠相靠，并约在凹槽内1/2处。取下的小弹簧和钢珠用汽油清洗，然后放在清洁的玻璃小容器内干燥。检查棘轮体和棘轮套环内有无毛刺和污垢，若有应消除。棘轮齿体与长轴连接无松动现象，否则应更换销钉，组装棘轮前应将每个附件清洗。在组装棘轮时应注意钢球和小弹簧的位置不能摆错，凹槽一端宽一端窄，宽口侧放小弹簧。⑦具体组装时，用镊子先放钢珠，后放小弹簧。一般装第一个小弹簧并不困难，在装第二个、第三个小弹簧时容易把其他两个小弹簧挤出，组装时应特别小心。棘轮组装后在每个钢珠处点上一滴润滑油。⑧小弹簧可用0.1mm的锰加宁铜线在手摇钻上绕制，使用时适当截取，端部应向里靠以免钢珠掉入小弹簧内。

c）钟表机构的清洗：工作周围的环境应保持清洁无尘，然后将经过检查的各部件，放在汽油盒中用硬毛刷清洗干净，特别注意轴眼的清洁，清洗后放在干净的玻璃板上干燥。组装时用放大镜观察轴眼、齿轮间有无木屑及纤维等杂物。组装时尚应保持手的清洁，防止汗水触及各部件。

d）钟表机构回装时应注意下列事项：①各转轴的轴向活动范围为0.1~0.4mm，若不符合要求时，则允许将各转轴两端的面板进行适当的调整，不允许有明显的凹凸不平现象。②在游丝摆的上下宝石轴承中，点入适量的4号航空仪表油，装上游丝摆，摆轮上的钢销应对准擒纵叉上的缺口。将轴承螺丝调好，使摆轮的轴向活动范围为0.05~0.1mm，将游丝外端用销钉固紧，调整游丝，使端面与摆轴垂直，游丝外圈的内侧应紧靠在游丝支片上（在工作过程中也不得离开），在整个游丝支片的调整范围内，游丝各圈应与摆轴同心，擒纵叉距离摆轴上缺口的二端面间的空隙不小于0.5mm。③在摆轮不受外力的情况下（处于自由状态），摆轮上的钢销应在摆轴与擒纵叉轴的连线上，不得有用肉眼可观察出的偏离，若不满足要求时，可调整游丝铆套。④调整启动器上的弹簧片，使弹片与摆轮接触过程中的最大超行程约为0.2~0.3mm。启动器应在底板与转向轮之间灵活转动，不得与转向轮或底板接触（此点在挂上弹簧后仍需检查）。⑤将清洗组装好的时间机构进行延时校验。⑥动触点与静触点的接触应有0.4~0.6mm的超行程，并接触在静触点的中间部分。

2）动作电压和返回电压检验。动作电压和返回电压的检验与DS-110、DS-120继电器相同。

3）动作时间特性试验。动作时间特性的检验同DS-110、DS-120继电器。

5. DX-8、DX-8E、DX-8G、DX-8J型信号继电器

DX-8、DX-8E、DX-8G型信号继电器在直流操作的继电保护和自动控制装置中，用作机械保持和手动复归的动作指示器。DX-8J型信号继电器在交流操作的继电保护和自动控制装置中，用作机械保持和手动复归的动作指示器。

这几种继电器的工作原理均相同，其结构均由电磁系统、动静触点及

信号动作指示器等部分组成。当绕组带电且达到动作值时，衔铁被吸合，红色信号牌落下，同时动合触点闭合。绕组断电后仍能自保持。信号牌需手动复归，复归后动合触点随之断开。

（1）检验项目及要求。

1）一般性检查见检验通则。

2）机械调整。

3）动作值：电压型不大于 $70\% U_n$；电流型不大于 $90\% I_n$。

4）返回值：不小于 5% 额定值。

5）动作时间：电压型继电器施加 U_n，电流型继电器施加 $1.2I_n$ 时，继电器的动作时间不大于 30ms。对于 DX-8J 型继电器，当施加 1.1 倍额定值历时 0.05s 时，信号指示器应立即显示。

（2）检验与调试。

1）机械调整。①动作指示器调整：用螺丝刀按下衔铁，信号牌应自由落下，然后再按复归杆，信号牌应能恢复到原始位置，观察信号牌是否转动灵活；②触点调整：触点间隙，用专用工具调整接触片，使触点间隙不小于 0.8mm，可用卡尺测量；信号牌处于掉牌位置时，测量触点超行程不小于 0.2mm。

2）动作值检验。DX-8、DX-8E、DX-8G、DX-8J 型继电器动作与返回值试验将绕组突然施加 $90\% I_n$ 或 $70\% U_n$ 时，继电器应可靠动作。若超过此项规定，可减小接触片对衔铁的压力以满足动作值要求。

3）返回值检验。继电器处于动作位置后，将绕组电流或电压降到使衔铁释放，此值应不小于 $5\% I_n$ 或 $5\% U_n$。若返回值偏低，可增大接触片对衔铁的压力来达到要求。

4）动作时间检验。电压型继电器施加 U_n，电流型继电器施加 $1.2I_n$ 时，测定继电器动作时间应不大于 30ms。若大于 30ms 则可通过减小触点间隙来达到。对于 DX-8J 型信号继电器，施加 1.1 倍额定值历时 0.05s 时，信号指示器应立即显示。

二、自动准同期装置调试及回路准确性判断

1. SID-2FY 型自动准同期装置的调试方法

（1）外观检查。

装置面板无划痕；外壳及插箱无明显碰伤、变形；按键使用正常；铭牌及厂名正确、字迹清晰；背板及端子接线牢固可靠。

（2）硬件检查。装置上电后应显示正常，否则需查找原因，处理正常后检查以下内容。

1）液晶显示正常，信号灯显示正常。

2）检查键盘各按键是否灵活，接触良好，操作时 LCD 显示正常。

3）进入设置菜单整定时间为当前时间。装置掉电后重新上电确认时钟回路运行正常。

4）定值修改、定值区切换、定值复制功能是否正确。

（3）产品信息：

1）记录装置编号。

2）进入其他功能菜单，选择产品信息栏，详细记录软件版本及 CRC 校验码（特殊程序需注明）。

3）测量精度常。

（4）试验方法：

在主菜单中选择"运行监视"，进入"测量监视"，观察"二次测量值"，当不加模拟量的情况下，电压 <0.2V，电压互感器输入端子上后，电压监控测量误差 ≤0.5%。如果"二次测量值"显示精度满足上述技术要求时则不需要调整，否则进入"厂家功能"并选择"测量调试"，通过改变微调系数，改变微调系数时当前数值显示相应调整，调整完成后确认保存参数。

采样误差较大（3V 以上）时，需提供基准电压进行精度标定。在参数设置菜单中选择模拟量的精度标定功能，提供基准电压后先分别进行主控插件和 TJJ 插件的标定，测试插件的标定不需要基准电压，装置根据主控插件的系数自动检测和调整后完成标定。

1）开入量检查。在装置背面端子 JK6 公共端引入直流 −220V 或 −110V。在主菜单中选择"运行监视"，再进入"开入监视"栏。分别给各输入端子加直流 +220V 或 +110V 开关量信号，参数设置的遥信栏中可以改变动合、动断属性，观察开入显示结果。

注：220V 或 −110V 为同一公共端，即直流采样范围是 +80V ~ +240V。开入量无效时检查开入电压公共端的极性；属性为"动合（常开）"时不施加输入，状态显示"分"，施加后显示"合"，"动断（常闭）"相反。

2）传动开出检查。在"其他功能"菜单的"装置调试"中选择"传动调试"，输入正确密码（初始密码 0000），按液晶屏上提示进行试验；在测试项目为"输出"时，按确认键，对应端子应由动合（常开）转为闭合，"返回"时，按确认键，对应端子应由闭合转为动合（常开）。

注：传动试验出口能够直接分合断路器，试验前请做好安全措施，确保操作安全；全部出口均为无源空接点。

3）功能试验。进入装置调试菜单中选择"模拟量"，改变测试模块设置值的电压、频率和角度参数，记录相应的主控和TJJ插件显示值及实际输出值，如装置测试板设置值与实际输出值误差较大时需要进行测试板标定。

标定方法：在"参数设置"菜单中选择"模拟量"，由外部输入标准电压100V，进入"精度标定"栏分别选择主控、TJJ插件标定正常后，再选择测试板标定，自动标定完成执行成功即可。

4）发电机同期操作。

a. 允许压差。模拟 U_s 输入额定值，$\triangle f$ 大于 0.05Hz，调整 U_g 幅值记录如表6-11所示，压差定值误差不大于 ±1%；控制执行元件动作时间误差不大于 ±30ms，自动调压投入时装置工况（正负脉冲时间总长为2.5s，正脉宽为均压控制系数 ×10ms）。

表6-11　　　　　　　　　电压异常下装置工况

序号	工况	结果
1	电压高	差频时：压差灯亮绿灯，出现电压高信息及信号开出。降压继电器动作，降压灯同步点亮。 同频时：压差灯亮绿灯，报警灯亮，出现压差越限、电压高信息及信号开出，装置无动作
2	电压低	差频时：压差灯亮红灯，出现电压低信息及信号开出。升压继电器动作，升压灯同步点亮。 同频时：压差灯亮红灯，报警灯亮，出现压差越限、电压低信息及信号开出，装置无动作

b. 允许频差。模拟 U_s、U_g 幅值输入额定值，F_s 频率 50Hz，调整 F_g 幅值记录如表6-12所示，频差定值误差不大于 ±0.01Hz；控制执行元件动作时间误差不大于 ±30ms，自动调频投入脉宽调节或频度调节时装置工况。

表6-12　　　　　　　　　频率异常下装置工况

序号	工况	结果
1	频率高	频差灯亮绿灯，出现频率高信息及信号开出。减速继电器动作，减速灯同步点亮

序号	工况	结果
2	频率低	频差灯亮红灯，出现频率低信息及信号开出。加速继电器动作，加速灯同步点亮
3	同频	线路同期时进行同频检测加速，加速继电器按照同频调频脉宽动作，加速灯同步点亮。其脉冲时间调整运用的是同频调频脉宽的定值，判断为同频时面板同频/差频灯亮。 差频同期出现同频工况时，加速继电器按照同频调频脉宽动作，正负脉冲时间总长为 1s，加速灯同步点亮。出现同频工况信息及开出

注　"脉宽调节"依照频差与调节正脉宽时间成正比例调节，由最小正脉宽和最大正脉宽的倍率组成，即在调频脉冲时最小正脉冲宽度和最大/最小脉冲宽度的倍数。"频度调节"依照频差与调节正脉宽数目成正比例调节，由最小频度和最大频度倍率组成，即在调频脉冲时最小脉冲个数和最大/最小脉冲个数的倍数。

c. 合闸时间及导前角度。使用外部录波仪采集两侧同期电压形成的脉振电压及装置合闸出口、辅助触点，在频差及压差进入整定范围内，发出合闸命令，记录合闸时同期电压的角度和装置发出合闸脉冲的时间，合闸角度误差不大于 ±1°。

d. 无压操作。无压操作功能投退、有压定值及无压定值的有效性，装置动作正确性；判断有压/无压定值最大误差不大于 ±1%，试验方法如表 6-13 所示。

表 6-13　　　　　　　　无压操作试验方法

序号	项目	条件	结果
1	系统侧无压操作	"无压侧选择"为"系统"待并侧大于有压定值，系统侧小于无压定值；设置参数"单侧无压合闸"为"投入"；单侧无压开入确认	启动同期后，条件满足时进行单侧无压合闸；电压给定不满足或无压侧选择为"待并"时显示单侧无压失败；两侧电压均大于有压定值时进行同期合闸

第二篇 继电保护技能

序号	项目	条件	结果
2	待并侧无压操作	"无压侧选择"为"待并"待并侧小于有压定值，系统侧大于无压定值； 设置参数"单侧无压合闸"为"投入"； 单侧无压开入确认	启动同期后，条件满足时进行单侧无压合闸； 电压给定不满足或无压侧选择为"系统"时显示单侧无压失败； 两侧电压均大于有压定值时进行同期合闸
3	任意侧无压操作	"无压侧选择"为"任意"； 分别按上2步给定电压； 设置参数"单侧无压合闸"为"投入"； 单侧无压开入确认	启动同期后，条件满足时进行单侧无压合闸； 电压给定不满足时显示单侧无压失败； 两侧电压均大于有压定值时进行同期合闸
4	退出单侧无压	"无压侧选择"为"任意"； 分别按上2步给定电压； 设置参数"单侧无压合闸"为"退出"； 单侧无压开入确认	启动同期后装置报警闭锁，提示单侧无压失败
5	双侧无压投入	两侧电压均小于无压定值； 设置参数"双侧无压合闸"为"投入"； 双侧无压开入确认	启动同期后，条件满足时进行双侧无压合闸； 电压给定不满足时显示双侧无压失败； 两侧电压均大于有压定值时进行同期合闸
6	双侧无压退出	两侧电压均小于无压定值； 设置参数"双侧无压合闸"为"退出"； 双侧无压开入确认	启动同期后装置报警闭锁，提示双侧无压未投

第六章 继电保护专业技能

序号	项目	条件	结果
7	单/双侧无压同时投入	电压满足单侧或双侧无压操作； 设置参数"单侧无压合闸"为"投入"； 设置参数"双侧无压合闸"为"投入"； 单侧和双侧无压同时开入确认	上电后直接显示无压开入错误闭锁，报警灯亮
8	单/双侧无压确认对应投入	在上电前使开入确认信号有效	装置正常识别无压操作
		在上电前使开入确认信号有效，但在启动同期前使确认信号消失	装置不能识别无压操作，按照正常同期启动
		在上电后使开入确认信号有效	装置不能识别无压操作，出现低压闭锁和报警信息

e. 低压闭锁。装置检测到系统侧或待并侧电压低于"低压闭锁"后告警并闭锁；其动作误差不大于 ±1%。有压定值与低压闭锁值关系如表6-14所示。

表6-14　　　　　　　有压定值与低压闭锁值关系

序号	设置与条件额定电压 100V/100V	结果
1	有压定值 =90%，低压闭锁值 =80% 给定 $U_S = U_G = 85V$	同期电压未低于低压闭锁值，装置正常进行同期
2	有压定值 =80%，低压闭锁值 =90% 给定 $U_S = U_G = 85V$	同期电压低于低压闭锁值，装置报警闭锁，同期失败

f. 过电压保护。装置检测到系统侧或待并侧电压大于"过电压保护"后装置执行相应动作及出口信息；其动作误差不大于 ±1%。过电压保护动作表及备注表见表6-15、表6-16。

g. 同期终止及闭锁功能。

根据表 6-17 各工况及条件检测相应过程及结果。

表 6-15　　　　　　　　　　过电压保护动作表

序号	结　果
1	差频时显示系统侧过压，合闸失败，报警闭锁灯和压差灯亮，无降压出口。电压返回正常时装置不返回。 同频时显示电压低、压差越限，压差灯亮，有加速出口，无降压出口。出现电压低信号，电压返回时装置返回
2	差频时显示待并侧过电压降压，压差灯亮，降压出口持续闭合。电压返回时装置返回。此时频率高装置有减速出口，频率低装置则没有加速出口。 同频时显示电压高、压差越限，压差灯亮，有加速出口，无降压出口。出现电压高信号，电压返回时装置返回

表 6-16　　　　　　　　　　过电压保护备注表

序号	现　象	结　果
1	单侧无压操作时待并侧 U_g 过电压	单侧无压失败，装置报警闭锁
2	单侧无压操作时系统侧 U_s 过电压	正常进行合闸
3	正常同期时两侧同时过电压	装置报警闭锁、出现系统侧过压信息、开出同期失败和装置闭锁信号

表 6-17　　　　　　　　各工况及条件检测过程及结果

序号	条件及工况	结　果
1	就绪状态下紧急闭锁开入	装置报警闭锁灯亮，出现紧急操作闭锁信息，开出装置闭锁和同期失败信号。终止开入信号消失后启动同期装置不返回
2	启动同期后紧急闭锁开入	装置报警闭锁灯亮，出现紧急操作闭锁信息，开出装置闭锁和同期失败信号。终止开入信号消失后装置不返回
3	正常同期操作，但系统或待并侧电压低于闭锁值	上电后装置报警闭锁灯亮，出现对应侧低压闭锁信息，开出装置闭锁和同期失败信号。电压返回正常后装置不返回

序号	条件及工况	结　果
4	频率越限闭锁	上电后闭锁报警灯亮，出现频差越限闭锁信息，开出装置闭锁和同期失败信号。频率返回正常后装置不返回
5	同期功能退出	上电后闭锁报警灯亮，出现同期功能未投提示信息，开出装置闭锁和同期失败信号。单双侧无压功能正常
6	同期超时闭锁	启动同期后，在允许同期时间内因同期条件不满足导致同期失败时，装置自动闭锁并报警，出现同期超时失败信息
7	断路器合位闭锁	断路器位置返回为合位，同期电压正常，上电后闭锁报警灯亮，提示断路器合位闭锁，开出装置闭锁和同期失败信号
8	合闸成功后闭锁	装置发合令且回检成功后显示合闸成功，闭锁灯亮并开出闭锁信号。此时同步表停止转动，但电压频率采样未停止
9	选择多个并列点	上电后闭锁报警灯亮，提示多个并列点，开出装置闭锁和同期失败信号。取消到仅有一个并列点时装置不返回
10	没有选择并列点	上电后闭锁报警灯亮，提示无并列点，开出装置闭锁和同期失败信号。此时开入一个并列点装置不返回
11	TJJ 角度闭锁	同期过程条件满足时合闸前检测到 TJJ 未开放，装置报警闭锁，开出装置闭锁和同期失败信号

5）同期装置接线正确性检查：

a. 用导通法核对交直流回路。按照原理展开图和安装图对电压互感器电压回路、同期回路、直流合闸口路等逐条核对。在查线的基础上，再按照展开图逐条回路作相互动作检查，检查回路中经过的各同期开关、控制开关、切换开关，闭锁继电器的动断、动合触点是否良好。

b. 模拟检查试验。试验应在二次回路绝缘合格后进行。给上直流电源（包括同期装置的直流电源），从待并机组电压互感器二次侧加上三相模拟试验电压，或从运行系统电压互感器二次侧加到待并机组电压互感器二次侧（为防止电压由其二次侧返回到一次侧，必须在待并机组电压互感器二次绕组处把线头断开并用绝缘包好）。然后，按照机组并列操作顺序，投入相应的控制切换开关，逐个检查同期并列点，观察同期盘上待并机组与系统的电压、频率是否一致，同期表的指针是否在同期点。

c. 用工作电压检查同期回路。检验工作一般是结合新安装发电机组启动试验或机组大修同期装置做了试验或同期回路有了变更，则必须用工作电压来检查同期回路。以图6-15一、二次系统为例，对发电机出口断路器 QF1、主变压器220kV 断路器 QF2、35kV 断路器 QF3，三个同期并列点进行各母线系统一、二次电压定相、定相序、定极性的检查，以判断同期回路接线的正确性。

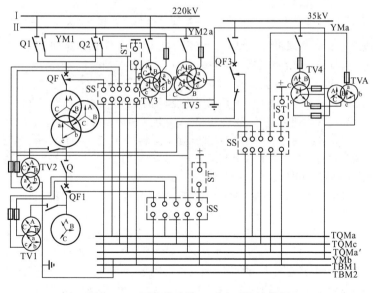

图6-15　同期检查一、二次系统接线图

d. 发电机出口电压互感器 TV1 定相、定相序。发电机空载试验一次电压为额定值时，用相序表检查 TV1 二次电压 $\dot{U}_a$、$\dot{U}_b$、$\dot{U}_c$ 为正相序，且相电压、线电压为额定值。

e. 发电机出口电压互感器 TV1、变压器低压侧电压互感器 TV2 定相、定相序、定极性。发电机带上主变压器一起升压至额定值，除检查 TV1、TV2 的电压相序和电压值外，还要从电压表或直接用相位伏安表检查 TV1、TV2 二次电压为同相位。待一切正常后，投发电机断路器 QF1 同期开关 TK、同期检查装置投入开关 SYH1 进行检同期，观察同期盘同期点两侧的电压、频率指示是否正常，同期表是否指示在"同期点"位置。检查同期继电器 KSY 应在返回位置，准同期盘上的同期电压也应符合要求。

f. 220kV 母线电压互感器 TV3，变压器低压侧电压互感器 TV2 定相、定相序、定极性。220kV I 段母线电压经主变压器 QF2 断路器向主变压器充电，变压器带电后，进行 TV2、TV3 定相、定相序、定相位检查。如主变压器的接线组别为 YN、yn、d11，则用电压表法或直接用相位伏安表测得 TV2 二次绕组的 $\dot{U}_a$、$\dot{U}_b$、$\dot{U}_c$ 电压相位应超前 TV3 二次绕组相应电压 30°；而同期回路电压，即 TV3 三次绕组（△接法）电压 $\dot{U}_{ab}$ 与 TV2 二次绕组电压 $\dot{U}_{ab}$ 应同相位。然后，对变压器高压侧 220kV 断路器 QF2 同期点进行检同期，如接线正确，同期表应指在"同期点"位置。

g. 35kV 母线电压互感器 TV4、变压器低压侧 TV2 定相、定相序、定极性。用同样的方法，35kV 母线电压经断路器 QF3 向主变压器充电，变压器带电后，便可进行 TV4、TV2 二次电压相序、相位的检查。因为 35kV 为不接地系统，故设有专用的转角变压器 TVA，所以 35kV 侧的同期点是经过转角变压器 TVA 补偿后接至同期回路的。TV2 的二次电压应超前 TV4 同名相电压 30°，而与 TVA 二次（△接法）电压同相位。然后对 35kV 侧断路器 QF3 同期点进行检同期，如果接线正确，同期表应指示在"同期点"位置，其他检查项目和前面一样都应正常。

6）假同期试验。前面的检验合格后，可按设备投运的要求进行正常操作，如断开同期并列点的隔离开关、断路器，准备好录波器，以便录取同期点两侧的脉动电压和同期装置的进相时间，观察断路器合闸瞬间同期表的指针是否在"同期点"。断开隔离开关如果影响了同期电压的引入，应注意采取相应措施。

7）发电机并列试验。合上假同期试验时断开的隔离开关，恢复试验接线，用录波器拍摄自动准同期装置发出合闸脉冲时断路器合闸的全过程，录取脉动电压、进相时间和冲击电流等，同时观察一次系统电压、电流、有无冲击。最后结合拍摄的录波照片进行分析，做出调试质量的结论。

8）投运注意事项：

a. 装置 TV 信号核相。

b. 对两侧 TV 二次回路进行核相有两种比较普遍使用的方式可供选择：

a）利用机组零起升压对两侧 TV 二次回路进行核相时：合上待并断路器，使其待并侧与系统侧成为同一系统，开机零起升压至正常值，检查待并断路器两侧 TV 二次回路电压，各电压值应符合标准，并做好记录（作为两侧电压整定值的参考依据），同步指示器的指示灯应在 12 点，核相结果正确。

b）如待并机组无法零起升压对两侧 TV 二次回路进行核相时，可采用系统侧充电的方式：在待并机组出口处若现场无隔离开关情况下需拆开三相连接铜排，做好安全隔离措施，合上待并断路器，对待并侧 TV 进行全电压充电；检查待并断路器两侧 TV 二次回路电压，各电压值应符合标准，并做好记录（作为两侧电压整定值的参考依据），同步指示器的指示灯应在 12 点，核相结果应正确。

c. 注意同期电压两侧的相电压或线电压设置及转角定值。所有被调试设备已安装完毕，单体试验结束，其结果合格；对外的连接电缆已按图纸要求接线已完成，并经检查无错误。

9）假并网试验。发电机开机后，人为使转速和电压偏离额定值，投入同期装置，观察在初设定的均频和均压控制系数下的并网速度，多次改变均频和均压控制系数，重复上述试验，记录测试结果，找出能快速促成频率、电压满足并网条件的均频和均压控制系数值作为整定值；在此同时，观察同步表转向应正确（待并侧频率高于系统侧频率时同步表灯光按顺时针方向依次点亮，反之则按逆时针方向依次点亮），发出的调速、调压脉冲亦应全部正确。

待并断路器及其隔离开关在分闸位置，拉开隔离开关的交直流操作控制电源小开关（防止隔离开关误动）。在假并网试验时应采取防止断路器合上后机组自动加载的措施，将脉振电压、装置合闸输出触点和断路器辅助触点接入录取装置分析波形。假同期合闸波形图如图 6－16 所示。

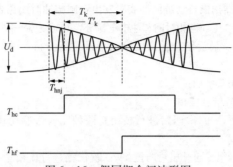

图 6-16　假同期合闸波形图

10) 真并网试验。机组启动后按正常运行程序投入同期装置，启动同期装置后，装置将完成并网。并网后检查录波图，可以准确确定断路器动作时间和并网效果，所录波形应如图 6-17 所示，根据假并网试验的结果分析，确认装置动作行为全部正确后即可进行真并网试验，检查待并断路器在分闸位置；核对同期装置各定值；运行人员合上其隔离开关。

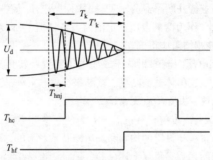

图 6-17　真同期合闸波形图

三、调试发电机励磁调节装置

励磁调节装置的试验内容包括：

（1）零起升压试验。

设置调节器工作通道和控制方式，设置起励电压，设置远方或就地起励控制，确认他励电源正常。通过操作开机起励按钮，励磁系统应能可靠起励，记录发电机电压建立过程波形。要求：零起升压时电压超调量不大于15%（有的标准规定为10%）；振荡次数不大于三次；调节时间不大于10s。起励特性如图 6-18 所示。

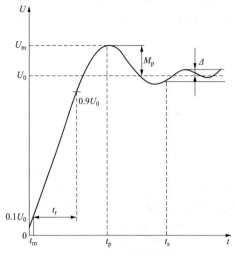

图 6-18　起励特性

超调量按式（6-106）计算

$$M_{\mathrm{P}} = \frac{U_{\mathrm{m}} - U_0}{U_0} \times 100\% \qquad (6-106)$$

式中　U_{m}——发电机电压最大值，V；

　　　U_0——发电机电压稳态值，V。

上升时间 t_{r} 定义为阶跃扰动中，被控量从 10% 到 90% 阶跃量的时间。调节时间 t_{s} 定义为从阶跃信号或超励信号发生起，到被控量达到与最终稳态值之差的绝对值 Δ 不超过 5% 稳态改变量的时间。振荡次数定义为被控量第一次达到最终稳态值时起，到被控量达到与最终稳态值之差的绝对值 Δ 不超过 5% 稳态改变量时被控量波动的次数。

（2）自动和手动调节范围的测试。

在发电机空载条件下进行自动方式下电压调节范围试验，在发电机空载和负载时进行自动、手动方式的电压调节范围试验。试验时，设置调节器通道、自动或手动方式，起励后进行增、减给定值操作，至达到要求的调节范围的上下限。记录发电机电压、转子电压、转子电流和给定值，同时观察运行稳定情况。

模拟发电机负载下的手动方式给定调节范围时可以输入发电机断路器合闸信号后进行试验。为了防止定子过流，有功功率应低于额定值。

当发电机空载不允许试验到自动给定上限时，对上限的确定可以采取开环方法。在调节器静态时，输入模拟的发电机电压至上限值，逐渐增加自动电压给定值，观察调节器输出自零变化到负载额定值。

自动方式下调节器应能在发电机空载额定电压的 70% ~110% 范围内进行稳定、平滑地调节。手动方式下调节器应能在发电机空载额定磁场电压的 20% ~110% 范围内进行稳定、平滑地调节。

（3）电机空载电压给定阶跃试验。

通过进行这个试验测试并且调整自动调节器的 PID 参数，在发电机空载运行稳定时，设置自动方式，设置阶跃试验方式，设置阶跃量。调整发电机电压为 0.95p.u.，通过调节器试验调试界面做励磁调节器空载电压给定值 5% 阶跃试验，或者外加 5% 给定值到电压迭加点，采用调节器内部或外部录波器记录发电机电压和调节器输出波形。

计算发电机电压阶跃的超调量、上升时间、调节时间和振荡次数。

超调量按式（6-107）计算

$$M_p = \frac{U_m - U_s}{U_s - U_0} \times 100\% \qquad (6-107)$$

式中　U_m——发电机电压最大值，V；

　　　U_s——发电机电压终稳态值，V；

　　　U_0——发电机电压初稳态值，V。

阶跃量为发电机额定电压的 5%，超调量不大于阶跃量的 50%（自并励励磁系统规定为 30%），振荡次数不大于 3 次，调节时间不大于 10s（自并励励磁系统规定为 5s）。自并励励磁系统和交流励磁机励磁系统规定上升时间不大于 0.6s 和 0.8s。如果结果不符合标准，则修改 PID 参数，重做阶跃试验直到参数合适为止。

正常并列运行的双通道调节器需要设置为单通道运行，进行阶跃试验。参数确认后再将确认后的参数设置到另一通道，切换到另一通道运行，进行阶跃试验。两通道阶跃响应应当一致。为了防止发生异常，可以先在低电压下进行试验调整 PID 参数，品质合适后再在额定值下试验。

（4）灭磁试验。

灭磁试验用来检测发电机励磁调节器逆变灭磁能力；检测发电机励磁回路灭磁开关（若回路设计具备灭磁开关时）及灭磁回路在发电机空载、额定工况下的灭磁能力。灭磁试验记录发电机电压、励磁电压（或励磁机励磁电压）。需要时可增加灭磁开关触头电压、发电机转子绕组电压及电流、调节器输出、整流桥触发脉冲和跨接器动作信号等，以便进行详细分析。

测定灭磁时间常数，测定转子绕组承受的灭磁过电压。

检查灭磁开关灭弧栅和触头，不应有明显的灼痕，清除灼痕。检查灭磁电阻或跨接器，不应有损坏、变形和灼痕。

（5）调节器通道切换试验。

检查励磁调节器各调节通道和控制方式间的跟踪、切换条件和无扰切换。新型发电机励磁调节器（微机励磁调节器）采用双套或以上时，为保证主从通道之间的无扰切换，应用了控制角度跟踪或（和）给定值跟踪等方法。从通道通过跟踪主运行通道的控制角度或（和）给定值，当从通道切换为主运行通道时，从通道以跟踪的角度及给定值进行调节，可保证无扰动切换的实现。在两种控制方式之间也实现跟踪和无扰切换。为了防止跟踪错误的信号，一般采用延时跟踪方式。

在发电机空载时，调节不同的发电机电压，人工操作调节器通道和控制方式切换试验，观测机组机端电压是否出现波动及波动量，并做记录。按照设计条件模拟通道故障，比如调节器电源消失，进行自动切换检查。有的调节器在手动运行时无自动跟踪功能，需要进行人工调整后切换，对此需要在试验中确认。

在发电机负载时，调节发电机无功功率，人工操作调节器通道和控制方式切换试验，观测机组无功功率是否出现波动及波动量，并做记录。

发电机空载下自动跟踪后切换时，发电机机端电压稳态值的变化小于 1%。发电机负载下自动跟踪后切换时，无功功率稳态值的变化小于 $20\% Q_n$。

（6）V/f 限制特性。

V/f 限制是发电机电压和频率的比值限制，是一种过励磁限制，应与发电机和主变压器的过励磁保护相匹配。在已经获得对象过励磁特性后需要确定调节器 V/f 上限制特性。调节器 V/f 限制特性一般具有反时限特点。V/f 限制在发电机空载和负载时均投入运行。V/f 限制动作后一般会阻断电力系统稳定器 PSS 的作用，对于存在弱阻尼的机组需要慎重选择 V/f 限制特性和参数。

交接试验和大修试验时在发电机空载下进行试验。先将发电机转速调节到可连续运行的下限，如 45Hz，快速增加发电机电压至 1.05p. u.、1.06p. u.、1.07p. u.、1.08p. u. 等发电机允许的上限，记录发电机电压、频率和 V/f 限制延时动作时间，观察 V/f 限制信号的传送。

试验时临时将发电机和主变压器过励磁保护只投信号不跳闸。

试验时发电机电压控制在预定的最大值之内，转速控制在许可的最小值之上。

（7）低频保护试验。

低频保护在频率的下限进行灭磁，以防止发电机和励磁设备过流和越出调节器正常控制范围。这个试验是验证调节器低频保护的正确性，检验调节器在低频保护动作前的正常控制作用。使发电机电压频率降至低频保护整定值 45Hz，低频保护随即动作，发出低频保护动作信号，发电机电压迅速降至零。注意：调节器的 V/f 限制对 45Hz 以上作电压校正，45Hz 以下调节器低频保护动作，给定清零灭磁。

（8）TV 断线保护试验

TV 断线有多种设计：①每个调节器通道都接入不同的两组 TV，正常以固定一组为 TV 参与调节，每个调节器通道自动判断 TV 是否正常。当发现参与调节的 TV 断线自动将另一组 PT 作为调节信号。这是一种切换信号不切换运行通道的设计；②每个调节器通道都接入不同的两组 PT，两通道设置不同的 TV 参与调节，每组调节器自动判断 PT 是否正常，当发现参与调节的 PT 断线，自动将本通道退出运行投入另一通道运行。这是一种切换运行通道的设计。

试验时人为模拟任意 TV 断一相，发出 TV 断线故障信号。如有调节器切换则应发出调节器切换信号。TV 断线无论切换与否，发电机仍保持稳定运行。恢复被切断的接线后，调节器的断线信号随即复归，发电机保持稳定运行不变。

（9）电压静差率测定。

此试验用来检验发电机励磁调节器在负载变化时调节机端电压的精度。调节器按自动方式运行，调差率置零，发电机带额定有功功率和无功功率运行。测量此时发电机端电压 U_t 和电压给定值 U_{ref}。在发电机空载试验中得到 U_{ref} 对应的发电机电压 U_{t0}，代入式（6-108）求得电压静差率

$$\varepsilon(\%) = \frac{U_{t0} - U_t}{U_t} \times 100\% \qquad (6-108)$$

励磁系统应保证发电机电压静差率 ±1%。

自动励磁调节器应保证发电机机端调压精度优于 0.5%。

（10）低励限制试验。

低励限制动作曲线是按发电机不同有功功率静稳定极限及发电机端部发热条件确定的。如果没有规定低励限制动作曲线，一般可按有功功率 $P = S_n$ 时允许无功功率 $Q = 0$ 及 $P = 0$ 时 $Q = -(0.2 \sim 0.3)Q_n$ 两点来确定低励限制动作曲线。其中 S_n、Q_n 分别为额定视在功率和额定无功功率。

有进相要求时，一般可按静稳定极限值留 10% 左右储备系数整定，但双水内冷发电机应通过试验或取得制造厂同意。低励限制的动作曲线应注意与失磁保护的配合。

在励磁电流过小或失磁时，低励限制应首先动作；如未起限制作用，则应切到备用通道；如切到备用通道后仍未能起限制作用，则应由失磁保护判断后动作停机。

按照用户提供的低励限制整定单设置低励限制动作线。用户一般给出有功功率等于零和额定下的无功功率两点数值。调整模拟发电机电压、电流和相角，测量不同发电机电压和有功功率下的产生低励限制发讯的无功功率，在用户要求的两点应当与动作一致。

动态试验时，在发电机并网后，在有功功率约为零时逐步减少励磁，直至低励限制动作发讯。低励限制发讯应在低励限制动作时产生，或略小于该进相无功功率时产生。继续进行减少励磁操作，无功功率应当保持不变，证明低励限制有效。观察无功功率稳定情况。记录低励限制发讯时的无功功率和最终限制的无功功率值，记录发电机电压。

在发电机有功功率达到额定时再进行上述试验，验证该点的低励限制值符合要求并且运行稳定。需要时，在发电机有功功率在正常运行的下限，如 70% 额定有功功率处，补测一点低励限制动作值。核对要求的无功功率值。如果采用计入电压影响的低励限制，需要按试验时的发电机电压予以修正。

（11）过励磁限制和保护。

选择约 1/2 额定有功功率，增加励磁电流超过过励限制启动值（一般为 1.1 倍额定励磁电流）一定量，励磁电流的上限以尽量不超过定子电流额定值为限，确定该励磁电流后减少励磁电流到额定值以下。做好记录准备后，迅速将励磁电流调到计划值，记录到达该值时间至过励限制动作的延时时间，该延时时间应当与预期值接近。过励限制动作后，励磁电流限制到设定值（一般小于 1.05 倍额定励磁电流），增加励磁无效并且稳定运行在该点。减少励磁电流检查过励限制复归值。也可以在发电机空载或负载时通过修改过励限制定值进行过励限制试验。

（12）发电机负载电压给定阶跃试验。

发电机负载运行稳定，调节器工作正常，有功功率为 $(0.9 \sim 1.0)$ P_n，无功功率为 $(0 \sim 0.2)$ Q_n。设置自动方式，设置阶跃试验方式，设置阶跃量。励磁系统 PSS 如已经投入运行，则在 PSS 投运情况下进行阶跃试验，励磁系统 PSS 如未投运，则在无 PSS 情况下进行阶跃试验。通过调

第六章 继电保护专业技能

节器试验调试界面做励磁调节器空载电压给定值 1% ~ 4% 阶跃试验，或者外加该阶跃量到电压迭加点，采用调节器内部或外部录波器记录发电机有功功率波形，如图 6 - 19 所示。

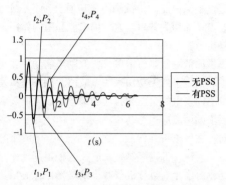

图 6 - 19　负载阶跃的有功功率对称波动

阻尼比按式（6 - 109）计算

$$D = \frac{1}{2\pi}\ln\left(\frac{P_1}{P_3}\right) \tag{6 - 109}$$

实际测量和计算发现迭加其他频率信号为非对称波动，因此采用峰—峰值的计算方法

$$D = \frac{1}{2\pi}\ln\left(\frac{P_1 - P_2}{P_3 - P_4}\right) \tag{6 - 110}$$

振荡频率为

$$f = 1/(t_2 - t_1) \tag{6 - 111}$$

发电机负载电压阶跃响应：有功功率波动次数不大于 5 次，阻尼比大于 0.1，调节时间不大于 10s。如果试验结果不符合标准，有 PSS 运行的调节器要重新调整 PSS 参数，无 PSS 运行的调节器要配置 PSS，进行 PSS 整定试验，将 PSS 投入运行。

正常并列运行的双通道调节器需要分别进行阶跃试验，两通道阶跃响应应当一致。

四、电流互感器的相关试验以及标准

（一）电流互感器变比检查试验方法

电流互感器工作原理大致与变压器相同，不同的是变压器铁芯内的交变主磁通是由一次绕组两端交流电压所产生，而电流互感器铁芯内的交变主磁通是由一次绕组内电流所产生，一次主磁通在二次绕组中感应出二次电势而产生二次电流。

变比试验主要检查电流互感器的匝数比。根据电工原理，匝数比等于电压比或电流比之倒数。因此，测量电压比和测量电流比即可以计算出匝数比。

1. 试验方法分析

现根据试验接线图和等值电路图分别讨论电压法和电流法检查电流互感器变化试验的原理和特点。

（1）电流法。

1）电流法检查电流互感器变比试验接线图如图 6 - 20 所示。

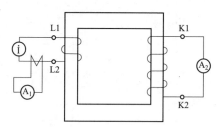

图 6 - 20　电流法的试验接线

$\dot{I}$—电流源（包括 1 台调压器、1 台升流器）；L1、L2—电流互感器一次绕组两个端子；K1、K2—电流互感器二次绕组两个端子；A1—电流表（测量电流互感器一次电流）；A2—电流表（测量电流互感器二次电流）

电流法检查电流互感器变比等值电路图如图 6 - 21 所示。

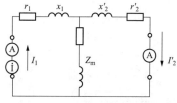

图 6 - 21　电流法的等值电路

$\dot{I}$—电流源；A—电流表；I_1—电流互感器的一次电流；I_2'—折算到一次侧的电流互感器二次电流；r_1、x_1—电流互感器一次绕组电阻、漏抗；
r_2'、x_2'—折算到一次的电流互感器二次绕组电阻、漏抗；
Z_m—电流互感器励磁阻抗

当电流互感器正常运行时二次绕组处于短路状态，铁芯磁密很低，即

Z_m很大。从等值电路图可知，当Z_m很大时，$I_1 = I_2'$。

2）电流法的优点是基本模拟电流互感器实际运行（仅是二次负荷的大小有差别），从原理上讲是一种无可挑剔的试验方法，同时能保证一定的准确度，也可以说是一种容易理解的试验方法。但是随着系统容量增加，电流互感器电流越来越大，可达数万安培。现场加电流至数百安培已有困难，数千安培或数万安培几乎不可能。降低一些试验电流对减小试验容量没有多大意义，降低太多则电流互感器误差骤增。

（2）电压法。

1）电压法检查电流互感器变比试验接线图如图6-22所示。

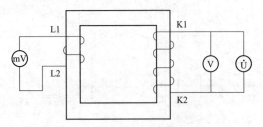

图6-22　电压法的试验接线图

$\dot{U}$—电压源（1台调压器）；L1、L2—电流互感器一次绕组两个端子；K1、K2—
电流互感器二次绕组两个端子；V—电压表，测量电流互感器二次电压；
mV—毫伏表，测量电流互感器一次电压

电压法检查电流互感器变比等值电路图如图6-23所示。

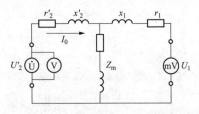

图6-23　电压法的等值电路

$\dot{U}$—电压源；V—电压表；mV—毫伏表；I_0—电流互感器励磁电流；U_1—电流
互感器一次电压；U_2'—折算到一次侧的电流互感器二次电压；r_1、x_1—电流
互感器一次绕组电阻、漏抗；r_2'、x_2'—折算到一次侧的电流
互感器二次绕组电阻、漏抗；Z_m—电流互感器励磁阻抗

当电压法测电流互感器变比时，一次绕组开路，铁芯磁密很高，极易饱和。电压 U_2' 稍高，励磁电流 I_0 增大很多。

从等值电路图可得

$$U_2' + I_0 \times (r_2' + jx_2') = U_1 \qquad (6-112)$$

从式中可知引起误差的是 $I_0 \times (r_2' + jx_2')$，变比较小、额定电流 5A 的电流互感器二次绕组电阻和漏抗一般小于 1Ω，变比较大、额定电流为 1A 的电流互感器二次绕组电阻和漏抗一般 $1 \sim 15\Omega$。以 1 台 220kV、2500A/1A 电流互感器现场试验数据为例：二次绕组施加电压 250kV，一次绕组测得电压 100mV，此时二次绕组励磁电流约 2mA，二次绕组电阻和漏抗约 15Ω，$I_0 \times (r_2' + jx_2') = 30mV$。30mV 与 250V 相比不可能引起误差。

从上述分析可知：电压法测量电流互感器变比时只要限制励磁电流 I_0 为 mA 级，即可保证一定的测量精度。

2）电压法的最大的优点是试验设备重量较轻，适合现场试验，只需要 1 个小调压器、1 块电压表、1 块毫伏表。仅仅是要注意限制二次绕组的励磁电流小于 10mA，即可保证一定的准确度。

（3）结论。

1）用电流法检查电流互感器变比的现场试验需要笨重的试验设备，而且达到数千安培几乎不可能。若试验电流降低太多，则电流互感器误差骤增。

2）用电压法检查电流互感器变比的现场试验仅需要 1 个小调压器、1 块电压表、1 块毫伏表，是一种简便可靠的现场试验方法。

2. 测量电流互感器的极性

电流互感器在交接及大修前后应进行极性试验，以防在接线时将极性弄错，造成在继电保护回路上和计量回路中引起保护装置错误动作和不能够正确地进行测量，所以必须在投运前做极性试验。

测量电流互感器的极性的方法很多，常采用的有以下三种试验方法：①直流法；②交流法；③仪器法。

（1）直流法。

用 1.5～3V 干电池将其正极接于电流互感器的一次绕组 L1，负极接 L2，电流互感器的二次侧 K1 接毫安表正极，负极接 K2，接好线后，将 K 合上毫安表指针正偏，拉开后毫安表指针负偏，说明电流互感器接在电池正极上的端头与接在毫安表正端的端头为同极性，即 L1、K1 为同极性，互感器为减极性。如指针摆动与上述相反，则为加极性。直流法测电流互感器极性接线图如图 6 - 24 所示。

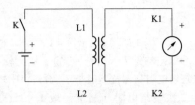

图 6 - 24　直流法测电流互感器极性

（2）交流法。

如图 6 - 25 所示，将电流互感器一、二次绕组的 L2 和二次侧 K2 用导线连接起来，在二次侧通以 1 ~ 5V 的交流电压（用小量程），用 10V 以下的电压表测量 U_2 及 U_3 的数值，若 $U_3 = U_1 - U_2$，则为减极性；$U_3 = U_1 + U_2$，则为加极性。

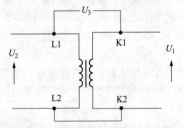

图 6 - 25　交流法测电流互感器极性

注意：在试验过程中尽量使通入电压低一些，以免电流太大损坏绕组，为了读数清楚电压表尽量选择小一些，变流比在 5 以下时采用交流法测量比较简单、准确，对变流比超过 10 的互感器不要采用这种方法进行测量，因为 U_2 的数值较小、U_3 与 U_1 的数值接近，电压表的读数不易区别大小，所以在测量时不好辨别，一般不宜采用此法测量极性。

（3）仪表法。

一般的互感器校验仪都有极性指示器，在测量电流互感器误差之前仪器可预先检查极性，若指示器没有指示，则说明被试电流互感器极性正确（减极性）。

3. TA 伏安特性

（1）试验目的。

TA 伏安特性是指互感器一次侧开路，二次侧励磁电流与所加电压的关系曲线，实际上就是铁芯的磁化曲线。试验的主要目的是检查互感器的铁芯质量，通过鉴别磁化曲线的饱和程度，以判断互感器的绕组有无匝间短路等缺陷。

（2）试验方法。

试验接线比较复杂（见图 6 – 26），因为一般的电流互感器电流加到额定值时，电压已达 400V 以上，单用调压器无法升到试验电压，所以还必须再接一个升压变压器（其高压侧输出电流需大于或等于电流互感器二次侧额定电流）升压和一个 TV 读取电压。如果有 FLUKE87 型万用表，由于其可测最高交流电压为 4000V，可用它直接读取电压而无须另接 TV。

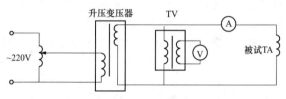

图 6 – 26　TA 伏安特性试验接线图

试验前应将电流互感器二次绕组引线和接地线均拆除。试验时，一次侧开路，从二次侧施加电压，可预先选取几个电流点，逐点读取相应电压值。通入的电流或电压以不超过制造厂技术条件的规定为准。当电压稍微增加一点而电流增大很多时，说明铁芯已接近饱和，应极其缓慢地升压或停止试验。试验后，根据试验数据绘出伏安特性曲线。

（3）注意事项。

1）电流互感器的伏安特性试验，只对继电保护有要求的二次绕组进行。

2）测得的伏安特性曲线与过去或出厂的伏安特性曲线比较，电压不应有显著降低。若有显著降低，应检查二次绕组是否存在匝间短路。

3）电流表宜采用内接法。

4）为使测量准确，可先对电流互感器进行退磁，即先升至额定电流值，再降到零，然后逐点升压。

五、继电保护与自动装置的动态模拟试验

动态模拟试验是通过物理模拟发电机、线路负荷等来建立电网模型对保护装置动作行为进行检验。对于静态继电保护和自动装置电力系统的动态模拟试验是考核装置动作性能的必要条件。

电力系统动态模拟的故障种类和动作可靠性的主要考核项目如下：①不同距离的内部故障；②外部故障；③转换性的故障；④外部故障切除时的功率倒向；⑤具有单向重合闸的情况下，装置在瞬时性或永久性单相接地故障时重合闸过程中的动作行为；⑥两相运行过程中再发生故障时的保护动作行为；⑦先振荡后故障时保护的动作行为；⑧先故障后振荡时保护的动作行为；⑨全相运行振荡闭锁的可靠性；⑩非全相运行时振荡，闭锁的可靠性；⑪近端三相正向故障和反向故障；⑫工频频率偏差对保护的影响；⑬暂态过电压试验；⑭高次谐波对装置的影响。

对于微机保护通过基本性能（①装置中各种原理元件的定值试验；②各种原理元件动作时间特性试验；③各种原理元件动作特性试验；④逻辑回路及其联合动作正确性检查）和其他性能（①硬件系统自检；②硬件系统时钟试验；③通信及信息输出功能试验；④开关量输入输出回路检查；⑤数据采集系统的精度和线性度范围试验；⑥定值的整定切换试验）等各项试验后，在电力系统静态或动态模拟系统上进行整组试验。

试验项目如下：①区内单相接地，两相短路接地，两相短路和三相短路时的动作行为；②区外和反向单相接地、两相短路接地，两相短路和三相短路时的动作行为；③区内转换性故障时的动作行为；④暂态超越试验；⑤保护装置的选相性能试验；⑥非全相运行中再故障的动作行为；⑦手合在空载线上时保护的行为，拉合空载变压器时保护装置的行为；⑧手合在永久性故障线上保护的动作行为；⑨保护装置和重合闸配合工作时在永久性和瞬时性故障条件下的动作行为；⑩电压回路断线或短路对保护装置的影响；⑪在接入线路电压互感器条件下，线路两侧断路器跳开后以及合闸时，保护装置的行为；⑫试验允许式或闭锁式全线速动保护回路在各种类型故障以及区外故障功率倒向时的动作行为；⑬保护装置在电力系统振荡过程中的性能试验；⑭区内转区外或区外转区内各种转换性故障时保护装置的动作行为。

试验结果应满足下列规定：①微机保护装置应具有独立性、完整性、成套性，在一套装置内应含有高压输电线路必需的能反应各种故障的保护功能；②整套微机保护装置应有主保护、后备保护模块组成，各种原理的保护性能都应分别满足相应的国家标准或行业标准；③微机保护装置应具有测量故障点距离的功能；④微机保护装置应具有在线自动检测功能，装置中任一元件损坏时，不应造成保护误动作，且能发出装置异常信号；

⑤微机保护装置应设有硬件闭锁回路，只有在电力系统发生故障，保护装置启动时，才允许开放跳闸回路；⑥微机保护装置应设有自复位电路，在因干扰而造成程序走死时应能通过自复位电路自动恢复正常工作，但在进行抗高频干扰试验时，不允许自复位电路工作；⑦微机保护装置应设有当地信息输出接口，通过辅助设备输出保护动作顺序和时间、故障类型和故障点距离，辅助设备可以用交流市电供电，在失去电源时，不能丢失待输出的数据；⑧微机保护装置应设有通信接口，以便向远动设备或上位机传递保护动作顺序和时间、故障类型和故障点距离、故障前后各输入模拟量的采样数据；⑨微机保护装置的所有引出端子不允许同装置弱电系统（指 CPU 的电源系统）有电的联系，针对不同回路，可以分别采用光电耦合、继电器转接、带屏蔽层的变压器磁耦合等隔离措施；⑩微机保护装置的实时时钟信号及其他主要动作信号在失去直流电源的情况下不能丢失，在电源恢复正常后应能重新正确显示并输出；⑪装置应具有自动对时功能。

各种保护功能的主要技术要求如下：

（1）主保护。由微机保护与远方保护通道设备构成的线路纵联保护担任主保护。在被保护区内发生故障时，应不带附加延时地发出跳闸命令。

1）线路纵联保护的通道可以是：①电力线载波；②微波；③光纤；④导引线。

2）微机保护装置应提供构成闭锁式或允许式纵联保护的条件和相应电路。

3）动作时间不大于 30ms（不计入通道传输时间）。

（2）后备保护。后备保护可以由能反应各种故障的保护，如相间距离、接地距离、零序电流方向等构成。

1）动作时间：①相间距离Ⅰ段（0.7 倍整定值）：不大于 25ms；②接地距离Ⅰ段（0.7 倍整定值）：不大于 30ms；③零序Ⅰ段（1.2 倍整定值）：不大于 20ms。

2）距离Ⅰ段暂态超越：不大于 ±5%。

3）精确工作范围。①电压：0.5～75V（有效值）；②电流：0.5～100A 或 1～200A（额定电流 5A）。

（3）故障点测距精度。①允许偏差：不大于 ±3%；②测试条件：单侧电源，金属性三相短路。

（4）装置自身时钟精度。24h 误差不大于 ±5s。

第三节　保护装置的现场调试

一、微机保护的现场调试、整定以及一般性故障的排除

数字保护的整定值和传统的继电保护装置的整定值大同小异，在整定计算时，几乎感觉不到它的特殊性，但在发出定值通知单时，却有一些特殊的数值和标志值得注意。对应四个 CPU 插件，高频、距离、零序保护和自动重合闸都有各自独立的整定值。

各个保护插件的定值中，有些项是完全相同的，如电流比例系数 I_{BL}、电流启动定值 I_{QD}、电抗补偿系数 K_x、电阻补偿系数 K_R 等，原则上也应该整定为相同的值。这些定值取决于装置本身或取决于实际电网的参数。另外一些整定值，如区别振荡和短路的电阻分量变化检测元件定值 D_R、判断故障发展的两健全相相电流差突变量定值 D_{I2} 等，与保护程序元件的原理有关，整定时需要了解装置的原理。对于各个保护的专用定值，如电抗定值、阻抗定值、时间定值等和传统的继电保护装置的整定方法类似。

控制字是数字保护所特有的定值，要引起特别的重视。由前述的程序流程举例中可以看出，控制字的每一位都决定了程序的流向或控制某些保护功能，实际作用与连接片的作用相似，在动作过程中起决定性的作用。

1. 自检报告中符号说明、异常情况处理

CPU1 自检出错时，液晶显示"CPU1 FAILURE"。

CPU2 自检出错时，液晶显示"CPU2 FAILURE"。

MONITOR 自检出错时，液晶显示"MONITOR FAILURE"。

（1）CPU1 自检报告：

EPROM——EPROM 出错　处理办法：与厂家联系更换程序芯片。

RAM——RAM 出错　处理办法：与厂家联系更换 62256 芯片。

EEPROM——EEPROM 出错　处理办法：①整新整定定值；②与厂家联系更换 2817 芯片。

TWJ——跳闸位置触点异常　处理办法：检查断路器位置触点。

TV——交流电压回路断线　处理办法：①检查 TV 回路；②检查装置内部电压采样回路。

LOQ——零序电流长期启动　处理办法：①检查 TA 回路；②检查装置内部电流采样回路。

D – CHANNEL——压频变换器或计数器出错　处理办法：①检查 VFC

插件的十5V偏置；②检查 VFC 插件上的 AD652；③检查 CPU 上的 8254 芯片。除 TV 断线外，其余自检错误均闭锁本 CPU 的保护，此时本 CPU 插件上"OP"灯灭。TV 断线时"DX"灯亮。

（2）CPU2 自检报告：XTV——用于检重合条件的线路电压断线。

处理办法：①检查线路电压的 TV 回路；②检查线路电压的采样回路。

自检报告中的其他字符含义同 CPU1。

自检错误中除"XTV"外均闭锁本 CPU 的保护，此时本 CPU 上"OP"灯灭。

（3）MONITOR 自检报告：

EEPROMWR——定值修改允许开关。

处理办法：检查定值修改允许开关位置打在"修改"位置时，报警。

RAM——RAM 出错　处理办法：与厂家联系更换 RAM 芯片。

EPROM——EPROM 出错　处理办法：与厂家联系更换程序。

OTVDC——光耦电源坏　处理办法：①检查电源+24V 输出；②检查 OTV 插件。

TAABN——跳 A 出口回路异常　处理办法：检查 CPU1 或 CPU2 插件 TA 输出口。

TBABN——跳 B 出口回路异常　处理办法：检查 CPU1 或 CPU2 插件 TB 输出口。

TCABN——跳 C 出口回路异常　处理办法：检查 CPU1 或 CPU2 插件 TC 输出口。

HJABN——重合闸出口回路异常　处理办法：检查 CPU2 插件 HJ 输出口。

LOQ——零序电流长期启动（大于10s）　处理办法：①检查零序电流回路；②检查 MONI 插件零序。

LQ——电流突变量长期动作（大于5s）　处理办法：①检查电流采样回路；②检查 TA 回路。

CPU1COMM——与 CPU1 通信异常　处理办法：与厂家联系。

CPU2COMM——与 CPU2 通信异常　处理办法：与厂家联系。

LIQUID——液晶显示器出错（仅在打印自检报告中可见）　处理办法：与厂家联系。

其中 EEPROMWR、TAABN、TBABN、TCABN、HJABN 都将整套装置闭锁。以上任意一种自检出错，装置都将向中央信号屏发装置异常信号，即 BJJ 触点动作。

2. 其他异常情况处理

（1）上电后液晶出现两条黑杠。处理办法：①检查程序芯片是否插对；②按"红色"复位键看是否正常：若正常则上电复位电路有问题，检查 MONI 板的 LM393，及所配电阻；若不正常，则与厂家联系。

（2）按"↑"键不能进菜单。处理方法：①检查 MONI 的零序启动定值是否太低；②检查按键是否损坏。

（3）打印报告无或不完整。处理方法：①检查 MONI 板上的 E9—E10 应连上；②检查 ISO232 芯片是否完好；③检查打印机及电缆线是否有损坏。

（4）跳闸时只有信号无出口。处理方法：①检查 MONI 是否启动（有无报告）；②检查 MONI 上跳线 E4—E5 应连上。

3. 其他异常情况

其他异常情况请及时与厂家联系。

二、继电保护与自动装置的现场运行规程

运行规程可以包括以下方面：

（1）有关保护装置及二次回路的操作及工作均须经相应的管辖该装置的人员（调度或现场值、班长）的同意方可进行。保护装置的投入、退出等操作须由运行人员负责进行。

（2）在保护装置及二次回路上工作前，运行人员必须审查继电保护工作人员的工作票及其安全措施，更改整定值和变更接线一定要有经领导批准的定值通知单和图纸，才允许工作。运行人员应认真按工作票与实际情况做好安全措施。凡可能引起保护装置误动作的一切工作，运行人员必须采取防止保护装置可能误动的有效措施。

在继电保护工作完毕时，运行人员应进行验收，如检查拆动的接线、元件、标志是否恢复正常、连接片位置、继电保护记录簿所写内容是否清楚等。

（3）凡调度管辖的保护装置在新投入或经过变更时，运行人员必须和当值调度员进行整定值和有关注意事项的核对，无误后方可投入运行。

（4）运行人员必须按继电保护运行规程，对保护装置及其二次回路进行定期巡视、检测、对试或按规程规定更改定值；监督交流电压回路，使保护装置在任何时候不失去电压；按保护装置整定所规定的允许负荷电流或允许负荷曲线，对电气设备或线路的负荷潮流进行监视。如发现可能使保护装置误动的异常情况时，应及时与继电保护部门联系，并向调度汇报，紧急情况下，可先行将保护装置停用（断开连接片），事后立即汇报。发现保护装置及二次回路所存在的缺陷及不正常情况，应做记录，通知并督促有关部门消除及处理。

（5）对继电保护动作时的掉牌信号、灯光信号，运行人员必须准确记录清楚，及时向有关调度汇报。

（6）现场保护装置整定值的调整和更改，应按保护装置整定值通知单的要求执行，并依照规定日期完成。如根据一次系统运行方式的变化，需要更改运行中保护装置的整定值时，须在定值通知单上说明。在特殊情况下急需改变保护装置定值时，由调度（值长）下令更改定值后，保护装置整定部门应于两天内补发新定值通知单。

对于具体的保护和安全自动装置根据本身的装置技术特性编写运行规程。

如对于同期装置运行规程可以包括以下内容：同期系统的构成情况，同期并列条件，手动、自动同期并列操作步骤、注意事项等结合本装置特性进行编写；如对于励磁系统可以包括以下内容：励磁系统正常运行的方式，特殊运行方式，何时退出运行，如何进行升压、开机、停机等各项操作，需要检查的信号的表计显示等，发生异常情况的处理等。

三、微机录波器的操作和故障报告的打印及故障报告的分析

1. 一般操作及报告打印

（1）时间修改。在主画面上单击"s"键或移动鼠标到设置按回车，即可进入系统设置操作的菜单。

时间设定：设定系统的实时时钟：

系统时钟： 年 月 日 时 分 秒 确认 否认 放弃
用"←""→"可以修改时间，用"↑""↓"键选择修改值（年月日时分秒）或用鼠标拖动，修改完成后，按"Y"确认修改，按"N"否定修改，按"ESC"放弃修改。

使用鼠标，只需将光标移至"确认"或"否认"或"放弃"处，按左键即可，此项功能用于设定，或校准系统的实时时钟。

（2）报告打印。装置启动后可自动打印，也可复制报告，用"←""→"键移动光标至"测距"，回车，屏幕显示"简要分析"，回车 。键入日期即可回车，用"CTRL"＋"↓"选文件名回车，按"P"键，将打印分析结果。

（3）后台机的数码管显示含义。装置正常运行时，数码管显示时间，装置录波后，迅速转为显示录波次数，显示 2min 后，再转为时间显示，同时显示窗内录波灯亮，装置若发生故障，转为故障信息显示，同时显示窗内故障灯亮。

数码管提供的故障类型共六种，分别对应数码管显示的六位数据，当第一位显示"F"时就表示发生"频繁启动"故障，频繁启动故障是因装置在一定时间内启动次数太频繁而引起的自我保护，若 40s 内录波器无启动、信号将自动恢复正常，注意出现该故障后，录波器将禁止录波，值班人员若认为此时禁止录波不安全，应按下"时间显示键"+"故障显示键"，清掉故障状态，恢复正常录波，但正在录波时，不允许进行此项功能操作。

2. 故障报告分析

（1）波形记录。波形记录是录波器对电网故障时电器设备和线路的电气量变化过程的实时记录，它主要包括电力系统故障或异常工况的电压、电流数据记录和有关保护及安全自动装置动作顺序记录，故障和异常运行时的电气量变化过程，为确定故障原因、正确分析和评价保护及自动装置的动作行为提供了切实数据，可作为分析电力系统故障原因和查找故障点的主要依据。其记录数据应符合 DL/T 553—2013《电力系统动态记录装置通用技术条件》要求。

（2）波形分析。波形记录数据与微机分析软件相配合，可进行诸如谐波分析、功角分析、阻抗分析和相位判定等操作，与当时操作、运行状态相结合，能对电力系统故障原因及发展过程进行定量定性分析和判定。

第四节　管理及技术把关

一、继电保护与自动装置的安装、调试、检修、验收规范

1. 总则

（1）为保证盘、柜装置及二次回路接线安装工程的施工质量，促进工程施工技术水平的提高，确保盘、柜装置及二次回路安全运行，制订本规范。

（2）本规范适用于各类配电盘、保护盘、控制盘、屏、台、箱和成套柜等及其二次回路接线安装工程的施工及验收，包括保护盘、控制盘、直流屏、励磁屏、信号屏、远动盘、动力盘、照明盘及微机控制有关屏、盘以及高、低压开关柜等；二次回路接线包括保护回路、控制回路、信号

x

回路及测量回路等。

（3）盘、柜装置及二次回路接线的安装工程应按已批准的设计进行施工。

（4）盘、柜等在搬运和安装时应采取防振、防潮、防止框架变形和漆面受损等安全措施，必要时可将装置性设备和易损元件拆下单独包装运输。当产品有特殊要求时，尚应符合产品技术文件的规定。精密的仪表和元件一般应从盘上拆下运输，对于较重的或精密的装置型设备，如高频保护装置、零序保护装置、逆变装置、距离保护装置、重合闸装置等，必要时可拆下单独包装运输，以免损坏或因装置过重使框架受力变形。尤其应注意在二次搬运及安装过程中，应防止倾倒而损坏设备。

（5）盘、柜应存放在室内或能避雨、雪、风、沙的干燥场所。对有特殊保管要求的装置性设备和电气元件，应按规定保管。对温度、湿度有较严格要求的装置型设备，如微机监控系统，应按规定妥善保管在合适的环境中，待现场具备了设计要求的条件时，再将设备运进现场进行安装调试。

（6）采用的设备和器材，必须是符合国家现行技术标准的合格产品，并有合格证件。设备应有铭牌。不得使用淘汰及高能耗产品，新产品均应经鉴定合格。

（7）设备和器材到达现场后，应在规定期限内做验收检查，并应符合下列要求：

1）包装及密封良好。各制造厂提供的技术文件没有统一规定，可按各厂家规定及合同协议要求。

2）开箱检查型号、规格符合设计要求，设备无损伤，附件、备件齐全，数量符合合同要求。

3）产品的技术文件齐全。

4）按本规范要求外观检查合格。

（8）施工中的安全技术措施，应符合本规范和国家现行有关安全技术标准及产品技术文件的规定。

（9）与盘、柜装置及二次回路接线安装工程有关的建筑工程的施工，应符合下列要求：

1）与盘、柜装置及二次回路接线安装有关的建筑物、构筑物的建筑工程质量，应符合国家现行的建筑工程施工及验收规范中的有关规定。当设备或设计有特殊要求时，尚应满足其要求。在建筑工程施工中，电气人员应予以配合，以能保证盘、柜安装的要求。

2）设备安装前建筑工程应具备下列条件：①屋顶、楼板施工完毕，不得渗漏，以防止设备受潮；②结束室内地面工作，室内沟道无积水、杂物；③预埋件及预留孔符合设计要求，预埋件应牢固；④门窗安装完毕；⑤进行装饰工作时有可能损坏已安装设备或设备安装后不能再进行施工的装饰工作全部结束。

3）对有特殊要求的设备，在具备设备所要求的环境时，方可将设备运进现场进行安装调试，以保证设备能顺利地进行安装调试及运行。安装调试前建筑工程应具备下列条件：①所有装饰工作完毕，清扫干净；②装有空调或通风装置等特殊设施的，应安装完毕，投入运行。

（10）设备安装用的紧固件，应用镀锌制品，并宜采用标准件，以防止包括地脚螺栓在内的紧固件生锈，并便于更换。

（11）盘、柜上模拟母线的标志颜色，应符合表 6 – 18 的规定。

表 6 – 18　　　　　　　　模拟母线的标志颜色

电压（kV）	颜色	电压（kV）	颜色	电压（kV）	颜色
交流 0.23	深灰	交流 13.8~20	浅绿	交流 220	紫
交流 0.40	黄褐	交流 35	浅黄	交流 330	白
交流 3	深绿	交流 60	橙黄	交流 500	淡黄
交流 6	深蓝	交流 110	朱红	直流	褐
交流 10	绛红	交流 154	天蓝	直流 500	深紫

注　1. 模拟母线的宽度宜为 6~12mm。

　　2. 设备模拟的涂色应与相同电压等级的母线颜色一致。

　　3. 不适用于弱电屏以及流程模拟的屏台。

（12）二次回路接线施工完毕在测试绝缘时，应有防止弱电设备损坏的安全技术措施。目前，继电保护回路、控制回路和信号回路新增加了不少弱电元件，测量二次回路绝缘时，有些弱电元件易被损坏。故测试绝缘时，应有防止弱电设备损坏的相应的安全措施，如将强、弱电回路分开，电容器短接，插件拔下等。测完绝缘后应逐个进行恢复，不得遗漏。

（13）安装调试完毕后，为了运行安全和防止潮气及小动物侵入，对于敞开式建筑物中采用封闭式盘、柜的电缆管口，以及建筑物中的预留孔洞及电缆管口，应做好封堵。

（14）盘、柜的施工及验收，除按本规范规定执行外，尚应符合国家现行的有关标准规范的规定。

2. 继电保护与自动装置的安装

（1）基础型钢的安装应符合下列要求：

1）允许偏差应符合表6－19的规定。目前国内盘、柜的安装，一般均用基础型钢作底座。基础型钢与接地干线应可靠焊接上，盘、柜用螺栓或焊接固定在基础型钢上。基础型钢施工前，首先要检查型钢的不直度并予以校正。在施工时电气人员应予以配合。

2）基础型钢安装后，其顶部宜高出抹平地面10mm；手车式成套柜按产品技术要求执行。手车式开关基础型钢的高度，应符合制造厂产品技术要求。基础型钢应有明显的可靠接地。

表6－19　　　　　　　　基础型钢安装的允许偏差

项　　目	允　许　偏　差	
	mm/m	mm/全长
不直度	<1	<5
水平度	<1	<5
位置误差及不平行度		<5

注　环形布置按设计要求。

（2）盘、柜安装在振动场所，应按设计要求采取防振措施，如常用垫橡皮垫，防振弹簧等方法。

（3）盘、柜及盘、柜内设备与各构件间连接应牢固。考虑到主控制盘、继电保护盘、自动装置盘等有移动或更换可能，尤其当有扩建工程时，若将盘、柜焊死，插入安装盘、柜时将造成困难，故主控制盘、继电保护盘和自动装置盘等不宜与基础型钢焊死。

（4）盘、柜单独或成列安装时，其垂直度、水平偏差以及盘、柜面偏差和盘、柜间接缝的允许偏差应符合表6－20的规定。对基础位置误差及不平行度限制，以保证盘、柜对整个控制室或配电室的相对位置。模拟母线应对齐，其误差不应超过视差范围，并应完整，安装牢固。

表6－20　　　　　　　　盘、柜安装的允许偏差

项　　目		允许偏差（mm）
垂直度（m）		<1.5
水平偏差	相邻两盘顶部	<2
	成列盘顶部	<5

第六章　继电保护专业技能

项　　目		允许偏差（mm）
盘间偏差	相邻两盘边	<1
	成列盘面	<5
盘间接缝		<2

据了解，有的生产厂家的产品本身尺寸误差较大，模拟母线参差不齐等，首先应由厂家保证质量，订货时应注意尽量采用行业标准认可的生产厂家生产的合格产品，并在订货合同上予以强调。

（5）端子箱安装应牢固，封闭良好，并应能防潮、防尘。安装的位置应便于检查；成列安装时，应排列整齐。特别要注意室外端子箱封闭应良好，箱门要有密封圈，底部要堵塞，以防水、防潮、防尘。

（6）盘、柜、台、箱的接地应牢固良好。装有电器的可开启的门，应以裸铜软线与接地的金属构架可靠地连接。成套柜应装有供检修用的接地装置。装有电器的可开启的屏、柜门，若无软导线与屏、柜的框架连接接地，则当门上的电器绝缘损坏时，将使屏、柜门上带有危险的电位，危及运行人员的人身安全。国外对此极为重视，一般均以软导线可靠接地。鉴于国内制造厂的产品尚不统一，为确保安全生产，本条重申此要求。除要求制造厂予以改进外，订货单位也应在订货时提出该项要求。同时要求裸铜软线要有足够的机械强度，强调用裸线以免断线时不易被发现。

（7）成套柜的安装应符合下列要求：

1）机械闭锁、电气闭锁应动作准确、可靠。

2）动触头与静触头的中心线应一致，触头接触紧密。

3）二次回路辅助开关的切换接点应动作准确，接触可靠。

4）柜内照明齐全。

（8）抽屉式配电柜的安装尚应符合下列要求：

1）抽屉推拉应灵活轻便，无卡阻、碰撞现象，抽屉应能互换。

2）抽屉的机械连锁或电气连锁装置应动作正确可靠，断路器分闸后，隔离触头才能分开。

3）抽屉与柜体间的二次回路连接插件应接触良好。

4）抽屉与柜体间的接触及柜体、框架的接地应良好。

（9）手车式柜的安装尚应符合下列要求：

1）检查防止电气误操作的"五防"装置齐全，并动作灵活可靠。开关柜应具有防止带负荷拉合刀闸、防止带地线合闸、防止带电挂地线、防止误走错间隔、防止误拉合开关的"五防"要求。

2）手车推拉应灵活轻便，无卡阻、碰撞现象，相同型号的手车应能互换。由于有的厂家在制造工艺方面存在问题，生产的小车不能互换，失去了小车式柜的这一优点，故强调了小车的互换性。在我国目前生产工艺的情况下，为确保安装质量，出厂时，小车柜的车柜号应对应，订货时要选择质量合格的产品，签订合同时应予以强调。

3）手车推入工作位置后，动触头顶部与静触头底部的间隙应符合产品要求。

4）手车和柜体间的二次回路连接插件应接触良好。

5）安全隔离板应开启灵活，随手车的进出而相应动作。

6）柜内控制电缆的位置不应妨碍手车的进出，并应牢固。

7）手车与柜体间的接地触头应接触紧密，当手车推入柜内时，其接地触头应比主触头先接触，拉出时接地触头比主触头后断开。

（10）盘、柜的漆层应完整，无损伤。固定电器的支架等应刷漆。安装于同一室内且经常监视的盘、柜，其盘面颜色宜和谐一致。

3. 继电保护与自动装置上的电器安装

（1）电器的安装应符合下列要求：

1）电器元件质量良好，型号、规格应符合设计要求，外观应完好，且附件齐全，排列整齐，固定牢固，密封良好。

2）各电器应能单独拆装更换而不应影响其他电器及导线束的固定。

3）发热元件宜安装在散热良好的地方；两个发热元件之间的连线应采用耐热导线或裸铜线套瓷管。发热元件宜安装在散热良好的地方，不强调安装在柜顶。因为有些发热元件较笨重，安装在柜顶不安全；有些发热元件安装在柜顶操作不方便。

4）熔断器的熔丝规格、自动开关的整定值应符合设计要求。

5）切换压板应接触良好，相邻压板间应有足够安全距离，切换时不应碰及相邻的压板；对于一端带电的切换压板，应使在压板断开情况下，活动端不带电。

6）信号回路的信号灯、光字牌、电铃、电笛、事故电钟等应显示准确，工作可靠。

7）盘上装有装置性设备或其他有接地要求的电器，其外壳应可靠接地。以防干扰，并保证弱电元件正常工作。

8）带有照明的封闭式盘、柜应保证照明完好。

（2）端子排的安装应符合下列要求：

1）端子排应无损坏，固定牢固，绝缘良好。

2）端子应有序号，端子排应便于更换且接线方便；离地高度宜大于 350mm。

3）回路电压超过 400V 者，端子板应有足够的绝缘并涂以红色标志。

4）强、弱电端子宜分开布置；当有困难时，应有明显标志并设空端子隔开或设加强绝缘的隔板，以防止强电对弱电的干扰。

5）正、负电源之间以及经常带电的正电源与合闸或跳闸回路之间，宜以一个空端子隔开。

6）电流回路应经过试验端子，其他需断开的回路宜经特殊端子或试验端子。试验端子应接触良好。

7）潮湿环境宜采用防潮端子，尤其对室外配电箱，以防止因受潮造成端子绝缘降低。

8）接线端子应与导线截面匹配，不应使用小端子配大截面导线。

（3）二次回路的连接件均应采用铜质制品，以防锈蚀。在利用螺丝连接时，应使用垫片和弹簧垫圈。对所使用的铜质制品应进行检查。目前生产的连接件，有的质量不合格，经过几次旋拧，丝扣就滑扣了。尤其在运行过程中出现滑扣现象，其后果更为严重。绝缘件应采用自熄性阻燃材料，以防止火灾蔓延。

（4）盘、柜的正面及背面各电器、端子牌等应标明编号、名称、用途及操作位置，其标明的字迹应清晰、工整，且不易脱色。可采用喷涂塑料胶等方法。

（5）盘、柜上的小母线应采用直径不小于 6mm 的铜棒或铜管，小母线两侧应有标明其代号或名称的绝缘标志牌，字迹应清晰、工整，且不易脱色。

（6）二次回路的电气间隙和爬电距离应符合下列要求：

1）盘、柜内两导体间，导电体与裸露的不带电的导体间，应符合表 6 - 21 的要求。

表 6 - 21　　　　　　　允许最小电气间隙及爬电距离　　　　　　　（mm）

额定电压（V）	电气间隙		爬电距离	
	额定工作电流		额定工作电流	
	≤63A	>63A	≤63A	>63A

额定电压（V）	电 气 间 隙		爬 电 距 离	
≤60	3.0	5.0	3.0	5.0
60 < U ≤300	5.0	6.0	6.0	8.0
300 < U ≤500	8.0	10.0	10.0	12.0

2）屏顶上小母线不同相或不同极的裸露载流部分之间，裸露载流部分与未经绝缘的金属体之间，电气间隙不得小于12mm；爬电距离不得小于20mm。

4. 二次回路接线

（1）二次回路接线应符合下列要求：

1）按图施工，接线正确。

2）导线与电气元件间采用螺栓连接、插接、焊接或压接等，均应牢固可靠。螺丝连接时，弯线方向应与螺丝前进的方向一致。

3）盘、柜内的导线不应有接头，导线芯线应无损伤。为保证导线无损伤，配线时宜使用与导线规格相对应的剥线钳剥掉导线的绝缘。

4）电缆芯线和所配导线的端部均应标明其回路编号，编号应正确，字迹清晰且不易脱色。线路标号常采用异型管，用英文打字机打上字再烘烤，或采用烫号机烫号。这样字迹清晰工整，不易脱色。或采用编号笔用编号剂书写，效果也较好。

5）配线应整齐、清晰、美观，导线绝缘应良好，无损伤。

6）每个接线端子的每侧接线宜为1根，不得超过2根。对于插接式端子，不同截面的两根导线不得接在同一端子上；对于螺栓连接端子，当接两根导线时，中间应加平垫片。

7）二次回路应设专用接地螺栓，以使接地明显可靠，订货时应予注意。

（2）盘、柜内的配线电流回路应采用电压不低于500V 的铜心绝缘导线，其截面不应小于2.5mm^2；其他回路截面不应小于1.5mm^2；对电子元件回路、弱电回路采用锡焊连接时，在满足载流量和电压降及有足够机械强度的情况下，可采用不小于0.5mm^2 截面的绝缘导线。

（3）用于连接门上的电器、控制台板等可动部位的导线尚应符合下列要求：

1）应采用多股软导线，敷设长度应有适当裕度。

2）线束应有外套塑料管等加强绝缘层。

3）与电器连接时，为保证导线不松散，端部应绞紧，并应加终端附件或搪锡，不得松散、断股。采用压接式终端附件是较好的一种方式。

4）在可动部位两端应用卡子固定。

（4）引入盘、柜内的电缆及其芯线应符合下列要求：

1）引入盘、柜的电缆应排列整齐，编号清晰，避免交叉，并应固定牢固，不得使所接的端子排受到机械应力。

2）铠装电缆在进入盘、柜后，应将钢带切断，切断处的端部应扎紧，并应将钢带接地。

3）使用于静态保护、控制等逻辑回路的控制电缆，应采用屏蔽电缆，其屏蔽层应按设计要求的接地方式接地。关于屏蔽层接地的具体做法，全国尚不统一，故应按设计要求而定。

双屏蔽层的电缆，为避免形成感应电位差，常采用两层屏蔽层在同一端相连并予接地。

4）橡胶绝缘的芯线应外套绝缘管保护。控制电缆目前已大量采用塑料电缆，其芯线本身为彩色塑料绝缘，在施工中能减少大量套塑料管的工作量，省时省料，目前多数工程对塑料芯线已取消了套塑料管的工艺，也有部分工程强调与橡胶芯线做法一致。在此不强求，但橡胶芯线仍应套绝缘管。

据调查，目前大部分工程已不使用橡胶绝缘的电缆作控制电缆，大型电缆制造厂也不生产橡胶绝缘的控制电缆，但橡胶绝缘的控制电缆并不属于淘汰产品，有些地方小型电缆厂目前还在生产这种电缆，故仍提出有关橡胶绝缘控制电缆的做法。

5）盘、柜内的电缆芯线，应按垂直或水平有规律地配置，不得任意歪斜交叉连接。备用芯长度应留有适当余量。

6）强、弱电回路不应使用同一根电缆，并应分别成束分开排列。

（5）直流回路中具有水银接点的电器，电源正极应接到水银侧接点的一端。这样有利于灭弧，防止接点烧损。

（6）在油污环境，应采用耐油的绝缘导线，如塑料绝缘导线。在日光直射环境，橡胶或塑料绝缘导线应采取防护措施，常采用电缆穿蛇皮管或其他金属管的保护措施。

5. 工程交接验收

（1）在验收时，应按下列要求进行检查：

1）盘、柜的固定及接地应可靠，盘、柜漆层应完好、清洁整齐。

2）盘、柜内所装电器元件应齐全完好，安装位置正确，固定牢固。

3）所有二次回路接线应准确，连接可靠，标志齐全清晰，绝缘符合要求。

4）手车或抽屉式开关柜在推入或拉出时应灵活，机械闭锁可靠；照明装置齐全。

5）柜内一次设备的安装质量验收要求应符合国家现行有关标准规范的规定。

6）用于热带地区的盘、柜应具有防潮、抗霉和耐热性能，按国家现行标准 JB/T 4159—2013《热带电工产品通用技术》要求验收。

7）盘、柜及电缆管道安装完后，应做好封堵，以防止小动物及潮气等侵入。可能结冰的地区还应有防止管内积水结冰的措施，以防止管内积水将电缆冻断事故。

8）操作及连动试验正确，符合设计要求。

（2）在验收时，应提交下列资料和文件：

1）工程竣工图。

2）变更设计的证明文件。

3）制造厂提供的产品说明书、调试大纲、试验方法、试验记录、合格证件及安装图纸等技术文件。

4）根据合同提供的备品备件清单。

5）安装技术记录。

6）调整试验记录。

7）备品、备件清单，给以后运行、维护提供方便。

二、继电保护与自动装置的工程图纸及审核

继电保护和安全自动装置应符合可靠性（信赖性和安全性）、选择性、灵敏性和速动性的要求。当确定其配置和构成方案时，应综合考虑以下几个方面：①电力设备和电力网的结构特点和运行特点；②故障出现的概率和可能造成的后果；③电力系统的近期发展情况；④经济上的合理性；⑤国内和国外的经验。

继电保护和安全自动装置是电力系统的重要组成部分。确定电力网结构、厂（站）主接线和运行方式时，必须与继电保护和安全自动装置的配置统筹考虑，合理安排。继电保护和安全自动装置的配置方式要满足电力网结构和厂（站）主接线的要求，并考虑电力网和厂（站）运行方式的灵活性。对导致继电保护和安全自动装置不能保证电力系统安全运行的电力网结构形式、厂（站）主接线形式、变压器接线方式和运行方式，应限制使用。

应根据审定的电力系统设计或审定的系统接线图及要求，进行继电保护和安全自动装置的系统设计。在系统设计中，除新建部分外，还应包括对原有系统继电保护和安全自动装置不符合要求部分的改造设计。为便于运行管理和有利于性能配合，同一电力网或同一厂（站）内的继电保护和安全自动装置的型式，不宜品种过多。

电力系统中，各电力设备和线路的原有继电保护和安全自动装置，凡能满足可靠性、选择性、灵敏性和速动性要求的，均应予以保留。凡是不能满足要求的，应逐步进行改造。继电保护和安全自动装置的新产品，应按国家规定的要求和程序进行鉴定，合格后，方可推广使用。设计、运行单位应积极创造条件支持新产品的试用。

电力系统中的电力设备和线路，应装设短路故障和异常运行保护装置。电力设备和线路短路故障的保护应有主保护和后备保护，必要时可再增设辅助保护。主保护是满足系统稳定和设备安全要求，能以最快速度有选择地切除被保护设备和线路故障的保护。后备保护是主保护或断路器拒动时，用以切除故障的保护。后备保护可分为远后备和近后备两种方式。①远后备是当主保护或断路器拒动时，由相邻电力设备或线路的保护来实现的后备；②近后备是当主保护拒动时，由本电力设备或线路的另一套保护实现的后备保护，是当断路器拒动时，由断路器失灵保护来实现的后备保护。

辅助保护是为补充主保护和后备保护的性能或当主保护和后备保护退出运行而增设的简单保护。异常运行保护是反应被保护电力设备或线路异常运行状态的保护。

继电保护装置应满足可靠性、选择性、灵敏性和速动性的要求。

（1）可靠性是指保护该动作时应动作，不该动作时不动作。为保证可靠性，宜选用可能的最简单的保护方式，应采用由可靠的元件和尽可能简单的回路构成的性能良好的装置，并应具有必要的检测、闭锁和双重化等措施。保护装置应便于整定、调试和运行维护。

（2）选择性是指首先由故障设备或线路本身的保护切除故障，当故障设备或线路本身的保护或断路器拒动时，才允许由相邻设备、线路的保护或断路器失灵保护切除故障。为保证选择性，对相邻设备和线路有配合要求的保护和同一保护内有配合要求的两元件（如启动与跳闸元件或闭锁与动作元件），其灵敏系数及动作时间，在一般情况下应相互配合。当重合于本线路故障，或在非全相运行期间健全相又发生故障时，相邻元件的保护应保证选择性。在重合闸后加速的时间内以及单相重合闸过程中，发生区外故障时，允许被加速的线路保护无选择性。

在某些条件下必须加速切除短路时，可使保护无选择性动作，但必须采取补救措施，例如采用自动重合闸或备用电源自动投入来补救。

（3）灵敏性是指在设备或线路的被保护范围内发生金属性短路时，保护装置应具有必要的灵敏系数。灵敏系数应根据不利正常（含正常检修）运行方式和不利的故障类型计算。

（4）速动性是指保护装置应能尽快地切除短路故障，其目的是提高系统稳定性，减轻故障设备和线路的损坏程度，缩小故障波及范围，提高自动重合闸和备用电源或备用设备自动投入的效果等。

应注意下述方面的问题：

（1）制订保护配置方案时，对稀有故障，根据对电网影响程度和后果，应采取相应措施，使保护能按要求切除故障。对两种故障同时出现的稀有情况，仅保证切除故障。

（2）在各类保护装置接于电流互感器二次绕组时，应考虑到既要消除保护死区，同时又要尽可能减轻电流互感器本身故障时所产生的影响。

（3）当采用远后备方式，变压器或电抗器后面发生短路时，由于短路电流水平低，而且对电网不致造成影响以及在电流助增作用很大的相邻线路上发生短路等情况下，如果为了满足相邻保护区末端短路时的灵敏性要求，将使保护过分复杂或在技术上难以实现时，可以缩小后备保护作用的范围。

（4）如由于短路电流衰减、系统振荡和电弧电阻的影响，可能使带时限的保护拒绝动作时，应根据具体情况，设置按短路电流或阻抗初始值动作的瞬时测定回路或采取其他措施。但无论采用哪种措施，都不应引起保护误动作。

（5）电力设备或电力网的保护装置，除预先规定的以外，都不允许因系统振荡引起误动作。保护用电流互感器（包括中间电流互感器）的稳态比误差不应大于10%，必要时还应考虑暂态误差。对35kV及以下电力网，当技术上难以满足要求，且不致使保护不正确动作时，才允许较大的误差。原则上，保护装置与测量仪表不共用电流互感器的二次绕组。当必须共用一组二次绕组时，仪表回路应通过中间电流互感器或试验部件连接。当采用中间电流互感器时，其二次开路情况下，保护用电流互感器的稳态比误差仍应不大于10%。

（6）在电力系统正常运行情况下，当电压互感器二次回路断线或其他故障能使保护误动作时，应装设断线闭锁或采取其他措施，将保护装置解除工作并发出信号。当保护不致误动作时，应设有电压回路断线信号。

(7) 为了分析和统计继电保护的工作情况，保护装置设置指示信号，并应符合下列要求：①在直流电压消失时不自动复归，或在直流电源恢复时，仍能重现原来的动作状态；②能分别显示各保护装置的动作情况；③在由若干部分组成的保护装置中，能分别显示各部分及各段的动作情况；④对复杂的保护装置，宜设置反应装置内部异常的信号；⑤用于启动顺序记录或微机监控的信号触点应为瞬时重复动作触点；⑥宜在保护出口至断路器跳闸的回路内，装设信号指示装置；⑦为了便于分别校验保护装置和提高其可靠性，主保护和后备保护宜做到回路彼此独立。

(8) 采用静态保护装置时，对工作环境、电缆、直流电源和二次回路，应采取相应的措施，以满足静态保护装置的特殊技术要求。

(9) 当采用蓄电池组作直流电源时，由浮充电设备引起的波纹系数应不大于5%，电压波动范围应不大于额定电压的±5%。放电末期直流母线电压下限不低于额定电压的85%，充电后期直流母线电压上限不高于额定电压的115%。

当采用交流整流电源作为保护用直流电源时，应符合下列要求：①在最大负荷情况下保护动作时，直流母线电压不应低于额定电压的80%，最高不应超过额定电压的115%。应采取限幅稳定（电压波动不大于±5%）和滤波（波纹系数不大于5%）措施。②如采用复式整流，则应保证各种运行方式下，在不同故障点和不同相别短路时，保护与断路器均能可靠动作于跳闸；电流互感器的最大输出功率应满足直流回路最大负荷的需要。③对采用电容储能电源的变电站和水电厂，其电力设备和线路除应具有可靠的远后备保护外，还应在失去交流电源的情况下，有几套保护同时动作时，保证保护与有关断路器均能可靠动作于跳闸。同一厂（站）的电源储能电容的组数应与保护的级数相适应。④当自动重合闸装置动作时，如重合于永久性故障，应能可靠跳闸。

(10) 采用交流操作的保护装置时，短路保护可由被保护电力设备或线路的电流互感器取得操作电源，变压器的气体保护、中性点非直接接地电力网的接地保护和自动低频减载等，可由电压互感器或变电站（或水电厂）站用变压器取得操作电源。必要时，可增加电容储能电源作为跳闸的后备电源。

在电力系统中，应装设安全自动装置，以防止系统稳定破坏或事故扩大，造成大面积停电，或对重要用户的供电长时间中断。

安全自动装置应满足可靠性、选择性、灵敏性和速动性的要求。可靠性是指装置该动作时，应可靠动作；不该动作时，应可靠不动作的性能。为保证可靠性，装置应简单可靠，具备必要的检测和监视措施，并应便于运行维护。选择性是指安全自动装置应根据故障和异常运行的特点，按预期的要求实现其控制作用。灵敏性是指安全自动装置的启动元件和测量元件，在故障和异常运行时，能可靠启动和进行正确判断的性能。速动性是指维持系统稳定的自动装置要尽快动作；限制事故影响的自动装置，应在保证选择性前提下尽快动作的性能。

对于继电保护和安全自动装置有关的二次回路要注意以下几点：

（1）二次回路的工作电压不应超过 500V。

（2）互感器二次回路连接的负荷，不应超过继电保护和安全自动装置工作准确等级所规定的负荷范围。

（3）发电厂和变电站，应采用钢芯的控制电缆和绝缘导线。

（4）按机械强度要求，控制电缆或绝缘导线的芯线最小截面为：强电控制回路，不应小于 $1.5mm^2$；弱电控制回路，不应小于 $0.5mm^2$。电缆芯线截面的选择还应符合下列要求：①电流回路：应使电流互感器的工作准确等级符合规程的规定。此时，如无可靠根据，可按断路器的断流容量确定最大短路电流；②电压回路：当全部继电保护和安全自动装置动作时（考虑到发展，电压互感器的负荷最大时），电压互感器至继电保护和安全自动装置屏的电缆压降不应超过额定电压的 3%；③操作回路：在最大负荷下，电源引出端至分、合闸绕组的电压降，不应超过额定电压的 10%。

（5）屏（台）上的接线，以及断路器、隔离开关等传动装置的接线，除断路器电磁合闸绕组外，应采用钢芯绝缘导线。在绝缘导线可能受到油浸蚀的地方，应采用耐油绝缘导线。

（6）安装在干燥房间里的配电屏、开关柜等的二次回路，或采用无护层的绝缘导线，在表面经防腐处理的金属屏上直敷布线。

（7）当控制电缆的敷设长度超过制造长度，或由于配电屏的迁移而使原有电缆长度不够，或更换电缆的故障段时，可用焊接法连接电缆（在连接处应装设连接盒），也可用其他屏上的接线端子来连接。

（8）控制电缆应选用多芯电缆，并力求减少电缆根数。对双重化保护的电流回路、电压回路、直流电源回路、双套跳闸绕组的控制回路等，两套系统不宜合用同一根多芯电缆。

（9）屏（台）内与屏（台）外回路的连接、某些同名回路（如跳闸回路）的连接、同一屏（台）内各安装单位的连接。屏（台）内同一安装单位各设备之间的连接，以及电缆与互感器、单独设备的连接，可不经过端子排。对于电流回路、需要接入试验设备的回路、试验时需要断开的电压和操作电源回路，以及在运行中需要停用或投入的保护，应装设必要的试验端子、试验端钮（或试验盒）、连接片和切换片，其安装位置应便于操作。属于不同安装单位或不同装置的端子，应分别组成单独的端子排。

（10）在安装各种设备、断路器或隔离开关的连锁触点、端子排和接地线时，应能在不断开 3kV 及以上一次接线的情况下，保证在二次回路端子排上安全地工作。

（11）电流互感器的二次回路应有一个接地点，并在配电装置附近经端子排接地。但对于有几组电流互感器连接在一起的保护，则应在保护屏上经端子排接地。

（12）电压互感器的一次侧隔离开关断开后，其二次回路应有防止电压反馈的措施。对电压及功率自动调节装置的交流电压回路，应采取措施，以防止电压互感器一次或二次侧断线时，发生误强励或误调节。

（13）电压互感器的二次侧中性点或绕组引出端之一，应接地。接地方式分直接接地和通过击穿熔断器接地两种。向交流操作的保护和安全自动装置操作回路供电的电压互感器，其中性点应通过击穿熔断器接地。采用 B 相直接接地的星形接线的电压互感器，其中性点也应通过击穿熔断器接地。

电压互感器的二次回路只允许有一处接地，接地点宜设在控制室内，并应牢固焊接在接地小母线上。

（14）在电压互感器二次回路中，除开口三角形绕组和另有专门规定者（例如自动调节励磁装置）外，应装设熔断器或自动开关；接有距离保护时，如有必要，宜装设自动开关。在接地线上不应安装有开断可能的设备。当采用 B 相接地时，熔断器或自动开关应装在互感器绕组引出端与接地点之间。

电压互感器开口三角形绕组的试验用引出线上，应装设熔断器或自动开关。

（15）各独立安装单位二次回路的操作电源，应经过专用的熔断器或自动开关，其配置原则应按下列规定进行：①在发电厂和变电站中，每一安装单位的保护回路和断路器控制回路，可合用一组单独的熔断器或自动开关；②对具有两个跳闸绕组和采用双重快速保护的安装单位，宜按双电源分别设置独立的熔断器或自动开关。

（16）发电厂和变电站中重要设备和线路的继电保护和安全自动装置，应有经常监视操作电源的装置。各断路器的跳闸回路、重要设备和线路的断路器合闸回路，以及装有自动合闸装置的断路器合闸回路，均应装设监视回路完整性的监视装置。监视装置可采用光信号或声光信号。

（17）在可能出现操作过电压的二次回路中，应采取降低操作过电压的措施，例如对电感大的绕组并联消弧回路。

（18）在有振动的地方，应采取防止导线接头松脱和继电器误动作的措施。

（19）屏（台）和屏（台）上设备的前面和后面，应有必要的标志，标明其所属安装单位及用途。屏（台）上的设备，在布置上，应使各安装单位分开，不允许互相交叉。

（20）接到端子和设备上的电缆芯和绝缘导线，应有标志，并避免跳、合闸回路靠近正电源。

（21）当采用静态保护时，根据保护的要求，在二次回路中宜采用下列抗干扰措施：①在电缆敷设时，应充分利用自然屏蔽物的屏蔽作用。必要时，可与保护用电缆平行设置专用屏蔽线；②采用铠装铅包电缆或屏蔽电缆，且屏蔽层在两端接地；③强电和弱电回路不宜合用同一根电缆；④电缆芯线之间的电容充放电过程中，可能导致保护装置误动作时，应使用不同的电缆中的芯线，将相应的回路分开，或采用其他措施；⑤保护用电缆与电力电缆不应同层敷设；⑥保护用电缆敷设路径，尽可能离开高压母线及高频暂态电流的入地点，如避雷器和避雷针的接地点、并联电容器、电容式电压互感器、结合电容及电容式套管等设备。

三、继电保护与自动装置的整定

继电保护的作用和目的是保证电力系统安全稳定运行，它是最重要的手段之一。当然，继电保护必须与具体的电力系统相结合，并以整定值为纽带相连才能发挥作用，才能达到目的。没有整定值的继电保护装置是不能发挥作用的，而且还会起反作用。

整定计算在不同的部门其目的也不相同。整定计算在两个部门中是必不可少的一项重要工作，工程设计部门的整定计算是为了选择和验证设计的继电保护的正确性，它包括配置和选型以及有关技术规范等，电力系统生产运行部门的整定计算是为了给出符合具体电力系统要求的整定值，使之投入生产运行，保证电力系统安全稳定运行。不论哪个部门只能经过整定计算给出整定值，才能验证所用的继电保护能否起到保护作用。

整定计算是按照一个电力系统的具体情况进行，其整定值只适用于这个电力系统，并且只适应某一预定的变化限度。当实际系统运行变化超出预定限度时，某些继电保护就失去了应有的保护作用。所以说整定值一般没有通用性，这就是特定性。特定性包括系统、部位和运行情况三个方面，其中任一方面发生变化，整定值就会发生变化，需重新整定。

整定计算的任务是要给出整定值。整定值包括两项内容，即数值（如电流、电压、阻抗时间等）和功能选择（不同的功能使用要求，如投入、停用等）。

保护装置和继电器的技术指标与规范是实现整定值的条件。不同的电力系统其故障量水平是不同的，其整定值也不同，要求保护的技术指标与规范必须适应，才能发挥作用如继电器规范必须适应电力系统实现整定值的需要，过大过小都不能正确工作。

电力系统的运行情况是多变的，继电保护在配置与选型已定的前提下，运行方式变化将是影响保护效果的决定因素。若继电保护的整定值一个定值只适应一种运行情况，其保护效果将是最好的。当运行情况变化后保护定值也随之相应地调整变化，其保护效果将最大限度地得到发挥。然而，整定值随运行方式变化而变化的方法是不可行的。尤其是对一个大电网而言，绝对行不通。实用的办法是取一种整定值满足几种运行方式变化，这样整定值的选择条件要严格一些，而校验保护的灵敏度则必须取最不利的运行方式，必然使保护效果变坏。

整定值满足运行方式变化越多，保护效果将越差，有的甚至无法整定。在生产运行中，有时会迫使保护随运行方式变化而临时改定值。

四、各种保护装置的特性分析

以常用的 LFP－901A 超高压线路成套快速保护装置为例。本保护装置有三个独立的单片机：

（1）CPU1 为装置的主保护，由工频变化量方向继电器和零序方向继电器经通道配合构成全线路快速跳闸保护，由 I 段工频变化量距离继电器构成超快速独立跳闸段；由两个延时零序方向过流段构成接地后备保护；合闸保护；TV 断线时相电流过流及零序过流延时保护。

（2）CPU2 为三阶段式相间和接地距离保护，以及重合闸逻辑。

（3）CPU3 为启动和管理机，内设整机总启动元件，该启动元件与方向和距离保护在电路上（包括数据采集系统）完全独立，动作后开放保护出口电源。另外，CPU3 还作为人机对话的通信接口。保护装置动作整组复归后，CPU3 接收、整理、显示、打印 CPU2 来的电压电流信号，进行测距计算，分别分析如下。

1. 主保护相关元件的动作特性

（1）启动元件（$L_{\Sigma Q1}$）：由三个不同相别的相电流差的工频变化量启动元件和零序过电流启动元件组成，任一个高值启动元件启动则 $L_{\Sigma Q1}$ 动作。

工频变化量启动元件分高低两个定值。低定值仅作为闭锁式方向比较保护收发信机的启动，低定值动作而高定值不动作时，仍进入正常运行程序。当高定值动作时才进入故障测量程序。相电流差工频变化量启动元件，采用浮动门槛技术，其定值已由制造厂固定，用户无须整定，其动作判据如下：

1）低定值

$$\Delta I_x \geqslant 1.125 \Delta I_{Tx} + 0.1 I_N \qquad (6-113)$$

2）高定值

$$\Delta I_x \geqslant 1.25 \Delta I_{Tx} + 0.2 I_N \qquad (6-114)$$

式中　ΔI_x——相电流差工频变化量的半波积分值；

　　　x——AB，BC，CA；

　　　ΔI_{Tx}——对应相出现突变前的相电流差的不平衡值；

　　　I_N——额定电流值。

零序过电流启动元件，由三相电流之和形成的零序过流量作为启动量，其定值需由用户按应用条件整定，定值设在 I_{0set} 一栏内。$3I_0 \geqslant I_{0set}$ 时，该元件动作。

高定值和零序电流元件一旦启动后固定 7s，其间 CPU1 一直进入故障测量程序，低定值元件动作后启动闭锁式通道的发信回路。

（2）选相元件：测量各相电流差的工频变化量 $\Delta \dot{I}_{AB}$、$\Delta \dot{I}_{BC}$ 及 $\Delta \dot{I}_{CA}$ 的幅值，并比较它们之间幅值，以判别出其故障相。

由于相电流差不包含零序电流，故相电流之差值可用下列对称分量来表示

$$\left. \begin{array}{l} \Delta \dot{I}_{AB} = (1-a^2) \Delta \dot{I}_1 + (1-a) \Delta \dot{I}_2 \\[2mm] \Delta \dot{I}_{BC} = (a^2-a) \Delta \dot{I}_1 + (a-a^2) \Delta \dot{I}_2 \\[2mm] \Delta \dot{I}_{CA} = (a-1) \Delta \dot{I}_1 + (a^2-1) \Delta \dot{I}_2 \end{array} \right\} \qquad (6-115)$$

1）对单相短路，例如 A 相接地，则有 $\Delta \dot{I}_1 = \Delta \dot{I}_2$，代入式（6-115）得

$$\left.\begin{array}{l} \Delta \dot I_{AB} = 3\Delta \dot I_1 \\ \Delta \dot I_{BC} = 0 \\ \Delta \dot I_{CA} = -3\Delta \dot I_1 \end{array}\right\} \qquad (6-116)$$

由此可见，与故障相有关的相电流差很大，而与故障相无关的相电流差为零。选择与两个动作的测量元件直接相关的那一相，即为故障相。例如，$\Delta \dot I_{AB}$、$\Delta \dot I_{CA}$ 动作，即选 A 相。

2）对两相短路，例如 BC 两相短路，则有 $\Delta \dot I_1 = -\Delta \dot I_2$ 关系，代入式（6-115）得

$$\Delta \dot I_{AB} = (-a^2 + a)\Delta \dot I_1 = \sqrt 3 \Delta I_1 \angle +90°$$

$$\Delta \dot I_{BC} = 2(a^2 - a)\Delta \dot I_1 = 2\sqrt 3 \Delta I_1 \angle -90°$$

$$\Delta \dot I_{CA} = (a - a^2)\Delta \dot I_1 = \sqrt 3 \Delta I_1 \angle +90° \qquad (6-117)$$

由式（6-117）可见，三个测量元件都有电流，而与故障相直接相关的测量元件的电流值最大，选择电流幅值最大测量元件所对应的两相，即为故障相。两相接地短路与两相短路结论大致相同。

3）三相短路时，$\Delta \dot I_2 = 0$，即有 $|\Delta \dot I_{AB}| = |\Delta \dot I_{BC}| = |\Delta \dot I_{CA}|$，三个相电流差的数量大致相同。

为确保选相元件动作正确性，其动作判据为

$$\Delta I_x > 1.25\Delta I_{Tx} + 0.2I_N + m\Delta I_{x,max(M)} \qquad (6-118)$$

式中　　$\Delta I_{x,max(M)}$——取三个相电流差突变量的最大值，且带 200ms 的记忆时间；

m——制动系数，$0 < m < 1$。

式（6-118）中的前两项之和与公式所表达的高值启动元件判据完全相同，即含有浮动及固定门槛，并与启动元件的灵敏度配合。右边第三项取最大相电流差作为制动量。它有效地防止单相故障时非故障相的误动作。制动系数 m 的取值，由制造厂固定设置，考虑了系统正、负序阻抗不等情况下，非故障相可能产生的最大不平衡电流时不误动作，同时还保证了两相经过渡电阻接地且在最不利条件下不漏选相（保证三个选相元件均能可靠动作）。第三项带记忆的作用是，当本侧断路器经选相跳闸后，对侧后跳闸过程中保证本侧非故障相选相元件不误动。

（3）工频变化量距离元件。根据重叠原理，当电力系统发生短路故

障时，其电流、电压的计算，可以分解为两部分：一部分为故障前由电源等值电势作用下，计算负荷状态下的电流、电压值；另一部分为电源等值电势为零，而在故障点施加一个与故障前该点的电压数值相等而方向相反的电势，计算故障状态下的电流、电压的值。两种状态计算所得的电流、电压各自叠加，即为故障后电流、电压值。在电力系统短路电流、电压计算中应用的重叠原理，如图 6 – 27 所示。

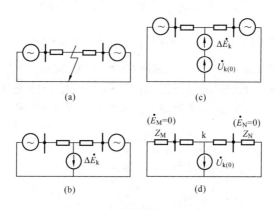

图 6 – 27　重叠原理在电力系统

短路电流、电压计算中的应用

（a）一次系统图；（b）一次系统等值图；

（c）负荷状态图；（d）故障状态图

　　工频变化量可以从图 6 – 27（d）等值图求出。故障点在短路前的电压为 $\dot{U}_{k[0]}$，在短路后的电压为零，所以故障点在故障发生的瞬间电压的突变量为 $|\ \Delta \dot{E}_k\ | = |\ \dot{U}_{k[0]}\ | = U_z$。

　　工频变化量距离元件的动作方程为

$$|\ \Delta U_{OP}\ | > U_z \tag{6 – 119}$$

式中　U_z——整定电压的门槛，取故障前工作电压的记忆量；

　　　　ΔU_{OP}——整定点的工作电压的变化量。

　　装置中工频变化量距离元件共有六个，即三个相间及三个相距离元件，它们的工作电压分别取值如下。

　　1）相间距离元件工作电压为

$$\Delta U_{OPx} = \Delta U_x - \Delta I_x DZ_{set} \tag{6 – 120}$$

式中　　　x——AB、BC、CA；

ΔU_x，ΔI_x——分别为继电器安装点的电压及电流的变化量；

DZ_{set}——工频变化量距离元件的整定阻抗。

2）相距离元件工作电压为

$$\Delta U_{OPy} = \Delta U_y - (\Delta I_y + K\Delta 3I_0)\ DZ_{set} \qquad (6-121)$$

式中　　　y——A、B、C。

工频变化量距离元件在正、反向故障情况下的动作情况可通过下面两种方法分析：

1）图解法分析。图 6 - 28 采用电压分布原理阐明保护区内、外各点金属性短路时的电压分布。假设故障点在故障前的电压均为 $\dot U_z$，则系统电压分布是从故障点的故障前的电压值 U_z 逐渐线性衰减直至电源中点电压值为零，形成一个电压三角形 ΔU_{K0}，从图 6 - 28 中可知，只有位于保护

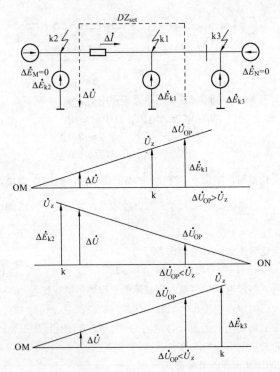

图 6 - 28　保护区内、外各点金属性短路时电压分布图

区内的故障点其继电器的工作电压 $\Delta \dot{U}_{OP}$ 是处于 ΔU_{KO} 的外部，它的幅值才可能大于 U_z，其他故障点的 $\Delta \dot{U}_{OP}$ 都位于 ΔU_{KO} 之内，故必然小于 U_z。因此工频变化量的阻抗元件具有明显的方向性和保护范围。

2）解析法分析。从正向故障和反向故障两种情况下分析距离元件工作特性。

a. 正向故障。图 6 – 29（a）表示故障分量分析电路图，从中得出

$$\left.\begin{aligned} \Delta \dot{E}_k &= - \Delta \dot{I}(Z_s + Z_k) \\ \Delta \dot{U}_{OP} &= \Delta \dot{U} - \Delta \dot{I} D Z_{set} = - \Delta \dot{I}(Z_s + DZ_{set}) \end{aligned}\right\} \quad (6 - 122)$$

令 $U_z = |\Delta \dot{E}_k|$ 代入动作方程得

$$\left.\begin{aligned} |\Delta \dot{I}(Z_s + DZ_{set})| &> |\Delta \dot{I}(Z_s + Z_k)| \\ |Z_s + DZ_{set}| &> |Z_s + Z_k| \end{aligned}\right\} \quad (6 - 123)$$

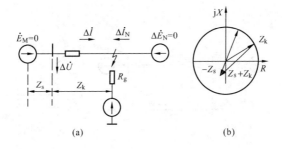

图 6 – 29　正向故障 DZ 元件工作特性分析

（a）分析电路图；（b）DZ 元件动作特性

Z_k 是 DZ 阻抗元件的测量阻抗。式（6 – 123）在阻抗平面的轨迹是一个圆，其圆心是在一 Z_s 的末端，圆的半径为 $|Z_s + DZ_{set}|$，如图 6 – 29（b）所示。

从图 6 – 29（b）可见，这种反映故障分量的阻抗元件，具有如下优点：①允许过渡电阻能力大（由电源阻抗扩大其允许过渡电阻能力）；②不存在经过渡电阻短路时对侧电源助增而引起超越问题，因为两侧突变故障电流分量都是由 $\Delta \dot{E}_k$ 产生，故线路两侧 $\Delta \dot{I}$ 基本同相。

b. 反向故障。图 6 – 30（a）表示反向故障的故障分量分析电路图，

从中得出

$$\Delta \dot{E}_k = -\Delta \dot{I}(Z_k + Z_s')\qquad(6-124)$$

由于阻抗继电器感受的电流 $\Delta \dot{I}$ 反方向（从线路流入母线），因此

$$\left.\begin{aligned}\Delta \dot{U}_{OP} &= \Delta \dot{U} - (-\Delta \dot{I})DZ_{set}\\&= -\Delta \dot{I} Z_s' + \Delta \dot{I} DZ_{set}\\&= -\Delta \dot{I}(Z_s' - DZ_{set})\end{aligned}\right\}\qquad(6-125)$$

代入动作方程并简化得

$$|Z_s' - DZ_{set}| > |Z_s' + Z_k|\qquad(6-126)$$

式（6-126）在阻抗平面的轨迹亦是一个圆，其圆心在 Z_s' 末端，半径为 $|Z_s' - DZ_{zd}|$，因为 Z_k 总是感性，$-Z_k$ 在第三象限，因此，这阻抗元件有明显的方向性。

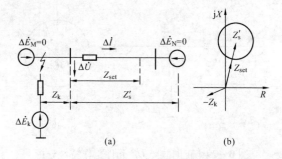

图 6-30　反向故障 DZ 元件工作特性分析

（a）分析电路图；（b）DZ 元件动作特性

考虑到长距离输电线路在空载运行下，若切除对侧相邻线路或母线故障时，则线路末端电压将从无电压跳变到线路电容充电电压，使工频突变量距离元件有可能动作，因此必须引入一个简单的全阻抗元件 Z_{setw}，与元件组成与门输出，作为限制条件，其判据为

$$U < IZ_{setw}\qquad(6-127)$$

式中　U、I——故障相电压、电流的半波积分值；

Z_{setw}——固定值，其值为 $\dfrac{U_N}{1.5I_N}$。

（4）工频变化量方向元件。工频变化量方向元件（Δ_{F+}，Δ_{F-}）是测量各间隔的电压、电流故障分量的相位，设有正向和反向元件，动作条件均为 180°动作。

正向元件动作的判据为

$$\phi_+ = \arg\left(\frac{\Delta\dot{U}_{12} - \Delta\dot{I}_{12}Z_{com}}{\Delta\dot{I}_{12}Z_d}\right) = 180° \qquad (6-128)$$

反向元件动作的判据为

$$\phi_- = \arg\left(\frac{-\Delta\dot{U}_{12}}{\Delta\dot{I}_{12}Z_d}\right) = 180° \qquad (6-129)$$

式中　Z_d——模拟阻抗；

　　　Z_{com}——补偿阻抗；

　　　12——表示该突变电压、电流量仅包括正、负序综合分量，不含零序分量。

补偿阻抗是供长线路大电源的场合下提高正向方向元件的电压灵敏度之用。当最大运行方式下的 Z_s/Z_L（电源线路阻抗比）>0.5 时，不需投入，即 $Z_{com}=0$；仅当 $Z_s/Z_L<0.5$ 时，Z_{com} 投用并取值，$Z_{com}=\dfrac{1}{2}DZ_{set}$。

工作原理分析，仍从正方向故障及反方向故障两种情况下分析。

1）正方向故障。假设电源的正、负序阻抗相等，将工频变化量的电压、电流分解为对称分量，从图 6-29 可得

$$\left.\begin{array}{l}\Delta\dot{U}_1 = -\Delta\dot{I}_1Z_s \\[4pt] \Delta\dot{U}_2 = -\Delta\dot{I}_2Z_s \\[4pt] \Delta\dot{U}_{12} = \Delta\dot{U}_1 + M\Delta\dot{U}_2 = -(\Delta\dot{I}_1 + M\Delta\dot{I}_2)Z_s = -\Delta\dot{I}_{12}Z_s\end{array}\right\}$$

$$(6-130)$$

其中　　　　　　　　　$\Delta\dot{I}_{12} = \Delta\dot{I}_1 + M\Delta\dot{I}_2$

式中　M——转换因子，根据不同故障类型选择不同的转换因子，以提高灵敏度。

设系统阻抗角与装置的模拟阻抗 Z_d 角相等，将式（6-130）代入正、反方向元件动作判据分别得

$$\phi_+ = \arg\left[\frac{-\Delta \dot{I}_{12}Z_s - \Delta \dot{I}_{12}Z_{com}}{\Delta \dot{I}_{12}Z_d}\right] = \arg\left[\frac{-\Delta \dot{I}_{12}(Z_s + Z_{com})}{\Delta \dot{I}_{12}Z_d}\right]$$

$$= \arg\left[\frac{-(Z_s + Z_{com})}{Z_d}\right] = 180°$$

$$\phi_- = \arg\left[\frac{-\Delta \dot{U}_{12}}{\Delta \dot{I}_{12}Z_d}\right] = \arg(Z_s/Z_d) = 0°$$

$$(6-131)$$

可见在正方向故障时，正向元件动作而反向元件不动作。

2）反方向故障，从图 6-30 可得

$$\Delta \dot{U}_1 = -(-\Delta \dot{I}_1)Z'_s = \Delta \dot{I}_1 Z'_s$$
$$\Delta \dot{U}_2 = -(-\Delta \dot{I}_2)Z'_s = \Delta \dot{I}_2 Z'_s$$
$$\Delta \dot{U}_{12} = \Delta \dot{I}_{12} Z'_s$$

$$(6-132)$$

整理得

$$\phi_+ = \arg[(Z'_s - Z_{com})/Z_d] = 0$$
$$\phi_- = \arg[(-Z_s)/Z_d] = 180°$$

$$(6-133)$$

可见在反向故障时，反向元件动作而正向元件不动作。

式（6-133）中，由于补偿阻抗为 $Z_{com} = \frac{1}{2}DZ_{set} = \frac{1}{2} \times 0.8Z_L = 0.4Z_L < Z'_s = Z_L + Z_N$（$Z_N$ 为线路对侧母线等值电源阻抗），因此引入 Z_{com} 不会引起误动作。

a. 以上分析可见，正、反向方向元件在任何故障时，不是 0°就是 180°，不受过渡电阻影响，不存在其他数值，从而没有测量误差问题，这就是工频变化量方向元件的突出优点，因此它必然具有明显的方向性能和动作的可靠性。

b. 以上分析未规定故障类型和相别，只有三相短路时 $\Delta I_2 = 0$，因此上面分析适合任何故障类型。换句话说，不论发生任何故障，不同相别的工频突变量方向元件，都具有正确的明显的方向性。非故障相的方向元件的方向性，除了电流、电压的灵敏度较故障相低外，决不会误动作。这就是工频突变量方向元件独特的各相方向元件具有同一性。

c. 以上分析可见，U_{12} 是故障点反方向的电源阻抗的压降，与故障点的过渡电阻存在与否及其大小无关，因此，工频突变方向元件不受过渡电阻影响。试验与实践均证明，它有极高的保护过渡电阻能力，例如220kV线路保护过渡电阻能力大于100Ω，500kV线路保护过渡电阻能力大于300Ω，均能正确判定方向。这是重要的运行特性指标。

d. 因该方向元件只反映故障突变量，故其特性不受负荷电流的影响。

e. 该方向元件可适用于串补线路上，因为 $X_c < X_s$，$X_c < X'_s$，方向判据不受串补电容的影响。

f. 工频变化量方向元件具有浮动门槛的特性，因此，即使是系统振荡或出现较大不平衡分量，由于采用自适应的浮动门槛，方向元件决不会误动，只是随不平衡电流的增加，自动降低其灵敏度。

（5）零序方向元件及其过电流元件（F_{0+}，F_{0-}，$2L_0$，$3L_0$，L_{0F}）。零序方向元件反应稳态的零序电压与电流的方向，其零序电压系从三相电压 $\dot{U}_A$、$\dot{U}_B$、$\dot{U}_C$ 计算出来，不依赖 TV 的开口三角形电压，故无须进行带负荷电流检验零序方向。

零序方向保护受屏上连接片控制，可投入或退出。

零序方向元件（L_{0F}），与工频变化量方向元件一起参与高频方向保护判别。亦设有正、反方向元件。为了取得灵敏度配合，正方向零序方向元件受 L_{0F} 控制，反方向零序方向元件（F_{0-}）受第Ⅲ段零过流元件 $3L_0$ 控制。

由于工频变化量距离元件能可靠保护第Ⅰ段范围内的接地故障，因此不设零序过流Ⅰ段保护。Ⅱ段零序过流 $2L_0$ 元件受零序正方向元件 F_{0+} 的控制。Ⅲ段零序过流则可由用户按需要经或不经 F_{0+} 的控制。

当被保护线路处于非全相运行时，对于接母线 TV 的保护其零序方向元件均指向线路，为防止方向高频保护因此而误动，在非全相运行时，退出零序方向元件（相应零序过流Ⅱ段亦退出）。为使保护装置能可靠切除线路故障，故又将零序过流Ⅲ段自动改为无方向。另一段相电流及零序电流保护。

（6）方向比较保护元件。被保护线路两侧的工频变化量方向元件（ΔF）和零序方向元件（F_0），经通道信息交换构成全线快速跳闸的高频方向保护。本装置可以采取允许式或闭锁式的通道工作模式。以闭锁式为例说明其工作原理。

1）启动元件 $L_{\Sigma Q1}$ 动作，CPU1 即进入故障程序，立即启动收发信机，若高值启不动而低值启动元件 $L_{\Sigma Q1D}$ 动作，则 CPU1 在正常运行程序中发信，确保被保护线路两侧启动元件有偏差时，两侧收发信机均能可靠启动。

2）ΔF_- 或 F_{0-} 中任一元件动作，立即闭锁正方向元件的停信回路，即方向元件中反方向元件动作优先，这样有利于防止故障电流倒向时可能误动作。ΔF 方向元件反应正、负电压电流方向，而 F_0 反应零序电压电流方向。采用任一反向元件动作去闭锁任一正向元件的停信回路，因此消除了平行线路故障时在被保护线路上可能发生正、负序电流与零序电流方向不一致所产生高频方向保护误动作问题。

3）为了可靠地使收发信机能远方启动，保证保护装置的安全性，设置了收信满 10ms 后才允许正方向元件停信的回路。

4）为了躲开短路故障发生瞬间，载波通道可能出现短暂的强干扰脉冲抑制了收发信机发信所引起的误动作，因此设有躲越通道误信号的时间元件，目前此时间元件整定为 8ms。

5）当平行线路切除故障时被保护线路的故障电流突然倒向，原停信侧改发信，原发信侧改停信，两侧保护在变换发停信方式时有可能出现时间不协调，导致短暂时间内没有高频锁信号。为防止高频方向保护由此误动作，故设有延长方向比较判断时间的回路来防止功率倒向时误动。当连续发信 30ms 之后，高频方向保护延时 20ms 动作，能有效地提高高频方向保护的安全性。

6）停信回路。本保护动作发跳闸命令 TRP 同时停信。为使对侧能可靠跳闸，避免本侧先切除故障保护返回而又发闭锁信号，故将跳闸停信脉冲展宽 150ms，但若反方向元件动作，立即中断此停信回路，以确保非全相运行高频方向保护的安全性。

三相跳闸且三相无电流（三相跳闸固定 KTS_{ABC} 动作及 L_A，L_B，L_C 低值元件均不动作）时始终停信，以保证对侧高频方向保护可靠动作。

其他保护动作的外部停信命令，要求可靠切除被保护线路两侧断路器，因此，外部停信不经反方向元件而直接去停信，并且将停信脉冲展宽 150ms 以确保可靠跳闸。

2. 后备距离保护中各元件的动作特性

（1）启动元件。下列条件之一启动元件动作，使 CPU2 进入测量程序。

1）电流的工频变化量的启动元件

$$\Delta I_{ph} > 1.25\Delta I_{Tph} + 0.2I_N \tag{6-134}$$

式中　ΔI_{ph}——相电流工频变化量的半波积分值；

　　　ΔI_{Tph}——对应相出现突变前的相电流的不平衡值。

2）零序电流启动元件

$$I_0 > I_{astset} \qquad\qquad (4-135)$$

式中　I_{astset}——整定的启动电流。

（2）故障测量程序。

1）低压距离。当正序电压小于 15% U_N 时，进入低压距离程序。此时只可能有三相短路和系统振荡两种情况。系统振荡由振荡闭锁回路判别，此时只需考虑三相短路。而三相短路时，三个相阻抗和三个相间阻抗性能一样，因此，仅测量相阻抗。

一般情况下各相阻抗一样，但为了保证母线故障转换至线路并构成三相故障时仍能快速切除故障，对三相阻抗均进行计算，任一相阻抗元件动作选为三相故障。

低压距离继电器比较工作电压和极化电压之间的相位。

工作电压

$$\dot{U}_{0ph} = \dot{U}_{ph} - \dot{I}_{ph}Z_{set} \qquad\qquad (6-136)$$

极化电压

$$\dot{U}_{pph} = -\dot{U}_{1phM} \qquad\qquad (6-137)$$

式中　$\dot{U}_{ph}$——相电压；

$\quad\dot{U}_{0ph}$——相工作电压；

$\quad\dot{I}_{ph}$——相电流；

$\quad\dot{U}_{pph}$——相极化电压；

$\quad Z_{set}$——整定阻抗；

$\quad\dot{U}_{1phM}$——记忆故障前正序电压。

正方向故障时电力系统计算图如图 6-31 所示，并可得出

当 k 点发生故障时

$$\left.\begin{array}{l} \dot{U}_{ph} = \dot{I}_{ph}Z_k \\ \dot{E}_{mph} = (Z_s + Z_k)\,\dot{I}_{ph} \end{array}\right\}$$

$$(6-138)$$

在记忆作用消失前继电器的电压为

$$\dot{U}_{1\phi M} = \dot{E}_{m\phi}\,e^{j\delta}，则$$

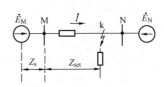

图 6-31　正方向故障时
电力系统计算图

$$\left.\begin{aligned} \dot{U}_{\text{OPph}} &= (Z_k - Z_{\text{set}})\,\dot{I}_{\text{ph}} \\ \dot{U}_{\text{Pph}} &= -(Z_s + Z_k)\,I_{\text{ph}}\mathrm{e}^{\mathrm{j}\delta} \end{aligned}\right\} \qquad (6-139)$$

继电器的动作方程为

$$-90° < \arg \dot{U}_{\text{OPph}}/\dot{U}_{\text{Pph}} < 90° \qquad (6-140)$$

即 $-90° < \arg \left[Z_k\,(Z_k - Z_{\text{set}})\,/-(Z_s + Z_k)\,\mathrm{e}^{\mathrm{j}\delta} \right] < 90°$ (6-141)

设故障时母线电压与系统电势同相位 $\delta = 0$，测量阻抗 Z_k 在复平面上的动作边界为以 Z_{set} 至 $-Z_s$ 连线为直径的圆。当 δ 不为零时，将是以 Z_{set} 到 $-Z_s$ 连线为弦的圆，特性将根据 δ 的正、负值向第 I 或第 II 象限偏移，其暂态动作特性如图 6-32 所示。

图 6-32 中动作特性包含原点表明正向出口经或不经过渡电阻故障时都能正确动作，并不表示反方向故障时会误动作，因为动作方程是按正方向故障的前提下推导出来，故对反方向故障无效。

反方向故障时电力系统计算图如图 6-33 所示，并可得出

$$\left.\begin{aligned} \dot{U}_{\text{ph}} &= -\dot{I}_{\text{ph}}Z_k \\ \dot{E}_{\text{1ph}} &= -(Z_k + Z'_s)\,\dot{I}_{\text{ph}} \end{aligned}\right\} \qquad (6-142)$$

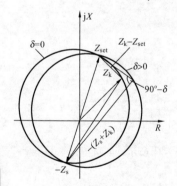

图 6-32 正方向故障
时暂态动作特性

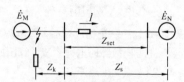

图 6-33 反方向故障时
电力系统计算图

在记忆作用消失前继电器的电压为 $\dot{U}_{1\phi M} = E_{1\phi}\mathrm{e}^{\mathrm{j}\delta}$，则

$$\left.\begin{aligned} \dot{U}_{\text{OP}} &= -(Z_k + Z_{\text{set}})I_\phi \\ \dot{U}_{\text{P}\phi} &= (Z_k + Z'_s)I_\phi \mathrm{e}^{\mathrm{j}\delta} \end{aligned}\right\} \qquad (6-143)$$

代式（6-136）并整理

$$-90° < \arg \frac{Z_k + Z_{set}}{-(Z_s' + Z_k)e^{j\delta}} < 90°$$

$$(6-144)$$

$-Z_k$ 的动作边界是以 Z_{set} 与 Z_s' 连线为直径的圆，如图 6-34 所示，当 $-Z_k$ 在圆内时动作，可见，继电器有明确的方向性，不可能误判方向。

以上的结论是在记忆电压消失以前的，即继电器的暂态特性。当记忆电压消失后，

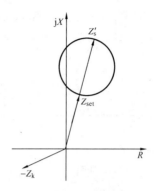

图 6-34 反方向故障时暂态动作特性

正方向故障时

$$\dot{U}_{1phM} = \dot{I}_{ph} Z_k \qquad (6-145)$$

反方向故障时

$$\dot{U}_{1phM} = -\dot{I}_{ph} Z_k \qquad (6-146)$$

于是正方向故障时

$$\left.\begin{array}{c} \dot{U}_{OP} = (Z_k - Z_{set})\, \dot{I}_{ph} \\ \dot{U}_{Pph} = -\dot{I}_{ph} Z_k \end{array}\right\} \qquad (6-147)$$

反方向故障时

$$\dot{U}_{OP} = \left[(-Z_k) - Z_{set}\right] \dot{I}_{ph}$$

$$\dot{U}_{Pph} = -(-Z_k)\, \dot{I}_{ph} \qquad (6-148)$$

正方向故障时动作边界如图 6-35 所示，而反方向故障时，$-Z_K$ 的动作边界也如图 6-35 所示。继电器的动作边界经过原点，因此，母线和出口故障时，继电器处在动作边界。

为了保证母线故障，特别是经弧光电阻三相故障时不会误动作，因此对 I、II 段距离继电器设置了门槛电压，其幅值取 $8\% U_N$，躲过最大弧光压降（$5\% U_N$）。同时，当 I、II 距离继电器暂态动作后，将继电器的门槛倒置为 $8\% U_N$，相当于将特性圆包含原点，以保证继电器动作后能保持到故障切除。为了保证 III 段距离继电器的后备性能，III 段距离元件的门槛电压总是倒置的，因此其特性包含原点。

2）接地距离继电器。

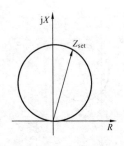

图 6–35 三相短路时
稳图态动作特性

a. Ⅲ段接地距离继电器比较工作电压和极化电压的相位：

工作电压

$$\dot{U}_{\mathrm{Oph}} = \dot{U}_{\mathrm{ph}} - (\dot{I}_{\mathrm{ph}} + K3\,\dot{I}_0)Z_{\mathrm{set}}$$
(6–149)

极化电压

$$\dot{U}_{\mathrm{pph}} = -\dot{U}_{\mathrm{1ph}}$$ (6–150)

与低压距离继电器中相比，其不同之处仅在于工作电压增加了 $K3\,\dot{I}_0$，这是因为那是三相短路，不用考虑 $3\,\dot{I}_0$。$\dot{U}_{\mathrm{pph}}$ 采用当前正序电压，非记忆量，这是因为接地故障时，正序主要由非故障相形成，基本保留了故障前的正序电压相位。

因此，Ⅲ段接地距离继电器的特性与低压距离的暂态特性完全一致，具有很好的方向性。

b. Ⅰ、Ⅱ段接地距离继电器由两部分组成。

a) 由正序电压极化的方向阻抗继电器。

工作电压

$$\dot{U}_{\mathrm{Oph}} = \dot{U}_{\mathrm{ph}} - (\dot{I}_{\mathrm{ph}} + K3\,\dot{I}_0)Z_{\mathrm{set}}$$
(4–151)

极化电压

$$\dot{U}_{\mathrm{pph}} = -U_{\mathrm{1ph}}\mathrm{e}^{j\theta_1}$$ (6–152)

与Ⅲ段相比，可见其比相方式与Ⅲ段距离继电器仅极化电压有所不同，Ⅰ、Ⅱ段极化电压引入移相角 θ_1，其作用是在短线路上应用时，将方向阻抗特性向第Ⅰ象限偏移，以扩大允许故障过渡电阻的能力，其正方向故障时继电器特性如图 6–36 所示，θ_1 取值为 0°，15°，30°，45°。

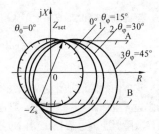

图 6–36 正方向故障
时继电器特性

由图 6–36 可见，该继电器可测量很大的故障过渡电阻，但在对侧电源助增下可能超越，因而引入第二部分零序电抗继电器以防止超越。

b) 零序电抗继电器。

工作电压

$$\dot{U}_{\mathrm{Oph}} = \dot{U}_{\mathrm{ph}} - (\dot{I}_{\mathrm{ph}} + K3\dot{I}_0)Z_{\mathrm{set}} \qquad (6-153)$$

极化电压

$$\dot{U}_{\mathrm{pph}} = -\dot{I}_0 Z_{\mathrm{d}} \qquad (6-154)$$

式中　Z_{d}——模拟阻抗。

其比相方程为

$$-90° < \arg\left[\frac{\dot{U}_{\mathrm{ph}} - (\dot{I}_{\mathrm{ph}} + K3\dot{I}_0)Z_{\mathrm{set}}}{-\dot{I}_0 Z_{\mathrm{d}}}\right] < 90° \qquad (6-155)$$

正方向故障时，由图 6-28 可得

$$-90° < \arg\left[\frac{(\dot{I}_{\mathrm{ph}} + K3\dot{I}_0)(Z_{\mathrm{k}} - Z_{\mathrm{set}})}{-\dot{I}_0 Z_{\mathrm{d}}}\right] < 90°$$

$$90° + \arg Z_{\mathrm{d}} + \arg\left(\frac{\dot{I}_0}{\dot{I}_{\mathrm{ph}} + K3\dot{I}_0}\right) < \arg(Z_{\mathrm{k}} - Z_{\mathrm{d}})$$

$$< 270° + \arg Z_{\mathrm{d}} + \arg\left(\frac{\dot{I}_0}{\dot{I}_{\mathrm{ph}} + K3\dot{I}_0}\right) \qquad (6-156)$$

式（6-156）为典型的零序电抗特性，如图 6-36 中直线 A。

当 $\dot{I}_0$ 与 $\dot{I}_{\mathrm{ph}}$ 相位时，直线 A 平行于 R 轴，不同相时，直线的倾角恰好等于 $\dot{I}_0$ 与 $\dot{I}_{\mathrm{ph}} + K3\dot{I}_0$ 的相角差。假定 $\dot{I}_0$ 与过渡电阻上压降同相位，则直线 A 与过渡电阻上压降所呈现的阻抗相平行，因此，零序电抗特性对过渡电阻有自适应的能力。

实际的零序电抗特性由于 Z_{d} 为 78° 而向下倾斜 12°，所以在实际系统中，由于两侧零序阻抗角不一致，而使 $\dot{I}_0$ 与过渡电阻上压降有相位差，继电器仍不会超越。

由带偏移角 θ_1 的方向阻抗继电器和零序电抗继电器两部分组成与门输出，故Ⅰ、Ⅱ段距离继电器具有很好的方向性，能测量很大的故障过渡电阻且不会超越。

3）相间距离继电器。

a. Ⅲ段相间距离继电器比较工作电压和极化电压的相位：

工作电压

$$\dot{U}_{\mathrm{OPx}} = \dot{U}_{\mathrm{x}} - \dot{I}_{\mathrm{x}} Z_{\mathrm{set}} \qquad (6-157)$$

极化电压

$$\dot{U}_{\mathrm{Px}} = -\dot{U}_{\mathrm{1x}} \qquad (6-158)$$

式中　　x——AB、VW、WU。

继电器的极化电压采用不带记忆的正序电压，因此，对相间故障，其正序电压基本保持故障前电压的相位，其动作特性如图 6-32 和图 6-36 所示，继电器有很好的方向性。三相短路时，由于极化电压无记忆作用，其动作特性为一过原点的圆，如图 6-37 所示。当正序电压较低时，由低压距离测量，因此，不存在死区和母线故障失去方向的问题。

b. Ⅰ、Ⅱ段距离继电器同样有两部分组成。

a）由正序电压极化的方向阻抗继电器。工作电压

$$\dot{U}_{\mathrm{OPx}} = \dot{U}_{\mathrm{x}} - \dot{I}_{\mathrm{x}} Z_{\mathrm{set}} \qquad (6-159)$$

极化电压

$$\dot{U}_{\mathrm{Px}} = -U_{\mathrm{1x}} \mathrm{e}^{j\theta 2} \qquad (6-160)$$

这里极化电压与接地距离Ⅰ、Ⅱ段一样，较Ⅲ段增加了一个偏移角 θ_2，其作用也是为了在短线路上使用时增加允许过渡电阻的能力，如图 6-38 所示，θ_2 的整定可按 0°，10°，30° 三档选择。

b）电抗继电器。工作电压

$$\dot{U}_{\mathrm{OPx}} = \dot{U}_{\mathrm{x}} - \dot{I}_{\mathrm{x}} Z_{\mathrm{set}} \qquad (6-161)$$

极化电压

$$\dot{U}_{\mathrm{Px}} = -\dot{I}_{\mathrm{x}} Z_{\mathrm{d}} \qquad (6-162)$$

正方向故障时，参照图 6-31，得

$$\dot{U}_{\mathrm{OPx}} = \dot{I}_{\mathrm{x}} Z_{\mathrm{k}} - \dot{I}_{\mathrm{x}} Z_{\mathrm{set}} \qquad (6-163)$$

因此，其比相方程为

$$-90° < \arg\left[\frac{(Z_{\mathrm{k}} - Z_{\mathrm{set}})}{-Z_{\mathrm{d}}} \right] < 90°$$

$$90° + \arg Z_{\mathrm{d}} < \arg\left(Z_{\mathrm{k}} - Z_{\mathrm{set}} \right) < 270° + \arg Z_{\mathrm{d}} \qquad (6-164)$$

当 Z_{d} 阻抗角为 90° 时，该继电器为与 R 轴平行的电抗继电器特性，实际的 Z_{d} 阻抗角为 78°，因此，该电抗特性下倾 12°，使送电端的保护受对侧助增而过渡电阻呈容性时不至于超越。

以上方向阻抗与电抗继电器两部分结合，增大了在短线路上使用时允

许过渡电阻的能力。

由于相间距离程序是在接地距离不动作时才进入的，而当单相接地时，接地距离先动作，相间距离不动作，因此，如果相间距离动作，即选三相跳闸。

4）选相元件。采用比较负序电流与零序电流之间相位确定故障相。以 $\dot{I}_{2a}$ 为参考相量，根据 $\dot{I}_0$ 所处的区域分为三个选相区。

A 相区判据

$$-60° < \arg \frac{\dot{I}_0}{\dot{I}_{2a}} < 60° \qquad (6-165)$$

B 相区判据

$$60° < \arg \frac{\dot{I}_0}{\dot{I}_{2a}} < 180° \qquad (6-166)$$

C 相区判据

$$180° < \arg \frac{\dot{I}_0}{\dot{I}_{2a}} < 300° \qquad (6-167)$$

当系统发生单相接地短路时，故障相的 $\dot{I}_2$ 总是与 $\dot{I}_0$ 同相位，以 A 相的负序电流 $\dot{I}_{2a}$ 为基准时，A 相接地时 $\dot{I}_0 \dot{I}_{2a} = 0°$，B 相接地时 $\dot{I}_0 \dot{I}_{2a} = 120°$，C 相接地时 $\dot{I}_0 \dot{I}_{2a} = 240°$，可见正好处于图 6-37 中的对应选相区的中间部位。

当系统发生两相接地短路时，非故障相的 $\dot{I}_2$ 总是与 $\dot{I}_0$ 同相位。如 BC 两相接地时，$\dot{I}_0 \dot{I}_{2a} = 0°$；CA 两相接地时，$\dot{I}_0 \dot{I}_{2a} = 120°$，AB 两相接地时，$\dot{I}_0 \dot{I}_{2a} = 240°$。可见采用 $\dot{I}_2$、$\dot{I}_0$ 相位的选相原理，选择的恰好是两相接地短路的非故障相。因此必须用距离测量元件予以纠正，因为此时非故障相的距离元件不动作，而两故障相距离元件动作。但是带接地过渡电阻的两相接地短路时，$\dot{I}_2$ 与 $\dot{I}_0$ 不再同相，$\dot{I}_0$ 相位向超前于 $\dot{I}_2$ 的方向偏移。经分析计算，在

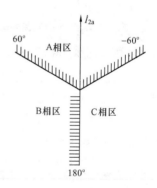

图 6-37 选相区域图

接地过渡电阻较大时，$\dot{I}_0$超前于$\dot{I}_2$可能大于$60°$，这使选择两相接地短路的非故障相发生错误，例如经大过渡接地电阻的 BC 相短路时，$\dot{I}_0\dot{I}_{2a}>60°$，选为 C 相区。即在大接地过渡电阻的两相接地短路时比较$\dot{I}_0$、$\dot{I}_2$相位的选相元件可能选超前相的选相区，因此必须使用 Z_ϕ 及 $Z_{\phi\phi}$ 距离元件予以纠正，其选相流程如图 6 - 38 所示。

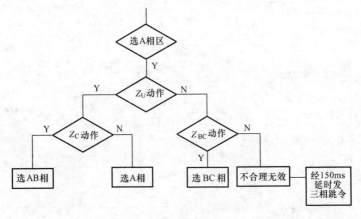

图 6 - 38　选相流程图

5）振荡闭锁。由下列四部分组成，任一部分动作解除闭锁开放保护。

a. 短路瞬间的开放回路。反应系统短路突变的 $\Delta\dot{I}_\phi$；启动元件在启动后的 160ms 以内开放保护回路，因为此期间不可能是系统振荡。若躲开最大负荷而整定的正序过流元件先于启动元件动作，且时间超过 10ms 时，确认为电力系统先振荡后发生系统操作或再故障，此时将此开放回路闭锁，直至电力系统振荡平息，正序过流元件返回 3s 后的时间为止，这就是我国传统的短路瞬间开放回路，此回路已被充分证明是绝对可靠，绝不会误开放。

b. 不对称故障的开放元件，其判据是

$$|\dot{I}_0| + |\dot{I}_2| > m|\dot{I}_1| \qquad (6-168)$$

系统纯振荡时，$\dot{I}_0$、$\dot{I}_2$接近为零，式（6 - 168）不满足，故不会开放保护。在振荡中心落在被保护线路上且存在区外故障时，合理选择系统 m 值，可使不对称故障启动元件不动作。

a）对短输电线路，阻抗元件整定阻抗值小，只有在线路两侧功角需接近180°时阻抗元件才动作。此时短路点的电压必然很小，故不对称分量也很小，因此容易选取 m 值，使上式不开放保护。

b）对长输电线路，区外故障点电压可能较高，不对称分量较大是不利的一面，但是长输电线路零序电流分配系统较小又是有利的一面。

因此选择 m 值的条件应是：长输电线路且在近电源附近发生区外故障。经理论的推导和大量的动模试验结果，选择最不利的系统条件下的 m 值，保证振荡又发生区外不对称短路是上式不开放保护。

区内发生不对称短路时，当系统没有振荡时，将有较大的零序或负序电流使不对称故障开放元件动作；当伴随系统振荡，且短路时刻发生在电势角未摆开时，振荡闭锁立即开放，如果短路发生在电势角摆开较大状态时，则在短路后系统电势角逐步减小时，振荡闭锁再开放，也可能一侧瞬时开放，跳闸后另一侧相继速动跳闸。

c. 对称故障开放元件。采用补偿相角 φ_c 的 $U_1\cos\varphi_c$ 的变化率判断三相短路或系统振荡。当 $U_1\cos\varphi_c$ 变化率小时，判为对称故障开放元件动作，解除闭锁开放保护。当 $U_1\cos\varphi_c$ 变化率较大时，判为系统振荡。

补偿相角 $\varphi_c = \varphi_1 + (90 - \varphi_L)$，$\varphi_1$ 为正序电压与正序电流之间的相角差，φ_L 为被保护线路的线路阻抗角。采用补偿相角的 $U_1\cos\varphi_c$ 的物理意义在于消除保护装置安装点至故障点的线路阻抗的电阻分量对 $U_1\cos\varphi_c$ 影响。因此得出：对三相短路时，$U_1\cos\varphi_c$ 就是故障点的弧光电阻的电压降；而对于系统振荡时，$U_1\cos\varphi_c$ 就是振荡中心点的电压值。$U_1\cos\varphi_c$ 变化率的判据是：

a）$-0.03U_N < U_1\cos\varphi_c < 0.08U_N$，延时 150ms 开放保护；

b）$-0.1U_N < U_1\cos\varphi_c < 0.25U_N$，延时 500ms 开放保护。

对于三相短路，弧光电阻压降，总是小于 $5\% U_N$，可见第一个判据都能满足，因此能保证三相短路时可靠开放保护以切除故障。对于系统振荡时，在最大振荡周期下其延时时间判断条件能够躲开振荡保证不误开放：在振荡中心电压为 $0.08U_N$ 时，其电势角 δ 摆开 171°，$-0.03U_N$ 时 $\delta = 183.5°$，按最大振荡周期为 3s 计算，振荡中心电压满足 1）条件的停留时间为 104ms，取 150ms 能可靠躲越振荡；同理，$-0.1U_c$ 对应 $\delta = 191.5°$，$0.25U_N$ 对应 $\delta = 151°$，所以振荡中心电压在 b）条件的停留时间为 337ms，取 500ms 已有足够的裕度。

d. 非全相运行再故障开放元件 POOS 判据有以下两种：

a）当距离元件再动作时，选相区发生变化确认非全相运行再故障。因为非全相运行振荡时，距离元件动作类似两相接地故障，其选相区必为跳开相。

当距离元件动作且其选相区不在跳开相时，必有故障，立即开放保护。

b）非全相运行时，测量非断开相的两相电流之差的工频变化量，当该电流突变增大到一定幅值时开放保护，因而对非全相运行再发生相间短路能快速开放保护。

（3）性能总述。

1）三阶段式相间和接地距离保护中的正向不对称短路动作特性和正向对称短路暂态特性如图6-39（a）所示，三相对称短路稳态特性如图6-39（b）所示。为了确保Ⅲ段距离元件的后备作用，Ⅲ段距离元件的三相短路特性包含原点。

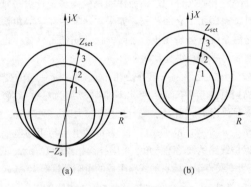

图6-39　阻抗继电器的基本特性
（a）正向不对称短路暂、稳态特性和正向对称短路暂态特性；
（b）三相对称短路稳态特性

2）继电器由正序电压极化，因而有较大的测量故障过渡电阻的能力。当用于短线路时，为了进一步扩大测量过渡电阻的能力，还可将Ⅰ、Ⅱ段阻抗特性向第Ⅰ象限偏移。

3）接地距离继电器设有零序电抗特性，可防止接地故障时继电器超越。

4）正序极化电压较高时，由正序电压极化的距离继电器有很好的方向性；当正序电压下降至15%以下时，进入三相低压程序，由正序电压记忆量极化，并且在继电器动作前设置正的门槛，确保母线三相故障时继电器不可能失去方向性；继电器动作后则改为反门槛，保证正方向三相故障继电器动作后一直保持到故障切除。同时，在进低压程序时，Ⅲ段继电器采用反门槛，因而三相短路Ⅲ段稳态特性包含原点，不存在电压死区。